工业和信息化部“十四五”规划教材

图像重建原理与应用

徐　健　杲倩男　李雪婷　益　琛　范九伦　著

科学出版社

北　京

内 容 简 介

本书围绕图像重建领域展开，重点呈现作者在稀疏表示方面的理论创新和提出的图像重建方法。全书分为 8 章。第 1～5 章从图像的基本概念、图像的质量评价准则、图像退化模型、传统的图像增强算法、图像重建的稀疏表示模型及其系数的计算和字典的训练方法等方面介绍图像重建的数学理论，为后续的算法理解打下数学基础。第 6～8 章具体讲解图像去噪方法、图像超分辨率算法等多类图像重建技术的过程和具体的应用方法，其中包括国内外图像重建技术的最新算法、各种算法的详细产生和计算推导过程、这些算法的应用效果分析，以及它们潜在的改进方向等。

本书可作为图像处理相关专业的研究生教材。希望通过该教材的辅助教学，研究生不仅能够掌握一整套系统的图像重建理论和技术，而且能够从中学习到科研思路和创新方法。

图书在版编目（CIP）数据

图像重建原理与应用 / 徐健等著. — 北京：科学出版社，2022.10
工业和信息化部“十四五”规划教材
ISBN 978-7-03-073429-7

Ⅰ. ①图… Ⅱ. ①徐… Ⅲ. ①图像重建－高等学校－教材
Ⅳ. ①TN919.8

中国版本图书馆 CIP 数据核字（2022）第 189945 号

责任编辑：闫 悦 / 责任校对：胡小洁
责任印制：吴兆东 / 封面设计：蓝正设计

科学出版社 出版
北京东黄城根北街 16 号
邮政编码：100717
http://www.sciencep.com
北京建宏印刷有限公司 印刷

科学出版社发行 各地新华书店经销
*
2022 年 10 月第 一 版 开本：720×1 000 B5
2022 年 10 月第一次印刷 印张：18 1/2
字数：359 000

定价：189.00 元

（如有印装质量问题，我社负责调换）

前　言

本教材包括了图像重建领域多年的科研成果，尤其是重点呈现了作者在稀疏表示方面的理论创新和方法创新。全书共 8 章。第 1 章根据作者多年阅读的文献资料，总结了图像退化的原因和种类、图像清晰化的常见方法以及图像质量评价准则。第 2 章主要描述了图像退化的模型，为后续讲解图像重建模型做理论铺垫。第 3 章讲解了多种经典的图像处理算法，便于读者能够理解后续的章节。第 4 章和第 5 章介绍了稀疏表示理论基础及作者在稀疏表示理论方面的贡献，稀疏表示问题中的两大核心问题是稀疏表示系数的求解和稀疏表示字典的训练。其中，第 4 章重点介绍稀疏表示系数的求解，主要介绍了最小角度回归、正交匹配追踪算法及各种稀疏表示系数求解的加速策略等，并对比了它们的优缺点。第 5 章主要介绍了稀疏表示字典训练方法，其中，本书作者提出的交替奇异值分解算法能够改善传统奇异值分解算法的收敛性。基于稀疏表示理论的图像重建算法是图像重建领域的重要分支。因此，本书第 6～8 章着重介绍作者提出的多个图像重建算法。第 6 章主要介绍图像去噪算法，包括三维滤波块匹配方法。第 7 章介绍基于重建的图像超分辨率方法，包括抑制人工痕迹的全变分正则化方法和消除锯齿状人工痕迹的图像超分辨率方法。第 8 章介绍基于学习的图像超分辨率方法，包括基于中频特征的图像超分辨率方法、基于随机匹配和传播的邻域嵌入方法，以及近年来经典的基于深度学习的算法。

本书的主要特色包括两个方面：低起点高立足和科研方法引导。

从低起点高立足来看，本书包括了多种国内外图像重建领域的最新算法并撰写了各种算法的详细理论基础和计算推导过程、这些算法的应用效果分析以及它们潜在的改进方向等。算法从最基本的数学公式入手，推导过程详细到能够让具备本科数学基础的人工智能领域的初学者可以轻松看懂，并详细分析每个公式的物理意义，有利于帮助更多对于该领域有兴趣的读者进入该领域、对该领域进行深入研究并推动该领域的发展。

从引导思路来看，本书努力将理论知识和科研过程结合起来，书中不仅仅是专注于介绍先进的理论知识，而是包括了整个科研的过程，便于读者理解算法深层次的意义和提出该算法的原因。从一个算法最基础的理论出发，然后根据这个理论从某个角度去思考创新点，接下来讲解这个创新点怎么具体实现，继而阐述实现之后算法的效果如何和在此基础上还能进行怎样的改进，呈现完整的科研过程。通过这样的知识介绍方式，读者除了了解算法本身外，还学会怎样完整地进行一个课题研究，便于广大科研工作者借鉴其科研方法。

值此书完成之际，衷心感谢在近几年本书撰写过程中为本书付出过辛勤劳动的所有领导、老师和同学。

感谢西安邮电大学党委、研究生院、通信与信息工程(人工智能)学院给本书的撰写提供了优质的科研环境和创作平台。

感谢西安邮电大学的卢光跃校长、韩江卫校长，孙爱晶院长、王军选副院长对本书相关项目申请提供的大力支持、鼓励与帮助。

感谢西安交通大学齐春教授、北京师范大学黄华教授、西安电子科技大学董伟生教授、以色列理工学院的 Michael Elad 教授、西安石油大学景明利副教授、西安交通大学史金刚研究员、西安工程大学张凯兵教授对本书中所涉及的研究工作和相关算法提出宝贵的指导意见。

感谢本团队的研究生同学武晓敏、王彦梓、张小丹、李佳、史香晔、李萌、王春玉、邢俊、高艳、邓聪、李新婷、牛丽娇、何春梦、赵钰榕在本书撰写过程中帮助完成数据收集、实验仿真、收集资料等各个环节的工作。

本书得到国家自然科学基金资助，项目号：62071380，62071378，41874173。

感谢各位评审专家在百忙之中对本书进行评审！

由于创作团队的知识有限，本书在撰写过程中不免有疏漏，敬请批评指正！

作　者

2022 年 1 月

目 录

第 1 章　图像清晰化简介

1.1　图像清晰化的概念

图像清晰化是将已有的一幅或几幅质量较差的图像，经过一系列处理得到一幅质量较好的图像。在大量的电子图像应用领域，人们经常期望得到清晰化图像，清晰化意味着图像能够提供更多的细节，而这些细节在许多实际应用中不可或缺。例如，清晰化的医疗图像对于医生做出正确的诊断是非常有帮助的；清晰化的卫星图像很容易从相似物中区别相似的对象；清晰化的图像能极大提高计算机视觉中的模式识别性能，特别是在刑侦领域，能够获得犯罪嫌疑人清晰的图像对于警方的破案尤为重要。在实际情况中，摄像机拍到的图像往往是不清晰的，这就需要一个图像清晰化过程来得到尽可能多的图像细节，恢复出尽可能清晰的图像。

图像清晰化包括图像去噪、图像去模糊、图像超分辨率、图像去马赛克、去斑马纹、去摩尔纹等。图像重建是图像清晰化的一种方法，是根据获取的退化图像结合图像的先验知识，重建原始清晰图像的方法。从数学问题上看，图像重建可以使用反问题来描述。

人类获取的信息大部分来源于图像媒体,大量而清晰的图像对人们的日常生活、科学研究都有着十分重要的作用。但图像在形成、传输和记录的过程中都会受到诸多因素的影响，所以人类通过各种方式获得的图像一般都不可能是一个物体的完整描述，摄像设备在拍摄图像时质量会有所下降，其典型表现为图像模糊、失真、有噪声等。因此，图像清晰化技术越来越成为图像处理中的主流，研究和发展有效的图像清晰化技术来改善退化的图像也就显得尤为重要。

1.2　图像退化的种类

图像在采集、转换、传输和显示等过程中不可避免地要受到设备、环境和场景的影响，导致图像质量的退化，退化原因主要有以下几点。①灰度失真：光学系统或成像传感器本身特性不均匀，造成同样亮度景物成像灰度不同；②运动模糊：成像传感器与被拍摄景物之间的相对运动，引起所成图像的运动模糊；③辐射失真：由于场景能量传输通道中的介质特性，如大气湍流效应、大气成分变化引起图像失真；④噪声干扰：图像在成像、数字化、采集和处理过程中引入的噪声等。以上种种原因将影响图像后续的处理和应用，这就涉及图像降质问题，图像的降质类型大致分为五类：噪声、亮度偏移、对比度拉伸、模糊和压缩。

1.2.1 噪声

噪声是最常见的退化因素之一，如无线电中的静电干扰、道路上的喧闹声和电视上的雪花等。对信号来说，噪声是一种外部干扰，由于噪声携带了噪声源的信息，噪声本身也是一种信号。其中，椒盐噪声和高斯噪声是最为常见的两类噪声。

1. 椒盐噪声

椒盐噪声[1] (salt-and-pepper noise) 又称脉冲噪声，它随机改变一些像素值，在二值图像上表现为使一些像素点变白，一些像素点变黑，如图 1.1 所示。椒盐噪声包括两种噪声，一种是盐粒噪声，为白点，另一种是胡椒噪声，为黑点。前者是高灰度噪声，后者属于低灰度噪声。一般两种噪声同时出现，呈现在图像上类似把椒盐撒在图像上，因此得名。椒盐噪声出现的位置是随机的，但噪声的幅值是基本相同的。

(a) 原始图像

(b) 含椒盐噪声的图像

图 1.1　原始图像与椒盐噪声图像对比图

如图 1.1 所示，图 1.1 (a) 为原始图像，图 1.1 (b) 为含椒盐噪声的图像。图 1.1 (b) 与图 1.1 (a) 相比，出现了很多黑白杂点，这些杂点随机分布在不同位置，图像中既有被噪声污染的点，也有干净的点，这就是椒盐噪声。

椒盐噪声 (脉冲噪声) 的概率密度函数如下：

$$P(z)=\begin{cases}P_a, & z=a\\ P_b, & z=b\\ 1-P_a-P_b, & \text{其他}\end{cases} \tag{1.1}$$

其中，z 为图像的像素点的取值；a 和 b 通常是饱和值，即它们是图像中可表示的最小值和最大值，因此一般为 0 和 255，其中，0 为胡椒噪声，255 为盐粒噪声；P_a

和 P_b 分别为像素点变为胡椒噪声和盐粒噪声的概率。椒盐噪声的含量取决于图像的信噪比，信噪比越小，噪声越大，信噪比为 1 时，图像不含噪声。椒盐噪声的概率密度分布如图 1.2 所示。

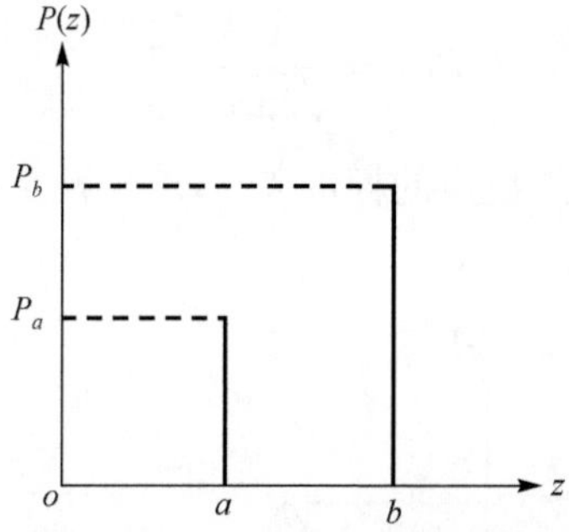

图 1.2　椒盐噪声概率密度分布

椒盐噪声的产生原因通常为以下两种：①通信时出错，部分像素的值在传输时丢失，如在早期的印刷电影胶片上，由于胶片化学性质的不稳定和播放时候的损伤，会使得胶片表面的感光材料和胶片的基底掉落，在播放时候，产生一些或白或黑的损伤；②影像信号受到突如其来的强烈干扰，如电视里的雪花噪声等。

关于椒盐噪声的去除，是刑侦图像和模式识别方向关注的重点。要解决椒盐噪声，可以采取以下两类措施：一是从感光器件方面补光；二就是在得到椒盐噪声图像后，对图像进行去噪处理，一般采用中值滤波器滤波可以得到较好的结果。

2. 高斯噪声

高斯噪声[1](Gauss noise)是噪声点幅度的概率密度函数服从高斯分布(即正态分布)的一类噪声，如图 1.3 所示。如果一个噪声，它的幅度分布服从高斯分布，而它的功率谱密度又是均匀分布的，则称它为高斯白噪声。

(a)原始图像　　(b)含高斯噪声的图像

图 1.3　原始图像与高斯噪声图像对比图

如图 1.3 所示，图 1.3(a) 为原始图像，图 1.3(b) 为含高斯噪声的图像。图 1.3(b) 与图 1.3(a) 图相比，出现了很多噪声点，图像产生了降质，这就是高斯噪声。

高斯噪声出现的幅值是随机的。高斯噪声(正态噪声)的概率密度函数如下：

$$P(z)=\frac{1}{\sqrt{2\pi}\sigma}e^{\frac{-(z-\mu)^2}{2\sigma^2}} \tag{1.2}$$

其中，μ 为噪声的均值，σ 是噪声的标准差，σ^2 是噪声的方差。高斯噪声的概率密度分布如图 1.4 所示。

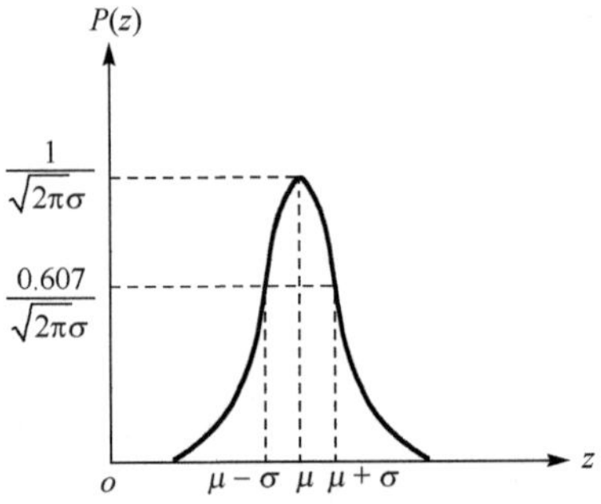

图 1.4　高斯噪声概率密度分布

高斯噪声的产生源于电子电路噪声和由低照明度或高温带来的传感器噪声。常见的高斯噪声包括起伏噪声、宇宙噪声、热噪声和散粒噪声等。若想恢复出清晰的图像，必须对图像进行去噪处理。关于高斯噪声的去除一直是图像处理领域的一个科研课题，迄今为止，虽然有大量关于高斯噪声去除问题的方法和文献，但高斯噪声的去除问题仍然没有彻底解决。

1.2.2　亮度偏移

亮度[2]是发光体(反光体)表面发光(反光)强弱的物理量。人眼从一个方向观察光源，在这个方向上的光强与人眼所“见到”的光源面积之比，定义为该光源单位的亮度，即单位投影面积上的发光强度。其中，发光强度，是指光源在给定方向上单位立体角内所发出的光通量，单位为坎德拉(cd)，因此亮度的单位是坎德拉/平方米(cd/m^2)，亮度是人对光的强度的感受。

亮度也称明度，表示色彩的明暗程度。人眼所感受到的亮度是色彩反射或透射的光亮所决定的。

如图 1.5 所示，图 1.5(a) 为原始图像，图 1.5(b) 为亮度偏移图像。可以看出亮度偏移后的图像视觉效果明显比原始图像差很多，图像分辨率也明显降低了，这就产生了图像的降质。

在一些图像应用领域，特别是刑侦图像领域，需要对图像的细节进行识别。一个物体因受光不同可能在明亮度上产生不同程度的变化；照射的光越强，反射光就越强，看起来就越亮。此外，还有一些图像曝光过渡或曝光不足引起一些细节难以识别，这都需要使用图像处理的方法来校正。

(a)原始图像

(b)亮度偏移的图像

图 1.5　原始图像与亮度偏移图像对比图

1.2.3　对比度拉伸

图像对比度[3]是指一幅图像中明暗区域最亮的白和最暗的黑之间不同亮度层级的测量，即指一幅图像灰度反差的大小。差异范围越大代表对比越大，差异范围越小代表对比越小。对比度拉伸是把图像灰度反差变大的一个过程，使原图像暗的地方变得更暗，亮的地方变得更亮，增加了图像的对比率。

如图 1.6 所示，图 1.6(a)为原始图像，图 1.6(b)为对比度拉伸后的图像。从图中我们可以很清晰地看出，图 1.6(b)与图 1.6(a)相比，在鼻子、额头等部位，这些原图中较亮的地方变得更亮；眼窝、脖子等部位，这些原图中较暗的地方则变得更暗。

(a)原始图像

(b)对比度拉伸的图像

图 1.6　原始图像与对比拉伸图像对比图

在非良好照明环境下我们会获取到低对比度图像，此时就要用到对比度拉伸对图像进行处理，但在对比度拉伸的过程中会降低图像的质量，导致图像退化。

1.2.4 模糊

采集过程中产生的退化被称为模糊，它对目标的频谱有限制作用，也就是高频分量得到抑制或消除的过程。

造成图像模糊的原因主要有两种：一种是边缘模糊，如光学系统中的孔径衍生产生退化；另一种是运动模糊，如在拍摄过程中相机发生抖动。

如图 1.7 所示，图 1.7(a)为原始图像，图 1.7(b)为模糊图像。图 1.7(b)与图 1.7(a)相比，只能看到原始图像的一个大致轮廓，原始图像中的很多细节并不能从模糊图像中找出，这对图像处理影响很大。特别是在刑侦图像领域，当我们需要对清晰的图像进行仔细分析时，就必须要对模糊图像进行处理，以得到更多的图像细节。

(a) 原始图像

(b) 模糊图像

图 1.7　原始图像与模糊图像对比图

1.2.5 压缩

图像和视频在计算机中表示后通常会占用非常大的空间，出于节省硬盘空间的考虑，往往要对其进行压缩[4]。同时，传输过程中，为了节省珍贵的带宽资源和时间，我们对压缩也有较为迫切的需求。图像编码与压缩从本质上来说就是对要处理的图像原数据按一定的规则进行变换和组合，从而达到以尽可能少的代码(或符号)来表示尽可能多的数据信息。但与此同时，一些压缩(如 JPEG 压缩)会带来图像的块状人工痕迹，这是压缩过程中的典型退化现象。

如图 1.8 所示，图 1.8(a)为原始图像，图 1.8(b)为经过 JPEG 压缩的图像。压缩比=压缩前所占空间大小/实际所占空间大小，从图 1.8(b)可以看出，压缩比例过大就会造成明显的图像降质。压缩图像的质量与压缩比例成反比，压缩比例越大，图像的质量越差，所占存储空间越小。反之，图像压缩比例越小，图像的质量越好，所占存储空间越大。

(a)原始图像　(b)压缩图像

图 1.8　原始图像与 JPEG 压缩图像对比图

1.3　图像退化的校正类型

1.3.1　去噪算法

去噪算法主要是利用图像处理的方法对含有噪声的图像进行清晰化来去除噪声。去噪算法对噪声污染处理的结果如图 1.9 所示。去噪算法的主要难点在于怎样在去除噪声的同时恢复图像的细节。去噪算法包括均值滤波、中值滤波、维纳滤波等。我们将在第 3 章的 3.2 节详细介绍去噪算法。

(a)原始图像　(b)加入噪声　(c)去噪算法后

图 1.9　去噪算法对噪声污染处理的结果图

1.3.2　去模糊算法

图像模糊在生活中是广泛存在的，一直以来都受到了大量的研究和关注。从 20 世纪 60 年代起，为了解决图像去模糊问题，相关领域的学者们首次提出将图像问题转化到频域中来解决，提出了逆滤波、维纳滤波等经典的算法[5]。去模糊算法对模糊处理的结果如图 1.10 所示。但基于频域的图像去模糊算法需要准确地知道模糊的退化类型，并且算法对噪声较敏感，进而基于空域的去模糊算法被提出。常见的基于空域的去模糊算法有：差分复原算法、最小二乘算法、最大熵算法等。我们将在第 3 章的 3.3 节详细介绍去模糊算法。

(a) 原始图像　　(b) 加模糊　　(c) 去模糊算法后

图 1.10　去模糊算法对模糊处理的结果图

1.3.3　图像超分辨率

图像超分辨率可以被理解为图像放大之后细节仍然清晰可见。图像超分辨率恢复技术通过一幅或者多幅低分辨率图像获得一幅高分辨率图像[6,7]。现有的超分辨率图像恢复技术一般要求重建算法恢复出的图像边缘和细节轮廓较为清晰合理。超分辨率对低分辨率图像处理的结果如图 1.11 所示。目前有很多方法能实现超分辨率重建，包括稀疏编码、贝叶斯方法等。我们将在第 3 章的 3.4 节详细介绍图像超分辨率。

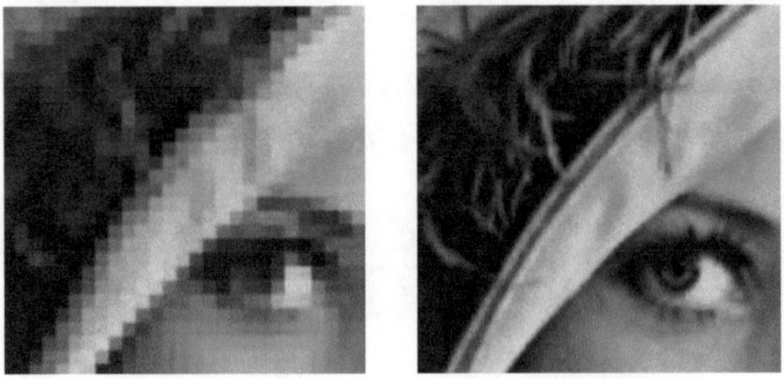

(a) 原始低分辨率图像　　(b) 图像超分辨率后

图 1.11　超分辨率对低分辨率图像处理的结果图

1.3.4　低照度校正算法

在光照不充足的环境中，我们经常会获得一些低照度图像，低照度图像中的物体、背景等细节信息较难获取。但是随着社会的发展，夜间的人口流动性也随之增大，由于低照度校正算法对于夜间监控摄像头拍摄到的刑事案件破获有很大帮助，因此非常具有研究价值，常见的低照度校正算法有 Retinex 算法、同态滤波算法、伽马校正算法等。低照度校正算法对低照度图像处理的结果如图 1.12 所示。我们将在第 3 章的 3.6 节详细介绍低照度校正算法。

(a) 原始图像　　(b) 低照度校正算法后

图 1.12　低照度校正算法对低照度图像处理结果图

1.4　图像质量评价准则

图像质量的评价标准大致分为两类：主观评价准则和客观评价准则。主观评价准则就是从观测者的主观角度出发对图像质量进行评价，没有固定的评价标准，容易产生误差，但评价方法简单直接，人眼的视觉评价就是一种主观评价准则。客观评价准则是基于客观事物的基础上，有自己固定的评价标准，评价方法往往比较烦琐和复杂。在图像重建中采用的往往是客观评价准则，通过使用客观评价准则的量化指标，来对图像重建的结果进行评价。

1.4.1　客观评价准则

常用的客观评价准则有峰值信噪比(peak signal to noise ratio，PSNR)[8]、结构相似性索引方法(structural similarity index measure，SSIM)[9]和特征相似性索引方法(feature similarity index measure，FSIM)[10]三种。首先来看第一种客观评价准则 PSNR，其基本公式为

$$\mathrm{PSNR}=10\cdot\log_{10}\left(\frac{255^2}{\mathrm{MSE}}\right) \tag{1.3}$$

$$\mathrm{MSE}=\frac{1}{L\times W}\sum_{i=1}^{L}\sum_{j=1}^{W}(\hat{y}(i,j)-y(i,j))^2 \tag{1.4}$$

其中，y 为理想重建后的图像，$\hat{y}$ 为实际重建后的图像，MSE 为实际重建后的图像 $\hat{y}$ 与理想重建后的图像 y 的均方误差，L 和 W 分别为图像的宽度和高度，(i,j) 代表像素点的位置。例如，理想重建后的图像 $y=\begin{bmatrix}1&2&5\\6&4&2\\3&8&7\end{bmatrix}$，实际重建后的图像 $\hat{y}=\begin{bmatrix}1&2&4\\6&3&4\\3&8&5\end{bmatrix}$，则 PSNR 的计算过程为

$$\begin{aligned}\text{MSE}&=\frac{1}{3\times 3}\sum_{i=1}^{3}\sum_{j=1}^{3}(\hat{y}(i,j)-y(i,j))^2\\&=\frac{1}{9}\left[(\hat{y}(1,1)-y(1,1))^2+(\hat{y}(1,2)-y(1,2))^2+(\hat{y}(1,3)-y(1,3))^2\right]\\&\quad+\frac{1}{9}\left[(\hat{y}(2,1)-y(2,1))^2+(\hat{y}(2,2)-y(2,2))^2+(\hat{y}(2,3)-y(2,3))^2\right]\\&\quad+\frac{1}{9}\left[\left(\hat{y}(3,1)-y(3,1)\right)^2+(\hat{y}(3,2)-y(3,2))^2+(\hat{y}(3,3)-y(3,3))^2\right]\\&=\frac{1}{9}\left[(1-1)^2+(2-2)^2+(4-5)^2\right]\\&\quad+\frac{1}{9}\left[(6-6)^2+(3-4)^2+(4-2)^2\right]\\&\quad+\frac{1}{9}\left[(3-3)^2+(8-8)^2+(5-7)^2\right]\\&=1.11\end{aligned}\tag{1.5}$$

$$\text{PSNR}=10\cdot\log_{10}\left(\frac{255^2}{1.11}\right)=47.68\text{dB}\tag{1.6}$$

PSNR 的优点是计算复杂度低。当其他参数固定时，PSNR 值越高，图像质量越好。

从式(1.3)和式(1.4)中可以明显看出，PSNR 的取决因素为：理想重建后的图像和实际重建后图像之间的差。两者相差越大，重建质量越差；相差越小，图像重建质量越好。PSNR 是一个比较简单的评判图像质量的方式，但客观评价准则应该遵循符合人眼习惯的准则，所以这种方式存在一个问题：计算差的过程中不区分图像的边缘区域和平滑区域，忽略了图像边缘部分的噪声，这样有可能出现图像的主观观察重建质量并不高，计算出的 PSNR 值反而很大的情况。

一个相对客观的评价图像质量高低的方法应该是能够正确地按照人眼的规则去评价一个图像的质量，如接下来介绍的 SSIM[9]，其基本公式为

$$\text{SSIM}(\hat{\boldsymbol{H}},\boldsymbol{H})=[l(\hat{\boldsymbol{H}},\boldsymbol{H})]^{\alpha'}\cdot[c(\hat{\boldsymbol{H}},\boldsymbol{H})]^{\beta'}\cdot[s(\hat{\boldsymbol{H}},\boldsymbol{H})]^{\gamma'}\tag{1.7}$$

从 SSIM 的基本公式可以看出，SSIM 的计算结构主要是由 $s(\hat{\boldsymbol{H}},\boldsymbol{H})$，$l(\hat{\boldsymbol{H}},\boldsymbol{H})$ 和 $c(\hat{\boldsymbol{H}},\boldsymbol{H})$ 这三部分组成，它们为 SSIM 的三个指标。其中，$\boldsymbol{H}$ 为理想重建图像，$\hat{\boldsymbol{H}}$ 为真实重建图像，$\alpha'>0$，$\beta'>0$，$\gamma'>0$，α',β',γ' 是控制这三个指标对于 SSIM 贡献量的参数，三个指标的计算公式分别为

$$s(\hat{\boldsymbol{H}},\boldsymbol{H})=\frac{\sigma_{\hat{H}H}+C_3'}{\sigma_{\hat{H}}\sigma_H+C_3'} \tag{1.8}$$

$$l(\hat{\boldsymbol{H}},\boldsymbol{H})=\frac{2\mu_H\mu_{\hat{H}}+C_1'}{\mu_H^2+\mu_{\hat{H}}^2+C_1'} \tag{1.9}$$

$$c(\hat{\boldsymbol{H}},\boldsymbol{H})=\frac{2\sigma_H\sigma_{\hat{H}}+C_2'}{\sigma_H^2+\sigma_{\hat{H}}^2+C_2'} \tag{1.10}$$

其中，C_1',C_2',C_3' 均为三个常数，为了避免分母为零的情况，通常取 $C_1'=(255\cdot K_1)^2$，$C_2'=(255\cdot K_2)^2$，$C_3'=\dfrac{C_2'}{2}$，其中，$K_1=0.01$，K_2=0.03，所以 $C_1'=6.5$，$C_2'=58.52$，$C_3'=29.26$。μ_H 为理想重建图像的均值，$\mu_{\hat{H}}$ 为真实重建图像的均值。理想重建图像和真实重建图像相似度越高，均值越接近。σ_H 为理想重建图像的方差，$\sigma_{\hat{H}}$ 为真实重建图像的方差，$\sigma_{\hat{H}H}$ 为两个图像的协方差。具体计算公式如下：

$$\mu_H=\frac{1}{L\times W}\sum_{i=1}^{L}\sum_{j=1}^{W}\boldsymbol{H}(i,j) \tag{1.11}$$

$$\sigma_H^2=\frac{1}{L\times W-1}\sum_{i=1}^{L}\sum_{j=1}^{W}(\boldsymbol{H}(i,j)-\mu_H)^2 \tag{1.12}$$

$$\sigma_{H\hat{H}}=\frac{1}{L\times W-1}\sum_{i=1}^{L}\sum_{j=1}^{W}(\boldsymbol{H}(i,j)-\mu_H)(\hat{\boldsymbol{H}}(i,j)-\mu_{\hat{H}}) \tag{1.13}$$

例如，理想重建后的图像 $\boldsymbol{H}=\begin{bmatrix}1&2&5\\6&4&2\\3&8&7\end{bmatrix}$，实际重建后的图像 $\hat{\boldsymbol{H}}=\begin{bmatrix}1&2&4\\6&3&4\\3&8&5\end{bmatrix}$，且 α',β',γ' 的值均取 1，则 SSIM 的具体计算过程为

$$\mu_H=\frac{1}{3\times 3}\sum_{i=1}^{3}\sum_{j=1}^{3}\boldsymbol{H}(i,j)=4.22 \tag{1.14}$$

$$\mu_{\hat{H}}=\frac{1}{3\times 3}\sum_{i=1}^{3}\sum_{j=1}^{3}\hat{\boldsymbol{H}}(i,j)=4 \tag{1.15}$$

$$\begin{aligned}\sigma_H^2 &= \frac{1}{3\times3-1}\sum_{i=1}^{3}\sum_{j=1}^{3}(\boldsymbol{H}(i,j)-\mu_H)^2\\ &=\frac{1}{8}[(\boldsymbol{H}(1,1)-\mu_H)^2+(\boldsymbol{H}(1,2)-\mu_H)^2+(\boldsymbol{H}(1,3)-\mu_H)^2]\\ &\quad+\frac{1}{8}\left[(\boldsymbol{H}(2,1)-\mu_H)^2+(\boldsymbol{H}(2,2)-\mu_H)^2+(\boldsymbol{H}(2,3)-\mu_H)^2\right]\\ &\quad+\frac{1}{8}[(\boldsymbol{H}(3,1)-\mu_H)^2+(\boldsymbol{H}(3,2)-\mu_H)^2+(\boldsymbol{H}(3,3)-\mu_H)^2]\\ &=5.95\end{aligned} \tag{1.16}$$

$$\begin{aligned}\sigma_{\hat{H}}^2 &= \frac{1}{3\times3-1}\sum_{i=1}^{3}\sum_{j=1}^{3}(\hat{\boldsymbol{H}}(i,j)-\mu_{\hat{H}})^2\\ &=\frac{1}{8}[(\hat{\boldsymbol{H}}(1,1)-\mu_{\hat{H}})^2+(\hat{\boldsymbol{H}}(1,2)-\mu_{\hat{H}})^2+(\hat{\boldsymbol{H}}(1,3)-\mu_{\hat{H}})^2]\\ &\quad+\frac{1}{8}[(\hat{\boldsymbol{H}}(2,1)-\mu_{\hat{H}})^2+(\hat{\boldsymbol{H}}(2,2)-\mu_{\hat{H}})^2+(\hat{\boldsymbol{H}}(2,3)-\mu_{\hat{H}})^2]\\ &\quad+\frac{1}{8}[(\hat{\boldsymbol{H}}(3,1)-\mu_{\hat{H}})^2+(\hat{\boldsymbol{H}}(3,2)-\mu_{\hat{H}})^2+(\hat{\boldsymbol{H}}(3,3)-\mu_{\hat{H}})^2]\\ &=4.5\end{aligned} \tag{1.17}$$

$$\begin{aligned}\sigma_{H\hat{H}} &= \frac{1}{3\times3-1}\sum_{i=1}^{3}\sum_{j=1}^{3}(\boldsymbol{H}(i,j)-\mu_H)(\hat{\boldsymbol{H}}(i,j)-\mu_{\hat{H}})\\ &=\frac{1}{8}(\boldsymbol{H}(1,1)-\mu_H)(\hat{\boldsymbol{H}}(1,1)-\mu_{\hat{H}})+\frac{1}{8}(\boldsymbol{H}(1,2)-\mu_H)(\hat{\boldsymbol{H}}(1,2)-\mu_{\hat{H}})\\ &\quad+\frac{1}{8}(\boldsymbol{H}(1,3)-\mu_H)(\hat{\boldsymbol{H}}(1,3)-\mu_{\hat{H}})+\frac{1}{8}(\boldsymbol{H}(2,1)-\mu_H)(\hat{\boldsymbol{H}}(2,1)-\mu_{\hat{H}})\\ &\quad+\frac{1}{8}(\boldsymbol{H}(2,2)-\mu_H)(\hat{\boldsymbol{H}}(2,2)-\mu_{\hat{H}})+\frac{1}{8}(\boldsymbol{H}(2,3)-\mu_H)(\hat{\boldsymbol{H}}(2,3)-\mu_{\hat{H}})\\ &\quad+\frac{1}{8}(\boldsymbol{H}(3,1)-\mu_H)(\hat{\boldsymbol{H}}(3,1)-\mu_{\hat{H}})+\frac{1}{8}(\boldsymbol{H}(3,2)-\mu_H)(\hat{\boldsymbol{H}}(3,2)-\mu_{\hat{H}})\\ &\quad+\frac{1}{8}(\boldsymbol{H}(3,3)-\mu_H)(\hat{\boldsymbol{H}}(3,3)-\mu_{\hat{H}})\\ &=4.63\end{aligned} \tag{1.18}$$

$$s(\hat{\boldsymbol{H}},\boldsymbol{H})=\frac{\sigma_{\hat{H}H}+C_3'}{\sigma_{\hat{H}}\sigma_H+C_3'}=\frac{4.63+29.26}{\sqrt{4.5}\times\sqrt{5.95}+29.26}=0.98 \tag{1.19}$$

$$l(\hat{\boldsymbol{H}},\boldsymbol{H})=\frac{2\mu_H\mu_{\hat{H}}+C_1'}{\mu_H^2+\mu_{\hat{H}}^2+C_1'}=\frac{2\times4.22\times4+6.5}{4.22^2+4^2+6.5}=0.999 \tag{1.20}$$

$$c(\hat{\boldsymbol{H}},\boldsymbol{H})=\frac{2\sigma_H\sigma_{\hat{H}}+C_2'}{\sigma_H^2+\sigma_{\hat{H}}^2+C_2'}=\frac{2\times\sqrt{5.95}\times\sqrt{4.5}+58.52}{5.95+4.5+58.52}=0.999 \tag{1.21}$$

则 SSIM 的最终值为

$$\begin{aligned}\mathrm{SSIM}(\hat{\boldsymbol{H}},\boldsymbol{H})&=[l(\hat{\boldsymbol{H}},\boldsymbol{H})]\cdot[c(\hat{\boldsymbol{H}},\boldsymbol{H})]\cdot[s(\hat{\boldsymbol{H}},\boldsymbol{H})]\\&=0.42\times1\times0.98\\&=0.4116\end{aligned} \tag{1.22}$$

首先，关于第一个指标 $s(\hat{\boldsymbol{H}},\boldsymbol{H})$，在式(1.8)中，$C_3'$ 为控制大小的参数，$s(\hat{\boldsymbol{H}},\boldsymbol{H})$ 可以近似等价于 $s(\hat{\boldsymbol{H}},\boldsymbol{H})=\frac{\sigma_{\hat{H}H}}{\sigma_{\hat{H}}\sigma_H}$，$\sigma_{\hat{H}H}$ 为二者的协方差函数，通俗地说就是两个图像偏离波动中心(均值)程度的内积，实际上为每个像素点减去图像均值之后的相似程度，相似度越高值越大。分母部分 $\sigma_{\hat{H}}\sigma_H$ 为两个图像的方差相乘，$\frac{\sigma_{\hat{H}H}}{\sigma_{\hat{H}}\sigma_H}$ 实际上为整个指标的归一化形式，将这个指标的范围控制在 0~1 之间。

关于指标 $l(\hat{\boldsymbol{H}},\boldsymbol{H})$，由式(1.9)可以看出，$C_1'$ 的性质和 C_3' 一样，也是控制大小的参数，$l(\hat{\boldsymbol{H}},\boldsymbol{H})$ 的计算公式实际上是由 $(\mu_H-\mu_{\hat{H}})^2$ 计算推导而来，推导过程如下：

$$(\mu_H-\mu_{\hat{H}})^2={\mu_H}^2-2\mu_H\mu_{\hat{H}}+{\mu_{\hat{H}}}^2=({\mu_H}^2+{\mu_{\hat{H}}}^2)\left(1-\frac{2\mu_H\mu_{\hat{H}}}{{\mu_H}^2+{\mu_{\hat{H}}}^2}\right) \tag{1.23}$$

其中，$(\mu_H-\mu_{\hat{H}})^2$ 为均方差的平方，两个图像的均方差值越小，说明两个图像越相似。若规定 SSIM 值越大越好，则需要对式(1.23)中 $(\mu_H-\mu_{\hat{H}})^2$ 进行一个分解，分解成 $({\mu_H}^2+{\mu_{\hat{H}}}^2)\left(1-\frac{2\mu_H\mu_{\hat{H}}}{{\mu_H}^2+{\mu_{\hat{H}}}^2}\right)$ 的形式，其中，$\frac{2\mu_H\mu_{\hat{H}}}{{\mu_H}^2+{\mu_{\hat{H}}}^2}$ 作为被减项。可以看出，$\frac{2\mu_H\mu_{\hat{H}}}{{\mu_H}^2+{\mu_{\hat{H}}}^2}$ 越大，图像越相似，所以将这一部分作为参数放到 SSIM 中，就构成了式(1.9)的指标 $l(\hat{\boldsymbol{H}},\boldsymbol{H})$。

最后一个指标 $c(\hat{\boldsymbol{H}},\boldsymbol{H})$ 是方差的相似度。$c(\hat{\boldsymbol{H}},\boldsymbol{H})$ 与均值的相似度的计算思路一样，$c(\hat{\boldsymbol{H}},\boldsymbol{H})$ 是由 $(\sigma_H-\sigma_{\hat{H}})^2$ 计算推导而来，推导过程如下：

$$(\sigma_H-\sigma_{\hat{H}})^2={\sigma_H}^2-2\sigma_H\sigma_{\hat{H}}+{\sigma_{\hat{H}}}^2=({\sigma_H}^2+{\sigma_{\hat{H}}}^2)\left(1-\frac{2\sigma_H\sigma_{\hat{H}}}{{\sigma_H}^2+{\sigma_{\hat{H}}}^2}\right) \tag{1.24}$$

式(1.10)中，σ_H 是理想重建图像的方差，$\sigma_{\hat{H}}$ 是真实重建图像的方差，两个方差越接近图像相似度越高。若规定 SSIM 值越大越好，则需要对式(1.24)中的 $(\sigma_H-\sigma_{\hat{H}})^2$ 进行一个分解，分解成 $({\sigma_H}^2+{\sigma_{\hat{H}}}^2)\left(1-\frac{2\sigma_H\sigma_{\hat{H}}}{{\sigma_H}^2+{\sigma_{\hat{H}}}^2}\right)$ 的形式，其中，

$\dfrac{2\sigma_H\sigma_{\hat{H}}}{{\sigma_H}^2+{\sigma_{\hat{H}}}^2}$ 作为被减项，可以看出，$\dfrac{2\sigma_H\sigma_{\hat{H}}}{{\sigma_H}^2+{\sigma_{\hat{H}}}^2}$ 越大使得图像越相似，所以将这一部分作为参数放到 SSIM 中，就构成了式(1.10)的指标 $c(\hat{\boldsymbol{H}},\boldsymbol{H})$。

总体来说，两个图像相似的必要条件是两图像的方差之差和均值之差都足够小，所以将 $s(\hat{\boldsymbol{H}},\boldsymbol{H})$、$l(\hat{\boldsymbol{H}},\boldsymbol{H})$ 和 $c(\hat{\boldsymbol{H}},\boldsymbol{H})$ 作为三个衡量 SSIM 的指标，这三个指标相乘，就构成了结构相似度的基本结构。那么 SSIM 和 PSNR 有什么区别和联系呢？SSIM 考虑的因素比 PSNR 考虑的因素相对要周全，SSIM 考虑的因素包括均值的相似度和方差的相似度。均值的相似度和方差的相似度都是统计量，统计量表现的是一个总体水平。SSIM 中 $l(\hat{\boldsymbol{H}},\boldsymbol{H})$ 和 $c(\hat{\boldsymbol{H}},\boldsymbol{H})$ 的衡量指标相对模糊一些，但指标 $s(\hat{\boldsymbol{H}},\boldsymbol{H})$ 实际上求的是一个内积，在 $s(\hat{\boldsymbol{H}},\boldsymbol{H})$ 中，$\sigma_{\hat{H}H}$ 是去掉均值后偏离波动中心的程度，求内积的过程就是考虑每个点之间偏离波动中心的程度和相似程度，所以 $s(\hat{\boldsymbol{H}},\boldsymbol{H})$ 实际上是用内积相似度做了一个逐点的运算；而 PSNR 仅仅是用欧几里得距离进行的一个逐点的运算。所以与 SSIM 相比，PSNR 仅仅考虑了逐点的欧几里得距离的计算，计算相对简单，准确率较低；而 SSIM 使用了均值和方差的相似度，计算复杂，准确率相对较高。但是这两种方法都有一个缺点：都必须有理想的重建图像作为参照图像，才能进行计算。

FSIM[10]是图像质量评价的又一准则，它是在 SSIM 的基础上做的一个改进，介绍 FSIM 之前需要首先了解一个概念：什么是马赫带效应？

如图 1.13 所示，图 1.13(a)中每一个小方格中像素值都相等，但在视觉观察上

(a) 表示马赫带原理图

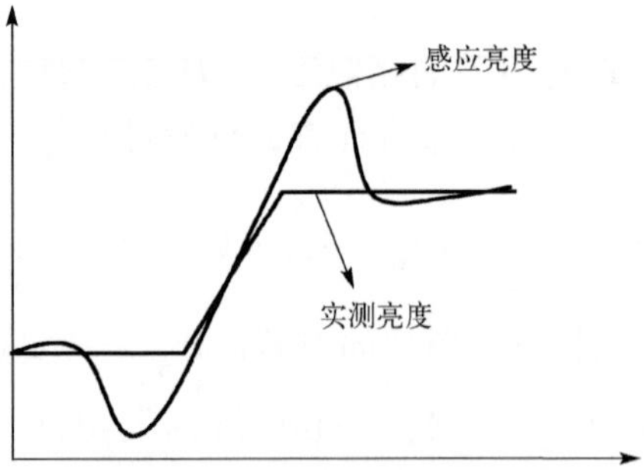

(b) 马赫带的横剖面的感知亮度和实测亮度

图 1.13　马赫带效应

却觉得是不同的，主要是因为图中每一个小格颜色不同，人的视觉观察特性会导致主观评判的误差。为什么会有这种误差？主要是因为主观评价具有对比性。如图 1.13(b)所示，将同一个物体与亮度高的物体对比，该物体在主观评价中会显得亮度更低，与亮度较低的物体对比该物体的亮度就会显得高一些。这就是马赫带效应最通俗的理解。马赫带效应主要发生在图像的边缘部分，也就是图像像素值跳变较大的区域，而人们的视觉往往对这个区域比较敏感，关注度较高。所以，图像边缘质量的高低，是衡量图像质量的又一个重要准则。

FSIM 的主要特点是对边缘图像做了细节处理，这也是 FSIM 和 PSNR 以及 SSIM 的一个主要区别。FSIM 图像质量评价准则的基本思想是：加大图像边缘的权重，减小图像非边缘部分的权重。图像边缘具有相位一致性(phase congruency，PC)的特点，所以在边缘检测这一部分，FSIM 给出了相位一致性的指标，如图 1.14 所示。

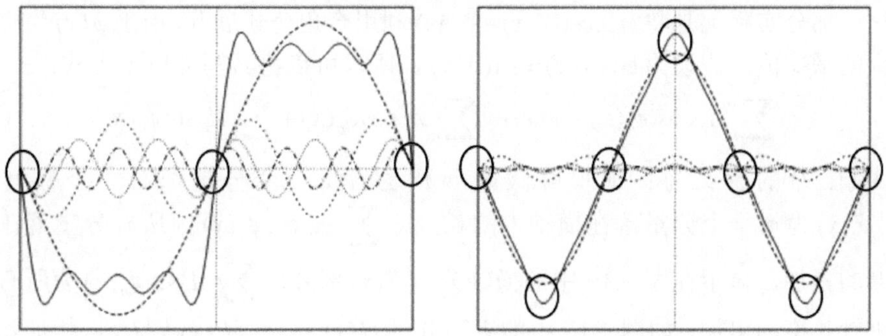

(a) 方波　　(b) 三角形波

图 1.14　相位一致性波形图

如图 1.14 所示，以方波为例，方波跳变的位置即为图像的边缘，将方波进行傅里叶级数的展开，傅里叶级数展开可以展开成多个正余弦的形式，方波图中黑圈位置为所有的正余弦相位一致性的位置，正弦波中这些点的值都为 0。在三角波的情况下，跳变的位置同样为图中黑圈的位置。在图像重建中，所找的边缘区域即为方波中相位一致的位置，此处为傅里叶展开的 0 度角位置，这个位置往往容易发生马赫带效应。而容易发生马赫带效应的位置，就是图像质量评价的一个关键位置。简言之，图像评价的关键位置是相位一致性的位置，相位一致性越高，在图像中对其赋予的权重越高，这就是 FSIM 评价准则的主要思想。FSIM 的基本公式为

$$PC(x) = \max_{\bar{\phi}(x)\in[0,2\pi]} \frac{\sum_n A_n \cos(\phi_n(x) - \bar{\phi}(x))}{\sum_n A_n} \tag{1.25}$$

式(1.25)也可以称为相位一致性的计算公式。$PC(x)$ 值越大，相位一致性越高。观察式(1.25)，其实就是将信号展开成傅里叶级数，每一个分量都有一个相位，$\bar{\phi}(x)$

为每个分量相位的一个平均值，$\phi_n(x)$ 是每一个分量的相位，$(\phi_n(x)-\overline{\phi}(x))$ 为每个分量相位与相位均值的差，A_n 为幅度值，$\cos(\phi_n(x)-\overline{\phi}(x))$ 中，相位之间的差越大，余弦值越小。所以可以看出，相位差越大，PC 值越小；反之，相位差越小，PC 值越大。当 PC 的值越大，说明相位一致性越高，这就是相位一致性的计算方法。评价图像质量的过程中，相位一致性可以用 PC 的计算方法来判别，也就是说，PC 值的大小是作为相位一致性的评判标准，PC 值的相似程度为 FSIM 的评价指标。

观察式(1.25)中的分子部分，有以下结果：

$$\begin{aligned}\sum_n A_n\cos(\phi_n(x)-\overline{\phi}(x)) &= \sum_n A_n(\cos\phi_n(x)\cos\overline{\phi}(x)+\sin\phi_n(x)\sin\overline{\phi}(x))\\ &=\cos\overline{\phi}(x)\sum_n A_n\cos\phi_n(x)+\sin\overline{\phi}(x)\sum_n A_n\sin\phi_n(x)\\ &\approx\sum_n A_n\cos\phi_n(x)+\sum_n A_n\sin\phi_n(x)\end{aligned} \tag{1.26}$$

这一部分实际上是将 $A_n\cos(\phi_n(x)-\overline{\phi}(x))$ 利用合角公式展开，由于 $\overline{\phi}(x)$ 为每个分量相位的平均值，假设为 $\cos\overline{\phi}(x)=\sin\overline{\phi}(x)$，所以可以将其写为以下形式：

$$\sum_n A_n\cos(\phi_n(x)-\overline{\phi}(x))\approx\sum_n A_n\cos\phi_n(x)+\sum_n A_n\sin\phi_n(x) \tag{1.27}$$

式(1.27)的意义为：傅里叶级数展开之后每一个分量都有一个幅度值，$A_n\cos\phi_n(x)$ 为每一个分量落在横轴上的长度，$\sum_n A_n\cos\phi_n(x)$ 为所有分量落在横轴上长度的累加，显示在图 1.15 中的横轴分量 $F(x)$ 部分；$\sum_n A_n\sin\phi_n(x)$ 为所有分量落在纵轴长度的累加，如图 1.15 中的纵轴分量 $H(x)$ 部分，$F(x)$ 与 $H(x)$ 相加就是虚

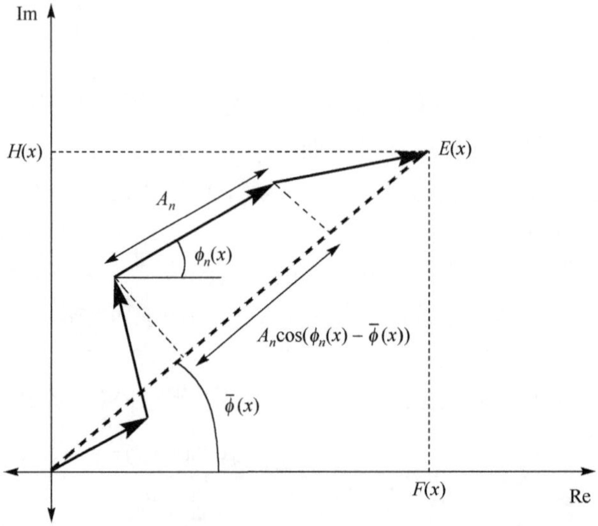

图 1.15 向量分量分解图

线 $E(x)$ 这部分。图 1.15 中，$E(x)$ 箭头越长说明 $\overline{\phi}(x)$ 与 $\phi_n(x)$ 相位一致性越高，$E(x)$ 的长度即为 $\sum_n A_n \cos\phi_n(x) + \sum_n A_n \sin\phi_n(x)$ 的模值，计算如下：

$$
\begin{aligned}
E(x) &= \left(\sum_n A_n \cos\phi_n(x) + \sum_n A_n \sin\phi_n(x)\right)^2 \\
&= \left(\sum_n A_n \cos\phi_n(x)\right)^2 + 2\left(\sum_n A_n \cos\phi_n(x)\right)\left(\sum_n A_n \sin\phi_n(x)\right) + \left(\sum_n A_n \sin\phi_n(x)\right)^2 \\
&= \left(\sum_n A_n \cos\phi_n(x)\right)^2 + \left(\sum_n A_n \sin\phi_n(x)\right)^2 \\
&= F^2(x) + H^2(x)
\end{aligned} \tag{1.28}
$$

由于 $\sum_n A_n \cos\phi_n(x)$ 和 $\sum_n A_n \sin\phi_n(x)$ 正交，式(1.28)实际上是对相位一致性原理给出的另外一个计算公式。

1.4.2 FSIM 的具体计算过程

通过上一节的学习，对相位一致性原理有了一个初步的认识，那么接下来就要寻求数学工具来具体描述这个原理。事实上，对于图像进行傅里叶级数展开是不可行的，因为图像为二维信号，但是傅里叶级数展开的对象往往是一维信号，所以想通过傅里叶级数展开得到一个图像的幅度和角度在实际应用中是无法实现的。通常情况下，FSIM 的实现方法主要是通过三个滤波器：log-Gabor 滤波器、窗函数滤波器和相位滤波器。

1. log-Gabor 滤波器

假设对于任意一个波形进行稀疏表示，则需要对波形进行稀疏分解。求稀疏表示系数的一种简单方法就是求内积：将该波与正弦波求内积，在正弦波上做投影，计算投影长度，就得到了图像的相似度。与正交匹配追踪算法(见 4.2.2 节)计算方法相似，将所求波与正弦波做内积，结果实际上是在正弦波上的一个投影。log-Gabor 滤波器的半径项基本公式为

$$
G_1(r) = \exp\left(-\frac{(\log(r/\omega_0))^2}{2(\log(k/\omega_0))^2}\right) \tag{1.29}
$$

$G_1(r)$ 为 log-Gabor 滤波器的半径项，log-Gabor 滤波器从频率角度出发进行滤波。式(1.29)中指数位置类似于高斯函数，由 ω_0 来控制 Gabor 滤波器的频率和宽度。k 为参数，如果保持滤波器的基本形状不变，当 ω_0 变化时，k/ω_0 需要保持常数。log-Gabor 滤波器的半径项模型如图 1.16 所示，其中，$r = \sqrt{x^2 + y^2}$ 。

2. 窗函数滤波器

第二种使用的滤波器是窗函数滤波器。顾名思义，就是给滤波器加窗函数，加窗函数的实际意义是限制时间。窗函数滤波器的基本公式为

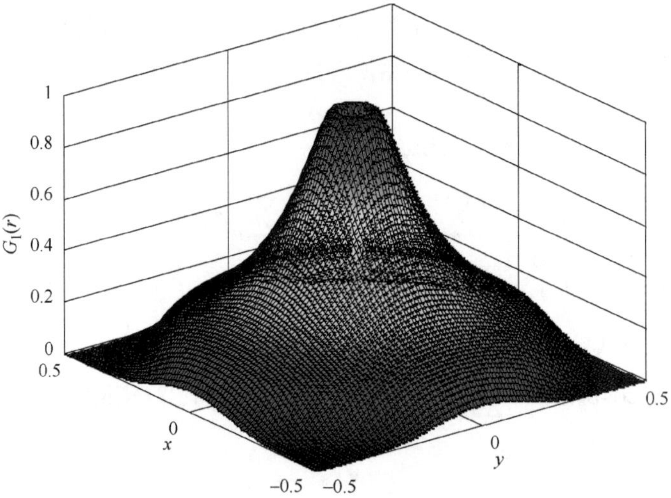

图 1.16 log-Gabor 滤波器的模型

$$G_2(r)=\begin{cases}1, & 0\leqslant\sqrt{r}\leqslant 0.25\\ \dfrac{1}{1+(r/\omega_1)^{2n}}, & r>0.25\end{cases} \tag{1.30}$$

式(1.30)中，由 ω_1 来控制窗函数滤波器窗的大小和宽度。窗函数滤波器的模型如图 1.17 所示。

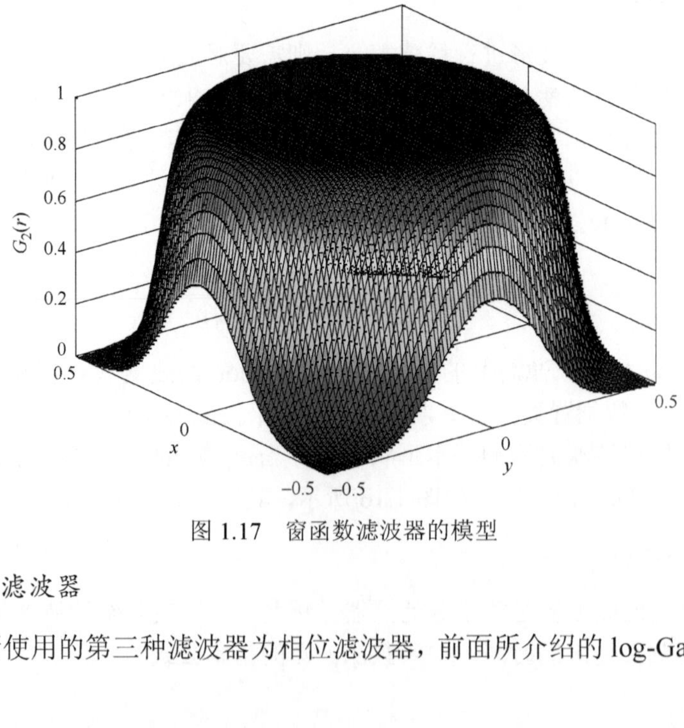

图 1.17 窗函数滤波器的模型

3. 相位滤波器

FSIM 所使用的第三种滤波器为相位滤波器，前面所介绍的 log-Gabor 滤波器只是基于频率的滤波器，窗函数滤波器限制了选取图像的范围。而处理一个图像信号不仅需要对频率进行处理，还需要对相位进行处理，这样才是一个完整的图像处理过程。相位滤波器的基本公式为

$$G_3(\theta)=\exp\left(-\frac{(\theta-\theta_0)^2}{2{\sigma_\theta}^2}\right) \tag{1.31}$$

其中，θ 为实际相位，θ_0 为中心相位，$(\theta-\theta_0)$ 差越小，两相位相似度越大，$G_3(\theta)$ 的值越大。相位滤波器的模型如图 1.18 所示，其中，$\theta=\arctan\left(-\frac{y}{x}\right)$。

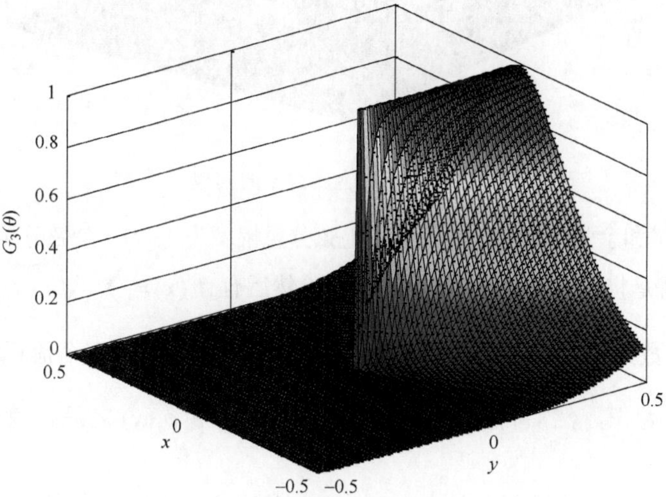

图 1.18　相位滤波器的模型

最后，由上述三个滤波器可以组合成新的滤波器：

$$G(r,\theta)=G_1(r)G_2(r)G_3(\theta) \tag{1.32}$$

组合滤波器的模型如图 1.19 所示。

FSIM 方法中所用组合滤波器能够真正在图像上进行卷积，该组合滤波器是由一个频率滤波器、一个窗函数滤波器和一个相位滤波器组合而成。在处理图像的具体操作中，是将这个滤波器在整个图像上做卷积，其中，log-Gabor 滤波器是提取图像特征的一个重要方式。具体地，就是在 MATLAB 中生成滤波器，然后在图像上进行卷积相乘。

FSIM 的具体做法如下。

使用 log-Gabor 滤波器：

$$[e_n(x)\quad o_n(x)]=[I(x)*M_n^e\quad I(x)*M_n^o] \tag{1.33}$$

式中，M_n^e 表示 sin 某角度，M_n^o 表示 cos 某角度，上述过程实际上就是将图像信号

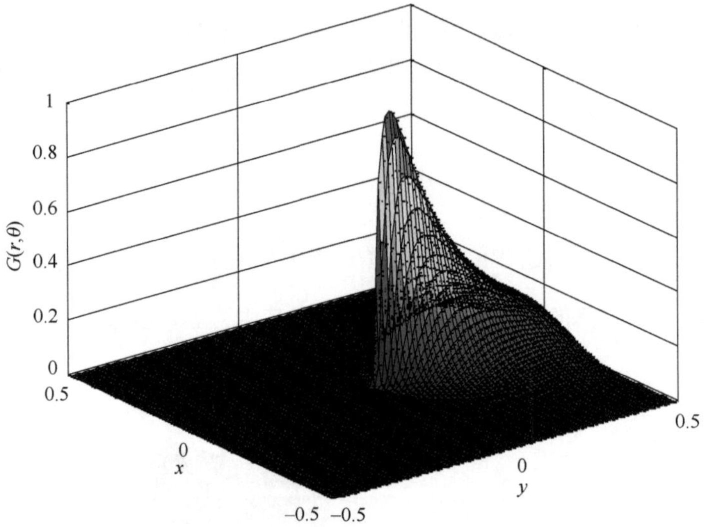

图 1.19 组合滤波器的模型

变成了正弦分量和余弦分量这两个分量。正弦分量幅度为 $e_n(x)$，余弦分量幅度为 $o_n(x)$。换种说法，也就是将信号变成一个二元的向量，然后有 $A_n(x)=\sum_n\sqrt{e_n(x)^2+o_n(x)^2}$，$A_n$ 为稀疏表示系数，$\phi_n(x)=\arctan\dfrac{e_n(x)}{o_n(x)}$。在使用 log- Gabor 的整个流程中，就是将两个滤波器进行卷积，然后得到 A_n 和 $\phi_n(x)$，得到 A_n 和 $\phi_n(x)$ 之后，就可以通过计算得到 $E(x)$。

对上文的基础理论进行总结，FSIM 从人眼的特点出发来衡量重建图像的质量。而人眼对具有马赫带效应的区域更加敏感，同时具有马赫带效应的位置是与傅里叶级数展开相位一致的位置。前文中了解到，傅里叶级数展开本身是一个困难问题，因此使用 log-Gabor 滤波器求傅里叶级数展开的表示系数，采用窗函数滤波器的目的是限制范围从而避免吉布斯效应。通过 log-Gabor 滤波器可以得到相位一致性的参数 $E(x)$，通过描述相位一致性的参数 $E(x)$，可以进一步知道图像每个位置相位一致性的情况，然后对相位一致性更高的点赋予更高的权重。

那么 FSIM 具体怎么评价图像质量呢？如图 1.20 所示，$\boldsymbol{f}_1$ 是没有退化的理想图像的矩阵，$\boldsymbol{f}_2$ 为退化图像的矩阵，对 $\boldsymbol{f}_1$ 和 $\boldsymbol{f}_2$ 分别进行分解处理，分解成 $\boldsymbol{f}_1=\boldsymbol{Y}_1\boldsymbol{I}_1\boldsymbol{Q}_1$ 和 $\boldsymbol{f}_2=\boldsymbol{Y}_2\boldsymbol{I}_2\boldsymbol{Q}_2$，$\boldsymbol{Y}_1$ 和 $\boldsymbol{Y}_2$ 为亮度分量图像矩阵，$\boldsymbol{I}$ 和 $\boldsymbol{Q}$ 为两个色度分量图像矩阵。人眼对亮度分量更敏感，因此对于亮度分量给的权重应该是更大的，因为前面学过的 $PC(x)$ 计算是对整个图像进行卷积，若将亮度分量和色度分量都进行卷积，算法复杂度会很高，所以仅仅是对作为主要参考因素的亮度分量求 $PC(x)$，对于色度分量，采用结构相似度的其他指标进行处理。将图像分成亮度分量和色度分量之后，对亮度

分量计算 $PC(x)$ 值，得到相位一致性的图像，对其求梯度 $\boldsymbol{G}_1$ 和 $\boldsymbol{G}_2$。图像的梯度是如何计算的呢？我们学过微积分，知道微分就是求函数的变化率，即导数(梯度)，那么对于图像来说，可不可以用微分来表示图像灰度的变化率呢？当然是可以的。

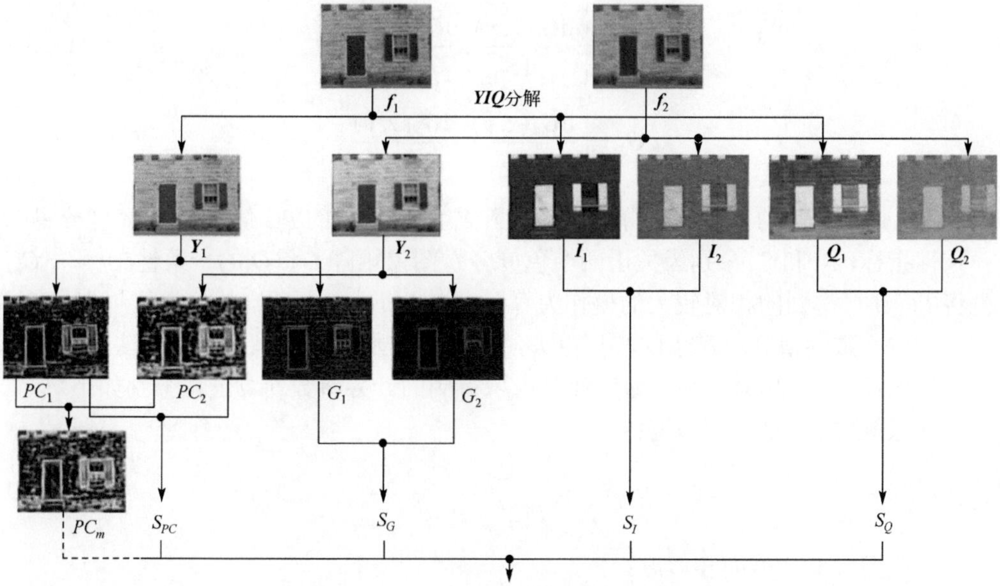

图 1.20 FSIM 图像质量的评价过程

在微积分中，一维函数的一阶微分的基本定义是这样的：

$$\frac{\mathrm{d}g(x)}{\mathrm{d}x}=\lim_{\varepsilon\to 0}\frac{g(x+\varepsilon)-g(x)}{\varepsilon} \tag{1.34}$$

而图像是一个二维函数 $G(x,y)$，其微分当然就是偏微分。因此有：

$$\frac{\mathrm{d}\boldsymbol{G}(x,y)}{\mathrm{d}x}=\lim_{\varepsilon\to 0}\frac{\boldsymbol{G}(x+\varepsilon,y)-\boldsymbol{G}(x,y)}{\varepsilon} \tag{1.35}$$

$$\frac{\mathrm{d}\boldsymbol{G}(x,y)}{\mathrm{d}y}=\lim_{\varepsilon\to 0}\frac{\boldsymbol{G}(x,y+\varepsilon)-\boldsymbol{G}(x,y)}{\varepsilon} \tag{1.36}$$

因为图像是一个离散的二维函数，ε 不能无限小，图像是使用差分来代替微分，因此，上面的图像微分又变成了如下的形式($\varepsilon=1$)：

$$\frac{\mathrm{d}\boldsymbol{G}(x,y)}{\mathrm{d}x}=\boldsymbol{G}(x+1,y)-\boldsymbol{G}(x,y) \tag{1.37}$$

$$\frac{\mathrm{d}\boldsymbol{G}(x,y)}{\mathrm{d}y}=\boldsymbol{G}(x,y+1)-\boldsymbol{G}(x,y) \tag{1.38}$$

把这两个值写在一起得到图像梯度矩阵：

$$\boldsymbol{G}=\left[\frac{\mathrm{d}\boldsymbol{G}(x,y)}{\mathrm{d}x},\frac{\mathrm{d}\boldsymbol{G}(x,y)}{\mathrm{d}y}\right] \tag{1.39}$$

亮度分量图像矩阵 $\boldsymbol{Y}_1$ 和 $\boldsymbol{Y}_2$ 的梯度 $\boldsymbol{G}_1$ 和 $\boldsymbol{G}_2$：

$$\boldsymbol{G}_1=\left[\frac{\mathrm{d}\boldsymbol{G}_1(x,y)}{\mathrm{d}x},\frac{\mathrm{d}\boldsymbol{G}_1(x,y)}{\mathrm{d}y}\right] \tag{1.40}$$

$$\boldsymbol{G}_2=\left[\frac{\mathrm{d}\boldsymbol{G}_2(x,y)}{\mathrm{d}x},\frac{\mathrm{d}\boldsymbol{G}_2(x,y)}{\mathrm{d}y}\right] \tag{1.41}$$

S_{PC} 是对分解的两个亮度分量图像矩阵 $\boldsymbol{Y}_1$ 和 $\boldsymbol{Y}_2$ 求得的 PC 值，S_G 为亮度分量的一致性指标，S_I 和 S_Q 分别为关于两个色度分量图像矩阵 $\boldsymbol{I}$ 和 $\boldsymbol{Q}$ 的一致性指标。PC_m 是将 PC 计算得到的相对较大的值作为算子，PC 值越大，所给的权重就越大。

相位一致性值高，赋予的权重更大，这是 FSIM 的主要思想。该方法中，相位一致性的计算同 SSIM，都是通过计算内积得到的。各参数计算过程分别如下。

两张图像的 PC 的相似度：

$$S_{PC}=\frac{2PC_1\cdot PC_2+T_1}{{PC_1}^2+{PC_2}^2+T_1} \tag{1.42}$$

两张图像的梯度的相似度：

$$S_G=\frac{2G_1\cdot G_2+T_2}{{G_1}^2+{G_2}^2+T_2} \tag{1.43}$$

两张图像的色彩分量的相似度：

$$S_Q=\frac{2Q_1\cdot Q_2+T_4}{{Q_1}^2+{Q_2}^2+T_4} \tag{1.44}$$

$$S_I=\frac{2I_1\cdot I_2+T_3}{{I_1}^2+{I_2}^2+T_3} \tag{1.45}$$

PC 最大的那张图：

$$PC_m=\max(PC_1,PC_2) \tag{1.46}$$

FSIM 即可根据以上所求的参数计算：

$$\mathrm{FSIM}=\frac{\sum_{\Omega}S_{PC}\cdot S_G[S_I\cdot S_Q]^{\lambda}PC_m}{\sum_{\Omega}PC_m} \tag{1.47}$$

其中，指数 λ 一般取 1。T_1、T_2、T_3、T_4 均为参数，根据情况取值。

不管是上述的哪一种指标，都是在有参考图像的情况下对图像进行评价的方法，但由于在绝大多数的实际应用场景中，测试图像对应的目标参考图像是无法或难以得到的，这就需要另外一种评价方法——盲评价。盲图像质量评价是指在没有参考图像的情况下对任意输入图像的视觉质量进行预测。盲评价方法目前还是一个开放的问题。

1.5 本 章 小 结

本章内容为图像清晰化的简介，主要介绍了图像清晰化的概念、图像退化的种类、图像退化的校正类型以及图像质量评价准则。本章是为了让读者对图像重建领域有一个大概的认知和了解。

第 2 章　图像退化的模型

2.1　科学问题的定义

科学问题[11]是基于一定的科学知识的完成、积累(理论上或经验上的已知事实，即它的各阶段上的确实知识)，为解决某种未知而提出的任务。科学问题包括正问题和反问题[12]，大致来说，前者相当于已知原因求结果，而后者相当于已知结果反求原因。

正问题：一般是按着某种自然顺序来研究事物的演化过程或分布形态，起着由因推果的作用。

反问题：根据事物的演化结果，由可观测的现象来探求事物的内部规律或所受的外部影响，由表及里，索隐探秘，起着倒果求因的作用。在图像处理领域，反问题也称为不适定问题。

正、反问题都是科学研究的重要内容。尽管一些经典反问题的研究可以追溯至很早时期，但是反问题这一学科的兴起却是近几十年来的事情。在科学研究中经常要通过间接观测来探求位于不可达、不可触之处的物质变化规律，如生产中经常要根据特定的功能对产品进行设计或按照某种目的对流程进行控制。这些都能看作是某种形式的反问题。可见，反问题的产生是科学研究不断深化和工程技术迅猛发展的结果，而计算技术的革命又为它提供了重要的物质基础。现在，反问题的研究已经遍及现代化生产、生活、研究的各个领域。

反问题的线性数学模型：

$$\boldsymbol{b} = \boldsymbol{A}\boldsymbol{x} \tag{2.1}$$

该公式表示问题的原因和结果呈线性关系。其中，$\boldsymbol{b}$ 是观察到的结果，$\boldsymbol{x}$ 是需要探究的原因，$\boldsymbol{A}$ 是导致结果的因素。

在图像清晰化领域，$\boldsymbol{b}$ 表示观测到的不清晰图像，$\boldsymbol{x}$ 为希望得到的清晰图像，表示目标高分辨率图像，$\boldsymbol{A}$ 为根据退化因素建模构成的矩阵。我们的目标是从观测到的不清晰图像中恢复出目标清晰图像。式(2.1)可以写成如下矩阵形式：

$$\begin{bmatrix} b_1 \\ b_2 \\ \vdots \\ b_n \end{bmatrix} = \begin{bmatrix} a_{11} & a_{12} & \cdots & a_{1m} \\ a_{21} & a_{22} & \cdots & a_{2m} \\ \vdots & \vdots & & \vdots \\ a_{n1} & a_{n2} & \cdots & a_{nm} \end{bmatrix} \begin{bmatrix} x_1 \\ x_2 \\ \vdots \\ x_m \end{bmatrix} \tag{2.2}$$

当 $n>m$ 时，方程的个数多于未知数的个数，为超定问题。此方程为超定方程，超定方程是一般不存在解的矛盾方程。

当 $n=m$，且 $\boldsymbol{A}$ 的秩等于 n 时，$\boldsymbol{A}$ 可逆，线性方程有唯一解，为正定问题。

当 $n<m$ 时，未知数的个数多于方程的个数，方程组有无穷多组解，为欠定问题。欠定问题是我们需要重点解决的问题。

反问题的解决方法如下所示。

1. 正定问题：$n=m$

如式(2.2)中，已知当 $n=m$ 时为正定问题，此时有 $\boldsymbol{x}=\boldsymbol{A}^{-1}\boldsymbol{b}$。正定问题的解决一般采用高斯消去法。数学上，高斯消去法是线性代数规划中的一个算法，可用来为线性方程组求解。高斯消去法使用笔算非常复杂，不常用于求解矩阵的秩和求逆矩阵。不过，如果方程组内方程的数量很多时，该方法可用于解决超大规模方程组的求解。一些极大的方程组通常会用迭代法以及花式消元来解决。当用于一个矩阵时，高斯消去法会产生出一个“行梯阵式”。高斯消去法可以在电脑中用来解决数千条等式及未知数。亦有一些方法特地用来解决一些有特别排列的系数的方程组。

对线性方程组：

$$\boldsymbol{Ax}=\boldsymbol{b} \tag{2.3}$$

如果，$\det(A)\neq 0$ 对其增广矩阵施行初等变换：

$$\bar{\boldsymbol{A}}=(\boldsymbol{A},\boldsymbol{b})\to(\boldsymbol{A}^{(1)},\boldsymbol{b}^{(1)})=\begin{pmatrix} a_{11}^{(1)} & a_{12}^{(1)} & \cdots & a_{1n}^{(1)} & b_1^{(1)} \\ a_{21}^{(1)} & a_{22}^{(1)} & \cdots & a_{2n}^{(1)} & b_2^{(1)} \\ \vdots & \vdots & \vdots & \vdots & \vdots \\ a_{n1}^{(1)} & a_{n2}^{(1)} & \cdots & a_{nn}^{(1)} & b_n^{(1)} \end{pmatrix} \tag{2.4}$$

假定 $a_{11}^{(1)}\neq 0$，定义行乘数：

$$m_{i1}=\frac{a_{i1}^{(1)}}{a_{11}^{(1)}},\quad i=2,3,\cdots,n \tag{2.5}$$

第 i 行减去第 1 行乘以 m_{i1}，则

$$a_{ij}^{(2)}=a_{ij}^{(1)}-m_{i1}a_{1j}^{(1)},\qquad i,j=2,3,\cdots,n \tag{2.6}$$

$$b_i^{(2)}=b_i^{(1)}-m_{i1}b_1^{(1)},\qquad i,j=2,3,\cdots,n \tag{2.7}$$

$$(\boldsymbol{A}^{(1)},\ \boldsymbol{b}^{(1)})\to(\boldsymbol{A}^{(2)},\boldsymbol{b}^{(2)})=\begin{pmatrix} a_{11}^{(1)} & a_{12}^{(1)} & \cdots & a_{1n}^{(1)} & b_1^{(1)} \\ 0 & a_{22}^{(2)} & \cdots & a_{2n}^{(2)} & b_2^{(2)} \\ \vdots & \vdots & \vdots & \vdots & \vdots \\ 0 & a_{n2}^{(2)} & \cdots & a_{nn}^{(2)} & b_n^{(2)} \end{pmatrix} \tag{2.8}$$

如果$a_{11}^{(1)}=0$，由于$\det(A)\neq 0$，则$\boldsymbol{A}$的第一列中至少有一个元素不为零；如果$a_{11}^{(1)}\neq 0$，则将$(\boldsymbol{A}^{(1)},\boldsymbol{b}^{(1)})$的第一行与第$i$行相减后消元且$\begin{pmatrix} a_{11}^{(1)} & a_{12}^{(1)} & \cdots & a_{1n}^{(1)} & b_1^{(1)} \\ 0 & a_{22}^{(2)} & \cdots & a_{2n}^{(2)} & b_2^{(2)} \\ \vdots & \vdots & \vdots & \vdots & \vdots \\ 0 & a_{n2}^{(2)} & \cdots & a_{nn}^{(2)} & b_n^{(2)} \end{pmatrix}$中

$\det\begin{pmatrix} a_{22}^{(2)} & \cdots & a_{2n}^{(2)} \\ \vdots & & \vdots \\ a_{n2}^{(2)} & \cdots & a_{nn}^{(2)} \end{pmatrix}\neq 0$，则第$k-1$步后，$(\boldsymbol{A}^{(1)},\boldsymbol{b}^{(1)})$将化为

$$(\boldsymbol{A}^{(1)},\boldsymbol{b}^{(1)})\to(\boldsymbol{A}^{(k)},\boldsymbol{b}^{(k)})=\begin{pmatrix} a_{11}^{(1)} & a_{12}^{(1)} & \cdots & \cdots & a_{1n}^{(1)} & b_1^{(1)} \\ & a_{22}^{(2)} & \cdots & \cdots & a_{2n}^{(2)} & b_2^{(2)} \\ & & \ddots & & \vdots & \vdots \\ & & & a_{kk}^{(k)} \cdots & a_{kn}^{(k)} & b_k^{(k)} \\ & & & \vdots & \vdots & \vdots \\ & & & a_{nk}^{(k)} \cdots & a_{nn}^{(k)} & b_n^{(k)} \end{pmatrix} \tag{2.9}$$

其中，$\det\begin{pmatrix} a_{kk}^{(k)} & \cdots & a_{kn}^{(k)} \\ \vdots & & \vdots \\ a_{nk}^{(k)} & \cdots & a_{nn}^{(k)} \end{pmatrix}\neq 0$。

定义行乘数：

$$m_{ik}=\frac{a_{ik}^{(k)}}{a_{kk}^{k}},\quad i=k+1,\cdots,n \tag{2.10}$$

第i行减去第k行乘以m_{ik}，则

$$a_{ij}^{(k+1)}=a_{ij}^{(k)}-m_{ik}a_{kj}^{(k)},\quad i,j=k+1,\cdots,n \tag{2.11}$$

$$b_i^{(k+1)}=b_i^{(k)}-m_{ik}b_k^{(k)},\quad i=k+1,\cdots,n \tag{2.12}$$

当经过$k=n-1$步后，$(\boldsymbol{A}^{(1)},\boldsymbol{b}^{(1)})$将化为

$$(\boldsymbol{A}^{(1)},\boldsymbol{b}^{(1)})\to(\boldsymbol{A}^{(n)},\boldsymbol{b}^{(n)})=\begin{pmatrix} a_{11}^{(1)} & a_{12}^{(1)} & \cdots & a_{1n}^{(1)} & b_1^{(1)} \\ & a_{22}^{(2)} & \cdots & a_{2n}^{(2)} & b_2^{(2)} \\ & & \ddots & \vdots & \vdots \\ & & & a_{nn}^{(n)} & b_n^{(n)} \end{pmatrix} \tag{2.13}$$

由$\det(\boldsymbol{A})\neq 0$可知$a_{ii}^{(i)}\neq 0$，$i=1,2,\cdots,n$，因此，上三角形方程组$\boldsymbol{A}^{(n)}\boldsymbol{x}=\boldsymbol{b}^{(n)}$有唯一解，可得线性方程组$\boldsymbol{Ax}=\boldsymbol{b}$的解：

$$\begin{cases} x_n = \dfrac{b_n^{(n)}}{a_{nn}^{(n)}}, \\ x_i = \dfrac{b_i^{(i)} - \sum\limits_{j=i+1}^{n} a_{ij}^{(i)} x_j}{a_{ii}^{(i)}}, \end{cases} \quad i = n-1, n-2, \cdots, 2, 1 \tag{2.14}$$

以上讨论告诉我们，对于具有上三角系数矩阵的方程组求解极为方便。当然，若方程组的系数矩阵为下三角形，求解也很方便。于是对于一般形式的方程组，我们总设法把它化为系数矩阵呈上(或下)三角形的方程组来求解。为了达到目的，可用消去法进行。

例如，二维情况，对于矩阵方程组$\begin{bmatrix} 5 \\ 12 \end{bmatrix} = \begin{bmatrix} 1 & 2 \\ 2 & 5 \end{bmatrix} \begin{bmatrix} x_1 \\ x_2 \end{bmatrix}$可以通过以下方式求解：

$$\begin{bmatrix} 5 \\ 12 \end{bmatrix} = \begin{bmatrix} 1 & 2 \\ 2 & 5 \end{bmatrix} \begin{bmatrix} x_1 \\ x_2 \end{bmatrix} \xrightarrow{\text{第二行}-(\text{第一行}\times 2)} \begin{bmatrix} 5 \\ 2 \end{bmatrix} = \begin{bmatrix} 1 & 2 \\ 0 & 1 \end{bmatrix} \begin{bmatrix} x_1 \\ x_2 \end{bmatrix} \xrightarrow{\text{根据式(2.14)}} \begin{bmatrix} x_1 \\ x_2 \end{bmatrix} = \begin{bmatrix} 1 \\ 2 \end{bmatrix}$$

2. 欠定问题：$n < m$

式(2.2)中，当$n < m$时为欠定问题，此时方程组有无数多个解。而我们的目标是缩小解的范围，常用的做法是用解和数据误差的先验估计对问题进行改造。例如，在图像超分辨率领域我们最期望看到的是一幅低分辨率图像对应一幅高分辨率图像，但是在欠定问题中，一幅低分辨率图像往往对应多个高分辨率图像，需要增加一些约束来限定或者缩小图像的范围。

首先，我们来了解一下什么是正则化。

正则化[13]就是对最小化经验误差函数加上约束，这样的约束可以解释为先验知识(正则化参数等价于对参数引入先验分布)。约束有引导作用，在优化误差函数的时候倾向于选择满足约束的梯度减少的方向，使最终的解倾向于符合先验信息，接下来我们介绍一个常用的最优化方法——最速下降法。我们假设函数是凸函数，从而保证函数具有最优解。

1) 凸函数

凸函数是数学函数的一类特征。凸函数就是一个定义在某个向量空间的凸子集**C**(区间)上的实值函数。设f为定义在区间I上的函数，若对I上的任意两点x_1, x_2和任意的实数$\lambda \in (0,1)$，总有：

$$f(\lambda x_1 + (1-\lambda)x_2) \leqslant \lambda f(x_1) + (1-\lambda) f(x_2) \tag{2.15}$$

则f为凸函数，如图 2.1 所示。

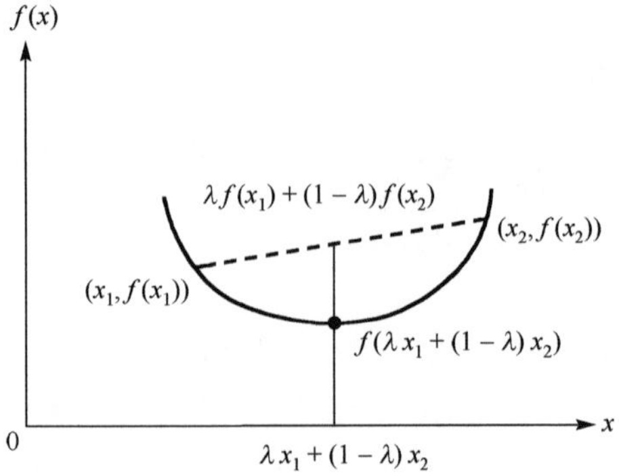

图 2.1　凸函数示意图

2) 最速下降法

如图 2.2 所示，当函数 $f(x)$ 为凸函数时，从任何一点 x_0 出发，只要沿着函数 $f(x)$ 的最速下降方向寻找局部最优解，就可以找到该函数 $f(x)$ 的极小值点，即图中黑点所标识的谷点 x_n。

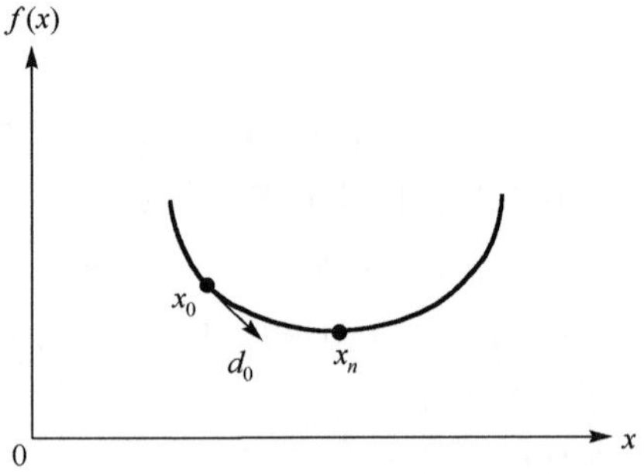

图 2.2　最速下降法示意图

对于刚刚说的“下降最快方向”[14]，根据高等数学知识，一般在负梯度方向下为最速下降方向，即

$$d=-\nabla f(x) \tag{2.16}$$

回到刚开始的设想，现在我们找到了下降最快的方向来寻找极小值点，接下来要确定搜索的步长，即沿着 x_0 的最速下降方向走多远确定下一个点 x_1，当 x_1 确定后再根据 x_1 重新确定最速下降方向，所以要从 x_0 沿最速下降方向搜索多远找到下一个点 x_1 呢？

假设变量 λ 为一维搜索的步长：

$$x_1=x_0+\lambda d_0 \tag{2.17}$$

其中，d_0 为点 x_0 的负梯度方向 $d_0=-\nabla f(x_0)$。

也就是说 x_1 是关于 λ 的变量，那么 $f(x_1)$ 也是关于 λ 的变量，由于要求目标函数

的最小值，所以我们令 $f(x_1)$ 取最小值，求此时的 λ，即

$$\lambda_0=\arg\min_{\lambda} f(x_1) \tag{2.18}$$

于是，可以以此类推得到：

$$x_n=x_{n-1}+\lambda_{n-1}d_{n-1} \tag{2.19}$$

当最速下降方向的模足够小时，我们认为已经足够逼近最小值点，即

$$\|d_k\|\leqslant\varepsilon \tag{2.20}$$

此时停止迭代，最小值点为 x_k。

正则化实际上就是用一组与原不适定问题相“邻近”的适定问题的解去逼近原问题的解。不适定问题为当 $n<m$ 时的欠定问题，适定问题即 $n=m$ 且式(2.3)中系数矩阵的秩为 n。因此，正则化的主要操作就是增加约束，这些约束包括传统约束、稀疏性约束和改造约束。也就是 l_2 范数、l_0 范数和 l_1 范数。那么什么是范数？

首先，介绍距离的概念。我们知道距离的定义是一个宽泛的概念，只要满足以下条件就可以称之为距离。

(1) 非负性：对于空间中任意两点 p 和 q，它们之间的距离：$u(p,q)\geqslant 0$ 且 $u(p,p)=0$；

(2) 对称性：对于空间中任意两点 p 和 q，点 p 到点 q 的距离与点 q 到点 p 的距离满足：$u(p,q)=u(q,p)$；

(3) 三角形法则：对于空间中任意三点 p、q 和 k，它们彼此之间的距离满足：$u(p,k)+u(k,q)\geqslant u(p,q)$。

范数是一种强化了的距离概念，范数是一个函数，给矢量空间内的所有矢量赋予非负的长度或大小，它在定义上比距离多了一条数乘的运算法则。范数定义：若 X 是数域上的线性空间，对于该空间的任意矢量 $\boldsymbol{p}$ 和 $\boldsymbol{q}$，$\|\cdot\|$ 满足：

(1) 非负性：$\|\boldsymbol{p}\|\geqslant 0$ 且 $\|\boldsymbol{p}\|=0\Leftrightarrow \boldsymbol{p}=0$；

(2) 齐次性：$\|c\boldsymbol{p}\|=|c|\|\boldsymbol{p}\|$，$c$ 为任意实数；

(3) 三角不等式：$\|\boldsymbol{p}\|+\|\boldsymbol{q}\|\geqslant\|\boldsymbol{p}+\boldsymbol{q}\|$，那么 $\|\cdot\|$ 称为 X 上的一个范数。

有时候为了便于理解，我们可以把范数当作距离来理解。在数学上，范数包括向量范数和矩阵范数，向量范数表征向量空间中向量的大小，矩阵范数表征矩阵引起变化的大小。一种非严密的解释就是，对应向量范数，向量空间中的向量都是有大小的，这个大小如何度量，就是用范数来度量的，不同的范数都可以来度量这个大小，就好比米和尺都可以用来度量远近一样；对于矩阵范数，通过运算 $\boldsymbol{AX}=\boldsymbol{B}$，可以将向量 $\boldsymbol{X}$ 变化为 $\boldsymbol{B}$，矩阵范数就是用来度量这个变化大小的。此节我们介绍的范数均为向量范数。

(1) 传统约束(l_2 范数约束)：

$$\min_{x}\|\boldsymbol{x}\|_2,\ \text{s.t.}\ \boldsymbol{b}=\boldsymbol{A}\boldsymbol{x} \tag{2.21}$$

正则化传统约束即为l_2正则化约束，也就是我们所说的二范数约束，二范数称为能量最小化约束，物理意义是根据结果$\boldsymbol{b}$所获得的原因$\boldsymbol{x}$应符合能量最小化原则。能量最小化符合自然运转的一般规律。能量越低，物体所处的状态越稳定；势能越小，状态越稳定。例如，人和动物在选择行走路线时，都选择的是最短路线，因为最短路线最省劲。宇宙中的恒体在不断地向外释放能量，减小自身能量，以达到稳定状态。因此，反问题的解越稳定概率越大，以能量最小化作为约束是合理的。

矩阵$\boldsymbol{x}$的l_2范数是指$\boldsymbol{x}$的转置共轭矩阵与矩阵$\boldsymbol{x}$的积的最大特征根的平方根值，是指空间上两个向量矩阵的直线距离。类似于求棋盘上两点间的直线距离。计算公式为

$$\|\boldsymbol{x}\|_2=\sqrt{\sum_{i=1}^{N}\boldsymbol{x}_i^2} \tag{2.22}$$

其中，N为向量中元素的个数，$\boldsymbol{x}$的l_2范数表示$\boldsymbol{x}$的能量的根号。目标函数$\min_{x}\|\boldsymbol{x}\|_2$表示对于未知数向量$\boldsymbol{x}$能量最小化。

(2) 稀疏性约束（l_0范数约束）：

$$\min_{x}\|\boldsymbol{x}\|_0,\ \text{s.t.}\ \boldsymbol{b}=\boldsymbol{A}\boldsymbol{x} \tag{2.23}$$

l_0范数是指向量中非0的元素的个数，衡量的是向量的稀疏度。如果我们用l_0范数来规则化一个参数矩阵$\boldsymbol{x}$的话，就是希望$\boldsymbol{x}$的大部分元素都是0。换句话说，就是让参数$\boldsymbol{x}$是稀疏的，所以可用来做稀疏编码、特征选择。通过最小化l_0范数，来寻找最少最优的稀疏特征项。但是，l_0范数是一个非凸函数，l_0范数的最优化问题则是一个NP难问题，而l_1范数是l_0范数的最优凸近似，因此通常使用l_1范数来代替l_0范数。尽管如此，但l_0范数和l_1范数在数值上并不相等，只有当满足限制等距条件$(1-\delta)\|\boldsymbol{x}\|_2^2\leqslant\|\boldsymbol{A}\boldsymbol{x}\|_2^2\leqslant(1+\delta)\|\boldsymbol{x}\|_2^2$时，$l_0$范数和$l_1$范数才相等。

(3) 改造约束（l_1范数约束）：

$$\min_{x}\|\boldsymbol{x}\|_1,\ \text{s.t.}\ \boldsymbol{b}=\boldsymbol{A}\boldsymbol{x} \tag{2.24}$$

l_1范数是指向量中各个元素绝对值之和，计算过程如下式：

$$\|\boldsymbol{x}\|_1=\sum_{i=1}^{N}|\boldsymbol{x}_i| \tag{2.25}$$

例如，$\boldsymbol{x}=\begin{pmatrix}2\\-1\end{pmatrix}$，则$\|\boldsymbol{x}\|_1=\sum_{i=1}^{2}|\boldsymbol{x}_i|=|2|+|-1|=3$。

图2.3显示了不同范数的单位球的形状，其中，图2.3(a)为0范数的单位球形状，图2.3(b)为二范数的单位球形状，图2.3(c)为一范数的单位球形状。

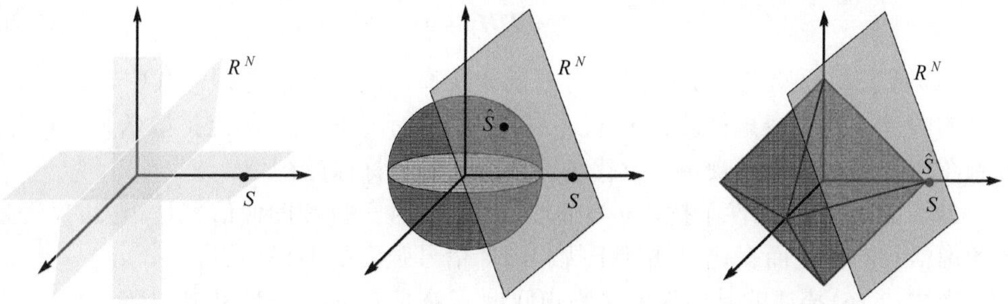

(a) 0范数的单位球　　(b) 二范数的单位球　　(c) 一范数的单位球

图 2.3 不同范数下的单位球

图 2.3(b)中的球怎么理解？那里面的球其实是目标函数相同的点组成的球体。例如，l_2 范数相同的点组成了一个球面，可以称作“l_2 范数球”，那个面是约束函数 $\boldsymbol{b}=\boldsymbol{Ax}$ 所构成的超平面。其实优化目标可以看成是约束函数给定情况下，求 $\boldsymbol{x}$ 的 l_2 范数的最小值。随着 l_2 范数的增大，球越来越大，球与 $\boldsymbol{b}=\boldsymbol{Ax}$ 所构成的平面的交点才是问题的解。最小的 l_2 范数球与 $\boldsymbol{b}=\boldsymbol{Ax}$ 平面交于一点，该点没有位于坐标轴上，因此不是稀疏解。而 l_1 范数相同的点组成的球面呈两个扣着的四棱锥形状，因此最小的 l_1 范数球面与 $\boldsymbol{b}=\boldsymbol{Ax}$ 平面交于一点，而该点位于坐标轴上。坐标轴上的点有许多元素都为 0，为稀疏解。0 范数相同的点组成的不是球，而是超平面。因此，无法使用凸优化(如前面所讲的最速下降法)方法进行求解。

2.2　图像退化的建模

在理想情况下，成像设备获取的自然界图像具有丰富的细节信息以及足够高的分辨率。但是由于受到一些实际环境中的干扰因素(如大气扰动、运动模糊)和成像系统自身的一些固有限制的影响，实际采集到的图像会不可避免地引入一些模糊、噪声等降质因素，从而使获取的图像的质量降低。由此可得到高分辨率图像到低分辨率图像的降质过程，如图 2.4 所示。

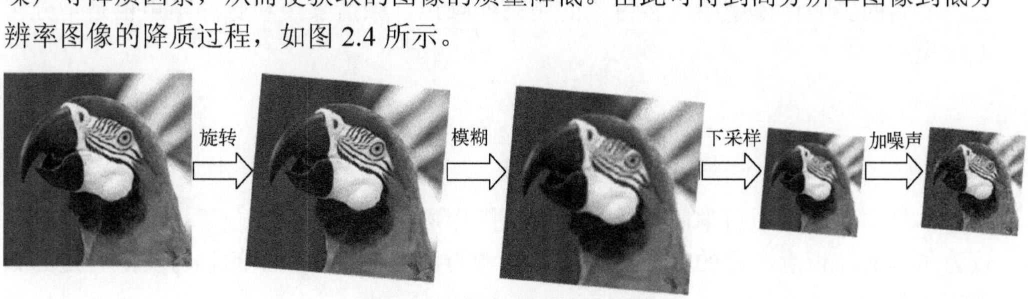

图 2.4　图像降质过程流程图

上述图像降质退化模型用数学模型表示如式(2.26)所示：

$$z = DHy + v \tag{2.26}$$

式(2.26)代表从原始高分辨率图像得到低分辨率观测图像的过程，其中，z代表观测到的图像；$\boldsymbol{D}$代表采样阵；$\boldsymbol{H}$代表模糊阵，表示成像系统的点扩散函数；v代表观测图像上的加性高斯噪声；y代表需要恢复的目标原始图像。

$\boldsymbol{D}$、$\boldsymbol{H}$一般为乘性干扰，v为加性干扰。乘性干扰和图像信号是相关的，往往随图像信号的变化而变化；加性干扰和图像信号强度是不相关的。

当式(2.26)描述的是图像的去噪声问题：$\boldsymbol{D}$是单位阵，$\boldsymbol{H}$是单位阵。

当式(2.26)描述的是图像的去模糊问题：$\boldsymbol{D}$是单位阵，$\boldsymbol{H}$是模糊矩阵。

当式(2.26)描述的是图像的超分辨率问题：$\boldsymbol{D}$是下采样阵，$\boldsymbol{H}$是模糊矩阵。

图像重建的重点是从得到的观测低分辨率图像z中恢复原始高分辨率图像y的过程，而难点则是采样阵$\boldsymbol{D}$和模糊阵$\boldsymbol{H}$的估计。

(1)模糊矩阵。

矩阵$\boldsymbol{H}$描述模糊退化，模糊可能由多种原因引起，例如，光学模糊可能由光学部件的性能、传感器的形状和尺寸引起；运动模糊则是由成像系统和原始场景之间的相对运动等引起的。在图像超分辨率中，获取低分辨率图像的感光器件的物理尺寸的有限性，是造成模糊的一个重要因素，该因素造成的模糊主要指散焦模糊。

(2)采样矩阵。

采样矩阵[15] $\boldsymbol{D}$描述下采样退化因素。对于一幅尺寸为$M \times N$的图像，对其进行s倍下采样，即得到$(M/s)\times(N/s)$尺寸的分辨率图像，当然s应该是M和N的公约数才行。如果考虑的是矩阵形式的图像，就是把原始图像$s \times s$窗口内的图像变成一个像素，这个像素点的值就是窗口内所有像素的均值。

(3)噪声矩阵。

噪声v是引起图像退化的重要因素，在图像产生、传输和记录的过程中，经常会受到噪声的干扰，噪声本身的高频特性严重地影响了图像的视觉效果，限制了图像可能复原的程度，特别是空间高频段。在不同的应用环境中，噪声的特性是不同的，经典的去噪声模型中大多讨论的是高斯噪声，椒盐噪声和脉冲噪声也是十分常见的类型。

2.3 本章小结

本章主要介绍了科学问题的定义以及图像退化的模型。这一章是图像重建领域较为基本的知识点，它的存在是为了让读者为接下来算法模型的学习奠定一定的数学理论基础。

课 后 习 题

1．当我们下采样一个高分辨率图像时，我们会得到(　　)

A．模糊图像　　B．噪声图像

C．低分辨率图像　　D．重建图像

2．插值对于什么样的退化图像是有用的?(　　)

A．模糊图像　　B．噪声图像

C．低分辨率图像　　D．都没有用

3．如果模型 $\boldsymbol{b}=\boldsymbol{DHx}+\boldsymbol{v}$ 是去噪问题，$\boldsymbol{D}$ 是什么?(　　)

A．$\boldsymbol{D}$ 是一个 0 矩阵　　B．$\boldsymbol{D}$ 是一个全 1 矩阵

C．$\boldsymbol{D}$ 是一个单位矩阵　　D．$\boldsymbol{D}$ 是一个高斯矩阵

4．如果模型 $\boldsymbol{b}=\boldsymbol{DHx}+\boldsymbol{v}$ 是去噪问题，$\boldsymbol{H}$ 是什么?(　　)

A．$\boldsymbol{H}$ 是一个 0 矩阵　　B．$\boldsymbol{H}$ 是一个全 1 矩阵

C．$\boldsymbol{H}$ 是一个单位矩阵　　D．$\boldsymbol{H}$ 是一个高斯矩阵

5．如果模型 $\boldsymbol{b}=\boldsymbol{DHx}+\boldsymbol{v}$ 是去模糊问题，$\boldsymbol{H}$ 是什么?(　　)

A．$\boldsymbol{H}$ 是一个模糊矩阵　　B．$\boldsymbol{H}$ 是一个单位矩阵

C．$\boldsymbol{H}$ 是一个奇异值矩阵　　D．$\boldsymbol{H}$ 是一个高斯矩阵

6．如果模型 $\boldsymbol{b}=\boldsymbol{DHx}+\boldsymbol{v}$ 是超分辨率问题，$\boldsymbol{D}$ 是什么?(　　)

A．$\boldsymbol{D}$ 是一个单位矩阵　　B．$\boldsymbol{D}$ 是一个奇异值矩阵

C．$\boldsymbol{D}$ 是一个下采样矩阵　　D．$\boldsymbol{D}$ 是一个模糊矩阵

7．如果模型 $\boldsymbol{b}=\boldsymbol{DHx}+\boldsymbol{v}$ 是超分辨率问题，$\boldsymbol{H}$ 是什么?(　　)

A．$\boldsymbol{H}$ 是一个单位矩阵　　B．$\boldsymbol{H}$ 是一个奇异值矩阵

C．$\boldsymbol{H}$ 是一个下采样矩阵　　D．$\boldsymbol{H}$ 是一个模糊矩阵

8．下面哪个是反问题?(　　)

A．犯罪现场勘查　　B．天气报道　　C．天气预报

9．下面哪个是欠定问题?(　　)

$$\begin{bmatrix} b_1 \\ b_2 \\ \vdots \\ b_n \end{bmatrix} = \begin{bmatrix} a_{11} & a_{12} & \cdots & a_{1m} \\ a_{21} & a_{22} & \cdots & a_{2m} \\ \vdots & \vdots & \vdots & \vdots \\ a_{n1} & a_{n2} & \cdots & a_{nm} \end{bmatrix} \begin{bmatrix} x_1 \\ x_2 \\ \vdots \\ x_m \end{bmatrix}$$

A．$n<m$　　B．$n=m$　　C．$n>m$

10．下面哪个是 NP 难问题？（　　）

A．$\min\limits_{\boldsymbol{x}}\|\boldsymbol{x}\|_2$，s.t. $\boldsymbol{b}=\boldsymbol{A}\boldsymbol{x}$　　B．$\min\limits_{\boldsymbol{x}}\|\boldsymbol{x}\|_0$，s.t. $\boldsymbol{b}=\boldsymbol{A}\boldsymbol{x}$

C．$\min\limits_{\boldsymbol{x}}\|\boldsymbol{x}\|_1$，s.t. $\boldsymbol{b}=\boldsymbol{A}\boldsymbol{x}$　　D．$\min\limits_{\boldsymbol{x}}\|\boldsymbol{x}\|_{\mathrm{F}}$，s.t. $\boldsymbol{b}=\boldsymbol{A}\boldsymbol{x}$

11．下面哪个问题的解可能不稀疏？（　　）

A．$\min\limits_{\boldsymbol{x}}\|\boldsymbol{x}\|_1$，s.t. $\boldsymbol{b}=\boldsymbol{A}\boldsymbol{x}$　　B．$\min\limits_{\boldsymbol{x}}\|\boldsymbol{b}-\boldsymbol{A}\boldsymbol{x}\|_2^2+\lambda\|\boldsymbol{x}\|_1$

C．$\min\limits_{\boldsymbol{x}}\|\boldsymbol{b}-\boldsymbol{A}\boldsymbol{x}\|_2^2$，s.t. $\|\boldsymbol{x}\|_1\leqslant T$　　D．上面全部

第 3 章　传统图像增强算法

3.1　图像的模板锐化算法

图像的噪声[16]所在的频段主要为高频段，同时图像边缘信息也主要集中在其高频部分，这将导致原始图像在平滑处理之后，图像边缘和图像轮廓模糊的情况出现。为了减少这类不利效果的影响，就需要利用图像锐化技术，使图像的边缘变得清晰。

图像锐化是通过增强高频分量来减少图像中的模糊，增强图像细节边缘和轮廓，增强灰度反差，便于后期对目标的识别和处理。传统算法认为锐化处理在增强图像边缘的同时也增加了图像的噪声，且能够进行锐化处理的图像必须有较高的信噪比，否则利用传统算法锐化后图像信噪比反而更低，从而使得噪声增加得比信号还要多，因此传统做法是先去除或减轻噪声后再进行锐化处理。

3.1.1　拉普拉斯算子的数学模型

拉普拉斯算子(Laplace operator)是 n 维欧几里得空间中的一个二阶微分算子，定义为梯度(∇f)的散度($\nabla \cdot f$)。对于二维空间，梯度的定义式为

$$\nabla f = \frac{\partial f}{\partial x}\boldsymbol{i} + \frac{\partial f}{\partial y}\boldsymbol{j} = f_x\boldsymbol{i} + f_y\boldsymbol{j} \tag{3.1}$$

其中，$\boldsymbol{i}, \boldsymbol{j}$ 表示 x, y 轴上的单位向量分量。而散度是对各方向求偏导再求和，即将矢量标量化，因此，拉普拉斯算子的定义式为

$$\nabla^2 f = \nabla \cdot \nabla f = \frac{\partial f_x}{\partial x} + \frac{\partial f_y}{\partial y} = \frac{\partial^2 f}{\partial x} + \frac{\partial^2 f}{\partial y} \tag{3.2}$$

在图像处理中，微分就是差分，则一维函数 $f(x)$ 的导数定义式为

$$\frac{\partial f(x)}{\partial x} = f(x) - f(x-1) \tag{3.3}$$

其中，$f(x)$ 为位置 x 的像素值，$f(x-1)$ 为位置 $(x-1)$ 的像素值，从式(3.2)可以看出，二阶导数是在一阶导数的基础上进行的二次求导操作，假如，当前有五个像素值，分别是 $f(x-2)$，$f(x-1)$，$f(x)$，$f(x+1)$，$f(x+2)$，它们各自的位置如图 3.1 所示。

$f(x-2)$	$f(x-1)$	$f(x)$	$f(x+1)$	$f(x+2)$

图 3.1 一维像素对应位置示意图

则 $f(x-1)$、$f(x)$、$f(x+1)$、$f(x+2)$ 所在位置的偏导数分别为

$$\frac{\partial f(x-1)}{\partial x}=f(x-1)-f(x-2) \tag{3.4}$$

$$\frac{\partial f(x)}{\partial x}=f(x)-f(x-1) \tag{3.5}$$

$$\frac{\partial f(x+1)}{\partial x}=f(x+1)-f(x) \tag{3.6}$$

$$\frac{\partial f(x+2)}{\partial x}=f(x+2)-f(x+1) \tag{3.7}$$

则 $f(x-1)$、$f(x)$、$f(x+1)$、$f(x+2)$ 经过一阶求导后，它们对应位置的像素值如图 3.2 所示。

$f(x-1)-f(x-2)$	$f(x)-f(x-1)$	$f(x+1)-f(x)$	$f(x+2)-f(x+1)$

图 3.2 一阶求导结果图

$f(x)$ 的二阶导数为

$$\begin{aligned}\frac{\partial^2 f(x)}{\partial x^2}&=\frac{\partial f(x)}{\partial x}-\frac{\partial f(x-1)}{\partial x}\\&=(f(x)-f(x-1))-(f(x-1)-f(x-2))\\&=f(x)-2f(x-1)+f(x-2)\end{aligned} \tag{3.8}$$

根据式(3.8)得到一维拉普拉斯算子如图 3.3 所示。

二维拉普拉斯算子模板求的也是图像的二阶导数。二维拉普拉斯算子为一维拉普拉斯算子的扩展，它的模板如图 3.4 所示。

1	−2	1

图 3.3 一维拉普拉斯算子

0	1	0
1	−4	1
0	1	0

图 3.4 二维拉普拉斯算子

对于二维函数图像 $f(x,y)$，假设当前有九个像素，分别为 $f(x-1,y-1)$、$f(x,y-1)$、$f(x+1,y-1)$、$f(x-1,y)$、$f(x,y)$、$f(x+1,y)$、$f(x-1,y+1)$、$f(x,y+1)$、$f(x+1,y+1)$，它们各自的位置如图 3.5 所示。

参考图 3.5 的位置关系，经过图 3.4 所示的二维拉普拉斯算子模板处理后，我们得到了图像 $g(x,y)$，它的计算方式如下：

$f(x-1,y-1)$	$f(x,y-1)$	$f(x+1,y-1)$
$f(x-1,y)$	$f(x,y)$	$f(x+1,y)$
$f(x-1,y+1)$	$f(x,y+1)$	$f(x+1,y+1)$

图 3.5　二维像素对应位置示意图

$$g(x,y)=[f(x-1,y)+f\left(x,y-1\right)+f(x,y+1)+f(x+1,y)]-4f(x,y) \tag{3.9}$$

式(3.9)的含义为：对于二维函数图像 $f(x,y)$，经过图 3.4 所示的二维拉普拉斯算子模板处理后，原本位置 (x,y) 的函数值 $f(x,y)$ 替换为 $g(x,y)$ 。

3.1.2　拉普拉斯算子模板运算

拉普拉斯算子是一个刻画图像灰度的二阶算子，它是点、线、边界提取算子，亦称为边界提取算子或拉式算子。根据函数理论，一阶微分描述了函数是朝哪里变化的，即增长或降低；而二阶微分描述的则是函数变化的速度，急剧地增长下降还是平缓地增长下降。因此，将二阶微分用于图像上，能够得到图像像素值的变化速度。对图像进行锐化，就是利用这个变化速度作为参数。

锐化的基本思想是当邻域中心像素灰度低于它所在的邻域内其他像素的平均灰度时，此中心像素的灰度会被进一步降低，当邻域中心像素灰度高于它所在的邻域内其他像素的平均灰度时，此中心像素的灰度会被进一步提高。

拉普拉斯算子可以计算出一个像素值比周围的像素高还是低。因此，对图像进行锐化就是将图像本身和与拉普拉斯算子运算过之后的结果相组合来获取锐化结果。

图 3.6 为拉普拉斯算子运算模板，其中，图 3.6(a)为拉普拉斯算子四邻域模板，图 3.6(b)中的八邻域模板是离散拉普拉斯算子模板的扩展模板。拉普拉斯算子模板是一个简单的基本运算模板，如果在图像中一个较暗的区域中出现了一个亮点，那么用拉普拉斯运算就会使这个亮点变得更亮。

0	1	0
1	–4	1
0	1	0

(a) 拉普拉斯算子四邻域模板

1	1	1
1	–8	1
1	1	1

(b) 拉普拉斯算子八邻域模板

图 3.6　拉普拉斯算子运算模板

模板运算的模板是矩阵方阵，模板运算的数学含义是一种卷积运算。首先，我们把所有图像看作是矩阵，模板一般是 $n\times n$（n 通常是 3、5、7、9 等很小的奇数）的矩阵。模板运算的基本思路为：模板中的中心像素点和原图像中待计算点对应；整个模板对应的区域，就是原图像中像素点的相邻区域。模板也称为核。简单来说，模板运算就是对图像和卷积模板做的一个卷积运算，拉普拉斯算子的模板运算流程图如图 3.7 所示。

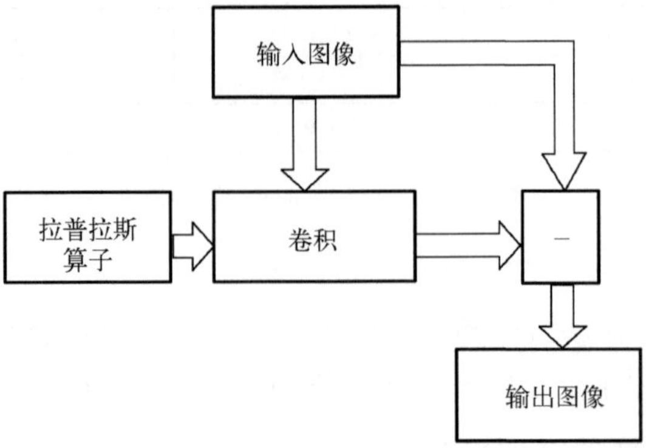

图 3.7　模板运算流程图

如图 3.7 所示，使输入图像与拉普拉斯卷积后的结果与输入图像相组合，得到的输出图像即为经过模板卷积后的图像，下面我们将举一个具体的实例来帮助大家进一步理解。

如图 3.8 所示，卷积前图像中的阴影区域为模板覆盖区域，令卷积模板与模板覆盖区域的像素值加权求和，得到运算结果为–21，然后将–21 作为像素的变化值。从模板运算结果可以看出，原始像素 8 与大多数周围像素相比，像素值较大，该像素为图像的峰点。锐化的过程需要把峰点变得更高，因此，在原始图像上减去运算结果–21，可以获得更高的像素值。

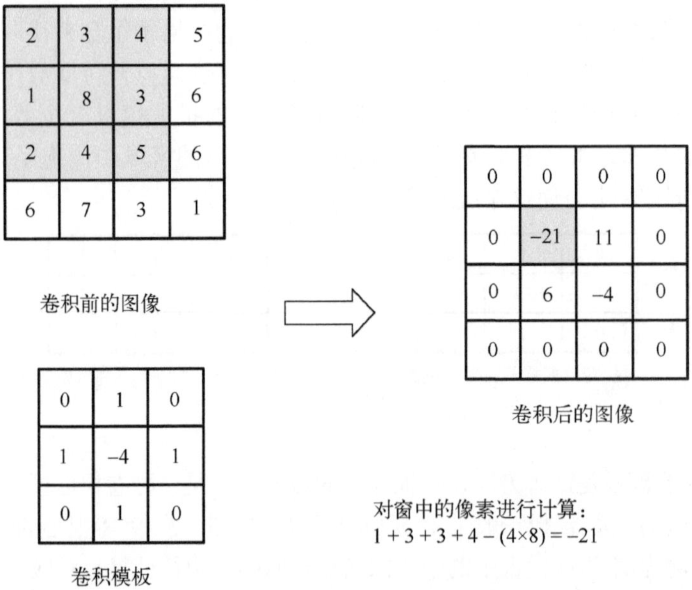

图 3.8　模板卷积运算示例图

3.1.3　拉普拉斯算子模板锐化实验结果

在 MATLAB 中运行离散拉普拉斯算子模板对图像进行锐化处理，如图 3.9 所示，图 3.9(a)为原始图像，图 3.9(b)为模糊图像，图 3.9(c)为拉普拉斯模板锐化后的图像。

从图 3.9 可以看出，模糊图像中的一些图像细节，特别是花瓣的纹路，明显变得不清晰，而锐化图像则恰恰相反，锐化图像中花瓣的边缘颜色对比强烈，花瓣纹路明显。

(a)原始图像　(b)模糊图像　(c)锐化图像

图 3.9　原始图像、模糊图像和锐化图像对比图

3.1.4　其余常见一阶梯度模板

上一节，我们介绍了图像的二阶导数，那么关于图像的一阶导数，它又有什么作用？

单方向的一阶梯度模板是指给出某个特定方向上的边缘信息。因为图像是由不同方向组成的，所以，所谓的单方向梯度模板实际上是对图像进行不同方向上的特征提取。

1. Roberts 梯度算子

图像的一阶导数是对相邻的像素值求差分，如式(3.3)所示。Roberts 梯度是对一阶导数的拓展，它利用了对角方向相邻两像素之差，故也称为四点差分法[17]。两个对角模板为

$$G_1=\begin{bmatrix}1 & 0\\ 0 & -1\end{bmatrix},\quad G_2=\begin{bmatrix}0 & 1\\ -1 & 0\end{bmatrix} \tag{3.10}$$

其中，G_1, G_2 为 2×2 的对角模板，对于数字图像 $f(x,y)$，它包含的像素的对应位置如图 3.10 所示。

$f(x,y)$	$f(x+1,y)$
$f(x,y+1)$	$f(x+1,y+1)$

图 3.10　2×2 模板像素对应位置示意图

经过 Roberts 算子特征提取后的输出图像 $g(x,y)$ 计算如下：

$$g(x,y)=f(x,y)-f(x+1,y+1)+f(x+1,y)-f(x,y+1) \tag{3.11}$$

其中，$f(x,y)$、$f(x+1,y+1)$、$f(x+1,y)$、$f(x,y+1)$ 分别为 4 邻域的像素，Roberts 算子是 2×2 算子模板。式(3.10)所示的 2 个卷积核形成了 Roberts 算子，图像中的每一个点都用这 2 个核进行卷积。

特点：用 4 点进行差分以求得梯度，方法简单。其缺点是对噪声较敏感，常用于不含噪声的图像特征提取。梯度算子类图像特征提取方法的效果类似于高通滤波，有增强高频分量、抑制低频分量的作用。

图 3.11 为利用 Roberts 算子对灰度图像进行图像特征提取的效果图，图 3.11(a)为原始图像，图 3.11(b)为 Roberts 算子特征提取后的图像。从图中可以看出使用该算法特征提取后效果不是很理想，边缘相对模糊。

(a) 原始图像　　(b) Roberts 算子特征提取后

图 3.11　Roberts 算子特征提取结果图

2. Prewitt 算子

Prewitt 算子[18]是一阶导数的图像特征提取算子，使用横向和纵向两个方向的算子，对图像进行卷积运算。从 Prewitt 算子的权重分布可以看出，与 Roberts 算子相比，它将模板的大小增大为 3×3，且在中间增加了一排 0。这样做可以使运算所得到的像素值同时融合了像素左边邻域和右边邻域的像素值。在算法实现过程中，通过 3×3 模板作为核与图像中的每个像素点做卷积和运算，然后选择合适的阈值以提取边缘。

Prewitt 算子的两个运算模板如图 3.12 所示。

−1	0	1
−1	0	1
−1	0	1

(a) 横向特征提取模板

−1	−1	−1
0	0	0
1	1	1

(b) 纵向特征提取模板

图 3.12　Prewitt 算子运算模板

对于数字图像 $f(x,y)$，经过 Prewitt 算子特征提取后的输出图像的 (x,y) 位置上的梯度 $g(x,y)$ 计算如下：

$$\begin{aligned} f_x'(x,y) = {} & f(x+1,y-1) - f(x-1,y-1) + f(x+1,y) \\ & - f(x-1,y) + f(x+1,y+1) - f(x-1,y+1) \end{aligned} \tag{3.12}$$

$$\begin{aligned} f_y'(x,y) = {} & f(x-1,y+1) - f(x-1,y-1) + f(x,y+1) \\ & - f(x,y-1) + f(x+1,y+1) - f(x+1,y-1) \end{aligned} \tag{3.13}$$

$$g\left(x,y\right) = f_x'\left(x,y\right) + f_y'\left(x,y\right) \tag{3.14}$$

$f_x'(x,y)$、$f_y'(x,y)$ 分别表示 x 方向和 y 方向的一阶微分。$g(x,y)$ 是通过 Prewitt 算子特征提取后 (x,y) 位置上的梯度。设常数 T，当 $g(x,y)>T$ 时，该点为 Prewitt 算子提取到的图像的边界特征点，其像素设定为 0，其他的设定为 255，通过适当调整常数 T 的大小来达到图像最佳效果。

除图 3.12 所示的两个模板外，Prewitt 算子还存在两个拓展模板，这两个模板针对图像的 45° 和 135° 方向进行特征提取，拓展模板如图 3.13 所示，它们的使用方法与图 3.12 所示的模板相同。

0	1	1
−1	0	1
−1	−1	0

(a) 45°特征提取模板

−1	−1	0
−1	0	1
0	1	1

(b) 135°特征提取模板

图 3.13　Prewitt 算子拓展模板

特点：Prewitt 算子是一种图像特征提取算子，由图 3.12 可知，它利用像素点上下、左右邻点的灰度差，在边缘处达到极值特征提取，对噪声具有平滑作用。所以，通常情况下，Prewitt 算子对于灰度和噪声较多的图像的处理效果比较好。

图 3.14 为利用 Prewitt 算子对灰度图像进行特征提取的效果图，其中，图 3.14(a) 为原始图像，图 3.14(b) 为 Prewitt 算子特征提取后的图像。从图中可以看出使用该算法特征提取后效果不够理想，边缘不够清晰。

3. Sobel 算子

Sobel 算子[18]是在 Prewitt 算子的基础上改进的，将中心系数上的权值变成了 2。因为 Sobel 算子认为，邻域的像素对当前像素产生的影响不是等价的，所以距离不同的像素具有不同的权值，对算子结果产生的影响也不同。一般来说，距离越远，产生的影响越小。Sobel 算子对应的横向和纵向的模板如图 3.15 所示。

根据光的辐射原理，摄像机所摄取的处于中间位置的像素值应当与景物中真正的像素值最为接近，因此加大位于模板中间位置的像素值是合理的。对数字图像 $f(x,y)$，经过 Sobel 算子特征提取后的输出图像 (x,y) 位置上的梯度 $g(x,y)$ 计算如下：

(a) 原始图像

(b) Prewitt 算子特征提取后

图 3.14　Prewitt 算子特征提取结果图

−1	0	1
−2	0	2
−1	0	1

(a) 横向特征提取模板

−1	−2	−1
0	0	0
1	2	1

(b) 纵向特征提取模板

图 3.15　Sobel 算子运算模板

$$f_x'(x,y)=f(x+1,y-1)-f(x-1,y-1)+2f(x+1,y)-2f(x-1,y)+f(x+1,y+1)-f(x-1,y+1) \tag{3.15}$$

$$f_y'(x,y)=f(x-1,y+1)-f(x-1,y-1)+2f(x,y+1)-2f(x,y-1)+f(x+1,y+1)-f(x+1,y-1) \tag{3.16}$$

$$g(x,y)=f_x'(x,y)+f_y'(x,y) \tag{3.17}$$

$f_x'(x,y)$、$f_y'(x,y)$ 分别表示 x 方向和 y 方向的一阶微分。$g(x,y)$ 是通过 Sobel 算子特征提取后 (x,y) 位置上的梯度，设常数 T，当 $g(x,y)>T$ 时，该点为 Sobel 算子提取到的图像的边界特征点，其像素设定为 0，其他的设定为 255，可以通过适当调整常数 T 的大小来达到图像最佳效果。

除图 3.15 所示的两个模板外，Sobel 算子还存在两个拓展模板，这两个模板针对图像的 45° 和 135° 方向进行特征提取，拓展模板如图 3.16 所示，它们的使用方法与图 3.15 所示的模板相同。

0	1	2
−1	0	1
−2	−1	0

(a) 45°特征提取模板

−2	−1	0
−1	0	1
0	1	2

(b) 135°特征提取模板

图 3.16　Sobel 算子拓展模板

特点：Sobel 算子是一种较成熟的一阶微分图像特征提取算子，它计算简单，且能产生较好的特征提取效果，对噪声具有平滑作用，可以提供较为精确的边缘方向信息。

图 3.17 为利用 Prewitt 算子和 Sobel 算子对灰度图像进行特征提取的效果图，图 3.17(a)为原始图像，图 3.17(b)为 Prewitt 算子特征提取后的图像，图 3.17(c)为 Sobel 算子特征提取后的图像。从图中可以看出使用 Sobel 算子特征提取后虽然效果还不够理想，边缘也不够清晰，但是与 Prewitt 算子的处理结果相比已经有了明显的提升。

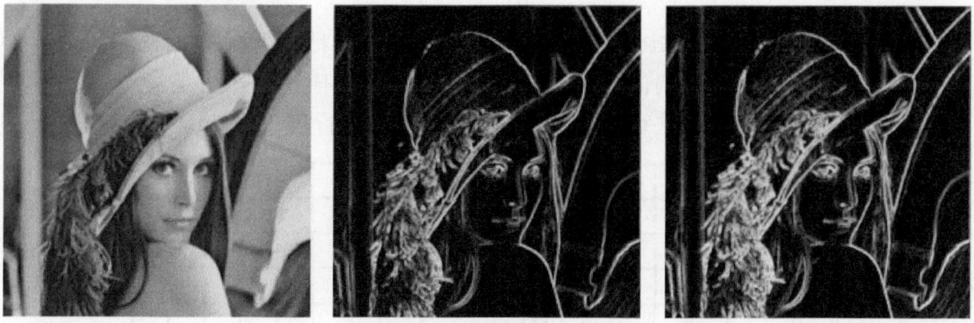

(a)原始图像　(b)Prewitt 算子特征提取后　(c)Sobel 算子特征提取后

图 3.17　Prewitt 算子和 Sobel 算子特征提取结果对比图

3.2 图像的去噪算法

通常情况下，一幅图像在实际应用中可能存在各种各样的噪声，这些噪声可能在传输中产生，也可能在量化等处理中产生。减少数字图像中的噪声的过程称为图像去噪。

图像去噪[19]是数字图像处理中的重要环节和步骤。去噪效果的好坏直接影响到后续的图像处理工作，如图像分割、边缘检测等。一般数字图像系统中的常见噪声主要有高斯噪声(主要由阻性元器件内部产生)、椒盐噪声(主要是通信时出错，部分像素的值在传输时丢失或影像信号受到突如其来的强烈干扰)等。我们平常使用的滤波方法一般有均值滤波、中值滤波和维纳滤波等。

3.2.1 均值滤波

均值滤波也称为线性滤波，其采用的主要方法为邻域平均法。其基本原理是用邻域的均值替代原图像中的各个像素值，即对待处理的当前像素点(x,y)，选择一个模板，该模板覆盖近邻的若干像素，3×3的模板如图 3.18 所示。

1/9	1/9	1/9
1/9	1/9	1/9
1/9	1/9	1/9

图 3.18　3×3 的均值滤波模板

求模板中所有像素的均值，再把该均值赋予当前像素点 (x,y) 作为处理后图像在该点上的像素值 $g(x,y)$，即

$$g(x,y)=\frac{1}{M}\sum_{f(x,y)\in s} f(x,y) \tag{3.18}$$

其中，s 为模板覆盖的像素区域，$f(x,y)$ 为模板 s 对应的各个位置的像素值，M 为该模板中包含当前像素在内的像素总个数，如图 3.18 中 $M=9$。

均值滤波器的计算方法可根据图 3.19 中的矩阵进行理解。

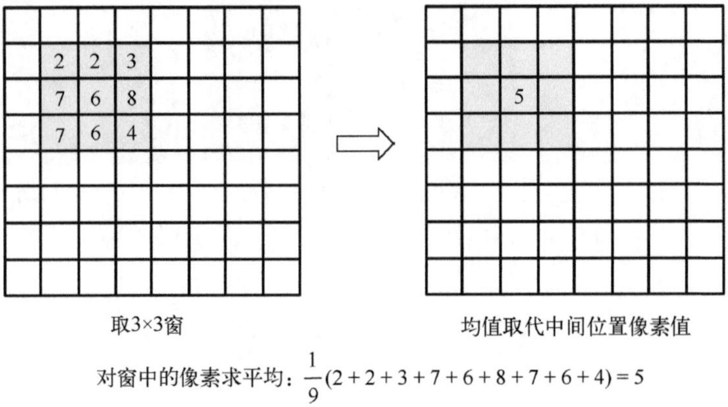

图 3.19　均值滤波器计算示例图

在图 3.19 中，我们使用如图 3.18 所示的 3×3 的均值滤波模板对图像进行滤波，像素值 6 所在的位置经过均值滤波器滤波，即通过对像素值 6 本身和它周围的八个像素值的和再求平均 $\frac{1}{9}(2+2+3+7+6+8+7+6+4)=5$ 后，它的值被替换为 5。

均值滤波器计算方法简单，处理速度快，但是其主要缺点是均值滤波本身存在着固有的缺陷，即它不能很好地保护图像细节，在图像去噪的同时也破坏了图像的细节部分，从而使图像变得模糊，不能很好地去除噪声点，特别是椒盐噪声。而且邻域越大，在去噪效果更好的同时模糊程度也会越严重。

如图 3.20 所示，其中，图 3.20(a) 为原始图像，图 3.20(b) 为给原始图像添加高斯噪声后的图像，图 3.20(c) 为对高斯噪声均值滤波后的图像，图 3.20(d) 为给原始图像添加椒盐噪声后的图像，图 3.20(e) 为对椒盐噪声均值滤波后的图像。从图中我

们可以看出：与原始图像相比，对噪声图像均值滤波后的图像虽然去除了一部分噪声，但是同时也丢失了许多细节信息，使图像变得模糊。

(a) 原始图像　　(b) 添加高斯噪声　　(c) 对高斯噪声均值滤波

(d) 添加椒盐噪声　　(e) 对椒盐噪声均值滤波

图 3.20　均值滤波器对不同噪声污染处理结果图

3.2.2　中值滤波

首先了解一下中值的计算方法，中值就是一串数字经过排序后处于中间的值。在一连串数字{1,4,6,8,9}中，将数字按数值从小到大排列，数字 6 就是这串数字的中值。

中值滤波[20]是基于排序统计理论的一种能有效抑制噪声的非线性信号处理技术，中值滤波的基本原理是把数字图像或数字序列中一点的值用该点的一个邻域中各点值的中值代替，从而消除孤立的噪声点。具体是用某种结构的二维滑动模板，将模板内像素按照像素值的大小进行排序，生成中值，使用中值来更新模板的中心像素。二维中值滤波输出为

$$g(x,y)=\text{med}\{f(x-k,y-l)\},\quad k\in W,l\in W \tag{3.19}$$

其中，$f(x,y),g(x,y)$ 分别为原始图像和处理后的图像，med 代表对它所包含的模板中的所有像素值 $f(x-k,y-l)$ 取中值。W 为二维模板，通常为 3×3, 5×5 区域，也可以是不同的形状，如十字形、圆环形等，如图 3.21 所示。

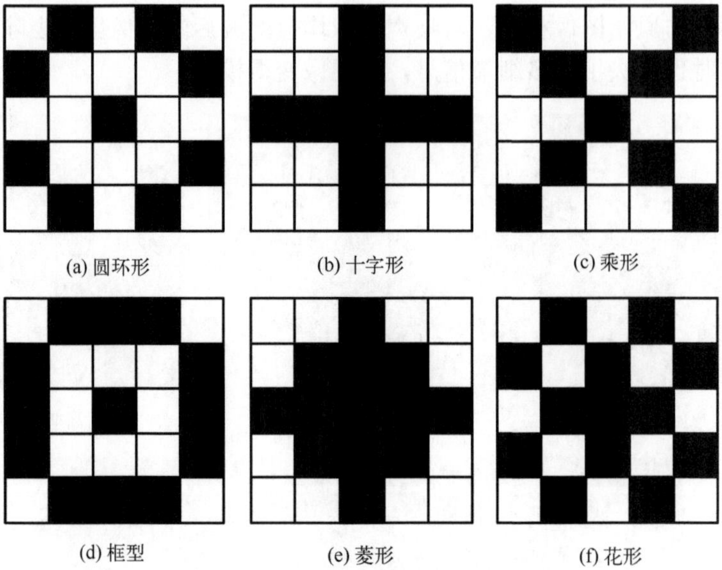

(a) 圆环形　(b) 十字形　(c) 乘形

(d) 框型　(e) 菱形　(f) 花形

图 3.21　不同形状的中值滤波器模板

假如，在图像中用3×3的矩阵(一般情况为3×3)，里面有九个像素值，我们将九个像素值进行排序，最后将这个矩阵的中心点赋值为这九个像素的中值。中值滤波器的计算方法可根据图 3.22 中的矩阵进行理解。

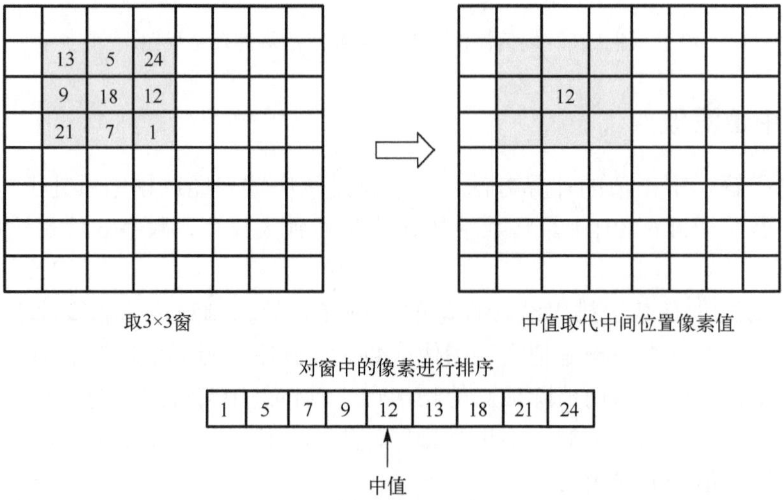

图 3.22　中值滤波器计算示例图

图3.22中，将3×3的中值滤波器覆盖的区域中的九个像素值从小到大进行排列，即$\{1,5,7,9,12,13,18,21,24\}$，12 是这九个像素值的中值，那么原本像素值 18 所在的位置经过中值滤波器滤波后被 12 取代。

椒盐噪声的特点是将图像的一些像素值变成白色或黑色，白色的为盐噪声，对应像素值为较高的亮度值，接近最大亮度值 255；黑色的为椒噪声，对应像素值为较低的亮度值，接近最小亮度值 0。在中值滤波中，这些较高的或较低的亮度值不大可能在像素值排序后排在中间位置，因此通过中值滤波可以将其滤除。所以中值滤波对于滤波图像的椒盐噪声非常有效，中值滤波在一定条件下还可以克服线性滤波带来的图像细节的模糊问题。

如图 3.23 所示，其中，图 3.23(a)为原始图像，图 3.23(b)为给原始图像添加高斯噪声后的图像，图 3.23(c)为对高斯噪声中值滤波后的图像，图 3.23(d)为给原始图像添加椒盐噪声后的图像，图 3.23(e)为对椒盐噪声中值滤波后的图像。从图中我们可以看出：与原始图像相比，对高斯噪声图像中值滤波后的图像虽然去除了一部分噪声，但是同时也丢失了许多细节信息，使图像变得模糊；但是对椒盐噪声图像中值滤波后的图像去除了大部分噪声，并且图像细节也恢复得比较好，所以，中值滤波可以较出色地去除椒盐噪声。

(a)原始图像　(b)添加高斯噪声　(c)对高斯噪声中值滤波

(d)添加椒盐噪声　(e)对椒盐噪声中值滤波

图 3.23　中值滤波器对不同噪声污染处理结果图

3.2.3　维纳滤波

在图像拍摄过程中由于各种原因会造成图像退化，图像退化模型如下：

$$g(x,y)=h(x,y)*f(x,y)+\eta(x,y) \tag{3.20}$$

其中，$*$ 为卷积符号，$f(x,y)$ 为输入图像，$g(x,y)$ 为退化图像，$h(x,y)$ 为退化函数，$\eta(x,y)$ 为加性噪声，将上式进行傅里叶变换有

$$G(u,v)=H(u,v)F(u,v)+N(u,v) \tag{3.21}$$

其中，$G(u,v)$ 为退化图像 $g(x,y)$ 的频谱，$H(u,v)$ 为退化函数 $h(x,y)$ 的频谱，$F(u,v)$ 为输入图像 $f(x,y)$ 的频谱，$N(u,v)$ 为加性噪声 $\eta(x,y)$ 的频谱。

根据傅里叶变换的特性，空间域中的卷积相当于频率域中的乘积。

(1) 如果不考虑退化函数，图像退化模型就简化为图像噪声模型：

$$g(x,y)=f(x,y)+\eta(x,y) \tag{3.22}$$

这就成为一个单纯的图像去噪问题，可以通过空间域滤波等众多方法解决。

(2) 如果不考虑加性噪声，图像退化模型就简化为

$$g(x,y)=h(x,y)*f(x,y) \tag{3.23}$$

这种问题可以通过逆滤波解决，即通过傅里叶变换以及矩阵除法即可获得重建后的图像频谱：

$$\hat{F}(u,v)=\frac{G(u,v)}{H(u,v)} \tag{3.24}$$

其中，$\hat{F}(u,v)$ 为重建后的图像的频谱，将 $\hat{F}(u,v)$ 进行傅里叶逆变换即可得到重建图像。

(3) 如果退化函数和加性噪声都考虑，空域滤波器无法解决图像退化问题，逆滤波效果因为噪声的存在会变得非常差，这个时候就需要用到维纳滤波[21]。维纳滤波是采用优化的方法推导的，优化的目标是重建图像的频谱 $\hat{F}(u,v)$ 和输入图像的频谱 $F(u,v)$ 的均方差最小，均方差的公式如下：

$$e=E\left[\left|F(u,v)-\hat{F}(u,v)\right|^2\right] \tag{3.25}$$

将重建图像的频谱进行替换：

$$\begin{aligned}
e&=E\left[\left|F(u,v)-\hat{F}(u,v)\right|^2\right]\\
&=E\left[\left|F(u,v)-X(u,v)G(u,v)\right|^2\right]\\
&=E\left[\left|F(u,v)-X(u,v)\left[H(u,v)F(u,v)+N(u,v)\right]\right|^2\right]\\
&=E\left[\left|\left[1-X(u,v)H(u,v)\right]F(u,v)-X(u,v)N(u,v)\right|^2\right]
\end{aligned} \tag{3.26}$$

其中，重建图像的频谱 $\hat{F}(u,v)=X(u,v)G(u,v)$，$X(u,v)$ 就是我们需要估计的维纳滤波系数，$G(u,v)$ 为退化图像 $g(x,y)$ 的频谱，然后将平方进行展开：

$$\begin{aligned}e &= E[|[1-X(u,v)H(u,v)]F(u,v)-X(u,v)N(u,v)|^2] \\ &= E[|[1-X(u,v)H(u,v)]F(u,v)-X(u,v)N(u,v)| \\ &\quad |[1-X(u,v)H(u,v)]F(u,v)-X(u,v)N(u,v)|^*] \\ &= [1-X(u,v)H(u,v)][1-X(u,v)H(u,v)]^* \times E[|F(u,v)|^2] \\ &\quad -[1-X(u,v)H(u,v)]X^*(u,v)\times E[F(u,v)N^*(u,v)] \\ &\quad -X(u,v)[1-X(u,v)H(u,v)]^* \times E[F^*(u,v)N(u,v)] \\ &\quad +X(u,v)X^*(u,v)\times E[|N(u,v)|^2]\end{aligned} \tag{3.27}$$

其中，由于噪声和信号是独立无关的，因此，

$$E[F(u,v)N^*(u,v)] = E[F^*(u,v)N(u,v)] = 0 \tag{3.28}$$

定义如下功率谱有

$$S_f(u,v) = E[|F(u,v)|^2] \tag{3.29}$$

$$S_\eta(u,v) = E[|N(u,v)|^2] \tag{3.30}$$

其中，$S_f(u,v)$ 表示输入图像的功率谱，$S_\eta(u,v)$ 表示加性噪声的功率谱。

于是有

$$e = [1-X(u,v)H(u,v)][1-X(u,v)H(u,v)]^* S_f(u,v) + X(u,v)X^*(u,v)S_\eta(u,v) \tag{3.31}$$

然后对我们需要估计的维纳滤波系数 $X(u,v)$ 求导并让导数为 0：

$$\frac{\mathrm{d}e}{\mathrm{d}X(u,v)} = 2X^*(u,v)S_\eta(u,v) - 2H(u,v)[1-X(u,v)H(u,v)]^* S_f(u,v) = 0 \tag{3.32}$$

我们假设上述的所有频谱和系数 $H(u,v)$、$S_\eta(u,v)$、$S_f(u,v)$、$X(u,v)$ 在频域都为实数，那由式(3.32)可得

$$X(u,v)S_\eta(u,v) - H(u,v)[1-X(u,v)H(u,v)]S_f(u,v) = 0 \tag{3.33}$$

$$X(u,v)S_\eta(u,v) = H(u,v)S_f(u,v) - X(u,v)\left|H(u,v)\right|^2 S_f(u,v) \tag{3.34}$$

$$X(u,v)S_\eta(u,v)+X(u,v)\left|H(u,v)\right|^2 S_f(u,v) = H(u,v)S_f(u,v) \tag{3.35}$$

$$X(u,v)(S_\eta(u,v)+|H(u,v)|^2 S_f(u,v)) = H(u,v)S_f(u,v) \tag{3.36}$$

$$X(u,v) = \frac{H(u,v)S_f(u,v)}{S_\eta(u,v)+\left|H(u,v)\right|^2 S_f(u,v)} \tag{3.37}$$

$$X(u,v) = \frac{H(u,v)}{\left|H(u,v)\right|^2 + S_\eta(u,v)/S_f(u,v)} \tag{3.38}$$

整理得到重建图像的维纳滤波公式：

$$\hat{F}(u,v) = X(u,v)G(u,v) = \left[\frac{H(u,v)}{\left|H(u,v)\right|^2 + S_\eta(u,v)/S_f(u,v)} \right] G(u,v) \tag{3.39}$$

其中，$\hat{F}(u,v)$ 代表重建图像的频谱，$X(u,v)$ 是我们需要估计的维纳滤波系数，$G(u,v)$ 为退化图像 $g(x,y)$ 的频谱，$H(u,v)$ 为退化函数 $h(x,y)$ 的频谱，$S_f(u,v)$ 表示输入图像的功率谱，$S_\eta(u,v)$ 表示加性噪声的功率谱。这里乍一看会觉得有些问题，因为用到了输入图像的功率谱 $S_f(u,v)=E[|F(u,v)|^2]$，我们如果知道输入图像为什么还需要滤波？我们当然不知道输入图像，但因为真实图像的功率谱都是类似的，因此我们使用一个参考图像计算功率谱即可。

如图 3.24 所示，其中，图 3.24(a) 为原始图像，图 3.24(b) 为给原始图像添加高斯噪声后的图像，图 3.24(c) 为对高斯噪声维纳滤波后的图像，图 3.24(d) 为给原始图像添加椒盐噪声后的图像，图 3.24(e) 为对椒盐噪声维纳滤波后的图像。从图中我们可以看出：与原始图像相比，对高斯噪声污染后的图像进行维纳滤波后虽然去除了大部分噪声，但是同时也丢失了一些细节信息，使图像变得模糊；对椒盐噪声污染后的图像进行维纳滤波后还有一部分椒盐噪声可以明显看出没有被去除，并且图像细节恢复得也不好，相比较而言，维纳滤波对高斯噪声的去除效果较好。

(a) 原始图像　(b) 添加高斯噪声　(c) 对高斯噪声维纳滤波

(d) 添加椒盐噪声　(e) 对椒盐噪声维纳滤波

图 3.24　维纳滤波器对不同噪声污染处理结果图

3.3　图像的去模糊算法

随着图像重建领域的发展，去模糊问题已经衍生出许多的方法和类别，如图 3.25 所示[5]。

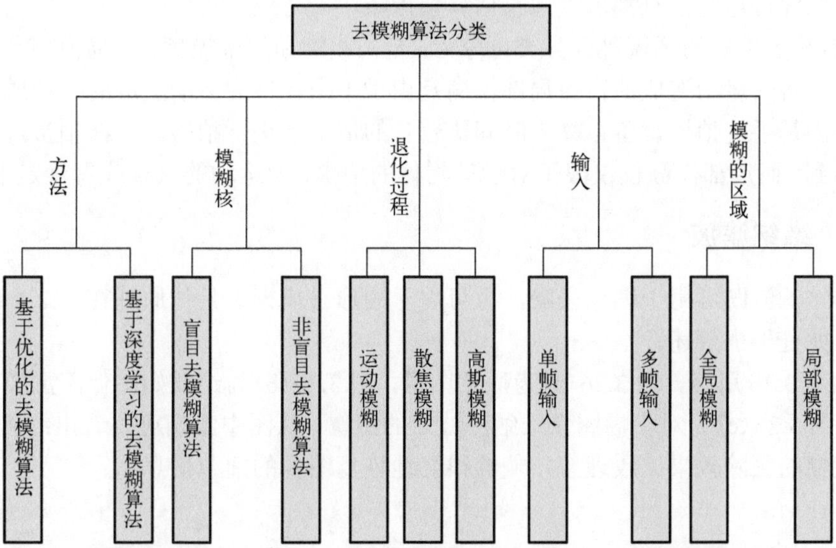

图 3.25　图像去模糊算法的分类

(1) 按照去模糊算法的方法进行分类，大致可以分为：基于优化的去模糊算法和基于深度学习的去模糊算法。传统的基于优化的去模糊方法大多通过显式的或者隐式的方法从模糊图像中恢复出清晰的边缘信息来辅助模糊核估计：显式的估计清晰图像边缘的方法往往需要一系列复杂的滤波方法和边缘选择方法，隐式的方法大多需要基于图像的统计性质来定义图像先验。基于深度学习的端到端的图像去模糊算法，抛弃了传统的方法先估计模糊核再估计清晰图像的策略，使用卷积神经网络从退化图像中直接复原清晰图像。

(2) 按照模糊核是否已知进行分类可分为：盲目去模糊算法和非盲目去模糊算法。盲目去模糊就是在模糊核未知的情况下恢复出清晰的图像，在这种情况下，除了采集到的图像，没有任何其他的信息。非盲目去模糊是在模糊核已知的情况下恢复出清晰的原始图像，因为有了模糊核这个非常重要的信息，去模糊的工作就相对来说容易多了，主要任务就是如何在保持细节的情况下抑制噪声。一般来说，非盲目去模糊是盲目去模糊的基础。一旦模糊核估计出来，所有的非盲目去模糊方法都可以在盲目去模糊中使用。

(3) 按照退化过程进行分类可以分为：运动模糊、散焦模糊、高斯模糊等。拍照时，相机与景物之间的相对运动造成的模糊是运动模糊；聚焦不准造成的模糊是散焦模糊；太阳辐射、大气湍流造成的遥感照片的模糊是高斯模糊。

(4) 按照输入进行分类可以分为：基于单帧输入的去模糊算法和基于多帧输入的去模糊算法。基于单帧输入的去模糊算法，顾名思义，输入只有一帧图像，没有别的任何信息，这也是最常见的去模糊情况。基于多帧输入的去模糊算法有不止一帧的输入图像，这些信息都可以用来估算模糊核。

(5) 按照模糊的区域进行分类可分为：全局模糊和局部模糊。全局模糊主要是由于拍摄设备的运动造成的，而局部模糊是由于单个物体的运动造成的。造成全局模糊的原因是手持拍摄设备在曝光时间比较长的情况下进行拍摄，这在拍摄过程中经常能遇到。而局部模糊仅仅限于对运动物体的拍摄，如运动的汽车或者行走中的人。

3.3.1 维纳滤波

维纳滤波既可用于图像去噪，也可用于图形去模糊，具体原理在 3.2.3 节已经介绍，此处不加赘述。

如图 3.26 所示，图 3.26(a) 为原始图像，图 3.26(b) 为给原始图像添加模糊后的图像，图 3.26(c) 为对模糊图像维纳滤波后的图像。从图中我们可以看出：维纳滤波对于模糊的去除效果比较理想，能够很好地恢复图像的细节信息。

(a) 原始图像　　(b) 加模糊　　(c) 对运动模糊维纳滤波

图 3.26　维纳滤波器对模糊处理结果图

3.3.2 约束最小二乘法滤波

约束最小二乘法滤波 (constrained least squares filtering，CLS) 除了考虑退化系统的点扩散函数矩阵外，还要考虑噪声的统计特性以及噪声和图像的相互关系。该方法是建立在假设噪声存在的基础上的，实验结果表明该假设具有普遍适用性。

在约束最小二乘复原中，要设法寻找一个最优估计的重建图像 $\hat{f}(x,y)$，在此准则下，可把图像的复原问题看作对 $\hat{f}(x,y)$ 求式(3.40)目标函数 $j(\hat{f}(x,y))$ 的最小值。

$$j(\hat{f}(x,y)) = \left|q(x,y) * \hat{f}(x,y)\right|^2 + \lambda\left(\left|g(x,y) - h(x,y) * \hat{f}(x,y)\right|^2\right) + \left|\eta(x,y)\right|^2 \quad (3.40)$$

其中，$\hat{f}(x,y)$ 为重建图像；$g(x,y)$ 为退化图像；$h(x,y)$ 为退化函数；* 为卷积符号，$\eta(x,y)$ 为加性噪声；$q(x,y)$ 为 $\hat{f}(x,y)$ 的正则化算子，表示对 $\hat{f}(x,y)$ 做某些线性操作的矩阵，通常选择拉普拉斯算子；λ 为拉格朗日乘子。

对式(3.40)进行傅里叶变换，得到

$$J(\hat{F}(u,v)) = \left|Q(u,v)\hat{F}(u,v)\right|^2 + \lambda\left|G(u,v) - H(u,v)\hat{F}(u,v)\right|^2 + \left|N(u,v)\right|^2 \quad (3.41)$$

其中，$\hat{F}(u,v)$ 为重建图像 $\hat{f}(x,y)$ 的频谱，$G(u,v)$ 为退化图像 $g(x,y)$ 的频谱，$H(u,v)$ 为退化函数 $h(x,y)$ 的频谱，$N(u,v)$ 为加性噪声 $\eta(x,y)$ 的频谱，$Q(u,v)$ 为正则化算子 $q(x,y)$ 的频谱。根据傅里叶变换的特性，空间域中的卷积相当于频率域中的乘积。

为使式(3.41)最小，对式(3.41)求导并令导数为 0 即可得到最小二乘解 $\hat{F}(u,v)$：

$$\frac{\partial J(\hat{F}(u,v))}{\partial \hat{F}(u,v)} = 2Q^*(u,v)Q(u,v)\hat{F}(u,v) - 2\lambda H^*(u,v)[G(u,v) - H(u,v)\hat{F}(u,v)] = 0 \quad (3.42)$$

$$Q^*(u,v)Q(u,v)\hat{F}(u,v) - \lambda H^*(u,v)[G(u,v) - H(u,v)\hat{F}(u,v)] = 0 \quad (3.43)$$

$$Q^*(u,v)Q(u,v)\hat{F}(u,v) + \lambda H^*(u,v)H(u,v)\hat{F}(u,v) = \lambda H^*(u,v)G(u,v) \quad (3.44)$$

$$\hat{F}(u,v) = [\lambda H^*(u,v)H(u,v) + Q^*(u,v)Q(u,v)]^{-1}\lambda H^*(u,v)G(u,v) \quad (3.45)$$

令式(3.45)中 $\gamma = 1/\lambda$，得到式(3.46)：

$$\hat{F}(u,v) = [H^*(u,v)H(u,v) + \gamma Q^*(u,v)Q(u,v)]^{-1}H^*(u,v)G(u,v) \quad (3.46)$$

假设正则化算子的频谱的模值：

$$\left|Q(u,v)\right|^2 = Q^*(u,v)Q(u,v) = \frac{S_\eta(u,v)}{S_f(u,v)} = \frac{E\left[\left|N(u,v)\right|^2\right]}{E\left[\left|F(u,v)\right|^2\right]} \quad (3.47)$$

其中，$S_f(u,v)=E\left[\left|F(u,v)\right|^2\right]$ 表示输入图像的功率谱，$S_\eta(u,v)=E\left[\left|N(u,v)\right|^2\right]$ 表示加性噪声的功率谱。两者的比值为噪声的功率谱比信号的功率谱。

将 $S_f(u,v) = E\left[\left|F(u,v)\right|^2\right]$ 和 $S_\eta(u,v) = E\left[\left|N(u,v)\right|^2\right]$ 代入式(3.41)的第一项：

$$\left|Q(u,v)\hat{F}(u,v)\right|^2 \approx E\left[\frac{\left|N(u,v)\right|^2}{\left|F(u,v)\right|^2}\left|\hat{F}(u,v)\right|^2\right] \approx E\left[\left|N(u,v)\right|^2\right] \quad (3.48)$$

可以看出，该正则化算子可以使噪声的功率谱减小。

进而可以求得线性约束最小方差滤波下估计的重建图像 $\hat{f}(x,y)$ 的频谱为

$$\hat{F}(u,v)=\left[\frac{H^*(u,v)}{\left|H(u,v)\right|^2+\gamma\left[S_\eta(u,v)/S_f(u,v)\right]}\right]G(u,v) \tag{3.49}$$

其中，$\hat{F}(u,v)$ 重建图像 $\hat{f}(x,y)$ 的频谱，$\gamma=1/\lambda$ 为一个可调节的参数，$S_f(u,v)$ 和 $S_\eta(u,v)$ 分别表示输入图像和加性噪声的功率谱，$H(u,v)$ 和 $G(u,v)$ 分别是退化函数 $h(x,y)$ 和退化图像 $g(x,y)$ 的频谱，$H^*(u,v)$ 为 $H(u,v)$ 的共轭。一般在低频谱区，信噪比很高，即 $S_\eta(u,v)\ll S_f(u,v)$，滤波器常常会增强小的细节；在高频谱区，信噪比很小，即 $S_\eta(u,v)\gg S_f(u,v)$，通常噪声项一般出现在高频范围，因此滤波器抑制了噪声，但同时也去掉了一些有用的高频细节，这说明约束最小二乘滤波器在滤波过程中，能够减少对噪声的放大作用。γ 一般取值在 0～1 之间，仿真实验证明：信噪比较高时，γ 一般取 0.3 效果较好[22]。

如图 3.27 所示，图 3.27(a)为原始图像，图 3.27(b)为给原始图像添加模糊后的图像，图 3.27(c)为对模糊图像进行 CLS 算法后的图像。从图中我们可以看出：CLS 算法对于模糊的去除效果比较理想，但还是不能很好地恢复图像的细节信息，存在一定的模糊。

(a)原始图像

(b)加模糊

(c)CLS 算法后

图 3.27 CLS 算法对模糊处理结果图

3.4 图像超分辨率

图像超分辨率(super-resolution，SR)是使用一张或多张关于一个场景的低分辨率(low resolution，LR)图像重建高分辨率(high resolution，HR)图像的过程。自从 Harris[23]和 Goodman[24]提出图像超分辨率问题以来，图像超分辨率逐渐成为图像领域研究学者们探究的重要课题。

在图像获取的过程中，由于采集设备本身的限制或是外界各种退化因素(模糊、噪声等)的影响，使由低分辨率图像重建高分辨率图像这一过程成为一个病态逆问题。对于该问题，目前存在的图像超分辨率算法可以分为三种：基于插值、基于重建和基于学习。其中，基于插值的算法应用最为广泛，但是其生成的高分辨率图像边缘过于模糊并含有人工痕迹，基于重建和基于学习的算法中往往会结合基于插值的算法。

基于插值的超分辨率算法利用固定的核函数或插值核来估计高分辨率图像坐标中未知像素值，这类算法的计算方法简单、工作效率高。但是这类算法有一个很大的缺点：由于这类算法对于所有的图像内容都采用单一的核函数，他们往往会模糊高频细节致使得到的高分辨率图像出现边缘模糊和纹理不清晰等现象。本节主要介绍双线性插值算法和双三次插值算法。

3.4.1　双线性插值算法

双线性插值算法是一种简单的插值算法，其基本思想是分别在水平、垂直两个方向进行一次插值。

如图 3.28 所示，假设已知函数 $f(x,y)$ 在点 $(0,0)$ 、 $(1,0)$ 、 $(0,1)$ 、 $(1,1)$ 上的函数值分别为 $f(0,0)$ 、 $f(1,0)$ 、 $f(0,1)$ 和 $f(1,1)$ 。利用数学上的相似三角形原理，易求得函数 $f(x,y)$ 在点 (x,y) 上的函数值。将这种思想应用到图像超分辨率领域，未知像素点 (x,y) 的像素值 $f(x,y)$ 求解如下。

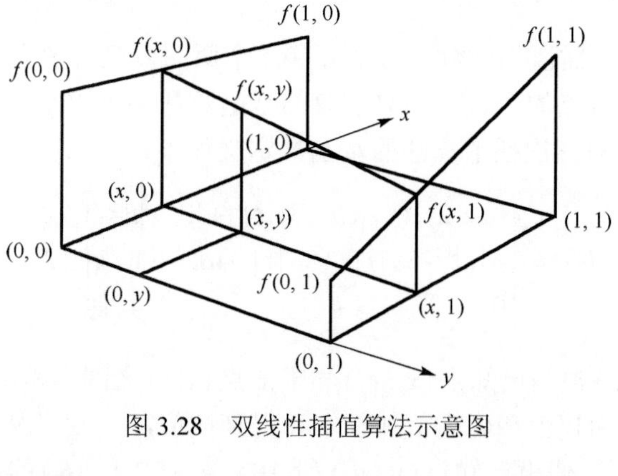

图 3.28　双线性插值算法示意图

利用相似三角形原理，首先在水平方向进行插值，得到

$$\frac{f(x,0)-f(0,0)}{f(1,0)-f(0,0)}=\frac{x-0}{1-0}\Rightarrow f(x,0)=(f(1,0)-f(0,0))x+f(0,0) \tag{3.50}$$

$$\frac{f(x,1)-f(0,1)}{f(1,1)-f(0,1)}=\frac{x-0}{1-0}\Rightarrow f(x,1)=(f(1,1)-f(0,1))x+f(0,1) \tag{3.51}$$

然后，在垂直方向进行插值，得到

$$\frac{f(x,y)-f(x,0)}{f(x,1)-f(x,0)}=\frac{y-0}{1-0}\Rightarrow f(x,y)=(f(x,1)-f(x,0))y+f(x,0) \tag{3.52}$$

最后，将式(3.50)、式(3.51)代入式(3.52)，得到

$$\begin{aligned}f(x,y)&=(f(x,1)-f(x,0))y+f(x,0)\\&=(f(1,1)-f(0,1)-f(1,0)+f(0,0))xy\\&\quad+(f(0,1)-f(0,0))y+(f(1,0)-f(0,0))x+f(0,0)\end{aligned} \tag{3.53}$$

3.4.2 双三次插值算法

双三次插值算法[25]又被称为双立方插值算法。相比于双线性插值，双三次插值算法较为复杂，基本思想是未知像素点的像素值可以通过其最近邻的 16 个像素点的像素值加权得到。但是这种算法能够很好地抑制图像边缘锯齿状的人工痕迹和图像块效应，其插值后的图像明显优于双线性插值算法。除此之外，双三次插值算法在图像超分辨率领域被广泛应用，常常作为算法对比过程的基准算法。下面将详细介绍双三次插值算法的流程。

在数值分析中，插值函数的数学表达式如下：

$$F(x)=\sum_{k=0}^{n-1} f_k \times h(x-x_k) \tag{3.54}$$

其中，$h(x-x_k)$ 表示插值基函数，f_k 表示第 k 个原图像已有像素的值，$F(x)$ 表示插值结果，n 表示插值点的个数。如果选取的基函数和插值点个数不同那么使用的插值算法也就不同。双三次插值算法的基函数定义如下：

$$h(t)=\begin{cases}(a+2)|t|^3-(a+3)|t|^2+1, & |t|\leqslant 1\\ a|t|^3-5a|t|^2+8a|t|-4a, & 1<|t|<2\\ 0, & \text{其他}\end{cases} \tag{3.55}$$

基函数式(3.55)根据已知点 (x_k, y_k) 和未知点 (x, y) 之间的距离 t 的不同，得出不同的权值 $h(t)$，然后权值和像素值加权求和得到插值，一般情况下 $a=-0.5$。

如图 3.29 所示，假设已知点 (x_k, y_k)（其中，$k=1,2,\cdots,16$）的像素值 f_k，未知点值 (x, y) 的像素值 F 是利用其周围已知的 16 个像素值（$f_1, f_2, \cdots, f_{16}$）插值得到的。首先，在水平方向上，根据式(3.54)、式(3.55)插值得到 F_1, F_2, F_3, F_4，再由这四个像素值进行垂直插值得到 F。

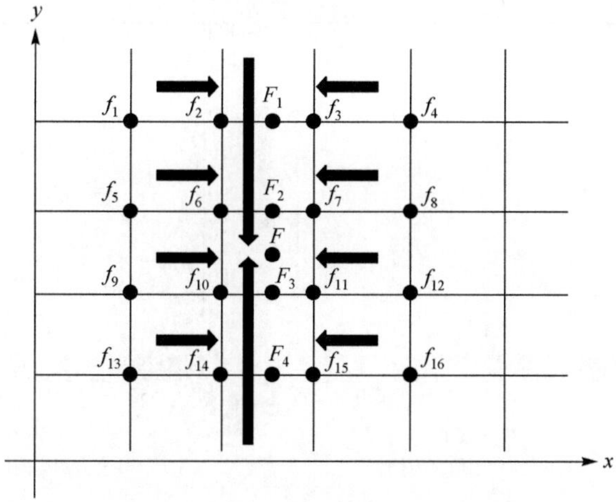

图 3.29　双三次插值算法示意图

3.5　直方图均衡化算法

如果一幅图像的像素占有很多的灰度级而且分布均匀，那么这样的图像往往有高对比度和多变的灰度色调。直方图均衡化就是一种能仅靠输入图像直方图信息自动达到这种效果的变换函数。它的基本思想是对图像中像素个数多的灰度级进行展宽，而对图像中像素个数少的灰度级进行压缩，从而扩展像素取值的动态范围，提高了对比度和灰度色调的变化，使图像更加清晰，如图 3.30 所示。

图 3.30 是原始图像和直方图均衡化图像对比图，其中，图 3.30(a)为原始图像，图 3.30(b)为直方图均衡化图像，图 3.30(c)为原始图像直方图，图 3.30(d)为直方图均衡化图像直方图。从图中可以看出：采用直方图均衡化后，原始图像的直方图变换为均匀分布的形式，增加了像素之间灰度值差别的动态范围，从而增强了图像整体对比度。

(a) 原始图像

(b) 直方图均衡化图像

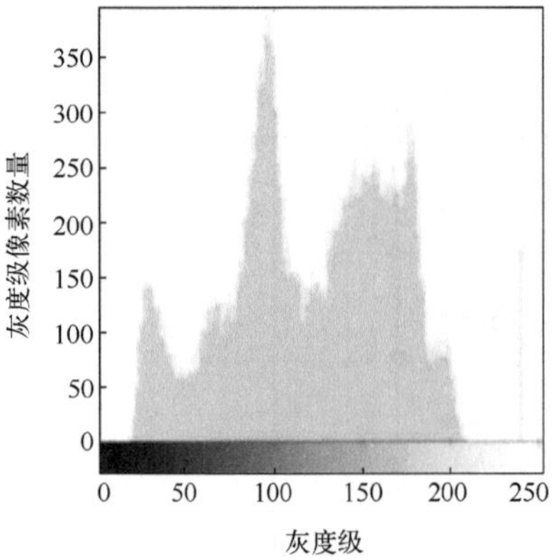

(c) 原始图像直方图

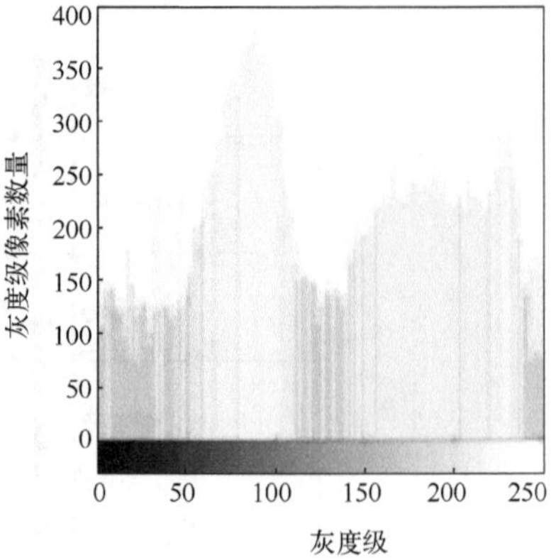

(d) 直方图均衡化图像直方图

图 3.30　原始图像和直方图均衡化图像对比图

对于一幅图像来说，直方图是一种统计信息，它的特征为非线性特征。直方图均衡化有两个作用：①提高图像的对比度；②把图像变成像素值近似均匀分布的图像。例如，一个灰度级在范围[0, $L-1$]的数字图像，直方图是一个离散的概率分布函数：

$$p(r_i) = h(i) / N_f \tag{3.56}$$

其中，r_i 为第 i 个灰度级，$i = 0,1,2,\cdots,L-1$，$h(i)$ 为图像中第 i 个灰度级的像素总数，N_f 为图像的像素总数。$p(r_i)$ 实际上求的是第 i 个灰度级像素数量占总像素数量的比例。图像像素值及其相应的直方图如图 3.31 和图 3.32 所示。

1	5	3	4	5	6
7	1	5	8	3	8
5	6	8	3	5	7
2	3	4	1	4	8
2	6	3	4	5	7

图 3.31　图像像素值示例

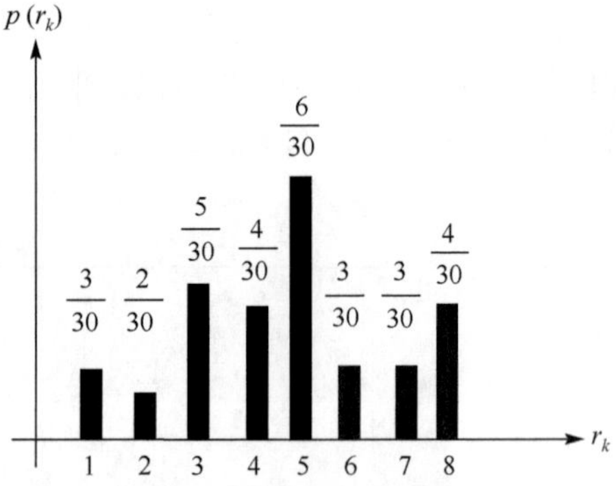

图 3.32　图像直方图示例

也就是说，直方图可以看作是图像像素值的概率分布。从图 3.31 可以看出，图中总共 30 个像素，其中像素值为 6 的像素总共有 3 个，在如图 3.32 所示的直方图中，横坐标为 6 的点纵坐标为 3/30。

3.5.1　直方图均衡化的理论思想

直方图均衡化处理[26]的思路是把原始图像的灰度直方图从比较集中的某个灰度区间变成在全部灰度范围内的均匀分布。直方图均衡化就是对图像进行非线性拉伸，重新分配图像像素值，使一定灰度范围内的像素数量大致相同。直方图均衡化就是把给定图像的直方图改变成“均匀”分布直方图，故直方图均衡化的基本原理可以简单地用如下映射函数来表示。

$$g(x,y)=T\left[f(x,y)\right] \tag{3.57}$$

其中，$f(x,y)$是增强前的图像，$g(x,y)$是增强处理后的图像，T是对f的一种操作，当T操作成为灰度变换函数，如果以r和s分别代表$f(x,y)$和$g(x,y)$在(x,y)处的灰度值，则式(3.57)可简写为

$$s=T(r) \tag{3.58}$$

这里图像增强变换函数需要满足 2 个条件：

①$T(r)$在$0 \leqslant r \leqslant L-1$范围内是个单增函数；

②对$0 \leqslant r \leqslant L-1$有$0 \leqslant T(r) \leqslant L-1$。

上面第①个条件保证逆变换存在，且原图像各灰度级在变换后仍保持从黑到白的排列次序，防止变换后的图像出现一些反转的灰度级。第②个条件保证变换前后灰度值动态范围的一致性，对于式(3.58)，其逆变换可表示为

$$r=T^{-1}(s) \qquad 0 \leqslant s \leqslant L-1 \tag{3.59}$$

可以证明式(3.59)也满足上述条件①和条件②。

由概率论可知，如果原始图像灰度的概率密度函数$p_r(r)$和变换函数$s=T(r)$已知，$r=T^{-1}(s)$是单调递增函数，则变换后的图像灰度的概率密度函数$p_s(s)$如下：

$$p_s(s)=p_r(r)\frac{\mathrm{d}r}{\mathrm{d}s}\Big|_{r=T^{-1}(s)} \tag{3.60}$$

直方图变换技术是通过选择变换函数$T(r)$，使目标图像的直方图具有期望的形状。直方图均衡化的目标是把$p_s(s)$变成均匀分布。接下来的问题是：什么样的函数能将符合任意分布的$p_s(s)$变成均匀分布，并且符合前面所叙述的两个条件呢？这里的答案是：累积直方图可以做到。假定变换函数为

$$s=T(r)=\int_0^r p_r(w)\mathrm{d}w \tag{3.61}$$

$p_r(w)$为直方图变换之前的概率密度函数，$\int_0^r p_r(w)\mathrm{d}w$为直方图变换之前的分布函数，在这里可以使用累积直方图表示。对式(3.61)中的r求导：

$$\frac{\mathrm{d}s}{\mathrm{d}r}=\frac{\mathrm{d}T(r)}{\mathrm{d}r}=p_r(r) \tag{3.62}$$

$$p_s(s)=\left[p_r(r)\frac{\mathrm{d}r}{\mathrm{d}s}\right]_{r=T^{-1}(s)}=\left[p_r(r)\frac{1}{\mathrm{d}s/\mathrm{d}r}\right]_{r=T^{-1}(s)}=\left[p_r(r)\frac{1}{p_r(r)}\right]=1 \tag{3.63}$$

由式(3.63)可知，显然，$p_s(s)$是一个均匀概率密度函数，$T(r)$依赖于$p_r(r)$，但$p_s(s)$总是均匀的，用累积直方图可以得到变换前和变换后的函数关系。

3.5.2 直方图均衡化的具体步骤

设f和g分别为原始图像和处理后的图像；h为原图f的灰度直方图，h为一个256维的向量；$hs(i)$为每个灰度i的像素个数在整个图像中所占的百分比；hp为图像各灰度级的累计分布。

①求出原始图像f的灰度直方图h；

②求出图像f的总体像素个数：

$$N_f=m\times n \tag{3.64}$$

其中，m，n分别为图像的长和宽的像素个数，计算每个灰度的像素个数在整个图像中所占的百分比：

$$hs(i)=\frac{h(i)}{N_f},\quad i=0,1,\cdots,255 \tag{3.65}$$

其中，$h(i)$为像素值为i的像素的个数。

③计算图像各灰度级的累计分布hp：

$$hp(i)=\sum_{k=0}^{i}hs(k),\quad i=1,2,\cdots,255 \tag{3.66}$$

④求出图像g的灰度值：

$$g=\begin{cases}0, & i=0\\ 255\cdot hp(i), & i=1,2,\cdots,255\end{cases} \tag{3.67}$$

具体操作流程如图3.33所示。

如图3.33所示，f为原始图像，f具有$N_f=5\times5=25$个像素值。h为f对应的灰度直方图，h的第一列为f所包含的像素值从小到大对应的直方图的横轴，第二列为这些像素值对应的直方图的纵轴。hs为每个像素值所占的百分比，例如，像素值为0的像素有三个，则$h(0)=3$，f共有25个像素值，则$N_f=25$，那么0像素值

对应的百分比就是 $hs(0)=\frac{h(0)}{N_f}=\frac{3}{25}=0.12$。$hp$ 为图像各像素的累计分布 $hp(i)=\sum_{k=0}^{i}hs(k)$，例如，像素值为 1 的像素的累计分布 $hp(1)=\sum_{k=0}^{1}hs(k)=hs(0)+hs(1)=0.12+0.08=0.20$。最后，我们根据式(3.67)得到图像 g，例如，图像 f 中的 0 像素值在图像 g 中像素值依然为 0，图像 f 中的 1 像素值在图像 g 中像素值为 $255\cdot hp(1)=255\cdot 0.20=51$。

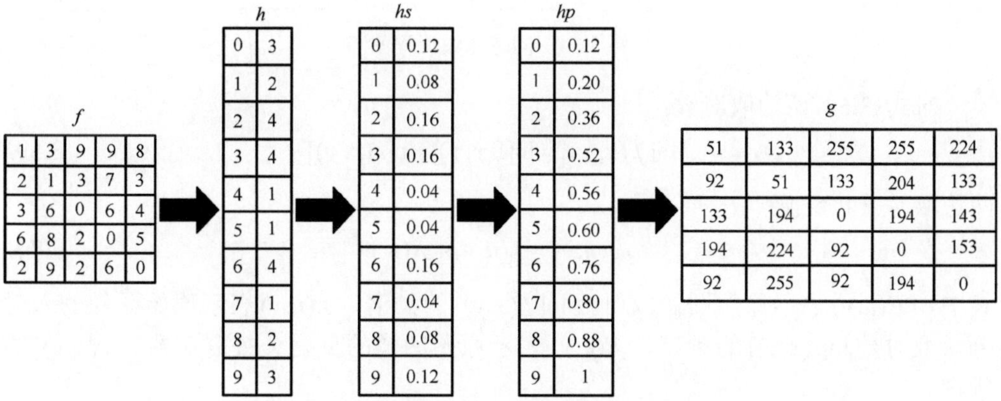

图 3.33 直方图均衡化的实际操作流程图

3.6 图像的低照度校正算法

3.6.1 同态滤波算法

同态滤波[27]是一种通过减少低频增加高频，从而减少光照变化并锐化边缘或细节的图像滤波方法。同态滤波是一种在频域中同时将图像亮度范围进行压缩和将图像对比度进行增强的方法，是基于图像成像模型进行的。简言之，同态滤波是针对图像光照不均匀问题而采取的一种图像对比度增强算法。

同态滤波的基本思想：为了分离加性组合的信号，常采用线性滤波的方法。而非加性信号组合常用同态滤波的技术将非线性问题转化成线性问题处理，即先对非线性(乘性或者卷积性)混杂信号做某种数学运算，变换成加性的，然后用线性滤波方法处理，最后做反变换运算，恢复处理后的信号。

基本流程如图 3.34 所示，原始图像 $f(x,y)$ 可以表示成入射分量 $l(x,y)$ 与反射分量 $r(x,y)$ 的乘积。图像的入射、反射模型为

$$f(x,y)=l(x,y)r(x,y) \tag{3.68}$$

其中，$l(x,y)$ 为原始图像的入射分量，主要由光源引起，缓慢变化；$r(x,y)$ 为原始图像的反射分量，主要由物体表面的结构和纹理引起，快速变化。

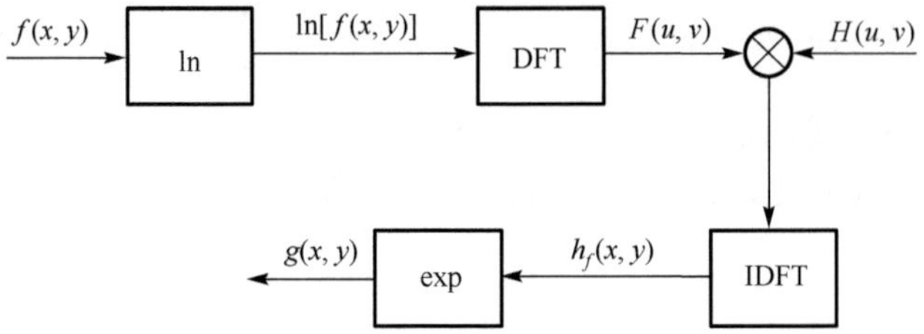

图 3.34 同态滤波流程图

对式(3.68)两边取对数：

$$\ln[f(x,y)] = \ln[l(x,y)] + \ln[r(x,y)] \tag{3.69}$$

两边取傅里叶变换：

$$F(u,v) = L(u,v) + R(u,v) \tag{3.70}$$

其中，$F(u,v)$ 表示原始图像取对数 $\ln[f(x,y)]$ 的频谱，$L(u,v)$ 表示原始图像的入射分量取对数 $\ln[l(x,y)]$ 的频谱，$R(u,v)$ 表示原始图像的反射分量取对数 $\ln[r(x,y)]$ 的频谱。

用同一频域函数 $H(u,v)$ 处理 $F(u,v)$，$H(u,v)$ 是同态滤波函数，得

$$H(u,v)F(u,v) = H(u,v)L(u,v) + H(u,v)R(u,v) \tag{3.71}$$

将式(3.71)进行傅里叶反变换到空域，得到

$$h_f(x,y) = h_l(x,y) + h_r(x,y) \tag{3.72}$$

其中，$h_f(x,y)$ 表示对乘积 $H(u,v)F(u,v)$ 进行傅里叶反变换的结果，$h_l(x,y)$ 表示对乘积 $H(u,v)L(u,v)$ 进行傅里叶反变换的结果，$h_r(x,y)$ 表示对乘积 $H(u,v)R(u,v)$ 进行傅里叶反变换的结果，对式(3.72)两边同时取指数得到我们需要的输出图像：

$$g(x,y) = \exp\left|h_f(x,y)\right| = \exp\left|h_l(x,y)\right| \cdot \exp\left|h_r(x,y)\right| \tag{3.73}$$

其中，$g(x,y)$ 为我们获得的输出图像，根据上述过程可知，同态滤波的关键在于滤波器 $H(u,v)$ 的设计。已知反射分量位于图像的高频区域，入射分量位于图像的低频区域，对于一幅光照不均匀的图像，同态滤波可同时实现亮度调整和对比度提升，从而改善图像质量。为了压制低频的亮度分量，增强高频的反射分量，滤波器 $H(u,v)$ 应是一个高通滤波器，但又不能完全减去低频分量。因此，同态滤波器一般采用如下形式：

$$H(u,v) = (\gamma_H - \gamma_L)H_{hp}(u,v) + \gamma_L \tag{3.74}$$

其中，$\gamma_H > 1$，$\gamma_L < 1$，控制滤波器幅度的范围；H_{hp} 为高斯型高通滤波器，它的传递函数为

$$H_{hp}(u,v) = 1 - \exp[-c(D^2(u,v) / D_0^2)] \tag{3.75}$$

其中，c 为一个常数，控制滤波器的形态，即从低频到高频过渡段的陡度(斜率)，其值越大，斜坡带越陡峭；D_0 表示滤波器的截止频率，当频率大于 D_0 时，信号分量可以完全通过。

同态滤波器 $H(u,v)$ 的幅频曲线如图 3.35 所示。

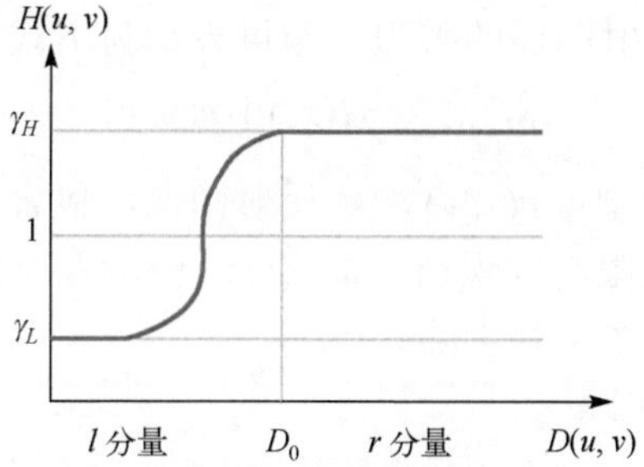

图 3.35　同态滤波器幅频曲线

如图 3.36 所示，对比易得：将原始图像经过同态滤波后，去掉图中的照度分量，使图像效果不受光照影响，我们就可以看到图片本身较为清晰的纹理成分，但是因为滤波器为高通滤波器，阻挡了一部分低频分量，所以边缘比较模糊，颜色失真。

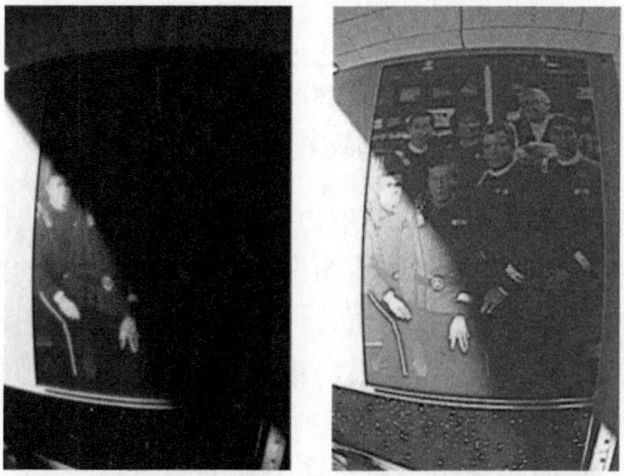

(a) 原始图像　　(b) 同态滤波处理后

图 3.36　同态滤波对光照不均匀图像处理结果图

3.6.2　Retinex 算法

Retinex[28-30]是一种建立在科学实验和科学分析基础上的图像增强方法，它是

Edwin 在 1963 年提出的。如同 MATLAB 是由 Matrix 和 Laboratory 合成的一样，Retinex 也是由两个单词合成的一个词语，他们分别是 retina 和 cortex，即视网膜和皮层。Retinex 算法的目的是从图像中去除场景入射分量的影响，获得实际反射分量。

不同于传统的线性、非线性只能增强图像某一类特征的方法，Retinex 可以在动态范围压缩、边缘增强和颜色恒常三个方面达到平衡，因此可以对各种不同类型的图像进行自适应的增强。

如图 3.37 所示，图像可以看作是由入射图像和反射图像构成，入射光照射在反射物体上，通过反射物体的反射，形成反射光进入人眼。Retinex 理论的基本假设是原始图像是反射图像和入射图像的乘积，即可表示为下式的形式：

$$f(x,y)=l(x,y)\cdot r(x,y) \tag{3.76}$$

其中，$f(x,y)$ 表示原始图像；$r(x,y)$ 表示反射图像，包含物体的反射性质，即图像内在属性，我们应该最大限度地保留；而 $l(x,y)$ 表示入射图像，决定了图像像素能达到的动态范围，我们应该尽量去除。

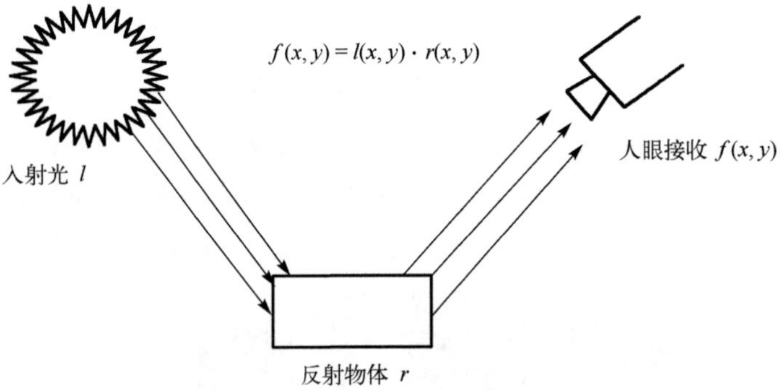

图 3.37 Retinex 理论中图像的构成

Retinex 理论的基本思路：在原始图像中，通过某种方法去除或者降低入射图像的影响，从而保留物体本质的反射属性图像。基于 Retinex 的图像增强的目的就是从原始图像 $f(x,y)$ 中估计出入射图像 $l(x,y)$，从而分解出反射图像 $r(x,y)$，消除光照不均的影响，以改善图像的视觉效果，正如人类视觉系统那样。

在处理中，通常将图像转至对数域，即 $F(x,y)=\log[f(x,y)]$，$L(x,y)=\log[l(x,y)]$，$R(x,y)=\log[r(x,y)]$。从而将乘积关系转换为和的关系：

$$\log[f(x,y)]=\log[l(x,y)\cdot r(x,y)] \tag{3.77}$$

$$\log[f(x,y)]=\log[l(x,y)]+\log[r(x,y)] \tag{3.78}$$

$$F(x,y)=L(x,y)+R(x,y) \tag{3.79}$$

反射图像对应于图像的高频部分，入射图像对应于图像的低频部分。因此，求

取入射图像 $l(x,y)$ 就是原始图像 $f(x,y)$ 与一个低通滤波器进行卷积的结果。因此，低通滤波器的选择对于 Retinex 算法至关重要。Retinex 算法的核心就是估测入射图像 $l(x,y)$，从图像 $f(x,y)$ 中估测 $l(x,y)$ 分量，并去除 $l(x,y)$ 分量，得到反射图像 $r(x,y)$，即

$$L(x,y)=\log[f(x,y)*S(x,y)] \tag{3.80}$$

$$\begin{aligned}R(x,y)&=F(x,y)-L(x,y)\\&=\log[f(x,y)]-\log[f(x,y)*S(x,y)]\end{aligned} \tag{3.81}$$

其中，$R(x,y)$ 为输出图像，$*$ 为卷积符号，$S(x,y)$ 为高斯中心环绕函数，可以表示为

$$S(x,y)=\frac{1}{\sqrt{2\pi}\sigma}\mathrm{e}^{\frac{-(x^2+y^2)}{2\sigma^2}} \tag{3.82}$$

其中，σ 表示高斯中心环绕函数的尺度参数，这个参数决定了高斯中心环绕函数进行卷积运算时的邻域大小，即高斯滤波中的标准差的大小。这个参数直接影响着 Retinex 算法处理效果的好坏：σ 的取值越小，Retinex 算法的动态压缩能力就越强，但是色彩保真度相应变差，会在局部出现色彩失真的现象；反之，σ 越大的话，Retinex 算法的色彩保真度就会越高，动态范围压缩相应减弱。Retinex 算法一般都是在动态范围压缩和色彩恢复能力之间进行取舍。

将输出图像 $R(x,y)$ 从对数域转换到实数域，即可得到反射图像 $r(x,y)$：

$$r(x,y)=\exp[R(x,y)] \tag{3.83}$$

综上所述，Retinex 算法的流程图如图 3.38 所示。

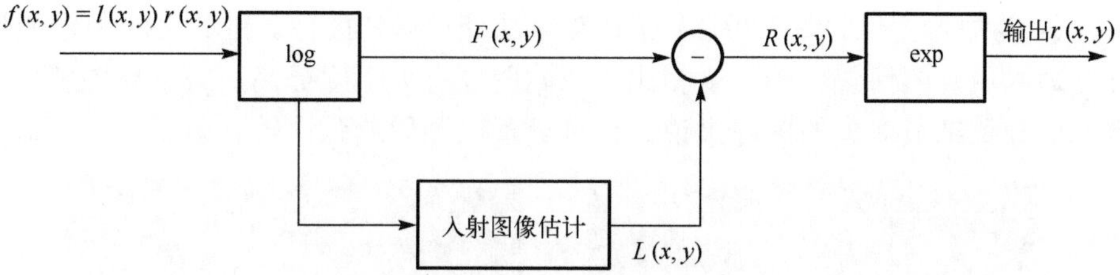

图 3.38　Retinex 算法流程图

Land 于 1986 年提出了最早的 Retinex 算法，也称为基于邻域的 Retinex 算法。在此基础上，NASA Langley 研究中心的 Jobson、Rahman 和 Woodell 提出了单尺度 Retinex（single-scale Retinex，SSR）算法，并将其扩展到多尺度，提出了多尺度 Retinex（multi-scale Retinex，MSR）算法。

基于邻域的 Retinex 算法存在严重的颜色失真问题。由于其本质是基于灰度假设，当图像整体或局部区域的颜色违背灰度假设时，处理后的颜色将变为灰色调，

称之为灰化效应。为此，Jobson、Rahman 和 Woodell 提出了颜色复原的多尺度 Retinex (multi-scale Retinex with color restoration，MSRCR)算法。

1. 单尺度 Retinex

SSR 算法[31]的思路如下。

(1)输入原图 $f(x,y)$，若为灰度图像，则将图像每个像素的灰度值由整数值转换为浮点数，并转换到对数域；若输入是彩图，对图像的每个颜色通道分别进行处理，将每个分量的像素值由整数值转换为浮点数，并转换到对数域中，方便后面的数据计算。

(2)给定高斯中心环绕函数的尺度参数 σ 并构建高斯中心环绕函数，将灰度图像与高斯中心环绕函数卷积，得到入射估计图像 $L(x,y)$；若输入是彩图，将各通道的图像分别与高斯中心环绕函数即式(3.82)卷积，得到三通道的入射估计图像 $L_i(x,y)$。

(3)根据式(3.81)，计算得到 $R(x,y)$；如果是彩图，则每个通道均有一个 $R_i(x,y)$。

(4)将 $R_i(x,y)$ 从对数域转换到实数域得到反射图像 $r_i(x,y)$。

(5)将得到的三通道的反射分量图像合并为一幅图像得到 SSR 增强图像。

高斯中心环绕函数 $S(x,y)$ 采用高斯函数，能够在算法中估计出入射图像所对应的原始图像的低频部分。从原始图像中除去低频入射部分，就会留下原始图像所对应的高频分量，在人类的视觉系统中，人眼对边缘部分的高频信息相当敏感，所以，SSR 算法可以较好地增强图像中的边缘信息。

由于 SSR 算法中所选用的高斯函数的特点，所以增强后的图像不能同时保证对动态范围大幅度压缩和对比度增强。

图 3.39 为利用 SSR 算法对一幅亮度偏低的水下图像进行处理的结果图，其中，图 3.39(a)为原始图像，图 3.39(b)为 SSR 算法处理后的图像。利用 SSR 算法对图像进行处理以后，图像整体的亮度相比于原始图像有大幅度提高，对于原图整体亮度非常低而导致细节缺失的图像来说，这种处理对图像增强比较有效。

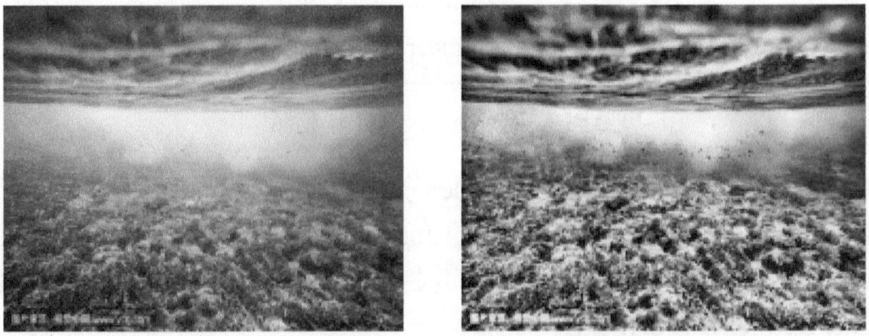

(a)原始图像　　(b)SSR 算法处理后

图 3.39　SSR 算法对图像处理的结果图

2. 多尺度 Retinex

MSR[32]是在 SSR 的基础上发展而来的，由于 SSR 需要在颜色保真度和细节保持上追求一个完美的平衡，而这个平衡不易实现，MSR 的提出就是解决该问题，它是针对一幅图像在不同尺度上利用高斯滤波处理，然后将多个尺度下的图像进行加权叠加，它其实就是 SSR 的一种叠加操作。

MSR 的优点是可以同时保持图像高保真度和对图像的动态范围进行压缩。并且，在一定的情况下，MSR 可以实现色彩增强、颜色恒常性、局部动态范围压缩、全局动态范围压缩，也可以用于 X 光图像增强。

MSR 的计算公式如下：

$$R(x,y)=\sum_{k=1}^{K}\omega_k\{\log f(x,y)-\log[S_k(x,y)*f(x,y)]\} \tag{3.84}$$

其中，K 是高斯中心环绕函数的个数，当 $K=1$ 时，MSR 退化为 SSR。通常来讲，出于保证同时兼有 SSR 高、中、低三个尺度的优点的考虑，K 的取值通常为 3，用三个不同尺度的高斯滤波器对原始图像进行滤波处理时效果较好，ω_k 是第 k 个尺度在进行加权时的加权系数，需要满足：

$$\sum_{k=1}^{K}\omega_k=1 \tag{3.85}$$

通常取 $\omega_1=\omega_2=\omega_3=\dfrac{1}{3}$，因为经过实验发现，当取平均时，能适用于大量的低照度图像，且运算简单。最后 $S_k(x,y)$ 是在第 k 个尺度上的高斯滤波函数，即

$$S_k(x,y)=\frac{1}{\sqrt{2\pi}\sigma_k}\mathrm{e}^{\frac{-(x^2+y^2)}{2\sigma_k{}^2}} \tag{3.86}$$

通过实验[33]证明了 MSR 在颜色保持和细节突出等方面比单尺度的 SSR 要好很多，一般情况下尺度数选择为 3，所以一次 MSR 等同于三次 SSR。

图 3.40 为利用 SSR 和 MSR 算法对一幅亮度偏低的水下图像进行处理的结果图，其中，图 3.40(a)为原始图像，图 3.40(b)为 SSR 算法处理后的图像，图 3.40(c)为 MSR 算法处理后的图像。利用 MSR 算法对图像进行处理以后，图像整体的亮度相比于原始图像有大幅度提高，对于原图整体亮度非常低而导致细节缺失的图像来说，这种处理对图像增强比较有效。

但是 MSR 算法与 SSR 算法相比较，它们的处理结果非常相似，也就是说 MSR 算法在 SSR 算法的基础上没有较大改善。

(a) 原始图像　　(b) SSR 算法处理后　　(c) MSR 算法处理后

图 3.40　SSR 和 MSR 算法对图像处理的结果图

3. 带颜色恢复的多尺度 Retinex

在前面的增强过程中，图像可能会因为增加了噪声，而使得图像的局部细节色彩失真，不能显现出物体的真正颜色，整体视觉效果变差。针对这一点不足，MSRCR[33]在 MSR 的基础上，加入了色彩恢复因子 c_i 来调节三个通道颜色在图像中所占的比例，弥补由于图像局部区域对比度增强而导致颜色失真的缺陷。

色彩恢复因子 c_i 的定义如下：

$$c_i(x,y)=\beta\left\{\left[\log\left(\frac{\alpha f_i(x,y)}{\sum_{i=1}^{3}f_i(x,y)}+1\right)\right]\right\} \tag{3.87}$$

其中，$c_i(x,y)$ 是第 i 个通道的色彩恢复因子，一般情况下彩色图像分为 RGB 三个通道，$c_i(x,y)$ 调节原始图像中三个颜色通道之间的比例关系，从而把相对较暗区域的信息凸显出来，达到了消除图像色彩失真的目的。因为相对较暗区域的像素值较小，根据 log 函数的性质可知：经过 $\log\left(\frac{\alpha f_i(x,y)}{\sum_{i=1}^{3}f_i(x,y)}+1\right)$ 函数后，较暗区域的色彩恢复因子会较大，较亮区域的色彩恢复因子会较小，所以 $c_i(x,y)$ 可以凸显较暗区域的信息，$\log(\cdot)$ 中的 +1 操作是为了避免像素值为 0 时造成无解的情况。$f_i(x,y)$ 是原始图像 $f(x,y)$ 的第 i 个通道；β 是增益常数，α 的取值大小控制着非线性的强度，其中 $\beta=46$，$\alpha=125$ 为经验参数。为了能在正常的屏幕中显示图像，需要对对数域中的像素值进行拉伸处理，结合式 (3.84) 和式 (3.87) 可以得到 MSRCR 的数学表达式：

$$r_i(x,y)=G\left\{c_i(x,y)\left[\sum_{k=1}^{K}\omega_k[\log f_i(x,y)-\log[S_k(x,y)*f_i(x,y)]]\right]+t\right\} \tag{3.88}$$

其中，G 和 t 分别是增益常数和偏移量系数，作用是为了将最后的图像能很好地显示在屏幕中。表 3.1 为 MSRCR 的一些基本参数。

表 3.1　MSRCR 的一些基本参数

参数	K	G	t	α	β	ω_k	σ_1	σ_2	σ_3
数值	3	192	–30	125	46	1/3	30	80	200

图 3.41 为利用 SSR、MSR 和 MSRCR 算法对一幅亮度偏低的水下图像进行处理的结果图，其中，图 3.41(a)为原始图像，图 3.41(b)为 SSR 算法处理后的图像，图 3.41(c)为 MSR 算法处理后的图像，图 3.41(d)为 MSRCR 算法处理后的图像。

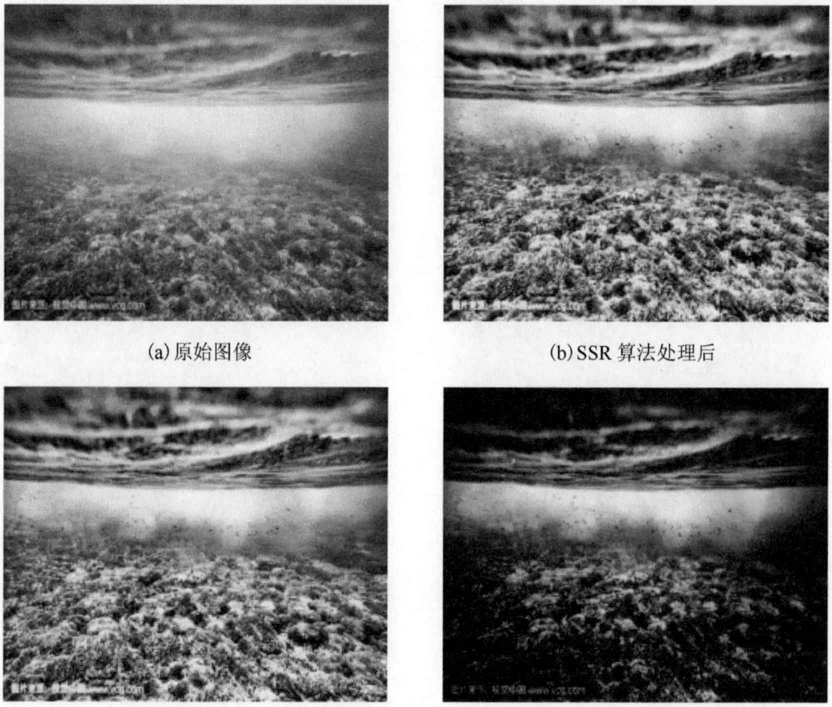

(a)原始图像　(b)SSR 算法处理后

(c)MSR 算法处理后　(d)MSRCR 算法处理后

图 3.41　SSR、MSR 和 MSRCR 算法对图像处理的结果图

利用 MSRCR 算法对图像进行处理以后，图像整体的亮度相比于原始图像有大幅度提高，对于原图整体亮度非常低而导致细节缺失的图像来说，这种处理对图像增强来说非常有效。而 SSR 和 MSR 算法处理之后的图像整体显得较明亮，且这种较高的明亮程度也影响到了图像的对比度，出现了整体偏白甚至偏灰的情况。因此，MSRCR 算法效果要比 SSR 和 MSR 算法好很多，基本消除了色偏。

3.7 本 章 小 结

本章内容为传统的图像增强算法，主要介绍了图像的锐化模板算法、图像的去噪算法、图像超分辨率、直方图均衡化算法以及图像的低照度校正算法。本章针对一些常见的图像弱化和退化现象，列举出了一系列相应的传统图像增强和图像重建算法。希望读者通过这一章的学习，能够对图像增强和图像重建的传统经典算法有初步的理解和掌握，同时也能够为接下来较为先进的算法的学习奠定扎实的基础。

课 后 习 题

1．下面哪个图像的亮度更高?（　　）

A.

B.

2．下面哪一个是拉普拉斯模板?（　　）

A.

0	−1	0
−1	4	−1
0	−1	0

B.

−1	0	1
−1	0	1
−1	0	1

C.

1	1	1
1	1	1
1	1	1

3．下面哪一个图像锐化效果更好?（　　）

A.

B.

C. 

4．拉普拉斯模板是通过什么计算的?(　　)

A．一维导数　　B．二维导数　　C．三维导数　　D．以上都不是

5．哪一个滤波器可以得到比较好的边缘?(　　)

A．均值滤波器　　B．中值滤波器

6．2，12，67，19，15 中哪一个是中值?(　　)

A．12　　B．15　　C．19　　D．67

7．哪一类退化可以通过中值滤波器较好地处理?(　　)

A．高斯噪声　　B．脉冲噪声　　C．运动模糊

8．下面哪一个模板可以做边缘检测?(　　)

A．

−1	0	1
−1	0	1
−1	0	1

B．

1	0	1
1	0	1
1	0	1

C．

1	1	1
1	1	1
1	1	1

9．直方图描述了什么?(　　)

A．图像的像素值　　B．图像的颜色　　C．图像的概率密度

10．直方图均衡化后的概率密度为(　　)。

A．高斯分布　　B．二项分布　　C．均匀分布

11．像素值的转换是通过什么方式计算？(　　)

A．累计直方图　　B．直方图　　C．概率密度　　D．高斯分布

12．下面哪张图像是增强后的结果?(　　)

A. 

B. 

13．一幅数字图像可以被分为______和______分量?（　　）

A．灰色和彩色　B．照度和反射　C．有用和无用　D．黑色和白色

14．一幅图像 $f(x,y)$ 和它的照度分量 $i(x,y)$ 、反射分量 $r(x,y)$ 是什么关系?（　　）

A．$f(x,y)=i(x,y)+r(x,y)$

B．$f(x,y)=i(x,y)r(x,y)$

C．$f(x,y)=i(x,y)/r(x,y)$

15．将 $f(x,y)=i(x,y)r(x,y)$ 变为 $\tilde{f}=\tilde{i}+\tilde{r}$，我们应该使用什么函数?（　　）

A．对数　B．指数　C．乘法　D．傅里叶

16．对于同态滤波和 Retinex 算法，为什么需要低通滤波器?

17．假设随机变量 X 具有的概率密度如下，求 $Y=2X+8$ 的概率密度。

$$f_x(x)=\begin{cases}\dfrac{x}{8}, & 0<x<4\\ 0, & \text{其他}\end{cases}$$

第 4 章　稀疏表示系数的求解

4.1　稀疏表示的基本概念

稀疏编码的概念最早来自神经生物学。人眼视觉感知机理的研究表明，人眼视觉系统(human visual system，HVS)可看成是一种合理而高效的图像处理系统。在人眼视觉系统中，从视网膜到大脑皮层存在一系列细胞，以“感受野”模式描述。感受野是视觉系统信息处理的基本结构和功能单元，是视网膜上可引起或调制视觉细胞响应的区域，它们被视网膜上相应区域的光感受细胞所激活，对时空信息进行处理。神经生理研究已表明：在初级视觉皮层(primary visual cortex)下细胞的感受野具有显著的方向敏感性，单个神经元仅对处于其感受野中的刺激做出反应，即单个神经元仅对某一频段的信息呈现较强的反映，如特定方向的边缘、线段、条纹等图像特征，其空间感受野被描述为具有局部性、方向性和带通特性的信号编码滤波器[34]。

生物学家提出，哺乳类动物在长期的进化中，生成了能够快速、准确、低代价地表示自然图像的视觉神经方面的能力。可以直观地想象，人们的眼睛看到的每一幅图像都是上亿像素的，而每一幅图像都只用很少的代价重建与存储，这种方式叫作稀疏编码(sparse coding，SC)，也叫稀疏表示(sparse representation，SR)。从数学的角度来说，稀疏编码的目的是在大量的数据集中，选取很小的一部分作为元素来重建新的数据。从实际应用角度来看，一般场景下信号采集设备仅仅能够采集信号本身，用于稀疏表示的字典和稀疏表示系数均为未知项。因此，稀疏表示的主要难点包括两个方面：稀疏表示字典的生成和稀疏表示系数的计算。

从稀疏表示字典生成情况来看，在稀疏表示理论未提出前，正交字典和双正交字典因为其数学模型简单而被广泛地应用，然而它们有一个明显的缺点就是自适应能力差，不能灵活全面地表示信号。1993 年，Mallat 基于小波分析提出了信号可以用一个超完备字典进行表示，从而开启了稀疏表示的先河[35]。经研究发现，信号在稀疏表示过程中，可以根据信号的自身特点自适应地选择合适的超完备字典。

稀疏表示系数的计算方法首先是由 Mallat 提出的，也就是众所周知的匹配追踪(matching pursuit，MP)算法，该算法是一个迭代算法，简单且易于实现，因此得到了广泛的应用。随后，Tropp 等基于 MP 算法，提出了正交匹配追踪(orthogonal matching pursuit，OMP)算法[36]，OMP 算法相较于 MP 算法，其收敛速度更快。在此后的研究中，为了改进 OMP 算法，学者们提出了各种不同的优秀算法[37]。

4.1.1 稀疏表示研究的关键问题

信号稀疏表示主要包括两个阶段：字典构建阶段和稀疏编码阶段，因此，稀疏表示的两大主要任务就是字典的训练和信号的稀疏表示系数求解。

稀疏表示字典的构建，一般可以选择分析字典和学习字典这两种不同类型的字典。常用的分析字典包括：小波字典、超完备离散余弦变换字典和曲波字典等，用这类字典进行信号的稀疏表示时，虽然简单易实现，但信号的表达形式单一且不具备自适应性；反之，学习字典的自适应能力强，能够更好地适应不同的图像数据。近年来，有众多关于学习字典的稀疏表示算法，如最优方向(method of optimal directions，MOD)算法、基于超完备字典稀疏分解的 K-SVD 算法[37]等。

稀疏表示系数的求解，是稀疏表示过程中研究的另一个重要问题。在假设其字典已知的情况下，稀疏表示系数的求解为不确定方程组的求解，所以通过添加不同的范数约束来使解去逼近一个确定值，本章将着重介绍一些稀疏表示系数的求解算法，包括经典的 MP 算法、OMP 算法，还有一些迭代收缩算法等。字典构建阶段的相关问题将在第 5 章进行介绍。

4.1.2 稀疏表示的模型

假设$\boldsymbol{b}\in R^n$为信号采集器采集到的信号，$\boldsymbol{A}\in R^{n\times m}$为过完备字典，$\boldsymbol{x}\in R^m$为稀疏表示系数。这三个变量之间的关系为

$$\boldsymbol{b}=\boldsymbol{A}\boldsymbol{x} \tag{4.1}$$

其中，$\boldsymbol{x}$应当是稀疏的，即$\boldsymbol{x}$的m个元素中只有少数为非 0 值。当$\boldsymbol{A}$为已知时，$\boldsymbol{x}$就可以在$\boldsymbol{A}$张成的空间中利用$\boldsymbol{A}$的少数原子来表示信号$\boldsymbol{b}$。

稀疏表示是针对不确定方程组的求解问题而提出的。对不确定方程组$\boldsymbol{b}=\boldsymbol{A}\boldsymbol{x}$，$\boldsymbol{A}\in R^{n\times m}$且$n<m$，在$\boldsymbol{A}$为满秩的条件下，方程数目小于未知数的个数，方程组有无数组解，此问题称为欠定问题。此时，解决此类问题的其中一种思路是：给不确定的解增加正则化约束，缩小不确定解的范围，从而使得方程组的不确定解逼近一个确定的解。稀疏表示模型是将解的稀疏性作为不确定性方程组的一种约束，从而使方程组有唯一解。

稀疏表示有以下三种常用模型。

第一种模型：

$$\min_{\boldsymbol{x}}\|\boldsymbol{x}\|_2,\ \text{s.t.}\ \ \boldsymbol{b}=\boldsymbol{A}\boldsymbol{x} \tag{4.2}$$

第二种模型：

$$\min_{\boldsymbol{x}}\|\boldsymbol{x}\|_0,\ \text{s.t.}\ \ \boldsymbol{b}=\boldsymbol{A}\boldsymbol{x} \tag{4.3}$$

第三种模型：

$$\min_{x}\|\boldsymbol{x}\|_1,\ \text{s.t.}\ \boldsymbol{b}=\boldsymbol{A}\boldsymbol{x} \tag{4.4}$$

其中，$\boldsymbol{A}$ 表示字典，$\boldsymbol{x}$ 为需要恢复的高分辨率目标图像，$\boldsymbol{b}$ 为观测到的低分辨率图像。

4.1.3　稀疏表示的应用

目前，稀疏表示主要应用于自然信号形成的图像、音频以及文本等，在应用方面，可大体划分为两类：基于重建的应用和基于分类的应用[34]。

基于重建的应用主要有图像去噪、压缩与超分辨率、合成孔径雷达(synthetic aperture radar，SAR)成像、缺失图像重建以及音频修复等。这些应用主要将目标的特征用若干参数来表示，这些特征构成稀疏向量，稀疏向量由稀疏表示方法求解，稀疏向量还可以对数据或图像进行重建。在这些应用中，观测数据一般含有噪声，可以用稀疏表示所提供的参数对噪声进行去除。

基于分类的应用主要是用表示对象主要的或本质的特征构造稀疏向量，这些特征具有类间的强区分性。首先利用稀疏表示方法得到这些特征的稀疏向量，再根据稀疏向量与某标准值之间的距离，或不同稀疏向量之间的距离进行判别，从而完成模式识别或分类的任务，如盲源分离、人脸识别、文本检测等都应用了这一原理。

4.2　稀疏表示系数的求解方法

本节将介绍一些经典的稀疏表示系数的具体求解算法。

对于传统的 l_2 范数约束下的稀疏表示模型，稀疏表示系数的求解可通过求解如下表达式得到：

$$\min_{x}\|\boldsymbol{x}\|_2,\ \text{s.t.}\ \boldsymbol{b}=\boldsymbol{A}\boldsymbol{x} \tag{4.5}$$

式中，$\boldsymbol{x}$ 为需要恢复的高分辨率目标图像，在 $\boldsymbol{b}=\boldsymbol{A}\boldsymbol{x}$ 成立的条件下，求未知变量 $\boldsymbol{x}$，此稀疏表示系数求解的典型方法为最小二乘法。

对于 l_0 范数约束下的系数表示模型，稀疏表示系数的求解可以表示为

$$\min_{x}\|\boldsymbol{x}\|_0,\ \text{s.t.}\ \boldsymbol{b}=\boldsymbol{A}\boldsymbol{x} \tag{4.6}$$

上式中各个字母的表示与上边描述的 l_2 范数约束下的模型中的表示一致。

此稀疏表示系数 $\boldsymbol{x}$ 求解的典型方法是匹配追踪算法，为了提高算法的精确性，在该算法的基础上引入正交匹配追踪算法。另外，为了进一步降低算法复杂度，接下来介绍最小二乘匹配追踪算法、Cholesky 快速正交匹配算法，以及块正交匹配算法。

由于上述的 l_0 范数约束为非凸函数，其求解过程是一个 NP 难问题，计算复杂。为了方便求解，常常将其近似改造为 l_1 范数的模型来进行求解：

$$\min_{x}\|\boldsymbol{x}\|_1,\ \text{s.t. }\ \boldsymbol{b}=\boldsymbol{A}\boldsymbol{x} \tag{4.7}$$

上式中各个字母的表示与上边描述的l_2范数约束下的模型中的表示一致。

此稀疏表示系数$\boldsymbol{x}$求解的常用方法包括基追踪算法、迭代重加权最小二乘算法、最小角度回归算法。

下面将具体介绍以上三种约束下的稀疏表示系数$\boldsymbol{x}$的求解方法。此外，还要介绍一类经典的算法——迭代收缩算法，以及这类算法中的一些具体算法，如可分离代理算法等。

4.2.1 l_2范数约束的求解方法

1. 最小二乘法的基本原理

最小二乘法(又称最小平方法)是一种广泛应用的数学优化方法。它通过最小化误差的平方和寻找数据的最佳匹配函数。利用最小二乘法可以简便地求得未知的数据，并使得这些求得的数据与实际数据之间误差的平方和为最小。最小二乘法还可用于曲线拟合和其他一些优化问题。

以最简单的一元线性模型来解释最小二乘法。什么是一元线性模型呢？监督学习中，若预测变量为离散变量，称之为分类；若预测变量为连续变量，称之为回归。回归分析中，如果只包含一个自变量和一个因变量，且二者的关系可以用一条直线近似表示，这种回归分析称之为一元线性回归分析。如果回归分析中包含两个或者两个以上的自变量，且因变量和自变量之间是线性关系，则称之为多元线性回归分析。对于二维空间线性是一条直线，对于三维空间线性是一个平面，对于多维空间线性是一个超平面。

对于一元线性回归模型，假设从总体中获取了n组观察值。对于平面中的这n个点，分别表示为$(t_1,g_1),(t_2,g_2),\cdots,(t_n,g_n)$，可以使用无数条曲线来拟合。要求样本回归函数尽可能好地拟合这组值。综合起来看，这条直线处于样本数据的中心位置最合理。选择最佳拟合曲线的标准可以确定为：使总的拟合误差(即总残差)达到最小，有以下三个标准可以选择。

(1)用“残差和最小”确定直线位置是一个途径，但很快发现计算“残差和”存在相互抵消的问题。设直线方程为$kt+v=g$，k和v就是未知的直线斜率和截距。根据n个点求得的直线方程为

$$\begin{cases}kt_1+v=g_1'\\kt_2+v=g_2'\\\quad\vdots\\kt_n+v=g_n'\end{cases} \tag{4.8}$$

其中，$t_1,t_2,\cdots,t_n$为各个直线的横坐标，$g_1',g_2',\cdots,g_n'$为各个直线的纵坐标。

残差和的目标函数为

$$\begin{aligned}\min_{k,v} f(k,v) &= \min_{k,v}[(g_1 - g_1{}') + (g_2 - g_2{}') + \cdots + (g_n - g_n{}')] \\ &= \min_{k,v}[(g_1 - kt_1 - v) + (g_2 - kt_2 - v) + \cdots + (g_n - kt_n - v)]\end{aligned} \tag{4.9}$$

(2)用“残差绝对值和最小”确定直线位置也是一个途径，但绝对值在求取极值时方法较为复杂。

残差绝对值和的目标函数为

$$\begin{aligned}\min_{k,v} f(k,v) &= \min_{k,v}\left[|g_1 - g_1'| + |g_2 - g_2'| + \cdots + |g_n - g_n'|\right] \\ &= \min_{k,v}\left[|g_1 - kt_1 - v| + |g_2 - kt_2 - v| + \cdots + |g_n - kt_n - v|\right]\end{aligned} \tag{4.10}$$

(3)最小二乘法的原则是以“残差平方和最小”确定直线位置。用最小二乘法除了计算比较方便外，得到的估计量还具有优良特性，这种方法对异常值非常敏感。

残差平方和的目标函数为

$$\begin{aligned}\min_{k,v} f(k,v) &= \min_{k,v}[(g_1 - g_1{}')^2 + (g_2 - g_2{}')^2 + \cdots + (g_n - g_n{}')^2] \\ &= \min_{k,v}[(g_1 - kt_1 - v)^2 + (g_2 - kt_2 - v)^2 + + \cdots + (g_n - kt_n - v)^2]\end{aligned} \tag{4.11}$$

当所求的拟合函数并非直线，而变成超平面时，同样可以使用残差平方和作为目标函数。

假设有如下线性方程组：

$$\begin{cases} a_{11}x_1 + a_{12}x_2 + \cdots + a_{1n}x_n = b_1 \\ a_{21}x_1 + a_{22}x_2 + \cdots + a_{2n}x_n = b_2 \\ \qquad\qquad\vdots \\ a_{m1}x_1 + a_{m2}x_2 + \cdots + a_{mn}x_n = b_m \end{cases} \tag{4.12}$$

上述方程组又可表示为

$$\sum_{j=1}^{n} a_{ij}x_j = b_i\ ,\quad i = 1,2,3,\cdots,m \tag{4.13}$$

其中，a_{ij} 表示在矩阵 $\boldsymbol{A}$ 中第 i 行第 j 列的数据，x_j 表示向量 $\boldsymbol{x}$ 的第 j 个元素，m 代表方程的个数，n 代表未知数的个数，将上述表达式写成矩阵和向量的形式为

$$\boldsymbol{Ax} = \boldsymbol{b} \tag{4.14}$$

其中，$\boldsymbol{A} = \begin{bmatrix} a_{11} & a_{12} & \cdots & a_{1n} \\ a_{21} & a_{22} & \cdots & a_{2n} \\ \vdots & \vdots & & \vdots \\ a_{m1} & a_{m2} & \cdots & a_{mn} \end{bmatrix}$，$\boldsymbol{x} = \begin{bmatrix} x_1 \\ x_2 \\ \vdots \\ x_n \end{bmatrix}$，$\boldsymbol{b} = \begin{bmatrix} b_1 \\ b_2 \\ \vdots \\ b_m \end{bmatrix}$。

引入残差平方和函数 $\boldsymbol{S}$：

$$\begin{aligned}\boldsymbol{S}(\boldsymbol{x}) &= \|\boldsymbol{A}\boldsymbol{x}-\boldsymbol{b}\|^2 = (\boldsymbol{A}\boldsymbol{x}-\boldsymbol{b})^{\mathrm{T}}(\boldsymbol{A}\boldsymbol{x}-\boldsymbol{b}) \\ &= \boldsymbol{x}^{\mathrm{T}}\boldsymbol{A}^{\mathrm{T}}\boldsymbol{A}\boldsymbol{x} - \boldsymbol{b}^{\mathrm{T}}\boldsymbol{A}\boldsymbol{x} - \boldsymbol{x}^{\mathrm{T}}\boldsymbol{A}^{\mathrm{T}}\boldsymbol{b} + \boldsymbol{b}^{\mathrm{T}}\boldsymbol{b}\end{aligned} \tag{4.15}$$

对 $\boldsymbol{S}(\boldsymbol{x})$ 做微分求最值，可得

$$\boldsymbol{A}^{\mathrm{T}}\boldsymbol{A}\hat{\boldsymbol{x}} = \boldsymbol{A}^{\mathrm{T}}\boldsymbol{b} \tag{4.16}$$

若矩阵 $\boldsymbol{A}^{\mathrm{T}}\boldsymbol{A}$ 非奇异，则 $\boldsymbol{x}$ 有唯一解：

$$\hat{\boldsymbol{x}} = (\boldsymbol{A}^{\mathrm{T}}\boldsymbol{A})^{-1}\boldsymbol{A}^{\mathrm{T}}\boldsymbol{b} \tag{4.17}$$

以上线性方程组的求解过程即为利用最小二乘法求解线性方程组解的过程。另外，关于最小二乘法的证明，可通过以下实例来展示。

设 $\boldsymbol{A}\boldsymbol{x}=\boldsymbol{b}$，已知 $\boldsymbol{A}=\begin{bmatrix} a_{11} & a_{12} \\ a_{21} & a_{22}\end{bmatrix}$，$\boldsymbol{x}=\begin{bmatrix} x_1 \\ x_2\end{bmatrix}$，$\boldsymbol{b}=\begin{bmatrix} b_1 \\ b_2\end{bmatrix}$。对于此问题来说，证明最小二乘法，实际上就是证明：

$$\frac{\partial\|\boldsymbol{A}\boldsymbol{x}-\boldsymbol{b}\|_2^2}{\partial\boldsymbol{x}} = 2\boldsymbol{A}^{\mathrm{T}}(\boldsymbol{A}\boldsymbol{x}-\boldsymbol{b}) \tag{4.18}$$

具体证明过程如下。

首先将 $\|\boldsymbol{A}\boldsymbol{x}-\boldsymbol{b}\|_2^2$ 展开为如下形式：

$$\begin{aligned}(\boldsymbol{A}\boldsymbol{x}-\boldsymbol{b})^{\mathrm{T}}(\boldsymbol{A}\boldsymbol{x}-\boldsymbol{b}) &= \boldsymbol{x}^{\mathrm{T}}\boldsymbol{A}^{\mathrm{T}}\boldsymbol{A}\boldsymbol{x} - \boldsymbol{b}^{\mathrm{T}}\boldsymbol{A}\boldsymbol{x} - (\boldsymbol{A}\boldsymbol{x})^{\mathrm{T}}\boldsymbol{b} + \boldsymbol{b}^{\mathrm{T}}\boldsymbol{b} \\ &= \boldsymbol{x}^{\mathrm{T}}\boldsymbol{A}^{\mathrm{T}}\boldsymbol{A}\boldsymbol{x} - 2\boldsymbol{b}^{\mathrm{T}}\boldsymbol{A}\boldsymbol{x} + \boldsymbol{b}^{\mathrm{T}}\boldsymbol{b}\end{aligned} \tag{4.19}$$

将 $\boldsymbol{A}=\begin{bmatrix} a_{11} & a_{12} \\ a_{21} & a_{22}\end{bmatrix}$，$\boldsymbol{x}=\begin{bmatrix} x_1 \\ x_2\end{bmatrix}$，$\boldsymbol{b}=\begin{bmatrix} b_1 \\ b_2\end{bmatrix}$ 代入，

$$\begin{aligned}\text{原式} &= \begin{bmatrix} x_1 & x_2\end{bmatrix}\begin{bmatrix} a_{11} & a_{21} \\ a_{12} & a_{22}\end{bmatrix}\begin{bmatrix} a_{11} & a_{12} \\ a_{21} & a_{22}\end{bmatrix}\begin{bmatrix} x_1 \\ x_2\end{bmatrix} - 2\begin{bmatrix} b_1 & b_2\end{bmatrix}\begin{bmatrix} a_{11} & a_{12} \\ a_{21} & a_{22}\end{bmatrix}\begin{bmatrix} x_1 \\ x_2\end{bmatrix} + \begin{bmatrix} b_1 & b_2\end{bmatrix}\begin{bmatrix} b_1 \\ b_2\end{bmatrix} \\ &= [a_{11}x_1 + a_{12}x_2 \quad a_{21}x_1 + a_{22}x_2]\begin{bmatrix} a_{11}x_1 + a_{12}x_2 \\ a_{21}x_1 + a_{22}x_2\end{bmatrix} - 2[b_1a_{11} + b_2a_{21} \quad b_1a_{12} + b_2a_{22}]\begin{bmatrix} x_1 \\ x_2\end{bmatrix} \\ &\quad + b_1^2 + b_2^2 \\ &= (a_{11}x_1 + a_{12}x_2)^2 + (a_{21}x_1 + a_{22}x_2)^2 - 2b_1a_{11}x_1 - 2b_2a_{21}x_1 - 2b_1a_{12}x_2 - 2b_2a_{22}x_2 + b_1^2 + b_2^2 \\ &= a_{11}^2x_1^2 + a_{12}^2x_2^2 + 2a_{11}a_{12}x_1x_2 + a_{21}^2x_1^2 + a_{22}^2x_2^2 + 2a_{21}a_{22}x_1x_2 - 2b_1a_{11}x_1 - 2b_2a_{21}x_1 - \\ &\quad 2b_1a_{12}x_2 - 2b_2a_{22}x_2 + b_1^2 + b_2^2\end{aligned} \tag{4.20}$$

将 $(\boldsymbol{A}\boldsymbol{x}-\boldsymbol{b})^{\mathrm{T}}(\boldsymbol{A}\boldsymbol{x}-\boldsymbol{b})$ 对 $\boldsymbol{x}$ 求偏导数，实际上是将原式分别对 x_1 和 x_2 求偏导数，有

$$\frac{\partial(\boldsymbol{Ax}-\boldsymbol{b})^{\mathrm{T}}(\boldsymbol{Ax}-\boldsymbol{b})}{\partial \boldsymbol{x}}=\begin{bmatrix}2{a_{11}}^2x_1+2a_{11}a_{12}x_2+2{a_{21}}^2x_1+2a_{21}a_{22}x_2-2b_1a_{11}-2b_2a_{21}\\2{a_{12}}^2x_2+2a_{11}a_{12}x_1+2{a_{22}}^2x_2+2a_{21}a_{22}x_1-2b_1a_{12}-2b_2a_{22}\end{bmatrix}$$

$$=\begin{bmatrix}2{a_{11}}^2x_1+2a_{11}a_{12}x_2+2{a_{21}}^2x_1+2a_{21}a_{22}x_2\\2{a_{12}}^2x_2+2a_{11}a_{12}x_1+2{a_{22}}^2x_2+2a_{21}a_{22}x_1\end{bmatrix}-\begin{bmatrix}2b_1a_{11}+2b_2a_{21}\\2b_1a_{12}+2b_2a_{22}\end{bmatrix}$$

$$=2\begin{bmatrix}({a_{11}}^2+{a_{21}}^2)x_1+(a_{11}a_{12}+a_{21}a_{22})x_2\\(a_{11}a_{12}+a_{21}a_{22})x_1+({a_{12}}^2+{a_{22}}^2)x_2\end{bmatrix}-2\begin{bmatrix}a_{11}&a_{21}\\a_{12}&a_{22}\end{bmatrix}\begin{bmatrix}b_1\\b_2\end{bmatrix} \tag{4.21}$$

$$=2\begin{bmatrix}{a_{11}}^2+{a_{21}}^2&a_{11}a_{12}+a_{21}a_{22}\\a_{11}a_{12}+a_{21}a_{22}&{a_{12}}^2+{a_{22}}^2\end{bmatrix}\begin{bmatrix}x_1\\x_2\end{bmatrix}-2\begin{bmatrix}a_{11}&a_{21}\\a_{12}&a_{22}\end{bmatrix}\begin{bmatrix}b_1\\b_2\end{bmatrix}$$

$$=2\begin{bmatrix}a_{11}&a_{21}\\a_{12}&a_{22}\end{bmatrix}\begin{bmatrix}a_{11}&a_{12}\\a_{21}&a_{22}\end{bmatrix}\begin{bmatrix}x_1\\x_2\end{bmatrix}-2\begin{bmatrix}a_{11}&a_{21}\\a_{12}&a_{22}\end{bmatrix}\begin{bmatrix}b_1\\b_2\end{bmatrix}$$

$$=2\boldsymbol{A}^{\mathrm{T}}(\boldsymbol{Ax}-\boldsymbol{b})$$

即得

$$\frac{\partial(\boldsymbol{Ax}-\boldsymbol{b})^{\mathrm{T}}(\boldsymbol{Ax}-\boldsymbol{b})}{\partial \boldsymbol{x}}=2\boldsymbol{A}^{\mathrm{T}}(\boldsymbol{Ax}-\boldsymbol{b}) \tag{4.22}$$

原式得证。

2. 最小二乘法求解 l_2 范数

假设目标函数 $\boldsymbol{L}(\boldsymbol{x})$ 表达式为

$$\boldsymbol{L}(\boldsymbol{x})=\|\boldsymbol{x}\|_2^2+\boldsymbol{\lambda}^{\mathrm{T}}(\boldsymbol{Ax}-\boldsymbol{b}) \tag{4.23}$$

设 $\boldsymbol{x}=\begin{bmatrix}x_1\\x_2\end{bmatrix}$，$\boldsymbol{A}=\begin{bmatrix}a_{11}&a_{12}\\a_{21}&a_{22}\end{bmatrix}$，$\boldsymbol{b}=\begin{bmatrix}b_1\\b_2\end{bmatrix}$，$\boldsymbol{\lambda}=\begin{bmatrix}\lambda_1\\\lambda_2\end{bmatrix}$。

则 $\boldsymbol{L}(\boldsymbol{x})$ 可以写成

$$\begin{aligned}\boldsymbol{L}(\boldsymbol{x})&=[x_1\quad x_2]\begin{bmatrix}x_1\\x_2\end{bmatrix}+[\lambda_1\quad\lambda_2]\left(\begin{bmatrix}a_{11}&a_{12}\\a_{21}&a_{22}\end{bmatrix}\begin{bmatrix}x_1\\x_2\end{bmatrix}-\begin{bmatrix}b_1\\b_2\end{bmatrix}\right)\\&={x_1}^2+{x_2}^2+\lambda_1(a_{11}x_1+a_{12}x_2-b_1)+\lambda_2(a_{21}x_1+a_{22}x_2-b_2)\end{aligned} \tag{4.24}$$

对 $\boldsymbol{L}(\boldsymbol{x})$ 求偏导，并令偏导数等于 0，有

$$\frac{\partial\boldsymbol{L}(\boldsymbol{x})}{\partial\boldsymbol{x}}=\begin{bmatrix}\dfrac{\partial\boldsymbol{L}(\boldsymbol{x})}{\partial x_1}\\\dfrac{\partial\boldsymbol{L}(\boldsymbol{x})}{\partial x_2}\end{bmatrix}=\begin{bmatrix}2x_1+\lambda_1a_{11}+\lambda_2a_{21}\\2x_2+\lambda_1a_{12}+\lambda_2a_{22}\end{bmatrix}=2\boldsymbol{x}+\boldsymbol{A}^{\mathrm{T}}\boldsymbol{\lambda}=\boldsymbol{0} \tag{4.25}$$

其中，$\boldsymbol{x}=\begin{bmatrix}x_1\\x_2\end{bmatrix}$，$\boldsymbol{A}=\begin{bmatrix}a_{11}&a_{12}\\a_{21}&a_{22}\end{bmatrix}$。很明显，此问题为凸优化问题。因此求此问题的

最优值即为求凸函数的驻点，故，

$$\hat{\boldsymbol{x}}_{\text{opt}} = -\frac{1}{2}\boldsymbol{A}^{\text{T}}\boldsymbol{\lambda} \tag{4.26}$$

将 $\hat{\boldsymbol{x}}_{\text{opt}}$ 代入 $\boldsymbol{Ax} = \boldsymbol{b}$，可得

$$\boldsymbol{A}\hat{\boldsymbol{x}}_{\text{opt}} = -\frac{1}{2}\boldsymbol{AA}^{\text{T}}\boldsymbol{\lambda} = \boldsymbol{b} \Rightarrow \boldsymbol{\lambda} = -2(\boldsymbol{AA}^{\text{T}})^{-1}\boldsymbol{b} \tag{4.27}$$

则有

$$\hat{\boldsymbol{x}}_{\text{opt}} = -\frac{1}{2}\boldsymbol{A}^{\text{T}}\boldsymbol{\lambda} = \boldsymbol{A}^{\text{T}}(\boldsymbol{AA}^{\text{T}})^{-1}\boldsymbol{b} = \boldsymbol{A}^{+}\boldsymbol{b} \tag{4.28}$$

$\hat{\boldsymbol{x}}_{\text{opt}}$ 为最小二乘解，是二范数约束情况下的最优解。

同理，推广到带映射矩阵的形式，应用最小二乘法求解 l_2 范数的过程如下：

$$\boldsymbol{L}(\boldsymbol{x}) = \|\boldsymbol{Bx}\|_2^2 + \boldsymbol{\lambda}^{\text{T}}(\boldsymbol{Ax} - \boldsymbol{b}) \qquad \boldsymbol{J}(\boldsymbol{x}) = \|\boldsymbol{Bx}\|_2^2 \tag{4.29}$$

假设 $\boldsymbol{x} = \begin{bmatrix} x_1 \\ x_2 \end{bmatrix}$，$\boldsymbol{A} = \begin{bmatrix} a_{11} & a_{12} \\ a_{21} & a_{22} \end{bmatrix}$，$\boldsymbol{b} = \begin{bmatrix} b_1 \\ b_2 \end{bmatrix}$，$\boldsymbol{\lambda} = \begin{bmatrix} \lambda_1 \\ \lambda_2 \end{bmatrix}$，映射矩阵 $\boldsymbol{B} = \begin{bmatrix} b_{11} & b_{12} \\ b_{21} & b_{22} \end{bmatrix}$。

$\boldsymbol{L}(\boldsymbol{x})$ 可以改写为

$$\begin{aligned}
\boldsymbol{L}(\boldsymbol{x}) &= (\boldsymbol{Bx})^{\text{T}}(\boldsymbol{Bx}) + \boldsymbol{\lambda}^{\text{T}}(\boldsymbol{Ax} - \boldsymbol{b}) \\
&= \left(\begin{bmatrix} b_{11} & b_{12} \\ b_{21} & b_{22} \end{bmatrix}\begin{bmatrix} x_1 \\ x_2 \end{bmatrix}\right)^{\text{T}}\left(\begin{bmatrix} b_{11} & b_{12} \\ b_{21} & b_{22} \end{bmatrix}\begin{bmatrix} x_1 \\ x_2 \end{bmatrix}\right) + [\lambda_1 \quad \lambda_2]\left(\begin{bmatrix} a_{11} & a_{12} \\ a_{21} & a_{22} \end{bmatrix}\begin{bmatrix} x_1 \\ x_2 \end{bmatrix} - \begin{bmatrix} b_1 \\ b_2 \end{bmatrix}\right) \\
&= (b_{11}x_1 + b_{12}x_2)^2 + (b_{21}x_1 + b_{22}x_2)^2 + \lambda_1(a_{11}x_1 + a_{12}x_2 - b_1) + \lambda_2(a_{21}x_1 + a_{22}x_2 - b_2)
\end{aligned} \tag{4.30}$$

$\boldsymbol{L}(\boldsymbol{x})$ 对 $\boldsymbol{x}$ 求偏导数并令偏导数等于 0，有

$$\begin{aligned}
\frac{\partial \boldsymbol{L}(\boldsymbol{x})}{\partial \boldsymbol{x}} &= \begin{bmatrix} \dfrac{\partial \boldsymbol{L}(\boldsymbol{x})}{\partial x_1} \\ \dfrac{\partial \boldsymbol{L}(\boldsymbol{x})}{\partial x_2} \end{bmatrix} = \begin{bmatrix} 2(b_{11}x_1 + b_{12}x_2)b_{11} + 2(b_{21}x_1 + b_{22}x_2)b_{21} + \lambda_1 a_{11} + \lambda_2 a_{21} \\ 2(b_{11}x_1 + b_{12}x_2)b_{12} + 2(b_{21}x_1 + b_{22}x_2)b_{22} + \lambda_1 a_{12} + \lambda_2 a_{22} \end{bmatrix} \\
&= \begin{bmatrix} 2({b_{11}}^2 + {b_{21}}^2)x_1 + 2(b_{11}b_{12} + b_{21}b_{22})x_2 + \lambda_1 a_{11} + \lambda_2 a_{21} \\ 2({b_{12}}^2 + {b_{22}}^2)x_2 + 2(b_{11}b_{12} + b_{21}b_{22})x_1 + \lambda_1 a_{12} + \lambda_2 a_{22} \end{bmatrix} \\
&= 2\boldsymbol{B}^{\text{T}}\boldsymbol{Bx} + \boldsymbol{A}^{\text{T}}\boldsymbol{\lambda} = \boldsymbol{0}
\end{aligned} \tag{4.31}$$

可得

$$\hat{\boldsymbol{x}} = -\frac{1}{2}(\boldsymbol{B}^{\text{T}}\boldsymbol{B})^{-1}\boldsymbol{A}^{\text{T}}\boldsymbol{\lambda} \tag{4.32}$$

将 $\hat{\boldsymbol{x}}$ 代入原方程 $\boldsymbol{Ax} = \boldsymbol{b}$ 中，有

$$-\frac{1}{2}\boldsymbol{A}(\boldsymbol{B}^{\mathrm{T}}\boldsymbol{B})^{-1}\boldsymbol{A}^{\mathrm{T}}\boldsymbol{\lambda}=\boldsymbol{b} \tag{4.33}$$

进一步求出 $\boldsymbol{\lambda}$：

$$\boldsymbol{\lambda}=-2(\boldsymbol{A}(\boldsymbol{B}^{\mathrm{T}}\boldsymbol{B})^{-1}\boldsymbol{A}^{\mathrm{T}})^{-1}\boldsymbol{b} \tag{4.34}$$

将 $\boldsymbol{\lambda}$ 代入 $\hat{\boldsymbol{x}}$ 表达式，得到最小二乘解 $\hat{\boldsymbol{x}}_{\mathrm{opt}}$：

$$\hat{\boldsymbol{x}}_{\mathrm{opt}}=(\boldsymbol{B}^{\mathrm{T}}\boldsymbol{B})^{-1}\boldsymbol{A}^{\mathrm{T}}(\boldsymbol{A}(\boldsymbol{B}^{\mathrm{T}}\boldsymbol{B})^{-1}\boldsymbol{A}^{\mathrm{T}})^{-1}\boldsymbol{b} \tag{4.35}$$

$\hat{\boldsymbol{x}}_{\mathrm{opt}}$ 为最小二乘解，为二范数约束情况下的最优解。

3. 最小二乘法的应用

(1) 最小二乘法在超定方程组问题中的应用。

如果发生 $\boldsymbol{Ax}=\boldsymbol{b}$ 无解的情况，即 $\boldsymbol{e}=\boldsymbol{b}-\boldsymbol{Ax}\neq\boldsymbol{0}$，此时使得 $\boldsymbol{e}$ 最小的解 $\hat{\boldsymbol{x}}$ 为最小二乘解。例如，求最接近点 (0,6)、(1,0) 和 (2,0) 的直线。该问题的求解过程如下。

假设三个点都在所求直线 $y=C+Dx$ 上，可得方程组：

$$\begin{cases}C+D\cdot 0=6\\ C+D\cdot 1=0\\ C+D\cdot 2=0\end{cases} \tag{4.36}$$

令 $\boldsymbol{A}=\begin{bmatrix}1&0\\1&1\\1&2\end{bmatrix}$，$\boldsymbol{x}=\begin{bmatrix}C\\D\end{bmatrix}$，$\boldsymbol{b}=\begin{bmatrix}6\\0\\0\end{bmatrix}$，式 (4.36) 可以写成如下 $\boldsymbol{Ax}=\boldsymbol{b}$ 形式：

$$\begin{bmatrix}1&0\\1&1\\1&2\end{bmatrix}\begin{bmatrix}C\\D\end{bmatrix}=\begin{bmatrix}6\\0\\0\end{bmatrix}\rightarrow\boldsymbol{Ax}=\boldsymbol{b} \tag{4.37}$$

设该方程组的解为 $\hat{\boldsymbol{x}}=\begin{bmatrix}\hat{C}\\\hat{D}\end{bmatrix}$，则 $\hat{\boldsymbol{x}}$ 满足方程 $\boldsymbol{A}\hat{\boldsymbol{x}}=\boldsymbol{b}$，两边同时乘以 $\boldsymbol{A}^{\mathrm{T}}$ 可得

$$\boldsymbol{A}^{\mathrm{T}}\boldsymbol{A}\hat{\boldsymbol{x}}=\boldsymbol{A}^{\mathrm{T}}\boldsymbol{b} \tag{4.38}$$

将 $\boldsymbol{A}$、$\hat{\boldsymbol{x}}$ 和 $\boldsymbol{b}$ 代入上式可得

$$\begin{bmatrix}1&1&1\\0&1&2\end{bmatrix}\begin{bmatrix}1&0\\1&1\\1&2\end{bmatrix}\begin{bmatrix}\hat{C}\\\hat{D}\end{bmatrix}=\begin{bmatrix}1&1&1\\0&1&2\end{bmatrix}\begin{bmatrix}6\\0\\0\end{bmatrix} \tag{4.39}$$

由式 (4.39) 可解得

$$\hat{\boldsymbol{x}}=\begin{bmatrix}5\\-3\end{bmatrix} \tag{4.40}$$

故对于 (0,6) 、 (1,0) 和 (2,0) 三个点最接近的直线为 $y=5-3x$，这就是用最小二乘法来解决超定方程组的过程。

(2)最小二乘法在线性回归中的应用。

最小二乘法在回归模型中具有重要的应用，最常用的是普通最小二乘法(ordinary least square，OLS)：所选择的回归模型应该使所有观察值的误差平方和达到最小，即使得平方损失函数达到最小值。

样本线性回归模型为

$$\begin{aligned} \boldsymbol{Y}_i &= \hat{\boldsymbol{\beta}}_0 + \hat{\boldsymbol{\beta}}_1 \boldsymbol{X}_i + \boldsymbol{e}_i \\ \Rightarrow \boldsymbol{e}_i &= \boldsymbol{Y}_i - \hat{\boldsymbol{\beta}}_0 - \hat{\boldsymbol{\beta}}_1 \boldsymbol{X}_i \end{aligned} \tag{4.41}$$

其中，已知样本 $(\boldsymbol{X}_i, \boldsymbol{Y})_i$ ，$\boldsymbol{e}_i$ 为样本 $(\boldsymbol{X}_i, \boldsymbol{Y}_i)$ 的误差，求 $\boldsymbol{\beta}_0$ 和 $\boldsymbol{\beta}_1$ 的值使拟合效果最佳。

平方损失函数表示为

$$\boldsymbol{Q} = \sum_{i=1}^{n} \boldsymbol{e}_i^2 = \sum_{i=1}^{n} (\boldsymbol{Y}_i - \hat{\boldsymbol{Y}}_i)^2 = \sum_{i=1}^{n} (\boldsymbol{Y}_i - \hat{\boldsymbol{\beta}}_0 - \hat{\boldsymbol{\beta}}_1 \boldsymbol{X}_i)^2 \tag{4.42}$$

则当 $\boldsymbol{Q}$ 取最小值时，确定 $\boldsymbol{\beta}_0$ 和 $\boldsymbol{\beta}_1$ 的值，就变成了一个求极值问题，可以通过求导数的方法得到。对 $\boldsymbol{Q}$ 求 $\boldsymbol{\beta}_0$ 和 $\boldsymbol{\beta}_1$ 的偏导数并令偏导数等于 0 得

$$\begin{cases} \dfrac{\partial \boldsymbol{Q}}{\partial \boldsymbol{\beta}_0} = 2(\boldsymbol{Y}_i - \hat{\boldsymbol{\beta}}_0 - \hat{\boldsymbol{\beta}}_1 \boldsymbol{X}_i)(-1) = 0 \\ \dfrac{\partial \boldsymbol{Q}}{\partial \boldsymbol{\beta}_1} = 2(\boldsymbol{Y}_i - \hat{\boldsymbol{\beta}}_0 - \hat{\boldsymbol{\beta}}_1 \boldsymbol{X}_i)(-\boldsymbol{X}_i) = 0 \end{cases} \tag{4.43}$$

解得

$$\hat{\boldsymbol{\beta}}_0 = \frac{n\sum \boldsymbol{X}_i \boldsymbol{Y}_i - \sum \boldsymbol{X}_i \sum \boldsymbol{Y}_i}{n\sum \boldsymbol{X}_i^2 - \left(\sum \boldsymbol{X}_i\right)^2} \tag{4.44}$$

$$\hat{\boldsymbol{\beta}}_1 = \frac{\sum \boldsymbol{X}_i^2 \sum \boldsymbol{Y}_i - \sum \boldsymbol{X}_i \sum \boldsymbol{X}_i \boldsymbol{Y}_i}{n\sum \boldsymbol{X}_i^2 - \left(\sum \boldsymbol{X}_i\right)^2} \tag{4.45}$$

即求得平方误差函数的极值点。

通常在 MATLAB 软件中对最小二乘法进行仿真，具体操作和结果如下。

polyfit 函数是 MATLAB 中用于进行曲线拟合的一个函数。其数学基础是最小二乘法曲线拟合原理：已知离散点上的数据集，即已知在点集上的函数值，构造一个解析函数，使其在原离散点上尽可能接近给定的值。一次函数线性拟合使用 polyfit$(x, y, 1)$；多次函数线性拟合使用 polyfit(x, y, n)， n 为次数。

例如，当 $x=[1.00,2.00,3.00,4.00,5.00,6.00]$，$y=[3.50,5.55,6.00,6.65, 8.50,10.00]$，在 MATLAB 中执行如下代码：

```
x=[1.00 2.00 3.00 4.00 5.00 6.00];
y=[3.50 5.55 6.00 6.65 8.50 10.00];
r=corrcoef(x,y);
a=polyfit(x,y,1);
x1=0:0.1:8;
P=polyval(a,x1);
figure(1);hold on;plot(x,y,'r*',x1,P,'b');
```

得到的一次线性拟合曲线如图 4.1 所示。

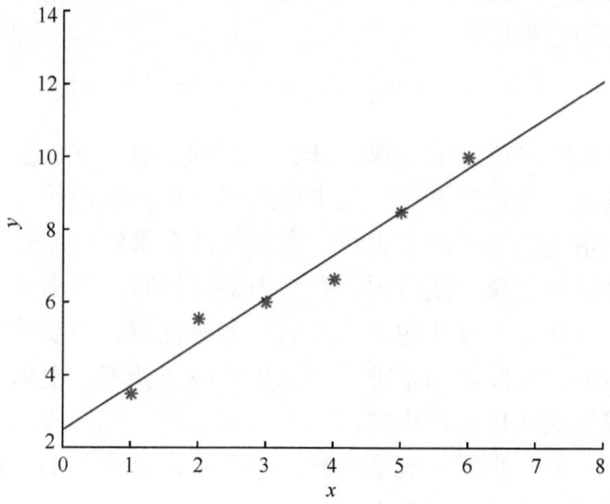

图 4.1　最小二乘法 MATLAB 实验拟合曲线

图 4.1 中，“*”为原始值 (x,y)；实线为最小二乘法拟合曲线。从图中可以看出，对于一元线性回归模型，最小二乘法能够得到效果较好的拟合曲线。

4.2.2　l_0 范数约束的求解方法

由第 2 章已知，l_0 范数问题是一个 NP 难问题，故而 l_0 范数系数的求解是一个开放问题，其求解方法不是唯一的。本节主要介绍几种 l_0 范数系数求解方法。

图像的稀疏表示：将原始图像分块，每个小块大小为 $n\times n$。将每一个小块作为一个样本 $\boldsymbol{b}$，在字典 $\boldsymbol{A}$ 上对样本 $\boldsymbol{b}$ 进行稀疏分解，获得样本 $\boldsymbol{b}$ 的稀疏向量 $\boldsymbol{x}$，$\boldsymbol{x}$ 为样本 $\boldsymbol{b}$ 在字典 $\boldsymbol{A}$ 上的分解系数，或者称为稀疏系数。按同样的方法对所有小块进行稀疏分解后，得到原始图像的稀疏矩阵。将字典 $\boldsymbol{A}$ 的数据线性组合可以重建出样本 $\boldsymbol{b}$：

$$\boldsymbol{b}=\boldsymbol{A}\boldsymbol{x} \tag{4.46}$$

字典$\boldsymbol{A}$中的每一个向量称之为一个原子。如果在某个过完备字典上，将某一样本进行稀疏分解后获得的稀疏矩阵中含有许多零元素，则样本$\boldsymbol{b}$可以被稀疏表示，或者可以说样本$\boldsymbol{b}$具有稀疏性。通常情况下，稀疏度函数用l_0范数表示，图像的稀疏表示模型为

$$\min_{\boldsymbol{x}}\|\boldsymbol{x}\|_0,\ \text{s.t.}\ \boldsymbol{b}=\boldsymbol{A}\boldsymbol{x} \tag{4.47}$$

1. 匹配追踪算法

稀疏表示的目标是：满足既定稀疏条件情况下，对目标函数进行优化，得到图像稀疏表示系数。经典稀疏表示算法有匹配追踪(MP)算法、正交匹配追踪(OMP)算法[37]和基追踪(basis pursuit，BP)算法等。

匹配追踪算法的数学模型：

$$\min_{\boldsymbol{x}}\|\boldsymbol{x}\|_0,\ \text{s.t.}\ \boldsymbol{b}=\boldsymbol{A}\boldsymbol{x} \tag{4.48}$$

其中，$\boldsymbol{x}$为需要求解的稀疏表示系数，$\boldsymbol{A}$为已知的字典，$\boldsymbol{b}$为输入信号。

匹配追踪算法是一种贪婪算法，其主要思想是每一次迭代寻找一个与当前稀疏表示残差具有最小角度的原子参与表示。贪婪算法在求解问题时，总是选择出当前迭代或当前步骤最好的结果。或者说，在考虑最优解时，并不是从整体出发寻找最优解，而是思考眼前利益，寻找的是当前的局部最优解。贪婪算法的主要思想是基于某个问题的初始解，在此解的基础上一步步寻找或计算。根据已知的优化标准，保证取得每一步或每次迭代的最优解。

在这种情况下，每一步都达到最优解，但合起来最终并不一定能达到全局最优解，这也是匹配追踪算法的缺点所在。

如图 4.2 所示，p为二维空间内一点，我们的目标是从原点出发，寻找一条到达目标点p的最优路线。贪婪算法不能同时考虑两个坐标轴，而是只选择一条最好的坐标轴，然后沿着该坐标轴进行优化，优化完成后再考虑另外一条坐标轴。

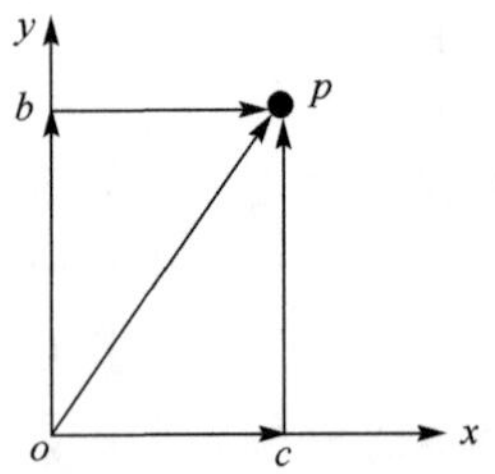

图 4.2　二维状态下的局部最优解与全局最优解

贪婪算法的第一步是，在两条坐标轴x和y上寻找一条最优路线，已知坐标轴上有两条路线$\overrightarrow{ob}$和$\overrightarrow{oc}$，显然，较之ob，oc间距离更短，故而选择$\overrightarrow{oc}$作为第一步

的最优解；第二步以点 c 为原点，继续在两个坐标轴上选择最佳路线，得到 $\overrightarrow{cp}$ 为最优解，故而贪婪算法得到的最优解为 $\overrightarrow{oc}+\overrightarrow{cp}$。但实际上，在图 4.2 中可以更直观地看出，全局最优解为原点 o 到点 p 间的射线 $\overrightarrow{op}$。贪婪算法寻找的路线明显是一条折线而不是最优解 $\overrightarrow{op}$，只观察局部信息，不考虑全局，这是贪婪算法最大的缺点。但是，虽然贪婪算法并不一定能得到一个全局最优解，但可以得到一个次优解，这个次优解也是一个在工程中可以接受的解。若想得到一个全局最优解，往往需要很大的计算成本。但在实际情况中，计算成本又是一个不得不考虑的因素，所以为了降低成本，在大多数情况下会用次优解近似代替全局最优解来简化计算。

MP 算法作为贪婪算法的一种，迭代过程也是遵循局部最优解的原则进行的。根据图 4.3 所示的运算过程图，我们可以直观了解 MP 算法的实质：利用原子向量的线性运算去逐渐逼近信号向量，经过不断的迭代，最终达到最优解。

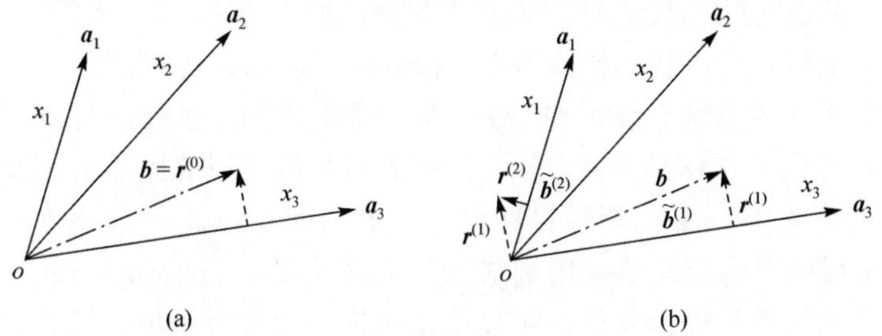

图 4.3 MP 算法运算过程简单实例

MP 算法的基本流程为：初始化稀疏表示残差向量，然后在所有原子中找一个与残差最为相似的原子，将残差在该原子上的投影作为逼近量，接下来用残差减去逼近量，对残差进行更新。再对更新后的残差寻找最近原子，继续迭代上述步骤，直到达到最优解。

如图 4.3 所示，假设有三个原子 $\boldsymbol{a}_1,\boldsymbol{a}_2,\boldsymbol{a}_3$，即矩阵 $\boldsymbol{A}=[\boldsymbol{a}_1,\boldsymbol{a}_2,\boldsymbol{a}_3]$，$\boldsymbol{b}$ 为数据向量。模型的优化目标是用矩阵 $\boldsymbol{A}$ 中的原子去逐渐逼近 $\boldsymbol{b}$，也就是说我们期望 $x_1\boldsymbol{a}_1+x_2\boldsymbol{a}_2+x_3\boldsymbol{a}_3=\boldsymbol{b}$。其中，$x_1,x_2,x_3$ 为表示系数。匹配追踪算法实际上就是利用 x_1,x_2,x_3 对 $\boldsymbol{a}_1,\boldsymbol{a}_2,\boldsymbol{a}_3$ 进行线性组合得到数据向量 $\boldsymbol{b}$，具体流程如下。

第一步，如图 4.3(a)所示，从数据向量 $\boldsymbol{b}$ 出发，令初始残差向量 $\boldsymbol{r}^{(0)}=\boldsymbol{b}$，在 $\boldsymbol{a}_1,\boldsymbol{a}_2,\boldsymbol{a}_3$ 中找到与向量 $\boldsymbol{b}$ 最相似的向量。根据相似度准则，相似向量寻找方法有两个：欧氏距离和内积的方法。内积的方法就是求两向量之间的夹角，夹角越小相似度越高，即

$$\cos\theta=\frac{\boldsymbol{a}\cdot\boldsymbol{b}}{|\boldsymbol{a}|\cdot|\boldsymbol{b}|} \tag{4.49}$$

其中，θ 表示两向量 $\boldsymbol{a}$ 和 $\boldsymbol{b}$ 的夹角，$\boldsymbol{a}\cdot\boldsymbol{b}$ 表示两个向量的内积，$|\boldsymbol{a}|$ 和 $|\boldsymbol{b}|$ 分别表示两个向量的模值，即两个向量的长度。图 4.3(a)中，很明显，$\boldsymbol{a}_3$ 与 $\boldsymbol{b}$ 的夹角最小，说

明在$\boldsymbol{a}_1,\boldsymbol{a}_2,\boldsymbol{a}_3$中，$\boldsymbol{a}_3$与残差向量$\boldsymbol{b}$最相似。

第二步，如图 4.3(b)所示，用$\boldsymbol{a}_3$逼近$\boldsymbol{b}$，计算新的残差。具体做法是将$\boldsymbol{b}$在$\boldsymbol{a}_3$上做投影，该投影为原子$\boldsymbol{a}_3$对于残差$\boldsymbol{b}$的逼近量，令其为$\tilde{\boldsymbol{b}}^{(1)}$，假设投影长度为$x_3$，则$\tilde{\boldsymbol{b}}^{(1)}=x_3\boldsymbol{a}_3$，然后用第一次的残差$\boldsymbol{b}$减去逼近量$\tilde{\boldsymbol{b}}^{(1)}$得到第一次更新的残差，即$\boldsymbol{r}^{(1)}=\boldsymbol{b}-\tilde{\boldsymbol{b}}^{(1)}$。

第三步，如图 4.3(b)所示，将更新后的残差$\boldsymbol{r}^{(1)}$平移到原点o处，在其余原子中重新寻找最相似原子，然后残差向最相似原子投影，得到逼近量，用该残差减去逼近量得到下一次的残差。具体做法是：平移后的残差$\boldsymbol{r}^{(1)}$与剩余原子中的$\boldsymbol{a}_1$最相似，将$\boldsymbol{r}^{(1)}$在$\boldsymbol{a}_1$上做投影，该投影为原子$\boldsymbol{a}_1$对于残差$\boldsymbol{r}^{(1)}$的逼近量，令其为$\tilde{\boldsymbol{b}}^{(2)}$，假设投影长度为$x_1$，则$\tilde{\boldsymbol{b}}^{(2)}=x_1\boldsymbol{a}_1$，然后用残差$\boldsymbol{r}^{(1)}$减去逼近量$\tilde{\boldsymbol{b}}^{(2)}$得到第二次更新的残差，即$\boldsymbol{r}^{(2)}=\boldsymbol{r}^{(2)}-\tilde{\boldsymbol{b}}^{(2)}=\boldsymbol{b}-\tilde{\boldsymbol{b}}^{(1)}-\tilde{\boldsymbol{b}}^{(2)}$。

按照上述步骤依次迭代进行，直到达到最优解为止。

根据图 4.3 可知，寻找初始残差$\boldsymbol{b}$的相似原子$\boldsymbol{a}_3$后，进行第一次投影得到x_3，此时得到的残差仍然较大，即$\tilde{\boldsymbol{b}}^{(1)}=x_3\boldsymbol{a}_3\neq\boldsymbol{b}$，不满足约束条件。寻找下一个相似原子，将迭代后的残差平移到原点o位置，找到与其最相似的原子$\boldsymbol{a}_1$，残差在$\boldsymbol{a}_1$上投影得到x_1，此时$\tilde{\boldsymbol{b}}^{(2)}=x_1\boldsymbol{a}_1$，期望目标相当于$\tilde{\boldsymbol{b}}^{(1)}+\tilde{\boldsymbol{b}}^{(2)}=x_3\boldsymbol{a}_3+x_1\boldsymbol{a}_1\approx\boldsymbol{b}$。此时仍有残差，但加入$\boldsymbol{a}_1$后残差明显比单纯用$\boldsymbol{a}_3$做投影的残差要小，即$x_3\boldsymbol{a}_3+x_1\boldsymbol{a}_1$比$x_3\boldsymbol{a}_3$更接近于$\boldsymbol{b}$。接下来如果满足停止条件，可以停止迭代。如果不满足，按照上述步骤进行后续迭代，直至迭代后的残差足够小达到最优解为止。

匹配追踪算法是一种收敛的算法，随着原子的不断加入，残差不断变小，越接近于目标解。在匹配追踪算法中，每一次只能寻找一个最相似原子进行逼近，然而，上述问题中的最优解应该在整体考虑$\boldsymbol{a}_1,\boldsymbol{a}_2,\boldsymbol{a}_3$的情况下，调整$x_1,x_2,x_3$的值，使$x_1\boldsymbol{a}_1+x_2\boldsymbol{a}_2+x_3\boldsymbol{a}_3$尽可能接近于$\boldsymbol{b}$。因此，匹配追踪算法作为一种贪婪算法，其得到的解并不一定是全局最优解。

匹配追踪(MP)算法具体流程如下。

输入：$n\times m$维的字典$\boldsymbol{A}$，n维数据向量$\boldsymbol{b}$。

输出：稀疏表示系数$\boldsymbol{x}$。

初始化：稀疏表示残差$\boldsymbol{r}^{(0)}=\boldsymbol{b}$，$\boldsymbol{x}^{(0)}=[\ ]$。

执行如下步骤直到满足停止条件，迭代次数$J=1,2,3,\cdots$。

①选择原子号码Λ_J，选择的标准是与上一次迭代的残差内积绝对值达到最大：

$$\Lambda^{(J)}\in\arg\max_{\varpi\in\Omega}\left|\left\langle\boldsymbol{r}^{(J-1)},\boldsymbol{A}(\varpi)\right\rangle\right|$$

其中，Ω是$\boldsymbol{A}$中全体原子号码。

②计算新的向量$\boldsymbol{b}$的逼近和新的残差：

稀疏表示系数：$\boldsymbol{x}^{(J)}(\Lambda^{(J)})=\left\langle \boldsymbol{r}^{(J-1)},\boldsymbol{A}(\Lambda^{(J)})\right\rangle$；

向量 $\boldsymbol{b}$ 的逼近：$\boldsymbol{b}^{(J)}=\tilde{\boldsymbol{b}}^{(J-1)}+\left\langle \boldsymbol{r}^{(J-1)},\boldsymbol{A}(\Lambda^{(J)})\right\rangle \boldsymbol{A}(\Lambda^{(J)})$；

残差：$\boldsymbol{r}^{(J)}=\boldsymbol{r}^{(J-1)}-\left\langle \boldsymbol{r}^{(J-1)},\boldsymbol{A}(\Lambda^{(J)})\right\rangle \boldsymbol{A}(\Lambda^{(J)})$。

匹配追踪算法中，当前选择的原子 $\boldsymbol{A}(\Lambda^{(J)})$ 与当前稀疏表示残差 $\boldsymbol{r}^{(J)}$ 正交。

---

2. 正交匹配追踪算法

正交匹配追踪法，顾名思义，就是正交的匹配追踪算法。相比于 MP 算法，OMP 算法的改进之处在于：在迭代的每一步都对选择的全部原子进行正交化处理。这就使得在相同精度要求下，OMP 算法的收敛速度比 MP 算法的收敛速度更快。

正交匹配追踪算法的数学模型与匹配追踪算法相同。

$$\min_{\boldsymbol{x}}\|\boldsymbol{x}\|_0,\ \text{s.t.}\ \boldsymbol{b}=\boldsymbol{A}\boldsymbol{x} \tag{4.50}$$

其中，$\boldsymbol{x}$ 为稀疏表示系数，$\boldsymbol{A}$ 为字典，$\boldsymbol{b}$ 为输入信号。

由已经描述过的 MP 算法可知，如果信号(残差)在已选择的原子上进行投影是非正交的，那么就会导致每次的迭代结果并不是最优解而是次优解，需要多次迭代才能达到收敛的效果。例如，在二维空间中，用矩阵 $\boldsymbol{A}=[\boldsymbol{a}_1,\boldsymbol{a}_2]$ 中的向量去逼近残差 $\boldsymbol{b}$，经过 MP 算法迭代会发现，该算法总是在 $\boldsymbol{a}_1$ 和 $\boldsymbol{a}_2$ 上反复迭代，即 $\boldsymbol{b}=x_1\boldsymbol{a}_1+x_2\boldsymbol{a}_2+x_3\boldsymbol{a}_1+x_4\boldsymbol{a}_2+\cdots$，这就是残差在已选择的原子上进行垂直投影的非正交性导致的。推广到高维空间中，$\boldsymbol{A}=\{\boldsymbol{a}_1,\ \boldsymbol{a}_2,\cdots,\ \boldsymbol{a}_n\}$，定义 $V_K=\text{span}\{\boldsymbol{a}_{r^{(0)}},\boldsymbol{a}_{r^{(1)}},\cdots,\boldsymbol{a}_{r^{(k-1)}}\}$，$V_K$ 为原子 $\boldsymbol{a}_{r^{(0)}},\boldsymbol{a}_{r^{(1)}},\cdots,\boldsymbol{a}_{r^{(k-1)}}$ 张成的空间。构造 MP 算法的一种表达形式为：$P_V\boldsymbol{r}=\sum_n \boldsymbol{a}_n x_n$。此处 $P_V\boldsymbol{r}$ 表示残差 $\boldsymbol{r}$ 在空间 V 上的一个正交投影操作。匹配追踪算法的第 k 次迭代的结果可以表示为：$\boldsymbol{b}=\sum_{i=1}^{k}\boldsymbol{a}_i x_{n_i}+\boldsymbol{r}^{(k)}=\boldsymbol{b}^{(k)}+\boldsymbol{r}^{(k)}$，其中，$\boldsymbol{b}^{(k)}=\tilde{\boldsymbol{b}}^{(1)}+\tilde{\boldsymbol{b}}^{(2)}+\cdots+\tilde{\boldsymbol{b}}^{(k)}=\sum_{i=1}^{k}\tilde{\boldsymbol{b}}^{(k)}$ 为第 k 次的垂直投影分量，当且仅当 $\boldsymbol{r}^{(k)}$ 垂直于张成的平面 V_K 时，$\boldsymbol{b}^{(k)}$ 为最优的 k 次迭代近似值。由于 MP 算法仅能保证 $\boldsymbol{r}^{(k)}$ 垂直于 $\boldsymbol{a}_k$，所以 $\boldsymbol{b}^{(k)}$ 一般情况下为次优解。$\boldsymbol{b}^{(k)}$ 为 k 个项的线性表示，这个组合的值作为最优近似值，只有在第 k 个残差与 $\boldsymbol{b}^{(k)}$ 垂直时，才能保证 $\boldsymbol{b}^{(k)}$ 为最优解。当第 k 个残差与 $\boldsymbol{b}^{(k)}$ 正交时，此残差 $\boldsymbol{r}^{(k)}$ 与 $\boldsymbol{b}^{(k)}$ 的任何一项都线性无关，那么，第 k 个残差在后面的分解过程中，不会再出现 $\boldsymbol{b}^{(k)}$ 中已经出现的项，为最优解。但通常情况下，残差 $\boldsymbol{r}^{(k)}$ 往往不能满足这个条件，MP 算法仅能保证第 k 个残差和 $\boldsymbol{a}_k$ 正交。因此，OMP 算法在稀疏表示系数的计算环节上，对 MP 算法进行了改进，保证了第 k 次更新的残差 $\boldsymbol{r}^{(k)}$ 和 $\boldsymbol{b}^{(k)}$ 正交。

如图 4.4 所示，OMP 算法的具体步骤如下。

第一步：初始化。首先让稀疏表示残差 $\boldsymbol{r}^{(0)}=\boldsymbol{b}$，然后让参与稀疏表示的原子号码为空集，即此时还未从字典 $\boldsymbol{A}$ 中选出任何原子，接下来令参与稀疏表示的原子组成的矩阵 $\boldsymbol{A}^{(J)}=[\ ]$ 为空集。

第二步：选原子。在字典 $\boldsymbol{A}$ 中选择与残差向量 $\boldsymbol{r}^{(0)}=\boldsymbol{b}$ 最相似的原子 $\boldsymbol{a}_3$，接下来将残差在该原子上做投影，按照匹配追踪算法的迭代方法得到新的残差向量 $\boldsymbol{r}^{(1)}$。

第三步：把残差 $\boldsymbol{r}^{(1)}$ 平移到原点处，比较原子 $\boldsymbol{a}_1,\boldsymbol{a}_2$ 与残差 $\boldsymbol{r}^{(1)}$ 的内积，内积越大相似度越高，选出与残差 $\boldsymbol{r}^{(1)}$ 最相似的原子 $\boldsymbol{a}_1$。接下来就是正交匹配追踪算法对于匹配追踪算法的改进部分：MP 算法中，残差 $\boldsymbol{r}^{(1)}$ 在原子 $\boldsymbol{a}_1$ 上做投影，可得到新的残差向量 $\boldsymbol{r}^{(2)}$，按照此方法进行逐步迭代；OMP 算法中将原子 $\boldsymbol{a}_3$ 和 $\boldsymbol{a}_1$ 作为入选原子，形成一个新的矩阵 $\boldsymbol{A}^{(2)}=[\boldsymbol{a}_3,\boldsymbol{a}_1]$，对残差与矩阵 $\boldsymbol{A}^{(2)}$ 求最小二乘。MP 算法是将残差直接在原子上做投影，得到一个表示系数，并迭代得到新的残差，而 OMP 算法则是将第二步入选的原子 $\boldsymbol{a}_1$ 与新入选的原子 $\boldsymbol{a}_3$ 组合到一起，形成新的矩阵 $\boldsymbol{A}^{(2)}$，求残差与 $\boldsymbol{A}^{(2)}$ 的最小二乘，得到 $\boldsymbol{x}^{(2)}=(\boldsymbol{A}^{(2)\mathrm{T}}\boldsymbol{A}^{(2)})^{-1}\boldsymbol{A}^{(2)\mathrm{T}}\boldsymbol{b}$。在这种情况下，每一次迭代的残差都与前面选定的所有原子正交。

第四步：计算稀疏表示残差 $\boldsymbol{r}^{(2)}=\boldsymbol{b}-\boldsymbol{A}^{(2)}\boldsymbol{x}^{(2)}$。将 $\boldsymbol{r}^{(2)}$ 作为新的残差，再利用如第二步所述的方法进行原子选择，继续迭代直到满足停止条件。

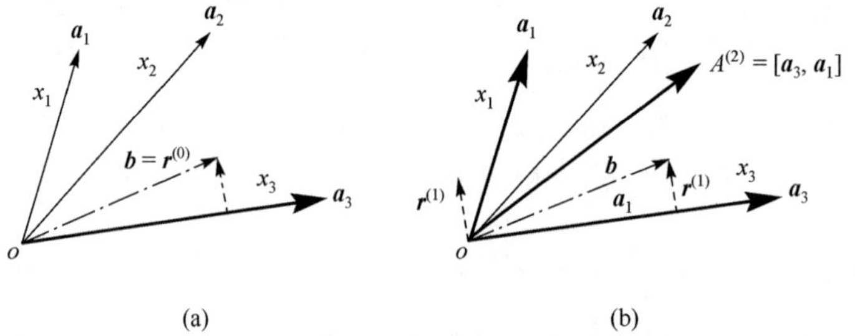

图 4.4 OMP 算法运算过程简单实例

从上面的步骤可以看出，OMP 算法与 MP 算法之间的不同之处主要有两点。

(1)OMP 算法的稀疏表示系数更新方式为 $\boldsymbol{x}^{(J)}=(\boldsymbol{A}^{(J)\mathrm{T}}\boldsymbol{A}^{(J)})^{-1}\boldsymbol{A}^{(J)\mathrm{T}}\boldsymbol{b}$，其中，$\boldsymbol{A}^{(J)}$ 为第 J 次迭代后入选的所有原子构成的矩阵。稀疏表示每次都重新计算每一个入选原子所乘的稀疏表示系数；MP 算法的稀疏表示系数更新方式为仅仅更新当前迭代新入选的那一个原子的稀疏表示系数，而前面迭代入选原子的稀疏表示系数在后面迭代过程中保持不变。

(2)OMP 算法的残差计算方式为 $\boldsymbol{r}^{(J)}=\boldsymbol{b}-\boldsymbol{A}^{(J)}\boldsymbol{x}^{(J)}$，该方式为输入信号与当前稀疏表示逼近向量之间的残差；而 MP 算法的残差计算方式为 $\boldsymbol{r}^{(J)}=\boldsymbol{r}^{(J-1)}-\left\langle \boldsymbol{r}^{(J-1)},\boldsymbol{A}(\Lambda^{(J)})\right\rangle \boldsymbol{A}(\Lambda^{(J)})$，该方式为前一次迭代的残差与前一次迭代残差在当前入选原子上的投影之间的差值。

从这两个环节的不同之处可以看出，MP 算法的步骤更为片面，仅仅根据当前迭代生成的一些值确定稀疏表示系数，而 OMP 算法的步骤能够利用到前面迭代步骤中生成的参数整体更新稀疏表示系数。

在 OMP 算法中，残差与原子正交性数学推导公式如下。

由于 $\boldsymbol{r}^{(J)}=\boldsymbol{b}-\boldsymbol{b}^{(J)}$，$\boldsymbol{b}^{(J)}=\boldsymbol{A}^{(J)}\boldsymbol{x}^{(J)}$，故有，

$$\begin{aligned}\boldsymbol{A}^{(J)\mathrm{T}}\boldsymbol{r}^{(J)}&=\boldsymbol{A}^{(J)\mathrm{T}}(\boldsymbol{b}-\boldsymbol{b}^{(J)})\\&=\boldsymbol{A}^{(J)\mathrm{T}}\boldsymbol{b}-\boldsymbol{A}^{(J)\mathrm{T}}\boldsymbol{A}^{(J)}\boldsymbol{x}^{(J)}\\&=\boldsymbol{A}^{(J)\mathrm{T}}\boldsymbol{b}-(\boldsymbol{A}^{(J)\mathrm{T}}\boldsymbol{A}^{(J)})(\boldsymbol{A}^{(J)\mathrm{T}}\boldsymbol{A}^{(J)})^{-1}\boldsymbol{A}^{(J)\mathrm{T}}\boldsymbol{b}\\&=\mathbf{0}\end{aligned}\tag{4.51}$$

其中，J 为迭代次数，$\boldsymbol{b}^{(J)}$ 为第 J 次迭代的投影向量，$\boldsymbol{x}^{(J)}$ 为第 J 次迭代的稀疏表示系数。$\boldsymbol{A}^{(J)\mathrm{T}}\boldsymbol{r}^{(J)}=\mathbf{0}$，说明残差 $\boldsymbol{r}^{(J)}$ 是与矩阵 $\boldsymbol{A}^{(J)}$ 中原子组成的空间垂直的向量，该残差与整个空间是正交的，即第 J 次迭代的残差与之前选定的所有原子皆正交。

OMP 算法具体流程如下。

输入：$n\times m$ 维的字典 $\boldsymbol{A}$，n 维数据向量 $\boldsymbol{b}$。

输出：稀疏表示系数 $\boldsymbol{x}$。

初始化：稀疏表示残差 $\boldsymbol{r}^{(0)}=\boldsymbol{b}$，参与稀疏表示的原子号码集合 $\boldsymbol{\varPhi}$ 为空集，参与稀疏表示的原子组成的矩阵 $\boldsymbol{A}^{(J)}=[\ ]$ 为空集。

执行如下步骤直到满足停止条件，迭代次数 $J=1,2,3,\cdots$。

(1) 选择原子号码 $\varLambda^{(J)}$，选择的标准是与上一次迭代的残差内积达到最大，$\varLambda^{(J)}\in\arg\max\limits_{\varpi\in\varOmega}\left|\left\langle\boldsymbol{r}^{(J-1)},\boldsymbol{A}(\varpi)\right\rangle\right|$，其中，$\varOmega$ 是 $\boldsymbol{A}$ 中的全体原子号码。$\boldsymbol{\varPhi}^{(J)}=[\varLambda^{(1)}\quad\varLambda^{(2)}\quad\cdots\quad\varLambda^{(J)}]$，$\boldsymbol{A}^{(J)}=[\boldsymbol{A}(\varLambda^{(1)})\quad\boldsymbol{A}(\varLambda^{(2)})\quad\cdots\quad\boldsymbol{A}(\varLambda^{(J)})]$。

(2) 计算新的向量 $\boldsymbol{b}$ 的逼近和新的残差：

稀疏表示系数选择原则：$\boldsymbol{x}^{(J)}=\arg\min\limits_{\boldsymbol{\theta}}\left\|\boldsymbol{b}-\boldsymbol{A}^{(J)}\boldsymbol{\theta}\right\|_2$；

稀疏表示系数计算方法：$\boldsymbol{x}^{(J)}=(\boldsymbol{A}^{(J)\mathrm{T}}\boldsymbol{A}^{(J)})^{-1}\boldsymbol{A}^{(J)\mathrm{T}}\boldsymbol{b}$；

向量 $\boldsymbol{b}$ 的逼近：$\boldsymbol{b}^{(J)}=\boldsymbol{A}^{(J)}\boldsymbol{x}^{(J)}$；

残差：$\boldsymbol{r}^{(J)}=\boldsymbol{b}-\boldsymbol{b}^{(J)}$。

虽然 OMP 算法相比于 MP 算法有所改进，但仍存在一些问题。在运用公式 $\varLambda^{(J)}\in\arg\max\limits_{\varpi\in\varOmega}\left|\left\langle\boldsymbol{r}^{(J-1)},\boldsymbol{A}(\varpi)\right\rangle\right|$ 求最相似原子时，残差 $\boldsymbol{r}^{(J-1)}$ 需要与 $\boldsymbol{A}$ 中所有原子求内积，算法复杂度相对较高。特别是当 $\boldsymbol{A}$ 的维数较高时，计算极为复杂。另外一个就是在求稀疏表示系数 $\boldsymbol{x}^{(J)}=(\boldsymbol{A}^{(J)\mathrm{T}}\boldsymbol{A}^{(J)})^{-1}\boldsymbol{A}^{(J)\mathrm{T}}\boldsymbol{b}$ 时，当 $\boldsymbol{A}$ 的维数较高时求解 $(\boldsymbol{A}^{(J)\mathrm{T}}\boldsymbol{A}^{(J)})^{-1}$，先对矩阵做乘法运算，乘法过程本身具有一定的算法复杂度，接下来再对其求逆矩

阵，求逆过程本身也是具有一定算法复杂度的运算过程，所以求解稀疏表示系数的计算过程的运算复杂度很大。

综上所述，OMP 算法存在的最大问题是存在两个复杂度较高的环节。

(1)选择原子的过程计算 $\Lambda^{(J)}\in \arg\max_{\varpi\in\Omega}\left|\left\langle \boldsymbol{r}^{(J-1)},\boldsymbol{A}(\varpi)\right\rangle\right|$，该过程要用每一次迭代所获得的残差与字典中的原子求内积，寻找最相似的原子。

(2)用最小二乘法求解稀疏表示系数 $\boldsymbol{x}^{(J)}=(\boldsymbol{A}^{(J)\mathrm{T}}\boldsymbol{A}^{(J)})^{-1}\boldsymbol{A}^{(J)\mathrm{T}}\boldsymbol{b}$ 的求逆过程和矩阵的乘法都是复杂度较高的过程。

算法复杂度的高低决定该算法的应用范围，算法复杂度越低，算法应用的适用范围越广。虽然 OMP 算法能得到较好的稀疏表示效果，但会带来较高的算法复杂度，这也导致运算速度问题成为 OMP 算法应用的瓶颈。

下面通过对 MP 算法和 OMP 算法设计简单实验来展示这两种算法的性能。

创建一个大小为 30×50 的随机矩阵 $\boldsymbol{A}$，其原子服从正态分布。对该矩阵的列进行归一化处理，使其 l_2 范数为 1。生成稀疏向量 $\boldsymbol{x}$，随机选择从 0 到 10 均匀分布的原子个数。每个原子数执行 1000 次测试，并给出平均结果。

在测试一种近似算法的成功性时，有很多方法可以定义所得解 $\hat{\boldsymbol{x}}$ 与理想解 $\boldsymbol{x}$ 之间的距离。这里定义一种 l_2 范数形式的错误率：$l_{2\text{-error}}=\dfrac{\|\boldsymbol{x}-\hat{\boldsymbol{x}}\|^2}{\|\boldsymbol{x}\|^2}$，MP 算法及 OMP 算法稀疏表示实验结果对比图如图 4.5 所示。

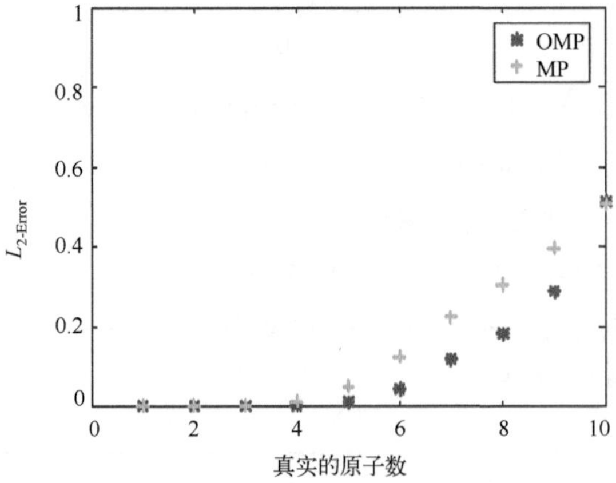

图 4.5　MP 算法与 OMP 算法实验结果对比图

由误差分析及图 4.5 实验结果可知，随着原子数的增加，在相同原子数的情况下，与 MP 算法相比，OMP 算法求解稀疏表示后所得的误差更小，说明在同等条件下，OMP 算法的稀疏表示更为精确，表明了 OMP 算法的改进和优势所在。

3. 最小二乘正交匹配追踪算法

在 OMP 算法中，复杂度问题是其应用的瓶颈，针对复杂度的问题，OMP 算法有两个比较难的运算环节，第一个是寻找最相似原子的过程，第二个是运用最小二乘法寻找稀疏表示系数的过程。对于第二个问题，比较复杂的环节就是求逆问题，本节所讲最小二乘正交匹配追踪(least squares orthogonal matching pursuit，LS-OMP)算法就是为了解决运用最小二乘法求解稀疏表示过程中的求逆问题而提出的。

LS-OMP 算法的主要思想是根据前一步迭代的逆矩阵和当前迭代的逆矩阵之间的相关性，得到一个算法复杂度比较低的求逆运算方法：通过前一次迭代的逆矩阵，直接求解当前的逆矩阵，大大简化了算法的复杂度。

LS-OMP 算法是基于以下分析提出的：稀疏表示系数计算式 $\boldsymbol{x}^{(J)}=(\boldsymbol{A}^{(J)\mathrm{T}}\boldsymbol{A}^{(J)})^{-1}\boldsymbol{A}^{(J)\mathrm{T}}\boldsymbol{b}$ 中，$(\boldsymbol{A}^{(J)\mathrm{T}}\boldsymbol{A}^{(J)})^{-1}$ 和 $(\boldsymbol{A}^{(J-1)\mathrm{T}}\boldsymbol{A}^{(J-1)})^{-1}$ 之间的关系为：矩阵 $\boldsymbol{A}^{(J)\mathrm{T}}$ 比矩阵 $\boldsymbol{A}^{(J-1)\mathrm{T}}$ 多一行数据，也就是说，矩阵 $\boldsymbol{A}^{(J)\mathrm{T}}$ 是在矩阵 $\boldsymbol{A}^{(J-1)\mathrm{T}}$ 的基础上添加了一个行向量。同理，矩阵 $\boldsymbol{A}^{(J)}$ 在迭代过程中，在矩阵 $\boldsymbol{A}^{(J-1)}$ 的基础上，下一次迭代时又进入一个原子，相当于在 $\boldsymbol{A}^{(J-1)}$ 上面加了一列。基于这个原理，提出以下思考：如果已知 $(\boldsymbol{A}^{(J-1)\mathrm{T}}\boldsymbol{A}^{(J-1)})^{-1}$，能否由 $(\boldsymbol{A}^{(J-1)\mathrm{T}}\boldsymbol{A}^{(J-1)})^{-1}$ 推导出一个简单的算法，通过该算法将 $(\boldsymbol{A}^{(J)\mathrm{T}}\boldsymbol{A}^{(J)})^{-1}$ 求出？LS-OMP 算法就是基于这种思想。这种方法比直接求 $(\boldsymbol{A}^{(J)\mathrm{T}}\boldsymbol{A}^{(J)})^{-1}$ 算法复杂度要低得多。

其中，上述过程中的最小二乘步骤可以用下式计算：

$$\begin{bmatrix}\boldsymbol{M} & \boldsymbol{b}\\ \boldsymbol{b}^{\mathrm{T}} & \mathrm{c}\end{bmatrix}^{-1}=\begin{bmatrix}\boldsymbol{M}^{-1}+\rho\boldsymbol{M}^{-1}\boldsymbol{b}\boldsymbol{b}^{\mathrm{T}}\boldsymbol{M}^{-1} & -\rho\boldsymbol{M}^{-1}\boldsymbol{b}\\ -\rho\boldsymbol{b}^{\mathrm{T}}\boldsymbol{M}^{-1} & \rho\end{bmatrix}\tag{4.52}$$

其中，$\rho=1/(c-\boldsymbol{b}^{\mathrm{T}}\boldsymbol{M}^{-1}\boldsymbol{b})$。$\begin{bmatrix}\boldsymbol{M} & \boldsymbol{b}\\ \boldsymbol{b}^{\mathrm{T}} & \mathrm{c}\end{bmatrix}$ 中 $\boldsymbol{M}$ 为 $\boldsymbol{A}^{(J-1)\mathrm{T}}\boldsymbol{A}^{(J-1)}$，$\begin{bmatrix}\boldsymbol{M} & \boldsymbol{b}\\ \boldsymbol{b}^{\mathrm{T}} & \mathrm{c}\end{bmatrix}$ 为在 $\boldsymbol{A}^{(J-1)\mathrm{T}}\boldsymbol{A}^{(J-1)}$ 中加了一行和一列。相当于，对于 $\boldsymbol{A}^{(J)}$ 和 $\boldsymbol{A}^{(J-1)}$，已知 $\boldsymbol{A}^{(J-1)}$，若在此迭代步骤中，入选原子为 $\boldsymbol{a}$，则 $\boldsymbol{A}^{(J)}=[\boldsymbol{A}^{(J-1)},\boldsymbol{a}]$，$\boldsymbol{A}^{(J)}$ 即为在矩阵 $\boldsymbol{A}^{(J-1)}$ 的基础上加一列。同样地，$\boldsymbol{A}^{(J)\mathrm{T}}=\begin{bmatrix}\boldsymbol{A}^{(J-1)\mathrm{T}}\\ \boldsymbol{a}^{\mathrm{T}}\end{bmatrix}$。此时，将 $\boldsymbol{A}^{(J)}$ 和 $\boldsymbol{A}^{(J)\mathrm{T}}$ 相乘，$\boldsymbol{A}^{(J)\mathrm{T}}\boldsymbol{A}^{(J)}=\begin{bmatrix}\boldsymbol{A}^{(J-1)\mathrm{T}}\\ \boldsymbol{a}^{\mathrm{T}}\end{bmatrix}\cdot[\boldsymbol{A}^{(J-1)},\boldsymbol{a}]$。首先，将 $\boldsymbol{A}^{(J-1)\mathrm{T}}$ 和 $\boldsymbol{A}^{(J-1)}$ 相乘得到 $\begin{bmatrix}\boldsymbol{M} & \boldsymbol{b}\\ \boldsymbol{b}^{\mathrm{T}} & \mathrm{c}\end{bmatrix}$ 的左上角元素 $\boldsymbol{M}$，$\boldsymbol{a}^{\mathrm{T}}$ 和 $\boldsymbol{A}^{(J-1)}$ 相乘得到左下角元素 $\boldsymbol{b}^{\mathrm{T}}$，$\boldsymbol{A}^{(J-1)\mathrm{T}}$ 和 $\boldsymbol{a}$ 相乘得到右上角元素 $\boldsymbol{b}$，最后将 $\boldsymbol{a}^{\mathrm{T}}$ 与 $\boldsymbol{a}$ 相乘得到右下角元素 c。即为

$$\boldsymbol{A}^{(J)\mathrm{T}}\boldsymbol{A}^{(J)}=\begin{bmatrix}\boldsymbol{A}^{(J-1)\mathrm{T}}\\ \boldsymbol{a}^{\mathrm{T}}\end{bmatrix}\cdot[\boldsymbol{A}^{(J-1)},\boldsymbol{a}]=\begin{bmatrix}\boldsymbol{A}^{(J-1)\mathrm{T}}\boldsymbol{A}^{(J-1)} & \boldsymbol{a}\boldsymbol{A}^{(J-1)\mathrm{T}}\\ \boldsymbol{a}^{\mathrm{T}}\boldsymbol{A}^{(J-1)} & \boldsymbol{a}^{\mathrm{T}}\boldsymbol{a}\end{bmatrix}=\begin{bmatrix}\boldsymbol{M} & \boldsymbol{b}\\ \boldsymbol{b}^{\mathrm{T}} & \mathrm{c}\end{bmatrix}\tag{4.53}$$

上式中，所有原子为归一化原子，因此，有 $\boldsymbol{a}^{\mathrm{T}}\boldsymbol{a}=1$。在得到 $\boldsymbol{A}^{(J)\mathrm{T}}\boldsymbol{A}^{(J)}$ 之后，接下来就要对其进行求逆操作。相当于，将 $\boldsymbol{A}^{(J-1)\mathrm{T}}\boldsymbol{A}^{(J-1)}$ 看作 $\boldsymbol{M}$，将 $\begin{bmatrix}\boldsymbol{A}^{(J-1)\mathrm{T}}\boldsymbol{A}^{(J-1)} & \boldsymbol{a}\boldsymbol{A}^{(J-1)\mathrm{T}}\\ \boldsymbol{a}^{\mathrm{T}}\boldsymbol{A}^{(J-1)} & \boldsymbol{a}^{\mathrm{T}}\boldsymbol{a}\end{bmatrix}$ 用 $\begin{bmatrix}\boldsymbol{M} & \boldsymbol{b}\\ \boldsymbol{b}^{\mathrm{T}} & \mathrm{c}\end{bmatrix}$ 代替之后，可通过公式 $\begin{bmatrix}\boldsymbol{M} & \boldsymbol{b}\\ \boldsymbol{b}^{\mathrm{T}} & \mathrm{c}\end{bmatrix}^{-1}=\begin{bmatrix}\boldsymbol{M}^{-1}+\rho\boldsymbol{M}^{-1}\boldsymbol{b}\boldsymbol{b}^{\mathrm{T}}\boldsymbol{M}^{-1} & -\rho\boldsymbol{M}^{-1}\boldsymbol{b}\\ -\rho\boldsymbol{b}^{\mathrm{T}}\boldsymbol{M}^{-1} & \rho\end{bmatrix}$，得到 $(\boldsymbol{A}^{(J)\mathrm{T}}\boldsymbol{A}^{(J)})^{-1}$。在此迭代过程中，计算出 $\boldsymbol{A}^{(J-1)\mathrm{T}}\boldsymbol{A}^{(J-1)}$，便可得到 $\boldsymbol{M}^{-1}$，$\boldsymbol{b}$ 可根据 $\boldsymbol{a}\boldsymbol{A}^{(J-1)\mathrm{T}}$ 计算得到，$\boldsymbol{a}$ 为归一化原子，则 $c=\boldsymbol{a}^{\mathrm{T}}\boldsymbol{a}=1$。需要求解的目标函数可以写为

$$\min_{\boldsymbol{x}^{(J-1)},z}\left\|[\boldsymbol{A}^{(J-1)}\ \boldsymbol{A}(\Lambda^{(J)})]\cdot\begin{bmatrix}\boldsymbol{x}^{(J-1)}\\ z\end{bmatrix}-\boldsymbol{b}\right\|_2^2 \tag{4.54}$$

上式中，$\boldsymbol{A}^{(J-1)}$ 表示前 $J-1$ 次入选的所有原子形成的矩阵，$\boldsymbol{x}^{(J-1)}$ 表示前 $J-1$ 次的稀疏表示系数，$\boldsymbol{A}(\Lambda^{(J)})$ 表示第 J 次入选的原子，$\Lambda^{(J)}$ 表示第 J 次入选原子所在位置，z 为第 J 次入选原子的稀疏表示系数。运用前面推导最小二乘法证明公式 $\dfrac{\partial\|\boldsymbol{A}\boldsymbol{x}-\boldsymbol{b}\|_2^2}{\partial\boldsymbol{x}}=2\boldsymbol{A}^{\mathrm{T}}(\boldsymbol{A}\boldsymbol{x}-\boldsymbol{b})$，并令其等于零，可得

$$\begin{bmatrix}\boldsymbol{A}^{(J-1)\mathrm{T}}\\ \boldsymbol{A}(\Lambda^{(J)})^{\mathrm{T}}\end{bmatrix}[\boldsymbol{A}^{(J-1)}\ \boldsymbol{A}(\Lambda^{(J)})]\begin{bmatrix}\boldsymbol{x}^{(J-1)}\\ \mathrm{z}\end{bmatrix}-\begin{bmatrix}\boldsymbol{A}^{(J-1)\mathrm{T}}\\ \boldsymbol{A}(\Lambda^{(J)})^{\mathrm{T}}\end{bmatrix}\boldsymbol{b}=\boldsymbol{0} \tag{4.55}$$

得到第 J 次的稀疏表示系数：

$$\begin{bmatrix}\boldsymbol{x}^{(J-1)}\\ z\end{bmatrix}=\begin{bmatrix}\boldsymbol{A}^{(J-1)\mathrm{T}}\boldsymbol{A}^{(J-1)} & \boldsymbol{A}^{(J-1)\mathrm{T}}\boldsymbol{A}(\Lambda^{(J)})\\ \boldsymbol{A}(\Lambda^{(J)})^{\mathrm{T}}\boldsymbol{A}^{(J-1)} & \boldsymbol{A}(\Lambda^{(J)})^{\mathrm{T}}\boldsymbol{A}(\Lambda^{(J)})\end{bmatrix}^{-1}\begin{bmatrix}\boldsymbol{A}^{(J-1)\mathrm{T}}\boldsymbol{b}\\ \boldsymbol{A}(\Lambda^{(J)})^{\mathrm{T}}\boldsymbol{b}\end{bmatrix} \tag{4.56}$$

求稀疏表示系数的复杂环节是求 $\begin{bmatrix}\boldsymbol{A}^{(J-1)\mathrm{T}}\boldsymbol{A}^{(J-1)} & \boldsymbol{A}^{(J-1)\mathrm{T}}\boldsymbol{A}(\Lambda^{(J)})\\ \boldsymbol{A}(\Lambda^{(J)})^{\mathrm{T}}\boldsymbol{A}^{(J-1)} & \boldsymbol{A}(\Lambda^{(J)})^{\mathrm{T}}\boldsymbol{A}(\Lambda^{(J)})\end{bmatrix}^{-1}$，相当于求 $\boldsymbol{A}^{(J)\mathrm{T}}\boldsymbol{A}^{(J)}$ 的逆矩阵。使用式(4.52)求 $\begin{bmatrix}\boldsymbol{A}^{(J-1)\mathrm{T}}\boldsymbol{A}^{(J-1)} & \boldsymbol{A}^{(J-1)\mathrm{T}}\boldsymbol{A}(\Lambda^{(J)})\\ \boldsymbol{A}(\Lambda^{(J)})^{\mathrm{T}}\boldsymbol{A}^{(J-1)} & \boldsymbol{A}(\Lambda^{(J)})^{\mathrm{T}}\boldsymbol{A}(\Lambda^{(J)})\end{bmatrix}^{-1}$，我们得到了矩阵 $[\boldsymbol{A}^{(J)\mathrm{T}}\boldsymbol{A}^{(J)}]^{-1}$。找到与第 $J-1$ 次迭代后的残差最相近的原子，作为第 J 次迭代的入选原子，若该原子与 $\boldsymbol{A}^{(J-1)}$ 正交，则需要求逆的矩阵变为块对角阵，稀疏表示系数为 $\boldsymbol{x}^{(J-1)}=[\boldsymbol{A}^{(J-1)}]^{+}\boldsymbol{b}$ 且 $z=\boldsymbol{A}(\Lambda^{(J)})^{\mathrm{T}}\boldsymbol{b}/\left\|\boldsymbol{A}(\Lambda^{(J)})\right\|_2^2$。如果第 J 次迭代的入选原子与 $\boldsymbol{A}^{(J-1)}$ 不正交，使用式(4.56)进行求解可以大大降低算法复杂度。

从 MP 算法到 OMP 算法，再到 LS-OMP 算法，纵观这一系列算法的发展史，新算法总是对原算法的补充完善。MP 算法求稀疏表示系数不精确，进而提出

OMP 算法来改进精确度问题，OMP 算法虽然改进了精确度问题，但其中有两个环节算法复杂度较高：一个是找原子，也就是在很多原子中找一个与残差最相似的原子；第二个就是求逆的问题，本节讲到的 LS-OMP 算法就是为解决求逆的问题而提出的。

4. Cholesky 快速正交匹配追踪算法

Cholesky 快速正交匹配追踪算法和 LS-OMP 算法一样，解决的仍然是第二个问题：$\boldsymbol{x}^{(J)}=(\boldsymbol{A}^{(J)\mathrm{T}}\boldsymbol{A}^{(J)})^{-1}\boldsymbol{A}^{(J)\mathrm{T}}\boldsymbol{b}$ 中算法复杂度较高的求逆矩阵的问题。OMP 算法得到 $\boldsymbol{A}^{(J)}$ 以后，用最小二乘法去求解稀疏表示系数，通过式 $\boldsymbol{x}^{(J)}=\arg\min\limits_{\boldsymbol{\theta}}\left\|\boldsymbol{b}-\boldsymbol{A}^{(J)}\boldsymbol{\theta}\right\|_2$ 计算新的 $\boldsymbol{b}$ 的逼近量和新的残差，用 $\boldsymbol{x}^{(J)}=(\boldsymbol{A}^{(J)\mathrm{T}}\boldsymbol{A}^{(J)})^{-1}\boldsymbol{A}^{(J)\mathrm{T}}\boldsymbol{b}$ 求解稀疏表示系数。显而易见，该过程复杂度要求较高，故而衍生出 Cholesky 快速正交匹配追踪算法。

Cholesky 快速正交匹配追踪算法将上述问题进行了转化，在 $\boldsymbol{A}^{(J)}\boldsymbol{x}^{(J)}=\boldsymbol{b}$ 等式两边同时左乘 $\boldsymbol{A}^{(J)\mathrm{T}}$ 。$\boldsymbol{A}^{(J)}\boldsymbol{x}^{(J)}=\boldsymbol{b}$ 即为最小二乘法需要解决的关键问题，Cholesky 快速正交匹配追踪算法在 $\boldsymbol{A}^{(J)}$ 前面又乘以 $\boldsymbol{A}^{(J)\mathrm{T}}$，得到：

$$\boldsymbol{A}^{(J)\mathrm{T}}\boldsymbol{A}^{(J)}\boldsymbol{x}^{(J)}=\boldsymbol{A}^{(J)\mathrm{T}}\boldsymbol{b} \tag{4.57}$$

然后将 $\boldsymbol{A}^{(J)\mathrm{T}}\boldsymbol{A}^{(J)}$ 分别用一个上三角矩阵 $\boldsymbol{L}^{(J)}$ 和一个下三角矩阵 $\boldsymbol{L}^{(J)\mathrm{T}}$ 代替，将 $\boldsymbol{A}^{(J)\mathrm{T}}\boldsymbol{A}^{(J)}\boldsymbol{x}^{(J)}$ 用 $\boldsymbol{L}^{(J)}\boldsymbol{L}^{(J)\mathrm{T}}\boldsymbol{x}^{(J)}$ 替换。已得到 $\boldsymbol{A}^{(J)\mathrm{T}}\boldsymbol{A}^{(J)}\boldsymbol{x}^{(J)}=\boldsymbol{A}^{(J)\mathrm{T}}\boldsymbol{b}$，然后令 $\boldsymbol{\alpha}^{(J)}=\boldsymbol{A}^{(J)\mathrm{T}}\boldsymbol{b}$，则 $\boldsymbol{A}^{(J)\mathrm{T}}\boldsymbol{A}^{(J)}\boldsymbol{x}^{(J)}=\boldsymbol{A}^{(J)\mathrm{T}}\boldsymbol{b}$ 可改写为

$$\boldsymbol{L}^{(J)}\boldsymbol{L}^{(J)\mathrm{T}}\boldsymbol{x}^{(J)}=\boldsymbol{\alpha}^{(J)} \tag{4.58}$$

注意观察式(4.57)和式(4.58)之间的相关性，会发现两式的解其实是一样的，都是求稀疏表示系数 $\boldsymbol{x}^{(J)}$，两式形式也是一样，差别则在于 $\boldsymbol{L}^{(J)}$ 和 $\boldsymbol{L}^{(J)\mathrm{T}}$ 分别为上三角矩阵和下三角矩阵。至于这里为什么要换成上三角矩阵和下三角矩阵，则是由于用到之前学过的另外一个方法——高斯消去法：当线性方程等式左边的矩阵是上三角矩阵和下三角矩阵时，可以一直回代直至解出所有未知数，Cholesky 快速正交匹配追踪算法的创新点就在于此，将 $\boldsymbol{A}^{(J)\mathrm{T}}\boldsymbol{A}^{(J)}$ 这两个普通矩阵替换成上三角矩阵和下三角矩阵，就可以用高斯消去法的快速方法迭代求解稀疏表示系数 $\boldsymbol{x}^{(J)}$。

高斯消去法首先令 $\boldsymbol{L}^{(J)\mathrm{T}}\boldsymbol{x}^{(J)}=\boldsymbol{q}$，则

$$\boldsymbol{L}^{(J)}\boldsymbol{L}^{(J)\mathrm{T}}\boldsymbol{x}^{(J)}=\boldsymbol{L}^{(J)}\boldsymbol{q}=\boldsymbol{\alpha}^{(J)} \tag{4.59}$$

通过 $\boldsymbol{L}^{(J)}\boldsymbol{q}=\boldsymbol{\alpha}^{(J)}$ 首先将 $\boldsymbol{q}$ 解出，然后根据 $\boldsymbol{L}^{(J)\mathrm{T}}\boldsymbol{x}^{(J)}=\boldsymbol{q}$ 中的已知条件解出稀疏表示系数 $\boldsymbol{x}^{(J)}$，Cholesky 快速正交匹配追踪算法实际上就是将方程 $\boldsymbol{A}^{(J)}\boldsymbol{x}^{(J)}=\boldsymbol{b}$ 转换为另一种形式 $\boldsymbol{L}^{(J)}\boldsymbol{L}^{(J)\mathrm{T}}\boldsymbol{x}^{(J)}=\boldsymbol{\alpha}^{(J)}$，然后利用快速算法进行求解。此方法之所以称为 Cholesky 快速正交匹配追踪算法，是由于运用 Cholesky 分解定理解决了整个方法最为关键的部分：如何将 $\boldsymbol{A}^{(J)\mathrm{T}}\boldsymbol{A}^{(J)}\boldsymbol{x}^{(J)}$ 换成 $\boldsymbol{L}^{(J)}\boldsymbol{L}^{(J)\mathrm{T}}\boldsymbol{x}^{(J)}$，即怎样将两个普通矩阵相乘改写为一个上三角矩阵和一个下三角矩阵相乘的问题。

Cholesky 分解的具体方法和步骤如下。

假设$\boldsymbol{W}^{(J-1)}=\boldsymbol{L}^{(J-1)}\boldsymbol{L}^{(J-1)\mathrm{T}}$，$\boldsymbol{W}^{(J)}=\boldsymbol{A}^{(J)\mathrm{T}}\boldsymbol{A}^{(J)}$，上三角矩阵乘下三角矩阵$\boldsymbol{L}^{(J-1)}\boldsymbol{L}^{(J-1)\mathrm{T}}$等于$\boldsymbol{W}^{(J-1)}$，通过上一小节可知$\boldsymbol{W}^{(J)}=\begin{bmatrix}\boldsymbol{W}^{(J-1)} & \boldsymbol{v}\\ \boldsymbol{v}^{\mathrm{T}} & \iota\end{bmatrix}$定然成立。这个方法其实就是用前一次迭代的$\boldsymbol{L}^{(J-1)}$求当前的$\boldsymbol{L}^{(J)}$，假设$\boldsymbol{W}^{(J)}=\boldsymbol{L}^{(J)}\boldsymbol{L}^{(J)\mathrm{T}}$，$\boldsymbol{L}^{(J)}$和$\boldsymbol{L}^{(J-1)}$之间可以写为

$$\boldsymbol{W}^{(J)}=\boldsymbol{L}^{(J)}\boldsymbol{L}^{(J)\mathrm{T}}=\begin{pmatrix}\boldsymbol{L}^{(J-1)} & \boldsymbol{0}\\ \boldsymbol{w}^{\mathrm{T}} & \sqrt{\iota-\boldsymbol{w}^{\mathrm{T}}\boldsymbol{w}}\end{pmatrix}\begin{pmatrix}\boldsymbol{L}^{(J-1)\mathrm{T}} & \boldsymbol{w}\\ \boldsymbol{0}^{\mathrm{T}} & \sqrt{\iota-\boldsymbol{w}^{\mathrm{T}}\boldsymbol{w}}\end{pmatrix} \tag{4.60}$$

可以看出：$\boldsymbol{L}^{(J)}=\begin{pmatrix}\boldsymbol{L}^{(J-1)} & \boldsymbol{0}\\ \boldsymbol{w}^{\mathrm{T}} & \sqrt{\iota-\boldsymbol{w}^{\mathrm{T}}\boldsymbol{w}}\end{pmatrix}$，$\boldsymbol{L}^{(J-1)}\boldsymbol{w}=\boldsymbol{v}$，且$\boldsymbol{W}^{(J)}=\begin{bmatrix}\boldsymbol{W}^{(J-1)} & \boldsymbol{v}\\ \boldsymbol{v}^{\mathrm{T}} & \iota\end{bmatrix}$。通过$\boldsymbol{A}^{(J-1)}$乘以第$J$次新入选的原子$\boldsymbol{a}$可计算出$\boldsymbol{v}$，且经过前一次迭代得到$\boldsymbol{L}^{(J-1)}$，通过式$\boldsymbol{L}^{(J-1)}\boldsymbol{w}=\boldsymbol{v}$可算出$\boldsymbol{w}$，由$\boldsymbol{L}^{(J)}=\begin{pmatrix}\boldsymbol{L}^{(J-1)} & \boldsymbol{0}\\ \boldsymbol{w}^{\mathrm{T}} & \sqrt{\iota-\boldsymbol{w}^{\mathrm{T}}\boldsymbol{w}}\end{pmatrix}$可得$\boldsymbol{L}^{(J)}$，其中，$l=1$。由此得到三角矩阵$\boldsymbol{L}^{(J)}$。

OMP 算法中需要计算的$\boldsymbol{W}^{(J)}=\boldsymbol{A}^{(J)\mathrm{T}}\boldsymbol{A}^{(J)}$每次迭代都要更新最后一行和一列。而 Cholesky 分解方法让这一类矩阵仅仅计算最后一行，Cholesky 分解定理令$\boldsymbol{W}^{(J-1)}=\boldsymbol{L}^{(J-1)}\boldsymbol{L}^{(J-1)\mathrm{T}}$，在$\boldsymbol{W}^{(J-1)}$的基础上增加一行和一列，得到$\boldsymbol{W}^{(J)}=\begin{bmatrix}\boldsymbol{W}^{(J-1)} & \boldsymbol{v}\\ \boldsymbol{v}^{\mathrm{T}} & \iota\end{bmatrix}$，其中，$\boldsymbol{v}=\boldsymbol{A}^{(J-1)\mathrm{T}}\boldsymbol{A}(\Lambda^{(J)})$。然后对$\boldsymbol{W}^{(J)}$进行 Cholesky 分解得到：$\boldsymbol{W}^{(J)}=\boldsymbol{L}^{(J)}\boldsymbol{L}^{(J)\mathrm{T}}=\begin{pmatrix}\boldsymbol{L}^{(J-1)} & \boldsymbol{0}\\ \boldsymbol{w}^{\mathrm{T}} & \sqrt{\iota-\boldsymbol{w}^{\mathrm{T}}\boldsymbol{w}}\end{pmatrix}\begin{pmatrix}\boldsymbol{L}^{(J-1)\mathrm{T}} & \boldsymbol{w}\\ \boldsymbol{0}^{\mathrm{T}} & \sqrt{\iota-\boldsymbol{w}^{\mathrm{T}}\boldsymbol{w}}\end{pmatrix}$，其中，令$\boldsymbol{L}^{(J-1)}\boldsymbol{w}=\boldsymbol{v}$，通过$\boldsymbol{v}=\boldsymbol{A}^{(J-1)\mathrm{T}}\boldsymbol{A}(\Lambda^{(J)})$得到$\boldsymbol{v}$，继而求出$\boldsymbol{w}$，然后将$\boldsymbol{w}$代入$\boldsymbol{L}^{(J)}=\begin{pmatrix}\boldsymbol{L}^{(J-1)} & \boldsymbol{0}\\ \boldsymbol{w}^{\mathrm{T}} & \sqrt{\iota-\boldsymbol{w}^{\mathrm{T}}\boldsymbol{w}}\end{pmatrix}$得到第$J$次迭代的上三角矩阵$\boldsymbol{L}^{(J)}$。

Cholesky 快速正交匹配追踪算法具体流程如下。

输入：$n\times m$维的字典$\boldsymbol{A}$，n维的数据向量$\boldsymbol{b}$。

输出：稀疏表示系数$\boldsymbol{x}$。

初始化：原子号码集合Ω设为空集，$\boldsymbol{L}=[1]$，$\boldsymbol{r}=\boldsymbol{b}$，$\boldsymbol{\alpha}=\boldsymbol{A}^{\mathrm{T}}\boldsymbol{b}$。

执行如下步骤直到满足停止条件，迭代次数$J=1,2,3,\cdots$。

①在第J步寻找与第$J-1$步的稀疏表示残差内积最大的原子，并将该原子的号码$\Lambda^{(J)}$加入原子号码集合$\Lambda^{(J)}\in\arg\max\limits_{\varpi\in\Omega}\left|\left\langle \boldsymbol{r}^{(J-1)},\boldsymbol{A}(\varpi)\right\rangle\right|$。

②计算新的向量 $\boldsymbol{b}$ 的逼近量和新的残差：$\boldsymbol{x}^{(J)}=\arg\min_{\boldsymbol{\theta}}\left\|\boldsymbol{b}-\boldsymbol{A}^{(J)}\boldsymbol{\theta}\right\|_2$；

稀疏表示系数：$\boldsymbol{x}^{(J)}=(\boldsymbol{A}^{(J)\mathrm{T}}\boldsymbol{A}^{(J)})^{-1}\boldsymbol{A}^{(J)\mathrm{T}}\boldsymbol{b}$。

由 $\boldsymbol{A}^{(J)}\boldsymbol{x}^{(J)}=\boldsymbol{b}$ 得到 $\boldsymbol{A}^{(J)\mathrm{T}}\boldsymbol{A}^{(J)}\boldsymbol{x}^{(J)}=\boldsymbol{A}^{(J)\mathrm{T}}\boldsymbol{b}$，并由 Cholesky 分解定理转化为 $\boldsymbol{L}^{(J)}\boldsymbol{L}^{(J)\mathrm{T}}\boldsymbol{x}^{(J)}=\boldsymbol{\alpha}^{(J)}$，使用高斯消去法求解方程 $\boldsymbol{L}^{(J)}\boldsymbol{q}=\boldsymbol{\alpha}^{(J)}$ 和 $\boldsymbol{L}^{(J)\mathrm{T}}\boldsymbol{x}^{(J)}=\boldsymbol{q}$。其中，$\boldsymbol{\alpha}^{(J)}$ 是选择 $\boldsymbol{\alpha}$ 里号码与 Ω 对应的元素。

虽然 Cholesky 快速正交匹配追踪算法大大解决了 OMP 算法中算法复杂度大的问题，但此方法仍然只是解决了 OMP 算法中第二个复杂问题，也就是求逆的难题。关于 OMP 算法中另外一个算法复杂度比较高的问题仍然没有解决，那就是寻找与残差内积最大的原子过程中的复杂度问题。

5. 块正交匹配追踪算法

无论是 LS-OMP 算法还是 Cholesky 快速正交匹配追踪算法，都是为了解决 OMP 算法的第二个难题提出的，但关于 OMP 算法中寻找最佳匹配原子的问题仍没有解决。通过 $\Lambda^{(J)}\in\arg\max_{\varpi\in\Omega}\left|\left\langle\boldsymbol{r}^{(J-1)},\boldsymbol{A}(\varpi)\right\rangle\right|$ 可知，寻找最佳原子的过程需要用残差向量与所有的原子对比相似性，找到最佳匹配原子。于是有人提出了块正交匹配追踪（batch orthogonal matching pursuit，B-OMP）算法来解决原子匹配的复杂度问题。

学习 B-OMP 算法之前，首先要弄清几个变量的概念，以便对 B-OMP 算法有个更好地了解。令 $\boldsymbol{\alpha}^{(0)}=\boldsymbol{A}^{\mathrm{T}}\boldsymbol{b}$，即 $\boldsymbol{\alpha}^{(0)}$ 为系数矩阵 $\boldsymbol{A}$ 的转置乘以初始残差 $\boldsymbol{b}$。令 $\boldsymbol{G}=\boldsymbol{A}^{\mathrm{T}}\boldsymbol{A}$，$\boldsymbol{G}$ 是一个确定的矩阵，为系数矩阵 $\boldsymbol{A}$ 的转置乘以它本身。$\boldsymbol{A}^{(J)\mathrm{T}}\boldsymbol{A}^{(J)}$ 为第 J 次入选的原子的转置乘以 $\boldsymbol{A}$ 中第 J 次入选原子本身。$\boldsymbol{G}^{(J)}=\boldsymbol{A}^{\mathrm{T}}\boldsymbol{A}^{(J)}$ 表示系数矩阵 $\boldsymbol{A}$ 的转置乘以第 J 次入选的原子。$\boldsymbol{G}^{(J),(J)}=\boldsymbol{A}^{(J)\mathrm{T}}\boldsymbol{A}^{(J)}$ 表示第 J 次入选原子的转置乘以第 J 次入选的原子。

假如系数矩阵 $\boldsymbol{A}$ 中有三个原子，令 $\boldsymbol{A}=[\boldsymbol{a}_1\quad\boldsymbol{a}_2\quad\boldsymbol{a}_3]$，$\boldsymbol{A}^{\mathrm{T}}=[\boldsymbol{a}_1{}^{\mathrm{T}}\quad\boldsymbol{a}_2{}^{\mathrm{T}}\quad\boldsymbol{a}_3{}^{\mathrm{T}}]$。$\boldsymbol{G}=\boldsymbol{A}^{\mathrm{T}}\boldsymbol{A}$，则 $\boldsymbol{G}=\begin{bmatrix}\boldsymbol{a}_1{}^{\mathrm{T}}\boldsymbol{a}_1 & \boldsymbol{a}_1{}^{\mathrm{T}}\boldsymbol{a}_2 & \boldsymbol{a}_1{}^{\mathrm{T}}\boldsymbol{a}_3\\ \boldsymbol{a}_2{}^{\mathrm{T}}\boldsymbol{a}_1 & \boldsymbol{a}_2{}^{\mathrm{T}}\boldsymbol{a}_2 & \boldsymbol{a}_2{}^{\mathrm{T}}\boldsymbol{a}_3\\ \boldsymbol{a}_3{}^{\mathrm{T}}\boldsymbol{a}_1 & \boldsymbol{a}_3{}^{\mathrm{T}}\boldsymbol{a}_2 & \boldsymbol{a}_3{}^{\mathrm{T}}\boldsymbol{a}_3\end{bmatrix}$。接下来通过实例，具体了解一下 $\boldsymbol{A}^{(J)}$ 与 $\boldsymbol{G}^{(J)}$、$\boldsymbol{G}^{(J),(J)}$ 之间的关系。当第 J 次迭代时，入选的原子为 $\boldsymbol{a}_1$ 和 $\boldsymbol{a}_3$ 时，则 $\boldsymbol{G}^{(J)}=\boldsymbol{A}^{\mathrm{T}}\boldsymbol{A}^{(J)}=\begin{bmatrix}\boldsymbol{a}_1{}^{\mathrm{T}}\boldsymbol{a}_1 & \boldsymbol{a}_1{}^{\mathrm{T}}\boldsymbol{a}_3\\ \boldsymbol{a}_2{}^{\mathrm{T}}\boldsymbol{a}_1 & \boldsymbol{a}_2{}^{\mathrm{T}}\boldsymbol{a}_3\\ \boldsymbol{a}_3{}^{\mathrm{T}}\boldsymbol{a}_1 & \boldsymbol{a}_3{}^{\mathrm{T}}\boldsymbol{a}_3\end{bmatrix}$，即为 $\boldsymbol{A}^{\mathrm{T}}$ 乘以原子 $\boldsymbol{a}_1$ 和 $\boldsymbol{a}_3$ 组成的矩阵，$\boldsymbol{G}^{(J),(J)}=\boldsymbol{A}^{(J)\mathrm{T}}\boldsymbol{A}^{(J)}=\begin{bmatrix}\boldsymbol{a}_1{}^{\mathrm{T}}\boldsymbol{a}_1 & \boldsymbol{a}_1{}^{\mathrm{T}}\boldsymbol{a}_3\\ \boldsymbol{a}_3{}^{\mathrm{T}}\boldsymbol{a}_1 & \boldsymbol{a}_3{}^{\mathrm{T}}\boldsymbol{a}_3\end{bmatrix}$。从上述关系可以得出，如果把 $\boldsymbol{G}=\boldsymbol{A}^{\mathrm{T}}\boldsymbol{A}$ 计算出来后，第 J 次迭代的 $\boldsymbol{G}^{(J)}$ 和 $\boldsymbol{G}^{(J),(J)}$ 则不需要专门计算，只需要在 $\boldsymbol{G}$ 中选择入选原子的相应位置即可，这

比乘法运算的算法复杂度要低得多。B-OMP 的主要思想就是首先计算出 $\boldsymbol{G}=\boldsymbol{A}^{\mathrm{T}}\boldsymbol{A}$，然后接下来的环节就是在 $\boldsymbol{G}$ 中选择元素。但具体是怎么操作的呢？

首先，已知 $\boldsymbol{\alpha}^{(J)}$ 为变量，假设：

$$\boldsymbol{\alpha}^{(J)}=\boldsymbol{A}^{\mathrm{T}}\boldsymbol{r}^{(J-1)} \tag{4.61}$$

其中，$\boldsymbol{r}^{(J-1)}$ 为第 $J-1$ 次迭代的残差。找原子环节，就是在 $\boldsymbol{A}$ 中，找到与残差 $\boldsymbol{r}^{(J-1)}$ 最相近的原子，即将残差与系数矩阵所有原子求内积，找到与残差内积最大的原子。$\boldsymbol{\alpha}^{(J)}=\boldsymbol{A}^{\mathrm{T}}\boldsymbol{r}^{(J-1)}$ 求得的 $\boldsymbol{\alpha}^{(J)}$ 为向量，实际上就是在向量中寻找一个最大的值，如下公式所示：

$$\Lambda^{(J)}\in \arg\max_{\varpi\in\Omega}\left|\left\langle \boldsymbol{r}^{(J-1)},\boldsymbol{A}(\varpi)\right\rangle\right| \tag{4.62}$$

$\boldsymbol{r}^{(J-1)}$ 为残差，残差和原子 $\boldsymbol{A}(\varpi)$ 求内积，然后找到一个内积最大的原子，这便是第一个算法复杂度高的问题——找原子问题。B-OMP 算法令 $\boldsymbol{\alpha}^{(J)}=\boldsymbol{A}^{\mathrm{T}}\boldsymbol{r}^{(J-1)}$，$\boldsymbol{r}^{(J-1)}$ 可表示为

$$\boldsymbol{r}^{(J-1)}=\boldsymbol{b}-\boldsymbol{A}^{(J-1)}\boldsymbol{x}^{(J-1)} \tag{4.63}$$

其中，$\boldsymbol{b}$ 为目标信号，也就是最终要逼近的信号，$\boldsymbol{A}^{(J-1)}$ 为第 $(J-1)$ 次入选的原子，$\boldsymbol{x}^{(J-1)}$ 为第 $(J-1)$ 次迭代的稀疏表示系数。接下来对式(4.61)进行变形，将式(4.63)代入式(4.61)并展开，得

$$\begin{aligned}\boldsymbol{\alpha}^{(J)}&=\boldsymbol{A}^{\mathrm{T}}(\boldsymbol{b}-\boldsymbol{A}^{(J-1)}\boldsymbol{x}^{(J-1)})\\&=\boldsymbol{A}^{\mathrm{T}}\boldsymbol{b}-\boldsymbol{A}^{\mathrm{T}}\boldsymbol{A}^{(J-1)}\boldsymbol{x}^{(J-1)}\end{aligned} \tag{4.64}$$

由于设定 $\boldsymbol{\alpha}^{(0)}=\boldsymbol{A}^{\mathrm{T}}\boldsymbol{b}$，$\boldsymbol{G}^{(J)}=\boldsymbol{A}^{\mathrm{T}}\boldsymbol{A}^{(J)}$ 可得

$$\boldsymbol{\alpha}^{(J)}=\boldsymbol{\alpha}^{(0)}-\boldsymbol{G}^{(J-1)}\boldsymbol{x}^{(J-1)} \tag{4.65}$$

$\boldsymbol{\alpha}^{(0)}=\boldsymbol{A}^{\mathrm{T}}\boldsymbol{b}$ 为初始设定值，可以直接计算出，$\boldsymbol{G}^{(J-1)}$ 和 $\boldsymbol{x}^{(J-1)}$ 也可以通过计算得到，进一步可以得到 $\boldsymbol{\alpha}^{(J)}$，找到 $\boldsymbol{\alpha}^{(J)}$ 中最大原子的号码即为第 J 次的入选原子号码，进而找到最佳入选原子。

接下来对残差的计算公式进行推导，残差可通过 $\boldsymbol{G}$ 直接计算。$\boldsymbol{G}$ 为字典矩阵 $\boldsymbol{A}$ 的转置乘以 $\boldsymbol{A}$ 本身，$\boldsymbol{A}$ 矩阵为已知的固定值，则 $\boldsymbol{G}$ 也为固定值。$\boldsymbol{G}$ 一旦计算出来，我们只需要选择一些原子的号码便可得到残差，这比 OMP 算法中反复求内积算法的复杂度要低。另一个需要计算的参量就是 $\left\|\boldsymbol{r}^{(J)}\right\|_2^2$，也就是求残差的长度。已知：

$$(\boldsymbol{r}^{(J)})^{\mathrm{T}}\boldsymbol{A}^{(J)}\boldsymbol{x}^{(J)}=0 \tag{4.66}$$

且

$$\begin{aligned}\boldsymbol{r}^{(J)}&=\boldsymbol{b}-\boldsymbol{A}^{(J)}\boldsymbol{x}^{(J)}\\&=\boldsymbol{b}-\boldsymbol{A}^{(J-1)}\boldsymbol{x}^{(J-1)}-\boldsymbol{A}^{(J)}\boldsymbol{x}^{(J)}+\boldsymbol{A}^{(J-1)}\boldsymbol{x}^{(J-1)}\\&=\boldsymbol{r}^{(J-1)}-\boldsymbol{A}^{(J)}\boldsymbol{x}^{(J)}+\boldsymbol{A}^{(J-1)}\boldsymbol{x}^{(J-1)}\end{aligned} \tag{4.67}$$

根据二范数计算公式，有 $\boldsymbol{r}^{(J)}$ 的二范数平方为

$$\begin{aligned}\left\|\boldsymbol{r}^{(J)}\right\|_2^2&=(\boldsymbol{r}^{(J)})^{\mathrm{T}}\boldsymbol{r}^{(J)}\\&=(\boldsymbol{r}^{(J)})^{\mathrm{T}}(\boldsymbol{r}^{(J-1)}-\boldsymbol{A}^{(J)}\boldsymbol{x}^{(J)}+\boldsymbol{A}^{(J-1)}\boldsymbol{x}^{(J-1)})\\&=(\boldsymbol{r}^{(J)})^{\mathrm{T}}\boldsymbol{r}^{(J-1)}-(\boldsymbol{r}^{(J)})^{\mathrm{T}}\boldsymbol{A}^{(J)}\boldsymbol{x}^{(J)}+(\boldsymbol{r}^{(J)})^{\mathrm{T}}\boldsymbol{A}^{(J-1)}\boldsymbol{x}^{(J-1)}\end{aligned}\tag{4.68}$$

其中，$(\boldsymbol{r}^{(J)})^{\mathrm{T}}\boldsymbol{r}^{(J-1)}$ 为前一次的残差和当前残差之间的内积，由 $(\boldsymbol{r}^{(J)})^{\mathrm{T}}\boldsymbol{A}^{(J)}\boldsymbol{x}^{(J)}=0$，将上式进行化简，得

$$\begin{aligned}\left\|\boldsymbol{r}^{(J)}\right\|_2^2&=(\boldsymbol{r}^{(J)})^{\mathrm{T}}\boldsymbol{r}^{(J-1)}+(\boldsymbol{r}^{(J)})^{\mathrm{T}}\boldsymbol{A}^{(J-1)}\boldsymbol{x}^{(J-1)}\\&=(\boldsymbol{r}^{(J-1)}-\boldsymbol{A}^{(J)}\boldsymbol{x}^{(J)}+\boldsymbol{A}^{(J-1)}\boldsymbol{x}^{(J-1)})^{\mathrm{T}}\boldsymbol{r}^{(J-1)}+(\boldsymbol{r}^{(J)})^{\mathrm{T}}\boldsymbol{A}^{(J-1)}\boldsymbol{x}^{(J-1)}\\&=\left\|\boldsymbol{r}^{(J-1)}\right\|_2^2-(\boldsymbol{x}^{(J)})^{\mathrm{T}}(\boldsymbol{A}^{(J)})^{\mathrm{T}}\boldsymbol{r}^{(J-1)}+(\boldsymbol{x}^{(J-1)})^{\mathrm{T}}(\boldsymbol{A}^{(J-1)})^{\mathrm{T}}\boldsymbol{r}^{(J-1)}+(\boldsymbol{r}^{(J)})^{\mathrm{T}}\boldsymbol{A}^{(J-1)}\boldsymbol{x}^{(J-1)}\end{aligned}\tag{4.69}$$

由于 $(\boldsymbol{A}^{(J-1)}\boldsymbol{x}^{(J-1)})^{\mathrm{T}}$ 和 $\boldsymbol{r}^{(J-1)}$ 正交，所以 $(\boldsymbol{x}^{(J-1)})^{\mathrm{T}}(\boldsymbol{A}^{(J-1)})^{\mathrm{T}}\boldsymbol{r}^{(J-1)}=0$，进一步化简得

$$\left\|\boldsymbol{r}^{(J)}\right\|_2^2=\left\|\boldsymbol{r}^{(J-1)}\right\|_2^2-(\boldsymbol{x}^{(J)})^{\mathrm{T}}(\boldsymbol{A}^{(J)})^{\mathrm{T}}\boldsymbol{r}^{(J-1)}+(\boldsymbol{r}^{(J)})^{\mathrm{T}}\boldsymbol{A}^{(J-1)}\boldsymbol{x}^{(J-1)}\tag{4.70}$$

把 $\boldsymbol{r}^{(J-1)}=\boldsymbol{b}-\boldsymbol{A}^{(J-1)}\boldsymbol{x}^{(J-1)}$ 和 $\boldsymbol{r}^{(J)}=\boldsymbol{b}-\boldsymbol{A}^{(J)}\boldsymbol{x}^{(J)}$ 代入式(4.70)，得

$$\begin{aligned}\left\|\boldsymbol{r}^{(J)}\right\|_2^2&=\left\|\boldsymbol{r}^{(J-1)}\right\|_2^2-(\boldsymbol{x}^{(J)})^{\mathrm{T}}(\boldsymbol{A}^{(J)})^{\mathrm{T}}(\boldsymbol{b}-\boldsymbol{A}^{(J-1)}\boldsymbol{x}^{(J-1)})+(\boldsymbol{b}-\boldsymbol{A}^{(J)}\boldsymbol{x}^{(J)})^{\mathrm{T}}\boldsymbol{A}^{(J-1)}\boldsymbol{x}^{(J-1)}\\&=\left\|\boldsymbol{r}^{(J-1)}\right\|_2^2-(\boldsymbol{x}^{(J)})^{\mathrm{T}}(\boldsymbol{A}^{(J)})^{\mathrm{T}}\boldsymbol{b}+(\boldsymbol{x}^{(J)})^{\mathrm{T}}(\boldsymbol{A}^{(J)})^{\mathrm{T}}\boldsymbol{A}^{(J-1)}\boldsymbol{x}^{(J-1)}\\&\quad+\boldsymbol{b}^{\mathrm{T}}\boldsymbol{A}^{(J-1)}\boldsymbol{x}^{(J-1)}-(\boldsymbol{x}^{(J)})^{\mathrm{T}}(\boldsymbol{A}^{(J)})^{\mathrm{T}}\boldsymbol{A}^{(J-1)}\boldsymbol{x}^{(J-1)}\\&=\left\|\boldsymbol{r}^{(J-1)}\right\|_2^2-(\boldsymbol{x}^{(J)})^{\mathrm{T}}(\boldsymbol{A}^{(J)})^{\mathrm{T}}\boldsymbol{b}+\boldsymbol{b}^{\mathrm{T}}\boldsymbol{A}^{(J-1)}\boldsymbol{x}^{(J-1)}\end{aligned}\tag{4.71}$$

将 $\boldsymbol{b}=\boldsymbol{r}^{(J)}+\boldsymbol{A}^{(J)}\boldsymbol{x}^{(J)}=\boldsymbol{r}^{(J-1)}+\boldsymbol{A}^{(J-1)}\boldsymbol{x}^{(J-1)}$ 代入式(4.71)得

$$\begin{aligned}\left\|\boldsymbol{r}^{(J)}\right\|_2^2&=\left\|\boldsymbol{r}^{(J-1)}\right\|_2^2-(\boldsymbol{x}^{(J)})^{\mathrm{T}}(\boldsymbol{A}^{(J)})^{\mathrm{T}}(\boldsymbol{r}^{(J)}+\boldsymbol{A}^{(J)}\boldsymbol{x}^{(J)})+(\boldsymbol{r}^{(J-1)}+\boldsymbol{A}^{(J-1)}\boldsymbol{x}^{(J-1)})^{\mathrm{T}}\boldsymbol{A}^{(J-1)}\boldsymbol{x}^{(J-1)}\\&=\left\|\boldsymbol{r}^{(J-1)}\right\|_2^2-(\boldsymbol{x}^{(J)})^{\mathrm{T}}(\boldsymbol{A}^{(J)})^{\mathrm{T}}\boldsymbol{r}^{(J)}-(\boldsymbol{x}^{(J)})^{\mathrm{T}}(\boldsymbol{A}^{(J)})^{\mathrm{T}}\boldsymbol{A}^{(J)}\boldsymbol{x}^{(J)}\\&\quad+(\boldsymbol{r}^{(J-1)})^{\mathrm{T}}\boldsymbol{A}^{(J-1)}\boldsymbol{x}^{(J-1)}+(\boldsymbol{x}^{(J-1)})^{\mathrm{T}}(\boldsymbol{A}^{(J-1)})^{\mathrm{T}}\boldsymbol{A}^{(J-1)}\boldsymbol{x}^{(J-1)}\end{aligned}\tag{4.72}$$

由于 $(\boldsymbol{A}^{(J)}\boldsymbol{x}^{(J)})^{\mathrm{T}}$ 和 $\boldsymbol{r}^{(J)}$ 正交，$(\boldsymbol{A}^{(J-1)}\boldsymbol{x}^{(J-1)})^{\mathrm{T}}$ 和 $\boldsymbol{r}^{(J-1)}$ 正交，所以 $(\boldsymbol{x}^{(J)})^{\mathrm{T}}(\boldsymbol{A}^{(J)})^{\mathrm{T}}\boldsymbol{r}^{(J)}=0$，且 $(\boldsymbol{r}^{(J-1)})^{\mathrm{T}}\boldsymbol{A}^{(J-1)}\boldsymbol{x}^{(J-1)}=0$，因此有

$$\begin{aligned}\left\|\boldsymbol{r}^{(J)}\right\|_2^2&=\left\|\boldsymbol{r}^{(J-1)}\right\|_2^2-(\boldsymbol{x}^{(J)})^{\mathrm{T}}(\boldsymbol{A}^{(J)})^{\mathrm{T}}\boldsymbol{A}^{(J)}\boldsymbol{x}^{(J)}+(\boldsymbol{x}^{(J-1)})^{\mathrm{T}}(\boldsymbol{A}^{(J-1)})^{\mathrm{T}}\boldsymbol{A}^{(J-1)}\boldsymbol{x}^{(J-1)}\\&=\left\|\boldsymbol{r}^{(J-1)}\right\|_2^2-(\boldsymbol{x}^{(J)})^{\mathrm{T}}\boldsymbol{G}^{(J),(J)}\boldsymbol{x}^{(J)}+(\boldsymbol{x}^{(J-1)})^{\mathrm{T}}\boldsymbol{G}^{(J-1),(J-1)}\boldsymbol{x}^{(J-1)}\end{aligned}\tag{4.73}$$

B-OMP 算法本质上就是根据残差之间的关系，求解稀疏表示系数的过程。

B-OMP 算法的具体流程如下。

输入：$n\times m$ 维的字典 $\boldsymbol{A}$，n 维的数据向量 $\boldsymbol{b}$。

输出：稀疏表示系数 $\boldsymbol{x}$。

初始化：原子号码集合 $\varOmega$ 设为空集，$\boldsymbol{L}=[1]$，$\boldsymbol{r}=\boldsymbol{b}$，$\boldsymbol{\alpha}^{(0)}=\boldsymbol{A}^{\mathrm{T}}\boldsymbol{b}$，$\boldsymbol{G}=\boldsymbol{A}^{\mathrm{T}}\boldsymbol{A}$。

执行如下步骤直到满足停止条件，迭代次数 $J=1,2,3,\cdots$。

①在第 J 步寻找与 $J-1$ 步的残差内积最大的原子，并将该原子的号码 $\varLambda^{(J)}$ 加入原子号码集合：

$$\varLambda^{(J)}\in\arg\max_{\varpi\in\varOmega}\left|\boldsymbol{\alpha}^{(J)}(\varpi)\right| \tag{4.74}$$

作为第 J 次入选的原子号码，$\boldsymbol{\varPhi}^{(J)}=[\varLambda^{(1)}\quad\varLambda^{(2)}\quad\cdots\quad\varLambda^{(J)}]$ 为入选原子号码的集合，$\boldsymbol{A}^{(J)}=[\boldsymbol{A}(\varLambda^{(1)})\quad\boldsymbol{A}(\varLambda^{(2)})\quad\cdots\quad\boldsymbol{A}(\varLambda^{(J)})]$ 为所有入选的原子。

②通过解下列方程得到 $\boldsymbol{w}$：

$$\boldsymbol{L}^{(J-1)}\boldsymbol{w}=\boldsymbol{A}^{(J-1)\mathrm{T}}\boldsymbol{A}(\varLambda^{(J)}) \tag{4.75}$$

$$\boldsymbol{L}^{(J)}=\begin{pmatrix}\boldsymbol{L}^{(J-1)} & \boldsymbol{0}\\ \boldsymbol{w}^{\mathrm{T}} & \sqrt{1-\boldsymbol{w}^{\mathrm{T}}\boldsymbol{w}}\end{pmatrix} \tag{4.76}$$

$$\boldsymbol{A}^{(J)}=[\boldsymbol{A}^{(J-1)}\quad\boldsymbol{A}(\varLambda^{(J)})] \tag{4.77}$$

其中，$\boldsymbol{L}^{(J)}$ 为第 J 次迭代的上三角矩阵。

③通过求解下列方程得到 $\boldsymbol{L}^{(J)}$：

$$\boldsymbol{L}^{(J)}\boldsymbol{L}^{(J)\mathrm{T}}\boldsymbol{x}^{(J)}=\boldsymbol{\alpha}^{(0)}(\boldsymbol{\varPhi}^{(J)}) \tag{4.78}$$

其中，$\boldsymbol{\alpha}^{(0)}(\boldsymbol{\varPhi}^{(J)})$ 是选择的 $\boldsymbol{\alpha}^{(0)}$ 中号码与 $\boldsymbol{\varPhi}^{(J)}$ 对应的元素。

④对推导得到的 $\left\|\boldsymbol{r}^{(J)}\right\|_2^2=\left\|\boldsymbol{r}^{(J-1)}\right\|_2^2-(\boldsymbol{x}^{(J)})^{\mathrm{T}}\boldsymbol{G}^{(J),(J)}\boldsymbol{x}^{(J)}+(\boldsymbol{x}^{(J-1)})^{\mathrm{T}}\boldsymbol{G}^{(J-1),(J-1)}\boldsymbol{x}^{(J-1)}$ 和 $\boldsymbol{\alpha}^{(J)}=\boldsymbol{\alpha}^{(0)}-\boldsymbol{G}^{(J-1)}\boldsymbol{x}^{(J-1)}$ 进行化简，令

$$\boldsymbol{\beta}^{(J)}=\boldsymbol{G}^{(J),(J)}\boldsymbol{x}^{(J)} \tag{4.79}$$

进一步降低算法复杂度，可得

$$\boldsymbol{\alpha}^{(J)}=\boldsymbol{\alpha}^{(0)}-\boldsymbol{\beta}^{(J-1)} \tag{4.80}$$

$$\left\|\boldsymbol{r}^{(J)}\right\|_2^2=\left\|\boldsymbol{r}^{(J-1)}\right\|_2^2-(\boldsymbol{x}^{(J)})^{\mathrm{T}}\boldsymbol{\beta}^{(J)}+(\boldsymbol{x}^{(J-1)})^{\mathrm{T}}\boldsymbol{\beta}^{(J-1)} \tag{4.81}$$

在上述 B-OMP 算法具体流程中，可以明显发现，在选择原子号码的方法上与之前的算法有明显不同。前文中的算法都是对向量求内积寻找最佳原子，但 B-OMP 算法中，仅仅是在计算出了 $\boldsymbol{G}=\boldsymbol{A}^{\mathrm{T}}\boldsymbol{A}$ 之后，从中选择最相似原子的对应位置即可，大大降低了算法复杂度。在 B-OMP 算法中，关于计算稀疏表示系数过程中求逆问题的算法复杂度问题，采用的仍是 Cholesky 快速正交匹配追踪算法的方法。令 $\boldsymbol{L}^{(J)}\boldsymbol{L}^{(J)\mathrm{T}}\boldsymbol{x}^{(J)}=\boldsymbol{\alpha}^{(0)}(\boldsymbol{\varPhi}^{(J)})$，求解 $\boldsymbol{\alpha}^{(J)}$，首先需要计算出 $\boldsymbol{\beta}^{(J)}$，从 $\boldsymbol{\beta}^{(J)}$ 的定义式可以看

出，寻找最佳原子的过程实际上就是在总体中寻找最佳元素，来代替复杂的乘法运算。$\boldsymbol{\alpha}^{(J)}=\boldsymbol{\alpha}^{(0)}-\boldsymbol{\beta}^{(J)}$ 中，已知 $\boldsymbol{\alpha}^{(0)}$ 和 $\boldsymbol{\beta}^{(J)}$，可直接经过简单计算得到 $\boldsymbol{\alpha}^{(J)}$，最佳匹配值即为 $\boldsymbol{\alpha}^{(J)}$ 中的最大值，这样避免了每次求残差之后，都要将残差与所有原子做内积，并且这个过程需要反复迭代，寻找最相似原子的过程就会相当麻烦。对于式 (4.81)，求得 $\boldsymbol{\beta}^{(J)}$ 后，结合其他已知条件，残差长度的求解就会变得比较简单。

6. 算法复杂度分析

算法复杂度是指算法中所有的运算次数的总和，有的时候用等价无穷小来估计，有的时候直接计算准确次数。从算法复杂度的估算中，可以看出算法哪些步骤最为耗时，并且可以看出算法的复杂度主要受到哪些参数影响。同一问题可用不同算法解决，而一个算法的质量优劣将影响到算法乃至程序的效率。算法分析的目的在于选择合适算法和对算法进行合理改进。本节中，通过对前面介绍的 Cholesky 正交匹配追踪算法和 B-OMP 算法的算法复杂度的分析和对比，进一步说明对于同一个问题，应用不同的方法实现时，能够达到不同的效果。因此，对于一个算法的改进，算法复杂度也是一个应当重要考虑的因素。

1) Cholesky 正交匹配追踪算法复杂度分析

Cholesky 正交匹配追踪算法中，$\boldsymbol{A}^{\mathrm{T}}\boldsymbol{r}$ 的复杂度为 $2mn$，其中，乘法和加法各 mn 次，K 次迭代共需要 $2Kmn$ 次运算。接下来寻找 $\boldsymbol{A}^{\mathrm{T}}\boldsymbol{r}$ 最大的绝对值，其中需要求 n 次绝对值，n 次比较运算寻找最大值，总共 $2n$ 次运算，K 次迭代共需要 $2Kn$ 次运算。当第 J 次迭代 $\boldsymbol{L}$ 大小为 $c\times c$ 时，计算 $\boldsymbol{w}$ 使用回代法需要 c^2 次运算，使用回代法求解方程 $\boldsymbol{L}\boldsymbol{L}^{\mathrm{T}}\boldsymbol{\gamma}^{(J)}=\boldsymbol{\alpha}^{(J)}$ 需要 $2c^2$ 次运算，这两个回代共需要 $3c^2$ 次运算，第一次迭代时，$\boldsymbol{L}$ 的大小为 1×1，第二次迭代时，$\boldsymbol{L}$ 的大小为 2×2，以此类推，K 次迭代共需要 $3(1^2+2^2+\cdots+K^2)=3K(K+1)(2K+1)/6$ 次运算。计算 $\boldsymbol{r}^{(J)}$ 需要 m 次减法运算，K 次迭代共需要 Km 次运算。计算 $\boldsymbol{A}^{(J)}\boldsymbol{x}^{(J)}$ 和 $\boldsymbol{A}^{(J-1)\mathrm{T}}\boldsymbol{A}(\Lambda^{(1)})$ 分别需要 cm 次运算，K 次迭代共需要 $2(1+2+\cdots+K)m=K(K+1)m$ 次运算。因此，Cholesky 正交匹配追踪算法的总运算复杂度为

$$T_{\text{Cholesky-OMP}}=2Kmn+2Kn+3K(K+1)(2K+1)/6+Km+K(K+1)m \tag{4.82}$$

2) B-OMP 算法复杂度分析

块正交匹配追踪算法中，假设 $\boldsymbol{G}$ 是事先计算好的。该算法在计算 $\boldsymbol{\alpha}^0=\boldsymbol{A}^{\mathrm{T}}\boldsymbol{b}$ 时需要 $2mn$ 次运算。接下来寻找 $\boldsymbol{A}^{\mathrm{T}}\boldsymbol{r}$ 最大的绝对值，其中，需要求 n 次绝对值，n 次比较运算寻找最大值，总共 $2n$ 次运算，K 次迭代共需要 $2Kn$ 次运算。当第 J 次迭代 $\boldsymbol{L}$ 大小为 $c\times c$ 时，计算 $\boldsymbol{w}$ 使用回代法需要 c^2 次运算，使用回代法求解方程 $\boldsymbol{L}\boldsymbol{L}^{\mathrm{T}}\boldsymbol{x}^{(J)}=\boldsymbol{\alpha}^{(0)}(\boldsymbol{\Phi})$ 需要 $2c^2$ 次运算，这两个回代共需要 $3c^2$ 次运算，第一次迭代时，$\boldsymbol{L}$

的大小为1×1，第二次迭代时，$\boldsymbol{L}$的大小为2×2，以此类推，K次迭代共需要$3(1^2+2^2+\cdots+K^2)=3K(K+1)(2K+1)/6$次运算。计算$\boldsymbol{\beta}$需要$2cn$次运算，$K$次迭代共需要$2(1+2+\cdots+K)n=K(K+1)n$次运算。更新$\boldsymbol{\alpha}^{(J)}$需要$n$次运算，$K$次迭代共需要$Kn$次运算。因此，B-OMP 算法的总算法复杂度为

$$T_{\text{B-OMP}}=2mn+2Kn+3K(K+1)(2K+1)/6+Kn+K(K+1)n \tag{4.83}$$

3) Cholesky 正交匹配追踪算法和 B-OMP 算法的对比

假设字典列数$n=2m$，$K=\sqrt{m}/2$，$O(\cdot)$表示等价无穷小操作。计算可得

$$\begin{aligned}T_{\text{Cholesky-OMP}}&=O(2Kmn+2Kn+3K(K+1)(2K+1)/6+Km+K(K+1)m)\\&\approx 2m^{2.5}\end{aligned} \tag{4.84}$$

$$\begin{aligned}T_{\text{B-OMP}}&=O(2mn+2Kn+3K(K+1)(2K+1)/6+Kn+K(K+1)n)\\&\approx 4.25m^2\end{aligned} \tag{4.85}$$

为了进一步展示块正交匹配追踪算法和 Cholesky 正交匹配追踪算法复杂度的不同，进行一个简单实验，如表 4.1 所示，两个算法随着样本个数的增加算法的执行时间不同，其中，每个样本大小设置为 256，字典大小为 256×512，算法执行时间越长，算法复杂度越高。从表 4.1 可以看出，随着样本数的增加，块正交匹配追踪算法明显降低了 Cholesky 正交匹配追踪算法的算法复杂度。从上述内容来看，块正交匹配追踪算法能够有效减小算法复杂度。减小算法复杂度的方法关键在于将算法复杂度较大的步骤进行拆分和转化，这就是改进算法的意义和考虑的角度。

表 4.1 在不同样本个数的情况下算法的执行时间(样本大小为 256，字典大小为 256×512)

样本个数	Cholesky 正交匹配追踪算法	B-OMP 算法	算法复杂度减小倍数
1	2.14	67.4	0.03
10	21.43	70.2	0.31
10^2	214.3	97.9	2.19
10^3	2142.7	374.8	5.72
10^5	214272.0	30838.3	6.95

4.2.3 l_1范数和l_p范数的求解方法

尽管 4.2.2 节中提出许多解决l_0范数约束的算法，但在找原子的时候，还是在做筛选操作，这种环节往往都是时间复杂度很大的，因此本节提出一种新的思路，将l_0范数替换为其他目标函数。用凸目标函数去替换非凸的目标函数，将非凸的问题转化为一个凸问题，再用凸优化的方法解决这个问题，避免了l_0范数本身存在的 NP 难问题。在实际情况中往往用l_1范数约束近似l_0范数约束进行求解，转变后的模型

如下所示：

$$\min_{x}\|\boldsymbol{x}\|_1 \quad \text{s.t.} \quad \boldsymbol{A}\boldsymbol{x}=\boldsymbol{b} \tag{4.86}$$

本节将介绍 l_1 范数的求解问题。除了 l_0 范数、l_2 范数、l_1 范数之外，还有 l_p 范数。l_p 范数计算式为

$$\|\boldsymbol{x}\|_p=\sqrt[p]{x_1^p+x_2^p+\cdots+x_m^p} \tag{4.87}$$

l_0 范数、l_2 范数、l_1 范数都是特殊形式的 l_p 范数。上式中，p 值不同，l_p 范数对稀疏解的逼近程度也不一样，得到的解可能是稀疏的，也可能是不稀疏的，分别有以下几种情况：

当 $1<p<2$ 时，$\|\boldsymbol{x}\|_1$ 不能近似等价于 $\|\boldsymbol{x}\|_0$，所以得到的解不是稀疏解；

当 $p=1$ 时，$\|\boldsymbol{x}\|_1$ 近似等价于 $\|\boldsymbol{x}\|_0$，得到的解为稀疏解；

当 $0<p<1$ 时，$\|\boldsymbol{x}\|_1$ 也可近似等价于 $\|\boldsymbol{x}\|_0$，可以求得稀疏解。

前面已经讲过 l_2 范数和 l_0 范数的具体求解方法，接下来介绍一下 l_1 范数和 l_p 范数的求解方法。

1. 基追踪算法

求解 l_1 范数问题可以使用基追踪算法。基追踪算法的目标就是把 l_1 范数问题最终变为线性规划问题，转化为线性规划问题之后，就可以用单纯形法和对偶法等这些简单方法求解。

基追踪算法目标函数：

$$\min_{x}\|\boldsymbol{x}\|_1 \quad \text{s.t.} \quad \boldsymbol{A}\boldsymbol{x}=\boldsymbol{b} \tag{4.88}$$

它的基本思想是：把非线性规划转化为线性规划。具体做法为：令 $\boldsymbol{x}=\boldsymbol{u}-\boldsymbol{v}$，其中，$\boldsymbol{u}$ 和 $\boldsymbol{v}$ 中的元素全部为非负数。例如，当 $\boldsymbol{x}=[3\quad -5\quad 0\quad 8]^{\mathrm{T}}$，$\boldsymbol{u}=[3\quad 0\quad 0\quad 8]^{\mathrm{T}}$，则 $\boldsymbol{v}=[0\quad 5\quad 0\quad 0]^{\mathrm{T}}$，也就说，$\boldsymbol{x}=\boldsymbol{u}-\boldsymbol{v}$，且 $\boldsymbol{u}$ 和 $\boldsymbol{v}$ 中元素全部为非负数。$\boldsymbol{u}$ 中的元素是 $\boldsymbol{x}$ 中的正元素，负元素的位置上都是 0，$\boldsymbol{v}$ 中的元素是 $\boldsymbol{x}$ 中的负元素的绝对值，正元素的位置都是 0。

假设 $\|\boldsymbol{x}\|_1$ 为

$$\|\boldsymbol{x}\|_1=\boldsymbol{1}^{\mathrm{T}}[\boldsymbol{u}+\boldsymbol{v}]=\boldsymbol{1}^{\mathrm{T}}\boldsymbol{z} \tag{4.89}$$

其中，$\boldsymbol{z}=[\boldsymbol{u}^{\mathrm{T}},\boldsymbol{v}^{\mathrm{T}}]^{\mathrm{T}}\in\boldsymbol{R}^{2n}$，$\boldsymbol{1}$ 为元素全为 1 的矩阵。以 $\boldsymbol{x}=[3\quad -5\quad 0\quad 8]^{\mathrm{T}}$ 为例，$\|\boldsymbol{x}\|_1=3+5+8$，同样 $\boldsymbol{1}^{\mathrm{T}}[\boldsymbol{u}+\boldsymbol{v}]=\begin{bmatrix}1\\1\\1\\1\end{bmatrix}^{\mathrm{T}}\times\left(\begin{bmatrix}3\\0\\0\\8\end{bmatrix}+\begin{bmatrix}0\\5\\0\\0\end{bmatrix}\right)=3+5+8$，故而，假设成立。则有

$$Ax = A(u - v) = [A, -A]\begin{bmatrix} u \\ v \end{bmatrix} = [A, -A]z \tag{4.90}$$

式(4.88)中目标函数变为线性规划问题：

$$\min_{z} \mathbf{1}^{\mathrm{T}} z \quad \text{s.t.} \quad b = [A, -A]z \ , \ z > \mathbf{0} \tag{4.91}$$

这样，我们面对的不再是一个最小化的 l_1 范数问题，而是一个具有经典线性规划结构的新问题。线性规划的目标函数是线性函数，约束也是线性约束。将 l_1 范数约束问题变成普通线性规划问题，接下来运用最优化中的单纯形法或对偶法就能解决这个问题，这就是基追踪算法的主要思想。

2. 迭代重加权最小二乘算法

接下来介绍求解 l_1 范数约束问题的另外一种方法，迭代重加权最小二乘[37]（iterative-reweighted-least-squares，IRLS）算法，该算法主要解决的仍然是最小化 l_1 范数问题，目标函数仍为

$$\min_{x} \|x\|_1 \quad \text{s.t.} \quad Ax = b \tag{4.92}$$

接下来，对目标函数进行变形。IRLS 算法用拉格朗日乘子，将约束和目标函数组合到一起，变成以下问题：

$$\min_{x} \lambda \|x\|_1 + \|b - Ax\|_2^2 \tag{4.93}$$

令 $X = \mathrm{diag}(|x|)$，l_1 范数约束问题则为 $\|x\|_1 \equiv x^{\mathrm{T}} X^{-1} x$，上式可转化成函数：

$$\min_{x} \quad \lambda x^{\mathrm{T}} (X^{(J-1)})^{-1} x + \|b - Ax\|_2^2 \tag{4.94}$$

接下来对函数求偏导数，并令其等于零，有

$$\frac{\partial(\lambda x^{\mathrm{T}} (X^{(J-1)})^{-1} x + \|b - Ax\|_2^2)}{\partial x} = 0 \tag{4.95}$$

将 $x^{\mathrm{T}}(X^{(J-1)})^{-1}x$ 展开，得到：

$$x^{\mathrm{T}} (X^{(J-1)})^{-1} x = \frac{1}{X^{(J-1)}(1,1)} x(1)^2 + \frac{1}{X^{(J-1)}(2,2)} x(2)^2 + \cdots + \frac{1}{X^{(J-1)}(m,m)} x(m)^2 \tag{4.96}$$

将式(4.96)代入式(4.95)，可得

$$\frac{\partial x^{\mathrm{T}} (X^{(J-1)})^{-1} x}{\partial x} = \begin{bmatrix} 2\dfrac{1}{X^{(J-1)}(1,1)} x(1) \\ 2\dfrac{1}{X^{(J-1)}(2,2)} x(2) \\ \vdots \\ 2\dfrac{1}{X^{(J-1)}(m,m)} x(m) \end{bmatrix} \tag{4.97}$$

对式(4.97)进行简化，改写为

$$\frac{\partial \boldsymbol{x}^{\mathrm{T}}(\boldsymbol{X}^{(J-1)})^{-1}\boldsymbol{x}}{\partial \boldsymbol{x}}=2(\boldsymbol{X}^{(J-1)})^{-1}\boldsymbol{x} \tag{4.98}$$

已知 $\frac{\partial\|\boldsymbol{A}\boldsymbol{x}-\boldsymbol{b}\|_2^2}{\partial \boldsymbol{x}}=2\boldsymbol{A}^{\mathrm{T}}(\boldsymbol{A}\boldsymbol{x}-\boldsymbol{b})$，结合式(4.95)和式(4.98)，可得到：

$$\frac{\partial(\lambda \boldsymbol{x}^{\mathrm{T}}(\boldsymbol{X}^{(J-1)})^{-1}\boldsymbol{x}+\|\boldsymbol{b}-\boldsymbol{A}\boldsymbol{x}\|_2^2)}{\partial \boldsymbol{x}}=2\lambda(\boldsymbol{X}^{(J-1)})^{-1}\boldsymbol{x}+2\boldsymbol{A}^{\mathrm{T}}(\boldsymbol{A}\boldsymbol{x}-\boldsymbol{b})=0 \tag{4.99}$$

进一步化简得到：

$$(\lambda(\boldsymbol{X}^{(J-1)})^{-1}+\boldsymbol{A}^{\mathrm{T}}\boldsymbol{A})\boldsymbol{x}=\boldsymbol{A}^{\mathrm{T}}\boldsymbol{b} \tag{4.100}$$

将前一次迭代的 $\boldsymbol{x}$ 对角化，得到 $\boldsymbol{X}^{(J-1)}$，然后通过式(4.89)计算求出稀疏表示系数 $\boldsymbol{x}$，这就是 IRLS 算法关于求解 l_1 范数约束的主要思路。

用 IRLS 算法解决 l_p 范数约束问题，目标函数变为

$$\boldsymbol{L}(\boldsymbol{x})=\|\boldsymbol{x}\|_p^p+\boldsymbol{\lambda}^{\mathrm{T}}(\boldsymbol{A}\boldsymbol{x}-\boldsymbol{b}) \tag{4.101}$$

令 $2-2q=p$，IRLS 算法解决 l_p 范数约束问题的思路基本与解决 l_1 范数约束问题相同，假设经过 J 次迭代，令 $\boldsymbol{X}^{(J-1)}=\mathrm{diag}\left(\left|\boldsymbol{x}^{(J-1)}\right|^q\right)$，对 $\left|\boldsymbol{x}^{(J-1)}\right|^q$ 对角化处理，则有

$$\begin{aligned}\boldsymbol{X}^{(J-1)}&=\mathrm{diag}\left(\left|\boldsymbol{x}^{(J-1)}\right|^q\right)\\&=\begin{bmatrix}\left|\boldsymbol{x}^{(J-1)}(1)\right|^q & & & 0\\ & \left|\boldsymbol{x}^{(J-1)}(2)\right|^q & & \\ & & \ddots & \\ 0 & & & \left|\boldsymbol{x}^{(J-1)}(m)\right|^q\end{bmatrix}\end{aligned} \tag{4.102}$$

则 $(\boldsymbol{X}^{(J-1)})^{-1}$ 为

$$(\boldsymbol{X}^{(J-1)})^{-1}=\begin{bmatrix}\left|\boldsymbol{x}^{(J-1)}(1)\right|^{-q} & & & 0\\ & \left|\boldsymbol{x}^{(J-1)}(2)\right|^{-q} & & \\ & & \ddots & \\ 0 & & & \left|\boldsymbol{x}^{(J-1)}(m)\right|^{-q}\end{bmatrix} \tag{4.103}$$

那么，$\left\|(\boldsymbol{X}^{(J-1)})^{-1}\boldsymbol{x}\right\|_2^2$ 可写为

$$\left\|(\boldsymbol{X}^{(J-1)})^{-1}\boldsymbol{x}\right\|_2^2=\left\|\begin{bmatrix}\left|\boldsymbol{x}^{(J-1)}(1)\right|^{-q} & & & 0\\ & \left|\boldsymbol{x}^{(J-1)}(2)\right|^{-q} & & \\ & & \ddots & \\ 0 & & & \left|\boldsymbol{x}^{(J-1)}(m)\right|^{-q}\end{bmatrix}\begin{bmatrix}\left|\boldsymbol{x}^{(J-1)}(1)\right|\\ \left|\boldsymbol{x}^{(J-1)}(2)\right|\\ \vdots\\ \left|\boldsymbol{x}^{(J-1)}(m)\right|\end{bmatrix}\right\|_2^2$$

$$=\left\|\begin{matrix}\left|\boldsymbol{x}^{(J-1)}(1)\right|^{1-q}\\ \left|\boldsymbol{x}^{(J-1)}(2)\right|^{1-q}\\ \vdots\\ \left|\boldsymbol{x}^{(J-1)}(m)\right|^{1-q}\end{matrix}\right\|_2^2 \tag{4.104}$$

由于 $2-2q=p$，结合式(4.104)，故而有

$$\left\|(\boldsymbol{X}^{(J-1)})^{-1}\boldsymbol{x}\right\|_2^2\approx\left\|\boldsymbol{x}\right\|_{2-2q}^{2-2q}=\left\|\boldsymbol{x}\right\|_p^p \tag{4.105}$$

所以式(4.104)中 $(\boldsymbol{X}^{(J-1)})^{-1}\boldsymbol{x}$ 的二范数和 $\boldsymbol{x}$ 的 p 范数是等价的，即

$$\left\|\boldsymbol{x}\right\|_p^p=\left\|(\boldsymbol{X}^{(J-1)})^{-1}\boldsymbol{x}\right\|_2^2 \tag{4.106}$$

因此式(4.101)可改写为

$$\boldsymbol{L}(\boldsymbol{x})=\left\|(\boldsymbol{X}^{(J-1)})^{+}\boldsymbol{x}\right\|_2^2+\boldsymbol{\lambda}^{\mathrm{T}}(\boldsymbol{b}-\boldsymbol{A}\boldsymbol{x}) \tag{4.107}$$

将 $\left\|(\boldsymbol{X}^{(J-1)})^{+}\boldsymbol{x}\right\|_2^2$ 展开，有

$$\begin{aligned}\left\|(\boldsymbol{X}^{(J-1)})^{+}\boldsymbol{x}\right\|_2^2&=((\boldsymbol{X}^{(J-1)})^{+}\boldsymbol{x})^{\mathrm{T}}((\boldsymbol{X}^{(J-1)})^{+}\boldsymbol{x})\\&=\boldsymbol{x}^{\mathrm{T}}(\boldsymbol{X}^{(J-1)})^{+\mathrm{T}}(\boldsymbol{X}^{(J-1)})^{+}\boldsymbol{x}\\&=\boldsymbol{x}^{\mathrm{T}}((\boldsymbol{X}^{(J-1)})^{+})^2\boldsymbol{x}\\&=\left\|(\boldsymbol{X}^{(J-1)})^{+}\boldsymbol{x}\right\|_2^2\end{aligned} \tag{4.108}$$

将上式继续展开，得到：

$$\begin{aligned}\left\|(\boldsymbol{X}^{(J-1)})^{+}\boldsymbol{x}\right\|_2^2=&((\boldsymbol{X}^{(J-1)})^{+}(1,1))^2\boldsymbol{x}(1)^2+((\boldsymbol{X}^{(J-1)})^{+}(2,2))^2\boldsymbol{x}(2)^2\\&+\cdots+((\boldsymbol{X}^{(J-1)})^{+}(m,m))^2\boldsymbol{x}(m)^2\end{aligned} \tag{4.109}$$

对式(4.109)求偏导数：

$$\frac{\partial\left\|(\boldsymbol{X}^{(J-1)})^{+}\boldsymbol{x}\right\|_2^2}{\partial\boldsymbol{x}}=\begin{bmatrix}2((\boldsymbol{X}^{(J-1)})^{+}(1,1))^2\boldsymbol{x}(1)\\ 2((\boldsymbol{X}^{(J-1)})^{+}(2,2))^2\boldsymbol{x}(2)\\ \vdots\\ 2((\boldsymbol{X}^{(J-1)})^{+}(m,m))^2\boldsymbol{x}(m)\end{bmatrix} \tag{4.110}$$

整理成简单形式为

$$\frac{\partial\left\|(\boldsymbol{X}^{(J-1)})^{+}\boldsymbol{x}\right\|_2^2}{\partial\boldsymbol{x}}=2((\boldsymbol{X}^{(J-1)})^{+})^2\boldsymbol{x} \tag{4.111}$$

接下来，求偏导数 $\frac{\partial L(\boldsymbol{x})}{\partial\boldsymbol{x}}$，并令其等于零。由于 $\boldsymbol{L}(\boldsymbol{x})=\left\|(\boldsymbol{X}^{(J-1)})^{+}\boldsymbol{x}\right\|_2^2+\boldsymbol{\lambda}^{\mathrm{T}}(\boldsymbol{b}-\boldsymbol{A}\boldsymbol{x})$，因而：

$$\frac{\partial L(\boldsymbol{x})}{\partial\boldsymbol{x}}=2((\boldsymbol{X}^{(J-1)})^{+})^2\boldsymbol{x}-\boldsymbol{A}^{\mathrm{T}}\boldsymbol{\lambda} \tag{4.112}$$

令偏导数 $\frac{\partial L(\boldsymbol{x})}{\partial\boldsymbol{x}}=\boldsymbol{0}$，有

$$\frac{\partial L(\boldsymbol{x})}{\partial\boldsymbol{x}}=\boldsymbol{0}=2((\boldsymbol{X}^{(J-1)})^{+})^2\boldsymbol{x}-\boldsymbol{A}^{\mathrm{T}}\boldsymbol{\lambda} \tag{4.113}$$

整理得

$$\boldsymbol{x}^{(J)}=0.5(\boldsymbol{X}^{(J-1)})^2\boldsymbol{A}^{\mathrm{T}}\boldsymbol{\lambda} \tag{4.114}$$

将式(4.114)代入 $\boldsymbol{A}\boldsymbol{x}=\boldsymbol{b}$ 中，有

$$0.5\boldsymbol{A}(\boldsymbol{X}^{(J-1)})^2\boldsymbol{A}^{\mathrm{T}}\boldsymbol{\lambda}=\boldsymbol{b} \tag{4.115}$$

由上式可解得

$$\lambda=2(\boldsymbol{A}(\boldsymbol{X}^{(J-1)})^2\boldsymbol{A}^{\mathrm{T}})^{-1}\boldsymbol{b} \tag{4.116}$$

则迭代方程可写为

$$\boldsymbol{x}_k=\boldsymbol{X}_{k-1}^2\boldsymbol{A}^{\mathrm{T}}(\boldsymbol{A}\boldsymbol{X}_{k-1}^2\boldsymbol{A}^{\mathrm{T}})^{+}\boldsymbol{b} \tag{4.117}$$

在这种情况下，根据上述推导过程可知，IRLS 实际上是通过迭代方程不断地去计算、去迭代，来对 l_p 约束问题进行优化，在得到 $\boldsymbol{A}$、$\boldsymbol{b}$ 之后，将其代入迭代方程去求解使得 $\|\boldsymbol{x}\|_p^p$ 最小。IRLS 算法是一个极其有趣的算法，它最主要的思想就是用迭代方程的形式去求 l_1 范数或者是 l_p 范数的一个最小化问题。

IRLS 算法的具体流程如下。

任务：找到近似于该条件下的稀疏表示系数 $\boldsymbol{x}$：$\min\limits_{\boldsymbol{x}}\|\boldsymbol{x}\|_p^p$ s.t. $\boldsymbol{A}\boldsymbol{x}=\boldsymbol{b}$。

初始化：初始化 $k=0$，并设置初始近似 $\boldsymbol{x}_0=\boldsymbol{1}$，初始权重矩阵 $\boldsymbol{X}_0=\boldsymbol{I}$。

主迭代：将 k 增加 1，并应用以下步骤。

①利用如下公式对稀疏表示系数 $\boldsymbol{x}_k$ 进行更新：

$$\boldsymbol{x}_k=\boldsymbol{X}_{k-1}^2\boldsymbol{A}^{\mathrm{T}}(\boldsymbol{A}\boldsymbol{X}_{k-1}^2\boldsymbol{A}^{\mathrm{T}})^{+}\boldsymbol{b}$$

②权重更新：利用步骤①生成的 $\boldsymbol{x}_k$ 更新对角权重矩阵 $\boldsymbol{X}_k$：$\boldsymbol{X}_k(i,j)=|\boldsymbol{x}_k(j)|^{1-p/2}$。

③停止条件：如果达到停止条件，例如，$\|\boldsymbol{x}_k-\boldsymbol{x}_{k-1}\|_2$ 小于某个预定阈值，则停止。否则，进行下一次迭代。

输出：稀疏表示系数是 $\boldsymbol{x}_k$ 。

3．最小角度回归算法

最小角度回归(least angle regression，LARS)算法，这类算法极其精妙。最小角度回归的思想是对 $\boldsymbol{b}$ ，也就是目标信号进行中心化，中心化以后不断调整 $\boldsymbol{x}$ ，也就是调整稀疏表示系数的大小，然后一直到它跟另外一个原子之间平行，接下来将该平行原子计入入选原子中。具体操作如图 4.6 所示。

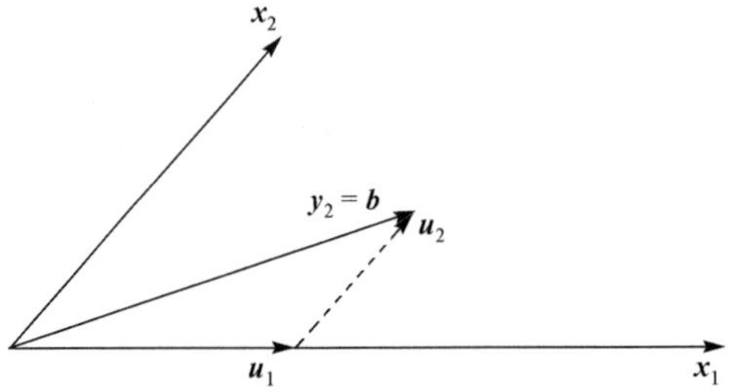

图 4.6　LARS 算法具体操作流程示例图

假设 $\boldsymbol{y}_2$ 为信号 $\boldsymbol{b}$ ， $\boldsymbol{y}_2$ 首先在所有原子里面寻找与其距离最近的原子，我们之前的方法是用信号 $\boldsymbol{b}$ 与最近原子间进行投影得到投影长度，LARS 算法虽然也是在原子上进行投影，但是其投影长度是不断变化的，新的残差会随着投影长度的变化而变化。假设残差 $\boldsymbol{y}_2$ 在原子 $\boldsymbol{x}_1$ 上进行投影，投影长度 $\boldsymbol{u}_1$ 不断变化，使新的残差长度 $\boldsymbol{u}_2$ 随着投影长度的变化而变化。在变化的过程中，当 $\boldsymbol{u}_2$ 与某个原子平行时，假设该原子为 $\boldsymbol{x}_2$ ，则将原子 $\boldsymbol{x}_2$ 纳入入选原子中。接下来用入选的两原子 $\boldsymbol{x}_1$ 和 $\boldsymbol{x}_2$ 进行稀疏表示，且下一次的变化方向为这两个原子的角平分线方向。同样，再次找到与此次投影后的残差平行的原子 $\boldsymbol{x}_3$ ，则第三次行走的方向为 $\boldsymbol{x}_1,\boldsymbol{x}_2,\boldsymbol{x}_3$ 这三个原子的角平分线，然后再次迭代残差找到与新的残差平行的原子。按照上述方法逐次迭代，直到残差小于预先设定的阈值，迭代终止。最小角度回归与前面介绍的方法的不同之处是：之前介绍的方法是一次投影，且残差与投影之间是一个正交的关系，两者垂直；而 LARS 则不是一次投影，它先找到原子 $\boldsymbol{x}_j$ ，然后按原子的方向做投影，直到找到与 u_2 平行的原子为止，然后将该原子纳入入选原子中，下次行走路线则为入选原子的角平分线，依次迭代往下进行。

LARS 算法的具体操作流程如下。

(1)将预测变量标准化，使其具有零均值和单位范数。

设定初始残差：$\boldsymbol{r}^{(0)}=\boldsymbol{b}-\overline{\boldsymbol{b}}$ ，令 $\boldsymbol{x}_1=\boldsymbol{x}_2=\cdots=\boldsymbol{x}_m=0$ 。

(2)寻找残差 $\boldsymbol{r}$ 对应的入选原子 $\boldsymbol{A}(j)$ 。

(3) 将 $\boldsymbol{x}_j$ 从原点逐步向其平方最小的方向移动，系数等于 $\left\langle \boldsymbol{A}(j), \boldsymbol{r}^{(0)} \right\rangle$，直到找到另外一个与当前残差相匹配的原子 $\boldsymbol{A}(k)$，并将其纳入入选原子中。

(4) ①以 $\boldsymbol{A}(j)$ 和 $\boldsymbol{A}(k)$ 角平分线的方向为此次迭代的方向出发逐步移动，直到找到其他与当前残差平行的原子，并将其纳入入选原子。

$$[\boldsymbol{A}(j), \boldsymbol{A}(k)] \begin{bmatrix} x_j \\ x_k \end{bmatrix} = \boldsymbol{r}^{(1)} \tag{4.118}$$

② $[s_j \boldsymbol{A}(j), s_k \boldsymbol{A}(k)]$ 为角平分线方向，其中，

$$s_j = \operatorname{sign}\left\langle \boldsymbol{r}^{(1)}, \boldsymbol{A}(j) \right\rangle \tag{4.119}$$

(5) 继续迭代，直到 m 个原子全部入选为止。下面推导角平分线的计算公式。假设：

$$\tilde{\boldsymbol{A}}^{(J)} = [s_1 \boldsymbol{A}(\Lambda^{(1)}), s_2 \boldsymbol{A}(\Lambda^{(2)}), \cdots, s_m \boldsymbol{A}(\Lambda^{(m)})] \tag{4.120}$$

其中，$s_1 \boldsymbol{A}(\Lambda^{(1)})$ 为首次入选的原子，$\tilde{\boldsymbol{A}}^{(J)}$ 为所有入选的原子，s_1 为校正原子方向的符号，以使得原子尽量在同一方向上。假设 $\boldsymbol{u}$ 为 $\tilde{\boldsymbol{A}}^{(J)}$ 中入选原子的角平分线：

$$\boldsymbol{u} = \tilde{\boldsymbol{A}}^{(J)} \boldsymbol{\omega} \tag{4.121}$$

角平分线与所有向量内积都相等，且所有原子在角平分线上的投影长度相等，故而：

$$\tilde{\boldsymbol{A}}^{(J)\mathrm{T}} \boldsymbol{u} = \tilde{\boldsymbol{A}}^{(J)\mathrm{T}} \tilde{\boldsymbol{A}}^{(J)} \boldsymbol{\omega} = z \cdot \mathbf{1} \tag{4.122}$$

其中，z 为投影长度，$\mathbf{1}$ 为全 1 的向量，$\tilde{\boldsymbol{A}}^{(J)}$ 为所有入选的原子。有

$$\boldsymbol{\omega} = z (\tilde{\boldsymbol{A}}^{(J)\mathrm{T}} \tilde{\boldsymbol{A}}^{(J)})^{-1} \mathbf{1} \tag{4.123}$$

将式 (4.123) 代入式 (4.121) 可得

$$\boldsymbol{u} = z \tilde{\boldsymbol{A}}^{(J)} (\tilde{\boldsymbol{A}}^{(J)\mathrm{T}} \tilde{\boldsymbol{A}}^{(J)})^{-1} \mathbf{1} \tag{4.124}$$

因为 $\boldsymbol{u}^{\mathrm{T}} \boldsymbol{u} = 1$，有

$$z^2 (\tilde{\boldsymbol{A}}^{(J)} (\tilde{\boldsymbol{A}}^{(J)\mathrm{T}} \tilde{\boldsymbol{A}}^{(J)})^{-1} \mathbf{1})^{\mathrm{T}} (\tilde{\boldsymbol{A}}^{(J)} (\tilde{\boldsymbol{A}}^{(J)\mathrm{T}} \tilde{\boldsymbol{A}}^{(J)})^{-1} \mathbf{1}) = 1 \tag{4.125}$$

故

$$z^2 \mathbf{1}^{\mathrm{T}} ((\tilde{\boldsymbol{A}}^{(J)\mathrm{T}} \tilde{\boldsymbol{A}}^{(J)})^{-1})^{\mathrm{T}} \tilde{\boldsymbol{A}}^{(J)\mathrm{T}} \tilde{\boldsymbol{A}}^{(J)} (\tilde{\boldsymbol{A}}^{(J)\mathrm{T}} \tilde{\boldsymbol{A}}^{(J)})^{-1} \mathbf{1} = 1 \tag{4.126}$$

则

$$z = (\mathbf{1}^{\mathrm{T}} ((\tilde{\boldsymbol{A}}^{(J)\mathrm{T}} \tilde{\boldsymbol{A}}^{(J)})^{-1})^{\mathrm{T}} \mathbf{1})^{-\frac{1}{2}} \tag{4.127}$$

将求得的 z 回代，得到角平分线方向：

$$\boldsymbol{\omega} = (\mathbf{1}^{\mathrm{T}} ((\tilde{\boldsymbol{A}}^{(J)\mathrm{T}} \tilde{\boldsymbol{A}}^{(J)})^{-1})^{\mathrm{T}} \mathbf{1})^{-\frac{1}{2}} (\tilde{\boldsymbol{A}}^{(J)\mathrm{T}} \tilde{\boldsymbol{A}}^{(J)})^{-1} \mathbf{1} \tag{4.128}$$

4.2.4 迭代收缩算法

迭代收缩算法(iterative shrinkage algorithm)是一类算法，这一类算法和前文所讲算法的不同之处在于，前文提到过的算法都是通过逼近向量来求解稀疏表示系数的，而迭代收缩算法则是通过函数直接进行稀疏化。

迭代收缩算法的最小化目标函数为

$$f(\boldsymbol{x})=\lambda\mathbf{1}^{\mathrm{T}}\rho(\boldsymbol{x})+\frac{1}{2}\|\boldsymbol{b}-\boldsymbol{A}\boldsymbol{x}\|_2^2 \tag{4.129}$$

函数 $\rho(\boldsymbol{x})$ 对向量 $\boldsymbol{x}$ 进行运算。例如，对于 $\rho(\boldsymbol{x})=|\boldsymbol{x}|^p=[|x(1)|^p \quad |x(2)|^p \quad \cdots \quad |x(n)|^p]^{\mathrm{T}}$，可以得到 $\mathbf{1}^{\mathrm{T}}\rho(\boldsymbol{x})=\|\boldsymbol{x}\|_p^p=|x(1)|^p+|x(2)|^p+\cdots+|x(n)|^p$，这使我们可以自由选择任何合适的 $\rho(\boldsymbol{x})$。这种函数的最小化模型可以用各种经典的迭代优化算法来处理，从最速下降法和共轭梯度法再到更复杂的内点算法，都可以用来求解这种最小化模型。前面介绍过的 IRLS 算法、OMP 算法和 LARS 算法的性能有待提高，因此一部分人提出使用迭代收缩算法对算法性能进行提高。

迭代收缩算法扩展了经典的 Donoho-Johnstone 收缩去噪方法。尽管这类算法的结构简单，但在上述最小化目标函数方面显示出非常好的效果。近几年的深入理论分析证明了这类方法的收敛性，保证了对于凸函数的解是全局最小的，并研究了这类算法的收敛速度。

由于思考角度不同，产生的迭代收缩算法的具体实现方法也不同，如可分离代理算法、基于迭代重加权最小二乘的迭代收缩算法、平行坐标下降算法等。下面通过几个迭代收缩算法来简单介绍一下这类算法的实现方法。

1. 可分离代理算法

可分离代理(separable surrogate functionals，SSF)算法首先令矩阵 $\boldsymbol{A}=[\boldsymbol{\Psi},\boldsymbol{\Phi}]$，通过此操作将矩阵 $\boldsymbol{A}$ 写成两个矩阵的形式，假定矩阵 $\boldsymbol{\Psi}$ 和 $\boldsymbol{\Phi}$ 正交，SSF 算法的模型为

$$f(\boldsymbol{x})=\lambda\mathbf{1}^{\mathrm{T}}\rho(\boldsymbol{x})+\frac{1}{2}\|\boldsymbol{b}-\boldsymbol{A}\boldsymbol{x}\|_2^2=\lambda\mathbf{1}^{\mathrm{T}}\rho(\boldsymbol{x})+\frac{1}{2}\left\|\boldsymbol{b}-[\boldsymbol{\Psi} \quad \boldsymbol{\Phi}]\begin{bmatrix}\boldsymbol{x}_{\Psi}\\ \boldsymbol{x}_{\Phi}\end{bmatrix}\right\|_2^2 \tag{4.130}$$

因为存在两个变量 $\boldsymbol{x}_{\Phi}$ 和 $\boldsymbol{x}_{\Psi}$，所以要交替优化，定义向量 $\tilde{\boldsymbol{b}}=\boldsymbol{b}-\boldsymbol{\Phi}\boldsymbol{x}_{\Phi}$。新函数模式为

$$f(\boldsymbol{x}_{\Psi},\boldsymbol{x}_{\Phi}^k)=\frac{1}{2}\|\tilde{\boldsymbol{b}}-\boldsymbol{\Psi}\boldsymbol{x}_{\Psi}\|_2^2+\lambda\mathbf{1}^{\mathrm{T}}\rho(\boldsymbol{x}_{\Psi}) \tag{4.131}$$

首先对 $\boldsymbol{\Psi}$ 进行优化，使 $\boldsymbol{b}-\boldsymbol{\Phi}\boldsymbol{x}_{\Phi}$ 尽量逼近 $\boldsymbol{\Psi}\boldsymbol{x}_{\Psi}$，对 $f(\boldsymbol{x}_{\Psi},\boldsymbol{x}_{\Phi}^k)$ 求偏导数，且令偏导数等于零，有

$$x_{\Psi}^{(J+1)} = S_{\rho,\lambda}(\Psi^{T}\tilde{b}) = S_{\rho,\lambda}(\Psi^{T}(b - \Phi x_{\Phi}^{(J)})) \tag{4.132}$$

$S_{\rho,\lambda}$ 为对表示系数进行稀疏化的操作，$S_{\rho,\lambda}$ 的作用实际上是让稀疏表示系数中小系数置零。同样地，对 Φ 进行优化，并用同样的方法将稀疏表示系数中的小系数置零。最后求得的稀疏表示系数就是将求得的两个稀疏表示系数结合起来，得到：

$$\begin{aligned} x^{(J+1)} &= \begin{bmatrix} x_{\Psi}^{(J+1)} \\ x_{\Phi}^{(J+1)} \end{bmatrix} = \begin{bmatrix} S_{\rho,\lambda}(\Psi^{T}(b - \Phi x_{\Phi}^{(J)})) \\ S_{\rho,\lambda}(\Phi^{T}(b - \Psi x_{\Psi}^{(J)})) \end{bmatrix} \\ &= S_{\rho,\lambda}\left(\begin{bmatrix} (\Psi^{T}(b - Ax^{(J)} + \Psi x_{\Psi}^{(J)})) \\ (\Phi^{T}(b - Ax^{(J)} + \Phi x_{\Phi}^{(J)})) \end{bmatrix}\right) \\ &= S_{\rho,\lambda}\left(\begin{bmatrix} (\Psi^{T}(b - Ax^{(J)}) + x_{\Psi}^{(J)}) \\ (\Phi^{T}(b - Ax^{(J)}) + x_{\Phi}^{(J)}) \end{bmatrix}\right) \\ &= S_{\rho,\lambda}(A^{T}(b - Ax^{(J)}) + x^{(J)}) \end{aligned} \tag{4.133}$$

SSF 算法与其他算法的不同之处在于，前面所学的算法基本上都是运用迭代公式和推导的方法求解稀疏表示系数，SSF 算法则是在推导步骤做完之后，人为地进行筛选稀疏表示系数，将求得的稀疏表示系数中的小系数人为置零，这就是 SSF 算法的核心思想。

SSF 算法的具体操作流程如下(基于线搜索的 SSF 迭代收缩算法)。

任务：找到满足该条件的最小化的 x：$f(x) = \lambda \mathbf{1}^{T}\rho(x) + \frac{1}{2}\|b - Ax\|_2^2$。

初始化：初始化 $k=0$，并设置初始解 $x_0 = \mathbf{0}$，初始残差 $r_0 = b - Ax_k = b$。

主迭代：将 k 增加 1，并进行以下步骤。

(1) 反投影：计算 $e = A^{T}r_{k-1} = A^{T}(b - Ax_{k-1})$。

(2) 收缩率：计算 $e_s = S_{\rho,\lambda}(x_{k-1} + A^{T}(b - Ax_{k-1})) = S_{\rho,\lambda}(x_{k-1} + e)$，$S_{\rho,\lambda}$ 表示将小系数置零。

(3) 线性搜索(可选)：选择 μ 以最小化实值函数 $f(x_{k-1} + \mu(e_s - x_{k-1}))$。该步骤是为了指定搜索方式为线性搜索。

(4) 更新稀疏表示系数：计算 $x_k = x_{k-1} + \mu(e_s - x_{k-1})$。

(5) 更新残差：计算 $r_k = b - Ax_k$。

(6) 停止规则：如果 $\|x_k - x_{k-1}\|_2^2$ 比预先设定的阈值更小，停止迭代。否则，进行下一次迭代。

输出：结果是 x_k。

---

2. 基于迭代重加权最小二乘的迭代收缩算法(IRLS-based shrinkage algorithm)

接下来要介绍的这个算法是在 IRLS 算法的基础上提出的一个新的算法，它将 IRLS 算法和迭代收缩算法结合起来，具体流程如下。

数学模型：

$$f(\boldsymbol{x})=\frac{1}{2}\|\boldsymbol{b}-\boldsymbol{A}\boldsymbol{x}\|_2^2+\lambda\mathbf{1}^{\mathrm{T}}\rho(\boldsymbol{x}) \tag{4.134}$$

令 $\mathbf{1}^{\mathrm{T}}\rho(\boldsymbol{x})=\frac{1}{2}\boldsymbol{x}^{\mathrm{T}}\boldsymbol{W}^{-1}(\boldsymbol{x})\boldsymbol{x}$，对上式进行转化：

$$f(\boldsymbol{x})=\frac{1}{2}\|\boldsymbol{b}-\boldsymbol{A}\boldsymbol{x}\|_2^2+\frac{\lambda}{2}\boldsymbol{x}^{\mathrm{T}}\boldsymbol{W}^{-1}(\boldsymbol{x})\boldsymbol{x} \tag{4.135}$$

很明显，上式为二次型函数，这就是 IRLS 算法的特点，IRLS 算法将一个约束函数转化为一个二次型函数。接下来要做的就是对二次型函数进行求解。

根据 $\mathbf{1}^{\mathrm{T}}\rho(\boldsymbol{x})=\frac{1}{2}\boldsymbol{x}^{\mathrm{T}}\boldsymbol{W}^{-1}(\boldsymbol{x})\boldsymbol{x}$ 可得 $\boldsymbol{W}(\boldsymbol{x})$ 为一个对角阵：

$$\boldsymbol{W}[k,k]=0.5\boldsymbol{x}[k]^2/\rho(\boldsymbol{x}[k]) \tag{4.136}$$

则

$$\boldsymbol{W}^{-1}(\boldsymbol{x})=\begin{bmatrix}\frac{\rho(x[1])}{0.5x[1]^2} & & \\ & \frac{\rho(x[2])}{0.5x[2]^2} & \\ & & \frac{\rho(x[3])}{0.5x[3]^2}\end{bmatrix} \tag{4.137}$$

又 $\boldsymbol{x}=\begin{bmatrix}x[1]\\x[2]\\x[3]\end{bmatrix}$ 故而有

$$\boldsymbol{x}^{\mathrm{T}}\boldsymbol{W}^{-1}(\boldsymbol{x})\boldsymbol{x}=[x[1]\quad x[2]\quad x[3]]\begin{bmatrix}\frac{\rho(x[1])}{0.5x[1]^2} & & \\ & \frac{\rho(x[2])}{0.5x[2]^2} & \\ & & \frac{\rho(x[3])}{0.5x[3]^2}\end{bmatrix}\begin{bmatrix}x[1]\\x[2]\\x[3]\end{bmatrix} \tag{4.138}$$

对 $f(\boldsymbol{x})$ 求偏导数并令偏导数等于 0：

$$\nabla f(\boldsymbol{x})=-\boldsymbol{A}^{\mathrm{T}}(\boldsymbol{b}-\boldsymbol{A}\boldsymbol{x})+\lambda\boldsymbol{W}^{-1}(\boldsymbol{x})\boldsymbol{x}=0 \tag{4.139}$$

上式等价为

$$-\boldsymbol{A}^{\mathrm{T}}\boldsymbol{b}+(\boldsymbol{A}^{\mathrm{T}}\boldsymbol{A}-c\boldsymbol{I})\boldsymbol{x}+(\lambda\boldsymbol{W}^{-1}(\boldsymbol{x})+c\boldsymbol{I})\boldsymbol{x}=0$$

即

$$\boldsymbol{A}^{\mathrm{T}}\boldsymbol{b}-(\boldsymbol{A}^{\mathrm{T}}\boldsymbol{A}-c\boldsymbol{I})\boldsymbol{x}^{(J)}=(\lambda\boldsymbol{W}^{-1}(\boldsymbol{x}^{(J)})+c\boldsymbol{I})\boldsymbol{x}^{(J+1)} \tag{4.140}$$

对上式进行整理，最终迭代公式为

$$\boldsymbol{x}^{(J+1)}=\left(\frac{\lambda}{c}\boldsymbol{W}^{-1}(\boldsymbol{x}^{(J)})+\boldsymbol{I}\right)^{-1}\left(\frac{1}{c}\boldsymbol{A}^{\mathrm{T}}\boldsymbol{b}-\frac{1}{c}(\boldsymbol{A}^{\mathrm{T}}\boldsymbol{A}-c\boldsymbol{I})\boldsymbol{x}^{(J)}\right) \tag{4.141}$$

令 $\boldsymbol{S}=\left(\frac{\lambda}{c}\boldsymbol{W}^{-1}(\boldsymbol{x}^{(J)})+\boldsymbol{I}\right)^{-1}$，则

$$\begin{aligned}\boldsymbol{x}^{(J+1)}&=\left(\frac{\lambda}{c}\boldsymbol{W}^{-1}(\boldsymbol{x}^{(J)})+\boldsymbol{I}\right)^{-1}\left(\frac{1}{c}\boldsymbol{A}^{\mathrm{T}}\boldsymbol{b}-\frac{1}{c}(\boldsymbol{A}^{\mathrm{T}}\boldsymbol{A}-c\boldsymbol{I})\boldsymbol{x}^{(J)}\right)\\&=\boldsymbol{S}\cdot\left(\frac{1}{c}\boldsymbol{A}^{\mathrm{T}}\boldsymbol{b}-\frac{1}{c}(\boldsymbol{A}^{\mathrm{T}}\boldsymbol{A}-c\boldsymbol{I})\boldsymbol{x}^{(J)}\right)\end{aligned} \tag{4.142}$$

对 $\boldsymbol{S}$ 进行整理，得

$$\boldsymbol{S}=\left(\frac{\lambda}{c}\boldsymbol{W}^{-1}(\boldsymbol{x}^{(J)})+\boldsymbol{I}\right)^{-1}=\left(\frac{\lambda}{c}\boldsymbol{I}+\boldsymbol{W}(\boldsymbol{x}^{(J)})\right)^{-1}\boldsymbol{W}(\boldsymbol{x}^{(J)}) \tag{4.143}$$

其中，$\boldsymbol{W}[k,k]=0.5\boldsymbol{x}[k]^2/\rho(x[k])$，将 $\boldsymbol{W}[k,k]=0.5\boldsymbol{x}[k]^2/\rho(\boldsymbol{x}[k])$ 代入上式中，有

$$\boldsymbol{S}=\frac{0.5\boldsymbol{x}^{(J)}[k]^2/\rho(\boldsymbol{x}^{(J)}[k])}{\dfrac{\lambda}{\mathrm{c}}+0.5\boldsymbol{x}^{(J)}[k]^2/\rho(\boldsymbol{x}^{(J)}[k])}=\frac{\boldsymbol{x}^{(J)}[k]^2}{\dfrac{2\lambda}{\mathrm{c}}\rho(\boldsymbol{x}^{(J)}[k])+\boldsymbol{x}^{(J)}[k]^2} \tag{4.144}$$

通过观察上式发现，当 $\boldsymbol{x}$ 较大时，$\boldsymbol{S}\approx 1$。当 $\boldsymbol{x}$ 较小而 ρ 比较大时，则 $\boldsymbol{S}$ 很小，相当于 $\boldsymbol{x}^{(J+1)}=\boldsymbol{S}\cdot\left(\frac{1}{c}\boldsymbol{A}^{\mathrm{T}}\boldsymbol{b}-\frac{1}{c}(\boldsymbol{A}^{\mathrm{T}}\boldsymbol{A}-c\boldsymbol{I})\boldsymbol{x}^{(J)}\right)$ 乘了一个很小的数 $\boldsymbol{S}$。所以，参数 $\boldsymbol{S}$ 的作用是，保留稀疏表示系数中的大系数，并尽量使小系数置零。注意，这个算法不能像以前的方法那样用零初始化，因为这个向量是这个不动点迭代的稳定解。有趣的是，一旦解中的某个项变为零，就永远无法“恢复”，这意味着该算法可能会陷入局部极小值无法脱身。

基于 IRLS 的线性搜索迭代收缩算法的具体操作流程如下。

任务：找到满足该条件的最小化的 $\boldsymbol{x}$：$f(\boldsymbol{x})=\lambda\boldsymbol{1}^{\mathrm{T}}\rho(\boldsymbol{x})+\frac{1}{2}\|\boldsymbol{b}-\boldsymbol{A}\boldsymbol{x}\|_2^2$。

初始化：初始化 $k=0$，并设置初始解 $\boldsymbol{x}_0=\boldsymbol{0}$，初始残差 $\boldsymbol{r}_0=\boldsymbol{b}-\boldsymbol{A}\boldsymbol{x}_k=\boldsymbol{b}$。

主迭代：将 k 增加 1，并应用以下步骤。

(1) 反投影：计算 $\boldsymbol{e}=\boldsymbol{A}^{\mathrm{T}}\boldsymbol{r}_{k-1}=\boldsymbol{A}^{\mathrm{T}}(\boldsymbol{b}-\boldsymbol{A}\boldsymbol{x}_{k-1})$。

(2) 收缩更新：通过 $\boldsymbol{S}[i,i]=\dfrac{\boldsymbol{x}_k[i]^2}{\dfrac{2\lambda}{c}\rho(\boldsymbol{x}_k[i])+\boldsymbol{x}_k[i]^2}$ 计算对角线矩阵 $\boldsymbol{S}$。

(3)收缩率：计算

$$\begin{aligned} e_s &= S\cdot\left(\frac{1}{c}A^{\mathrm{T}}b-\frac{1}{c}(A^{\mathrm{T}}A-cI)x_{k-1}\right) \\ &=S\cdot\left(\frac{1}{c}A^{\mathrm{T}}(b-Ax_{k-1})+Ix_{k-1}\right) \\ &=S\cdot\left(\frac{1}{c}e+Ix_{k-1}\right) \end{aligned}$$

(4)线性搜索(可选)：选择 μ 以最小化实值函数 $f(x_{k-1}+\mu(e_s-x_{k-1}))$，该步骤是为了指定搜索方式为线性搜索。

(5)更新稀疏表示系数：计算 $x_k=x_{k-1}+\mu(e_s-x_{k-1})$。

(6)更新残差：计算 $r_k=b-Ax_k$。

(7)停止规则：如果 $\|x_k-x_{k-1}\|_2^2$ 比预先设定的阈值更小，停止迭代。否则，进行下一次迭代。

输出：结果是 x_k。

---

3. 平行坐标下降算法

平行坐标下降[37](the parallel coordinate descent，PCD)算法从一个简单的坐标下降算法开始，然后将一组这样的下降步骤合并为一个更简单的联合步骤，从而导出PCD 迭代收缩算法。

数学模型：

$$f(x)=\frac{1}{2}\|b-Ax\|_2^2+\lambda\mathbf{1}^{\mathrm{T}}\rho(x) \tag{4.145}$$

一次更新一个原子，而其余原子保持不变。设 x_0 为初始值，a_k 为 A 中的第 k 个原子，$\rho(z)=|z|$，希望围绕其当前值 $x_0[k]$ 更新第 k 个原子，可以得到一个一维函数的形式：

$$g(z)=\frac{1}{2}\|b-Ax_0-a_k(z-x_0[k])\|_2^2+\lambda\rho(z) \tag{4.146}$$

令 $\tilde{b}=b-Ax_0+x_0[k]a_k$ 代入上式，可得

$$\begin{aligned} g(z)&=\frac{1}{2}\|\tilde{b}-a_kz\|_2^2+\lambda\rho(z)=\frac{1}{2}\|\tilde{b}\|_2^2-\tilde{b}^{\mathrm{T}}a_k\mathrm{z}+\frac{1}{2}\|a_k\|_2^2\cdot z^2+\lambda\rho(z) \\ &=\|a_k\|_2^2\left(\frac{\|\tilde{b}\|_2^2}{2\|a_k\|_2^2}-\frac{a_k^{\mathrm{T}}\tilde{b}}{\|a_k\|_2^2}z+\frac{z^2}{2}+\frac{\lambda}{\|a_k\|_2^2}\rho(z)\right) \\ &=\|a_k\|_2^2\left(\frac{1}{2}\left(z-\frac{a_k^{\mathrm{T}}\tilde{b}}{\|a_k\|_2^2}\right)^2+\frac{\lambda}{\|a_k\|_2^2}\rho(z)\right)+\mathrm{Const} \end{aligned} \tag{4.147}$$

根据上式可得，要使 $g(z)$ 达到最小值，$\left(z-\dfrac{\boldsymbol{a}_k^{\mathrm{T}}\tilde{\boldsymbol{b}}}{\|\boldsymbol{a}_k\|_2^2}\right)=0$，所以 z 的最佳值为 $\dfrac{\boldsymbol{a}_k^{\mathrm{T}}\tilde{\boldsymbol{b}}}{\|\boldsymbol{a}_k\|_2^2}$。另外要满足约束 $\dfrac{\lambda}{\|\boldsymbol{a}_k\|_2^2}\rho(z)$，因此 z 的最佳值为

$$z_{\mathrm{opt}}=S_{\rho,\lambda/\|\boldsymbol{a}_k\|_2^2}\left(\frac{\boldsymbol{a}_k^{\mathrm{T}}\tilde{\boldsymbol{b}}}{\|\boldsymbol{a}_k\|_2^2}\right)=S_{\rho,\lambda/\|\boldsymbol{a}_k\|_2^2}\left(\frac{1}{\|\boldsymbol{a}_k\|_2^2}\boldsymbol{a}_k^{\mathrm{T}}(\boldsymbol{b}-\boldsymbol{A}\boldsymbol{x}_0)+\boldsymbol{x}_0[k]\right) \tag{4.148}$$

由于函数具有以下性质：当最小化一个函数时，如果有几个下降方向，那么它们的任何非负组合也是下降方向。因此，考虑对上述方法继续进行改进，因为每个步骤都处理目标向量中的一个原子，所以可以将这个和写成以下形式：

$$\begin{aligned}\boldsymbol{v}_0&=\begin{bmatrix}S_{\rho,\lambda/\|\boldsymbol{a}_1\|_2^2}\left(\dfrac{1}{\|\boldsymbol{a}_1\|_2^2}\boldsymbol{a}_1^{\mathrm{T}}(\boldsymbol{b}-\boldsymbol{A}\boldsymbol{x}_0)+\boldsymbol{x}_0[1]\right)\\ \\ S_{\rho,\lambda/\|\boldsymbol{a}_k\|_2^2}\left(\dfrac{1}{\|\boldsymbol{a}_k\|_2^2}\boldsymbol{a}_k^{\mathrm{T}}(\boldsymbol{b}-\boldsymbol{A}\boldsymbol{x}_0)+\boldsymbol{x}_0[k]\right)\\ \\ S_{\rho,\lambda/\|\boldsymbol{a}_m\|_2^2}\left(\dfrac{1}{\|\boldsymbol{a}_m\|_2^2}\boldsymbol{a}_m^{\mathrm{T}}(\boldsymbol{b}-\boldsymbol{A}\boldsymbol{x}_0)+\boldsymbol{x}_0[m]\right)\end{bmatrix}\\ &=S_{\rho,\mathrm{diag}(\boldsymbol{A}^{\mathrm{T}}\boldsymbol{A})^{-1}\lambda}(\mathrm{diag}(\boldsymbol{A}^{\mathrm{T}}\boldsymbol{A})^{-1}\boldsymbol{A}^{\mathrm{T}}(\boldsymbol{b}-\boldsymbol{A}\boldsymbol{x}_0)+\boldsymbol{x}_0)\end{aligned} \tag{4.149}$$

在上述过程中，虽然每个坐标方向都保证下降，但如果没有适当的缩放，它们的线性组合不一定下降。因此，考虑这个方向并沿着它执行一个线性搜索(line search，LS)。

$$\begin{aligned}\boldsymbol{x}^{(J+1)}&=\boldsymbol{x}^{(J)}+\mu(\boldsymbol{v}^{(J)}-\boldsymbol{x}^{(J)})\\ &=\boldsymbol{x}^{(J)}+\mu(S_{\rho,\mathrm{diag}(\boldsymbol{A}^{\mathrm{T}}\boldsymbol{A})^{-1}\lambda}(\mathrm{diag}(\boldsymbol{A}^{\mathrm{T}}\boldsymbol{A})^{-1}\boldsymbol{A}^{\mathrm{T}}(\boldsymbol{b}-\boldsymbol{A}\boldsymbol{x}^{(J)})+\boldsymbol{x}^{(J)})-\boldsymbol{x}^{(J)})\end{aligned} \tag{4.150}$$

在上述过程中可以看出，与 SSF 算法相比，PCD 算法在以下两个方面有所不同：

①$\boldsymbol{A}$ 中原子的范数在加权反向投影误差方面起着重要作用，而之前的算法使用常数；

②该算法需要进行搜索以获得下降效果。

PCD 算法的具体操作流程如下(基于线搜索的 PCD 迭代收缩算法)。

任务：找到满足该条件的最小化的 $\boldsymbol{x}$ ： $f(\boldsymbol{x})=\lambda\boldsymbol{1}^{\mathrm{T}}\rho(\boldsymbol{x})+\frac{1}{2}\|\boldsymbol{b}-\boldsymbol{A}\boldsymbol{x}\|_2^2$ 。

初始化：初始化 $k=0$ ，并设置初始解 $\boldsymbol{x}_0=\boldsymbol{0}$ ，初始残差 $\boldsymbol{r}_0=\boldsymbol{b}-\boldsymbol{A}\boldsymbol{x}_k=\boldsymbol{b}$ 。

准备权重： $\boldsymbol{W}=\mathrm{diag}(\boldsymbol{A}^{\mathrm{T}}\boldsymbol{A})^{-1}$ 。

主迭代：将 k 增加 1，并应用以下步骤。

(1)反投影：计算 $\boldsymbol{e}=\boldsymbol{A}^{\mathrm{T}}\boldsymbol{r}_{k-1}=\boldsymbol{A}^{\mathrm{T}}(\boldsymbol{b}-\boldsymbol{A}\boldsymbol{x}_{k-1})$ 。

(2)收缩率：计算

$$\begin{aligned}\boldsymbol{e}_s&=\boldsymbol{x}_{k-1}+\mu(S_{\rho,\mathrm{diag}(\boldsymbol{A}^{\mathrm{T}}\boldsymbol{A})^{-1}\lambda}(\mathrm{diag}(\boldsymbol{A}^{\mathrm{T}}\boldsymbol{A})^{-1}\boldsymbol{A}^{\mathrm{T}}(\boldsymbol{b}-\boldsymbol{A}\boldsymbol{x}_{k-1})+\boldsymbol{x}_{k-1})-\boldsymbol{x}_{k-1})\\&=\boldsymbol{x}_{k-1}+\mu(S_{\rho,\mathrm{diag}(\boldsymbol{A}^{\mathrm{T}}\boldsymbol{A})^{-1}\lambda}(\mathrm{diag}(\boldsymbol{A}^{\mathrm{T}}\boldsymbol{A})^{-1}\boldsymbol{e}+\boldsymbol{x}_{k-1})-\boldsymbol{x}_{k-1})\end{aligned}$$

使用给定的阈值 $\lambda\boldsymbol{W}[i,i]$ 。

(3)线性搜索(可选)：选择 μ 以最小化实值函数 $f(\boldsymbol{x}_{k-1}+\mu(\boldsymbol{e}_s-\boldsymbol{x}_{k-1}))$ ，该步骤是为了指定搜索方式为线性搜索。

(4)更新稀疏表示系数：计算 $\boldsymbol{x}_k=\boldsymbol{x}_{k-1}+\mu(\boldsymbol{e}_s-\boldsymbol{x}_{k-1})$ 。

(5)更新残差：计算 $\boldsymbol{r}_k=\boldsymbol{b}-\boldsymbol{A}\boldsymbol{x}_k$ 。

(6)停止规则：如果 $\|\boldsymbol{x}_k-\boldsymbol{x}_{k-1}\|_2^2$ 比预先设定的阈值更小，停止迭代。否则，进行下一次迭代。

输出：结果是 $\boldsymbol{x}_k$ 。

4. 阶段式正交匹配追踪算法

与先前的几种迭代收缩算法不同，阶段式正交匹配追踪(stage-wise orthogonal-matching-pursuit，StOMP)算法的创建者是从 OMP 算法出发进行改进的。StOMP 算法的主要思想是将传统的 OMP 算法中一次只选入一个原子改成了一次选入多个原子。这样减少了相似度求解的次数，降低了算法复杂度。该算法特别适合于矩阵 $\boldsymbol{A}$ 是随机的情况，如在压缩感知中。尽管 StOMP 算法和其他几种迭代收缩方法存在一定的区别，但是他们的迭代收缩过程具有一般相似性。

StOMP 算法包括以下步骤。

(1)初始化： $\boldsymbol{r}_0=\boldsymbol{b}-\boldsymbol{A}\boldsymbol{x}_0=\boldsymbol{b}$ ， $\boldsymbol{x}_0=\boldsymbol{0}$ ， $\boldsymbol{I}_0=\boldsymbol{\varphi}$ 。

(2)反向投影残差： $\boldsymbol{e}^{(J)}=\boldsymbol{A}^{\mathrm{T}}(\boldsymbol{b}-\boldsymbol{A}\boldsymbol{x}^{(J-1)})=\boldsymbol{A}^{\mathrm{T}}\boldsymbol{r}^{(J)}$ 。

(3)将与残差相似度高的多个原子筛选出来： $\boldsymbol{J}^{(J)}=\left\{k\mid 1\leqslant k\leqslant m,\left|\boldsymbol{e}^{(J)}[k]\right|>T\right\}$ 。

(4)将筛选出来的原子加入选用原子集合： $\boldsymbol{I}^{(J)}=\boldsymbol{I}^{(J-1)}\cup\boldsymbol{J}^{(J)}$ 。

(5)受约束的最小二乘： $\arg\min\limits_{\boldsymbol{x}}\|\boldsymbol{b}-\boldsymbol{A}\boldsymbol{P}\boldsymbol{x}\|_2^2$ ，其中， $\boldsymbol{P}$ 是从 $\boldsymbol{x}$ 中选择的非零 $\boldsymbol{I}^{(J)}$ 。

(6)更新残差： $\boldsymbol{r}^{(J)}=\boldsymbol{b}-\boldsymbol{A}\boldsymbol{x}^{(J)}$ 。

在上述过程中，当阈值化步骤一次选择一个原子时，这正是 OMP 方法。对于在每个步骤中选择多个原子的 StOMP 算法，上述过程应反复多次(作者建议 10 次迭代，因为每次迭代可能会在认可度集合中添加许多原子），从而得到近似满足线性方程 $\boldsymbol{b} \approx \boldsymbol{A}\boldsymbol{x}$ 的稀疏解。

StOMP 算法可以用于去噪，$\boldsymbol{A}^{\mathrm{T}}\boldsymbol{e}^{(J)}$ 中的值可以解释为稀疏噪声矢量，其中，噪声类型为零均值的高斯白噪声。因此，接下来的阈值化步骤只不过是一种去噪算法。

5. 顺序子空间优化算法

对于一种算法性能的评价，其中一个标准就是算法的执行速度，因此，对算法进行加速是改进一种算法的重要途径之一。以上算法都可以通过多种方式进一步加速，如 PCD 算法中，执行线性搜索的思想与其他算法具有相关性，现在计算一个临时结果 $\boldsymbol{x}_{\mathrm{temp}}$，然后将解定义为 $\boldsymbol{x}_{k+1} = \boldsymbol{x}_k + \mu(\boldsymbol{x}_{\mathrm{temp}} - \boldsymbol{x}_k)$，针对标量 μ 优化 $f(\boldsymbol{x}_{k+1})$。

更有效的加速方法是顺序子空间优化算法（sequential subspace optimization algorithm，SESOP），其主要思想是将前面多步搜索到的最优解结合起来。原始的 SESOP 算法提出通过优化函数 f 在一个仿射子空间上获得下一次迭代 $\boldsymbol{x}_{k+1}$，该仿射子空间由 q 最近的步长集合 $\{\boldsymbol{x}_{k-i} - \boldsymbol{x}_{k-j-1}\}_{i=0}^{q-1}$ 和当前的梯度所张成。这个 $q+1$ 维优化问题可以用牛顿算法来解决，因为这个问题是在一个维度很低的空间上定义的。这个过程的主要计算负担是需要将这些方向乘以 $\boldsymbol{A}$，但是这 q 个乘法可以存储在以前的迭代中，从而使得 SESOP 加速算法几乎没有任何额外的计算负担。

4.3　本章小结

本章中首先介绍了稀疏表示的概念和模型，接着主要介绍了各范数约束的求解方法。l_2 范数约束越小越好，且求解二范数约束问题用最小二乘法。l_0 范数问题是为了求稀疏表示系数中不为零的数的个数，重点介绍了几种经典的解 l_0 范数约束问题的方法。

首先是 MP 算法，但由于其不精确，为了提高它的精确性，引入 OMP 算法。OMP 算法跟 MP 算法之间的差别就在于，OMP 算法将前面选过的所有原子做一个最小二乘，即将最小二乘法与 MP 算法结合起来。之所以称之为 OMP 算法，是因为迭代过程中的残差和所有选定的原子都是正交的，也就是说每一步迭代的残差与所有选定原子张成的空间正交，所以称为 OMP 算法。但是 OMP 算法有两个算法复杂度比较高的环节，其一是找最佳匹配原子的过程，此过程需要每次迭代的残差与所有原子求内积，找到内积最大的原子作为此次的入选原子，这是一个算法复杂度比较高的环节；其二就是在求解稀疏表示系数过程中，逆矩阵的计算过程。为了解决这两个问题，接下来介绍了 LS-OMP 算法和 Cholesky 快速正交匹配追踪算法，LS-OMP 算法的主要思想是用前一次的逆矩阵来求当前的逆矩阵；而 Cholesky 快速正交匹配追踪算法则是将 $\boldsymbol{A}^{(J)\mathrm{T}}\boldsymbol{A}^{(J)}$ 转化成一个上三角矩阵和一个下三角矩阵的乘积，接下来再使用高斯消去法，求解稀疏表示系数的问题。LS-OMP 算法和 Cholesky 快速正交匹配追踪算法解决的都是第二个问题——求逆问题，而 B-OMP 算法则是解决了寻找最佳匹配原子这个问题。

由于 l_0 范数约束为非凸函数，计算复杂。为了方便求解，将其近似替换为 l_1 范数，则凸函数转化为线性规划问题，并介绍了几种求解 l_1 范数的方法。首先是基础的基追踪算法，该算法主要是将 l_1 范数问题最终变为线性规划问题，就可以用单纯形法和对偶法等这些简单方法求解。紧接着介绍了 IRLS 算法和 LARS 算法，IRLS 算法的最主要思想就是用迭代方程的形式去求 l_1 范数或者是 l_p 范数的一个最小化问题，而 LARS 算法的思想是对目标信号进行中心化，中心化以后不断调整稀疏表示系数的大小，然后一直到它跟另外一个原子之间平行，接下来将该平行原子纳入入选原子中。

最后，又介绍了一类算法——迭代收缩算法。这一类算法和前面算法的不同之处在于，迭代收缩算法是通过函数直接进行稀疏化。首先是 SSF 算法，与其他算法的不同之处在于它是在推导步骤做完之后，人为地进行筛选稀疏表示系数，将求得的稀疏表示系数中的小系数人为置零。紧接着介绍了基于迭代重加权最小二乘的迭代收缩算法和 PCD 算法。最后介绍了 StOMP 算法，这种算法加速了 OMP 算法，一次迭代入选多个原子，而更有效的加速算法是 SESOP 算法。

课 后 习 题

1．对于问题：$\min\limits_{x}\|\boldsymbol{x}\|_2^2 \quad \text{s.t. } \boldsymbol{b}=\boldsymbol{A}\boldsymbol{x}$，其最小二乘解为（　　）

A．$\hat{\boldsymbol{x}}_{\text{opt}}=\boldsymbol{A}^{\mathrm{T}}(\boldsymbol{A}\boldsymbol{A}^{\mathrm{T}})^{-1}\boldsymbol{b}$　B．$\hat{\boldsymbol{x}}_{\text{opt}}=\boldsymbol{A}^{\mathrm{T}}(\boldsymbol{A}^{\mathrm{T}}\boldsymbol{A})^{-1}\boldsymbol{b}$　C．$\hat{\boldsymbol{x}}_{\text{opt}}=\boldsymbol{A}(\boldsymbol{A}^{\mathrm{T}}\boldsymbol{A})^{-1}\boldsymbol{b}$

2．对于匹配追踪算法，我们需要在每个步骤中比较（　　）

A．残差与字典原子之间的相似性

B．信号和字典原子之间的相似性

C．两个字典原子之间的相似性

3．以下哪个停止规则相对更好？（　　）

A．残差的能量　　B．迭代的次数　　C．稀疏性

4．在正交匹配追踪算法中，正交的是（　　）

A．不同迭代中的残差　　B．每次迭代中的残差和被选原子

C．原始信号和残差

5．在正交匹配追踪算法中，选择原子后，如何计算稀疏表示系数？（　　）

A．$\boldsymbol{x}^{(J)}=\boldsymbol{A}^{(J)\mathrm{T}}(\boldsymbol{A}^{(J)\mathrm{T}}\boldsymbol{A}^{(J)})^{-1}\boldsymbol{b}$　　B．$\boldsymbol{x}^{(J)}=(\boldsymbol{A}^{(J)\mathrm{T}}\boldsymbol{A}^{(J)})^{-1}\boldsymbol{A}^{(J)\mathrm{T}}\boldsymbol{b}$

C．$\boldsymbol{x}^{(J)}=\boldsymbol{A}^{(J)}(\boldsymbol{A}^{(J)\mathrm{T}}\boldsymbol{A}^{(J)})^{-1}\boldsymbol{b}$　　D．$\boldsymbol{x}^{(J)}=\boldsymbol{A}^{(J)}(\boldsymbol{A}^{(J)\mathrm{T}}\boldsymbol{A}^{(J)})\boldsymbol{b}$

6．在正交匹配追踪算法中，每次迭代中选择几个原子？(　　)

A．1　　B．2　　C．3　　D．4

7．在正交匹配追踪算法中，以下哪个步骤是复杂步骤？(　　)

A．原子匹配：$\Lambda^{(J)} \in \arg\max_{\varpi\in\Omega}\left|\left\langle \boldsymbol{r}^{(J-1)}, \boldsymbol{A}(\varpi)\right\rangle\right|$

B．计算稀疏表示系数：$\boldsymbol{x}^{(J)} = (\boldsymbol{A}^{(J)\mathrm{T}}\boldsymbol{A}^{(J)})^{-1}\boldsymbol{A}^{(J)\mathrm{T}}\boldsymbol{b}$

C．计算残差：$\boldsymbol{r}^{(J)} = \boldsymbol{b} - \tilde{\boldsymbol{b}}^{(J)}$

D．计算逼近量：$\tilde{\boldsymbol{b}}^{(J)} = \boldsymbol{A}^{(J)}\boldsymbol{x}^{(J)}$

8．Cholesky-OMP 算法是将 $\boldsymbol{A}^{(J)\mathrm{T}}\boldsymbol{A}^{(J)}$ 分解成了(　　)

A．上三角矩阵和对称矩阵

B．对角矩阵和对称矩阵

C．上三角矩阵和下三角矩阵

9．在 Cholesky-OMP 算法中，下三角矩阵 $\boldsymbol{L}^{(J)}$ 仅仅更新(　　)

A．一列　　B．两列　　C．一行　　D．两行

10．在块正交匹配追踪算法中，以下步骤中仍为复杂步骤的是(　　)

A．原子匹配：$\Lambda^{(J)} \in \arg\max_{\varpi\in\Omega}\left|\left\langle \boldsymbol{r}^{(J-1)}, \boldsymbol{A}(\varpi)\right\rangle\right|$

B．计算稀疏表示系数：$\boldsymbol{x}^{(J)} = (\boldsymbol{A}^{(J)\mathrm{T}}\boldsymbol{A}^{(J)})^{-1}\boldsymbol{A}^{(J)\mathrm{T}}\boldsymbol{b}$

C．计算残差：$\boldsymbol{r}^{(J)} = \boldsymbol{b} - \tilde{\boldsymbol{b}}^{(J)}$

D．以上都不是

11．一个向量 $\boldsymbol{a} \in R^m$ 点乘以 $\boldsymbol{b} \in R^m$ 的算法复杂度为(　　)

A．$m \times m$　　B．$m + m$　　C．m

12．一个矩阵 $\boldsymbol{A} \in R^{m\times n}$ 乘以一个向量 $\boldsymbol{b} \in R^n$ 的算法复杂度为(　　)

A．$m \times m$　　B．$m \times n$　　C．m

13．以下哪些函数可以代替 l_0 范数？(　　)

A．$\sum_j x_j/(\alpha + x_j)$　　B．$\sum_j x_j^2/(\alpha + x_j^2)$

C．$\sum_j (1 - \exp(-\alpha x_j))$　　D．$\sum_j (1 - \exp(-\alpha x_j^2))$

14．基追踪算法的主要思想是(　　)

A．将非线性问题转化为线性问题

B．将线性问题转化为非线性问题

15．当 $\boldsymbol{X} = \mathrm{diag}(|\boldsymbol{x}|)$，问题 $\min_{\boldsymbol{x}} \lambda\|\boldsymbol{x}\|_1 + \|\boldsymbol{b} - \boldsymbol{A}\boldsymbol{x}\|_2^2$ 可以被转换成(　　)

A．$\min_{\boldsymbol{x}} \lambda\boldsymbol{x}^{\mathrm{T}}(\boldsymbol{X}^{(J-1)})\boldsymbol{x}^{-1} + \|\boldsymbol{b} - \boldsymbol{A}\boldsymbol{x}\|_2^2$

B．$\min_{\boldsymbol{x}} \lambda\boldsymbol{x}^{\mathrm{T}}(\boldsymbol{X}^{(J-1)})\boldsymbol{x} + \|\boldsymbol{b} - \boldsymbol{A}\boldsymbol{x}\|_2^2$

C. $\min\limits_{x} \lambda \boldsymbol{x}^{\mathrm{T}} (\boldsymbol{X}^{(J-1)})^{-1} \boldsymbol{x} + \|\boldsymbol{b} - \boldsymbol{A}\boldsymbol{x}\|_2^2$

16. 当 $\boldsymbol{X}^{(J-1)} = \mathrm{diag}\left(\left|\boldsymbol{x}^{(J-1)}\right|^q\right)$，问题 $L(\boldsymbol{x}) = \|\boldsymbol{x}\|_p^p + \boldsymbol{\lambda}^{\mathrm{T}} (\boldsymbol{A}\boldsymbol{x} - \boldsymbol{b})$ 可以被转换成（　　）

A. $\boldsymbol{L}(\boldsymbol{x}) = \left\|(\boldsymbol{X}^{(J-1)})^{+} \boldsymbol{x}\right\|_2^2 + \boldsymbol{\lambda}^{\mathrm{T}} (\boldsymbol{b} - \boldsymbol{A}\boldsymbol{x})$

B. $\boldsymbol{L}(\boldsymbol{x}) = \left\|(\boldsymbol{X}^{(J-1)}) \boldsymbol{x}\right\|_2^2 + \boldsymbol{\lambda}^{\mathrm{T}} (\boldsymbol{b} - \boldsymbol{A}\boldsymbol{x})$

C. $\boldsymbol{L}(\boldsymbol{x}) = \left\|(\boldsymbol{X}^{(J-1)}) \boldsymbol{x}^{-1}\right\|_2^2 + \boldsymbol{\lambda}^{\mathrm{T}} (\boldsymbol{b} - \boldsymbol{A}\boldsymbol{x})$

17. 以下算法中，哪个在提供过程中错误的可能性更低？（　　）

A. OMP　　B. IRLS　　C. BP 线性程序

18. 在 LARS 算法中，所选的接近方向是（　　）

A. 所选原子的组合方向　　B. 角平分线方向　　C. 残差的方向

19. 普通的多变量优化方法是（　　）

A. 同时优化所有变量

B. 优化一个变量并删除其他变量

C. 交替地优化每个变量

20. 在迭代收缩算法中，每次迭代中的收缩过程指的是（　　）

A. 字典原子的数目　　B. 大的稀疏表示系数　　C. 小的稀疏表示系数

21. 如果我们想通过改进算法来加速 OMP 算法的过程，我们可以（　　）

A. 在每次迭代中选择更多的原子

B. 增加计算机的内存

C. 提高计算机的 CPU 基本频率

D. 增加 CPU 核数

22. 在 PCD 算法中，什么是用来加速算法收敛的？（　　）

A. 根据另一个字典仿射子空间

B. 根据最近步骤的结果仿射子空间

C. 根据其余原子仿射子空间

第 5 章　稀疏表示字典的求解

稀疏表示理论是近年来的研究热点问题之一，因其优秀的数据特征表示能力和对数据主要特征的自动提取，在很多领域显示出卓越的应用效果，近年来吸引越来越多的学者投入到稀疏表示理论的研究和应用中。稀疏表示理论中最为重要的角色——稀疏表示字典，它的好坏直接影响稀疏编码的性能，所以稀疏字典的学习是稀疏表示理论中不可或缺的组成部分。

5.1　稀疏表示字典的生成问题

在信号分析中，通常希望以更加简明的形式表示信号，以求更加鲜明地突显信号的本质。在某些数据处理和分析领域，如图像识别等，人们希望能将数据的维度尽可能地降低，在对数据进行降维的同时，得到最能刻画数据原始本质的特征信息，如自然图像的边缘、纹理等信息。稀疏表示就是通过一个字典，将原信号表示成少数几个字典原子的线性组合的形式。

稀疏表示的模型如式(5.1)所示：

$$\boldsymbol{B}=\boldsymbol{AX} \tag{5.1}$$

其中，$\boldsymbol{A}$ 是字典，$\boldsymbol{B}$ 是样本数据集，$\boldsymbol{X}$ 是稀疏表示系数。

如果式(5.1)中方程的个数小于未知数的个数，那么它就是欠定问题。假定 $\boldsymbol{B}=\boldsymbol{AX}$ 中，$\boldsymbol{B}$ 和 $\boldsymbol{A}$ 已知，在求解欠定问题的过程中，人们就需要对欠定方程式添加约束，缩小解的范围，进而求得系数 $\boldsymbol{X}$，这就是第 4 章中学过的稀疏表示系数的求解。

在本章中，主要学习稀疏表示字典的求解方法，也就是说，在求解稀疏表示的过程中，式(5.1)中的 $\boldsymbol{A}$ 和 $\boldsymbol{X}$ 都是未知的，仅有数据 $\boldsymbol{B}$，这里的 $\boldsymbol{X}$ 是要求解的稀疏表示系数，$\boldsymbol{A}$ 即为本章中所说的稀疏表示字典。即在 $\boldsymbol{A}$ 和 $\boldsymbol{X}$ 都是未知的情况下，需要训练能适应 $\boldsymbol{B}$ 这组样本数据的稀疏表示字典 $\boldsymbol{A}$。

目前，生成稀疏表示字典主要有两种方法：一种是使用数学公式生成，另外一种就是使用机器学习的方法训练生成。通常使用的数学公式生成的字典 $\boldsymbol{A}$ 都是标准正交基底，即 $\boldsymbol{A}^{\mathrm{T}}\boldsymbol{A}=\boldsymbol{I}$，字典原子需要互相正交，例如，离散余弦基底和小波基底，一般这些算法都有表示系数的快速求解方法。利用机器学习所得到的稀疏表示字典，原子之间并不要求正交且可过完备。非正交过完备的字典求解仍然是一个开放问题，不同的训练方法获得的字典性能差别很大。

利用机器学习进行字典训练和其他机器学习方法一样，包括训练阶段和测试阶段。训练阶段是对一组训练数据进行训练进而得到字典的过程；测试阶段是利用训练阶段已经得到的字典，完成稀疏表示系数求解的过程。衡量一个机器学习算法的性能包括学习力和推广力，如果把机器学习的过程比作人学习的过程，那么学习力是指这个人对材料学习的能力，是否学得好、学得会，是否能领悟到学习材料的精髓；推广力是指这个人对于问题能够举一反三，能够利用学习领悟到的知识去解决其他问题。

5.2 字典的训练模型

从矩阵分解角度看字典学习过程：给定样本数据集 $\boldsymbol{B}$ ，$\boldsymbol{B}$ 的每一列表示一个样本；字典学习的目标是把 $\boldsymbol{B}$ 矩阵分解为系数 $\boldsymbol{X}$ 和字典 $\boldsymbol{A}$ ：

$$\boldsymbol{B} \approx \boldsymbol{A}\boldsymbol{X} \tag{5.2}$$

其中，$\boldsymbol{B}=[\boldsymbol{b}_1 \quad \boldsymbol{b}_2 \quad \cdots \quad \boldsymbol{b}_M]$ 为样本集合，$\boldsymbol{b}_1,\boldsymbol{b}_2,\cdots,\boldsymbol{b}_M$ 为样本，M 为样本个数；$\boldsymbol{A}=[\boldsymbol{a}_1 \quad \boldsymbol{a}_2 \quad \cdots \quad \boldsymbol{a}_m]$ 为字典，$\boldsymbol{a}_1,\boldsymbol{a}_2,\cdots,\boldsymbol{a}_m$ 为字典的原子，m 为原子个数；$\boldsymbol{X}=[\boldsymbol{x}_1 \quad \boldsymbol{x}_2 \quad \cdots \quad \boldsymbol{x}_M]$，$\boldsymbol{x}_1,\boldsymbol{x}_2,\cdots,\boldsymbol{x}_M$ 为字典原子的系数，$\boldsymbol{x}_i$ 为 $\boldsymbol{b}_i$ 的系数。

系数 $\boldsymbol{X}$ 和字典 $\boldsymbol{A}$ 的求解有下列三种形式。

(1) 第一种形式：

$$\boldsymbol{A},\boldsymbol{X}=\arg\min_{A,X}\frac{1}{2}\|\boldsymbol{B}-\boldsymbol{A}\boldsymbol{X}\|_{\mathrm{F}}^2+\lambda\|\boldsymbol{x}_i\|_0 \tag{5.3}$$

其中，λ 为正则化系数，用来均衡稀疏性。在这种形式中，因为 l_0 范数难以求解，所以很多时候用 l_1 正则项代替近似。

(2) 第二种形式：

$$\begin{gathered}\boldsymbol{A},\boldsymbol{X}=\arg\min_{A,X}\{\|\boldsymbol{x}_i\|_0\}\\ \text{s.t. } \|\boldsymbol{B}-\boldsymbol{A}\boldsymbol{X}\|^2\leqslant\varepsilon\end{gathered} \tag{5.4}$$

其中，ε 是重构误差所允许的最大值。

(3) 第三种形式：

$$\begin{gathered}\boldsymbol{A},\boldsymbol{X}=\arg\min_{A,X}\|\boldsymbol{B}-\boldsymbol{A}\boldsymbol{X}\|^2\\ \text{s.t. } \|\boldsymbol{X}\|_0\leqslant L\end{gathered} \tag{5.5}$$

其中，L 是一个常数，作为稀疏度约束参数。

上述三种形式的目标函数中都存在两个位置变量 $\boldsymbol{A}$ 和 $\boldsymbol{X}$，它们相互之间是等价的。

如果 $\boldsymbol{A}$ 的列数小于 $\boldsymbol{B}$ 的行数且 $\boldsymbol{A}$ 的每一列不相关，则 $\boldsymbol{A}$ 相当于欠完备字典；如果 $\boldsymbol{A}$ 的列数大于 $\boldsymbol{B}$ 的行数且 $\boldsymbol{A}$ 能张成整个空间，则称 $\boldsymbol{A}$ 为过完备字典；如果 $\boldsymbol{A}$ 的列数刚好等于 $\boldsymbol{B}$ 的行数且 $\boldsymbol{A}$ 的每一列不相关，则称 $\boldsymbol{A}$ 为完备字典。

假设现在有一个 $M\times N$ 的过完备字典 $\boldsymbol{A}$，一个待表示的样本数据 $\boldsymbol{b}_i$（即要重建的图像），求系数 $\boldsymbol{x}_i$，使得 $\boldsymbol{b}_i=\boldsymbol{A}\boldsymbol{x}_i$，这里 $N>M$，因此该方程组为无穷多解，如式(5.6)所示。

$$\begin{bmatrix} b_{1i} \\ b_{2i} \\ b_{3i} \\ b_{4i} \\ b_{5i} \end{bmatrix} = \begin{bmatrix} a_{11} & a_{12} & a_{13} & a_{14} & a_{15} & a_{16} & a_{17} & a_{18} \\ a_{21} & a_{22} & a_{23} & a_{24} & a_{25} & a_{26} & a_{27} & a_{28} \\ a_{31} & a_{32} & a_{33} & a_{34} & a_{35} & a_{36} & a_{37} & a_{38} \\ a_{41} & a_{42} & a_{43} & a_{44} & a_{45} & a_{46} & a_{47} & a_{48} \\ a_{51} & a_{52} & a_{53} & a_{54} & a_{55} & a_{56} & a_{57} & a_{58} \end{bmatrix} \times \begin{bmatrix} x_{1i} \\ x_{2i} \\ x_{3i} \\ x_{4i} \\ x_{5i} \\ x_{6i} \\ x_{7i} \\ x_{8i} \end{bmatrix} \tag{5.6}$$

其中，$M=5,\ N=8$，$\boldsymbol{b}_i=\boldsymbol{A}\boldsymbol{x}_i$，$\boldsymbol{b}_i=[b_{1i}\ \ b_{2i}\ \ b_{3i}\ \ b_{4i}\ \ b_{5i}]^{\mathrm{T}}$，$\boldsymbol{A}=[\boldsymbol{a}_1\ \ \boldsymbol{a}_2\ \ \cdots\ \ \boldsymbol{a}_8]=\begin{bmatrix} a_{11} & a_{12} & a_{13} & a_{14} & a_{15} & a_{16} & a_{17} & a_{18} \\ a_{21} & a_{22} & a_{23} & a_{24} & a_{25} & a_{26} & a_{27} & a_{28} \\ a_{31} & a_{32} & a_{33} & a_{34} & a_{35} & a_{36} & a_{37} & a_{38} \\ a_{41} & a_{42} & a_{43} & a_{44} & a_{45} & a_{46} & a_{47} & a_{48} \\ a_{51} & a_{52} & a_{53} & a_{54} & a_{55} & a_{56} & a_{57} & a_{58} \end{bmatrix}$，$\boldsymbol{x}_i=[x_{1i}\ \ x_{2i}\ \ x_{3i}\ \ x_{4i}\ \ x_{5i}\ \ x_{6i}\ \ x_{7i}\ \ x_{8i}]^{\mathrm{T}}$。

由式(5.6)可知，该问题是一个不适定问题，即有多个满足此条件的解，无法判断哪个更加合适，于是需要对式(5.6)增加约束条件来得到最佳解。增加限制条件，要求 $\boldsymbol{x}_i$ 尽可能稀疏，也就是说，使 $\boldsymbol{x}_i$ 中的 0 尽可能多，非零数尽可能少，即 $\max(\|\boldsymbol{x}_i\|_0,0)$ 尽可能小。

为了更加便于读者理解，列举了以下例子，如图 5.1 所示[38]。

现在给定一个任务，在字典中找出 10 张图像，用这 10 张图像的一个线性组合去尽可能地表示测试样本。如果是你的话，你会怎么选？你会选 10 张花草图像去表示一张人脸的图像吗？不会的。你会选 10 张人脸的图像尽可能地描述测试人脸图像，这也就是稀疏表示的过程。表示就是用字典中的元素(就是字典中的样本)的线性组合尽可能地描述(还原)测试样本。稀疏表示要用尽可能少的字典中的元素去描述测试样本。为什么要稀疏呢？为什么选用的字典中的样本要尽可能少呢？你可以想象对于一张人脸的图像，只要花草的样本足够多，东补补西凑凑，也是可以组合去表示这张人脸图像的，但是大量的花草样本虽能对人脸构成一种“表示”，但并不“稀疏”。

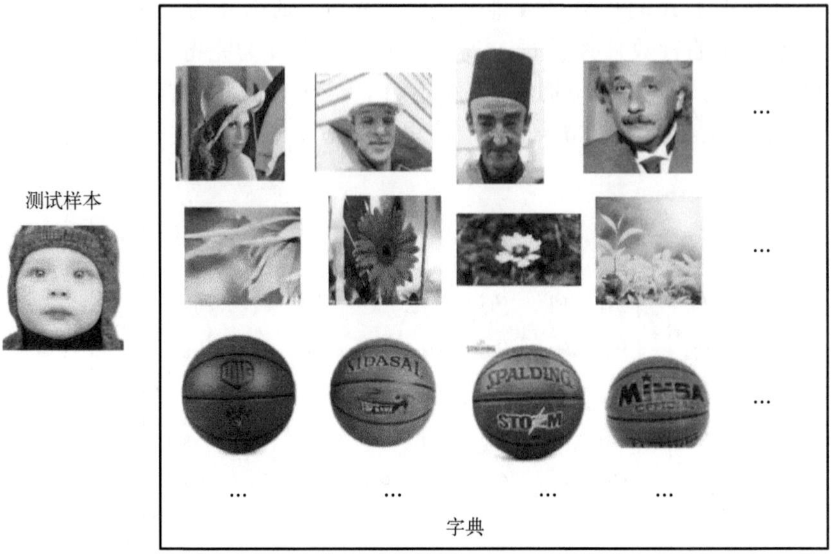

图 5.1　稀疏表示示例

5.3　主成分分析

主成分分析法(principal component analysis，PCA)是字典求解过程中的基础算法。PCA 算法的应用十分广泛，它用类似于机器学习的方法来学习字典，但得到的字典矩阵为标准正交基，也就是说，它既满足了正交的条件，而且字典还与数据相适应。以式(5.1)为例，假设 $\boldsymbol{B}$ 是一个高维的样本，$\boldsymbol{A}$ 是样本 $\boldsymbol{B}$ 的主成分字典。$\boldsymbol{A}^{\mathrm{T}}$ 与 $\boldsymbol{B}$ 相乘，得到一个变换后的样本集合 $\boldsymbol{X}$，此时的字典 $\boldsymbol{A}^{\mathrm{T}}$ 中的各个原子就是 $\boldsymbol{B}$ 的主成分，它的作用是将样本集 $\boldsymbol{B}$ 变换到另一个结构化空间成为样本集 $\boldsymbol{X}$。与原空间相比，变换后的样本更能反映出样本的某些特征或具有某些特性。样本集 $\boldsymbol{X}$ 的特征和特性用于图像处理或模式识别任务能够有出色的表现。在实际情况中，PCA 解决的主要问题就是在观测到的数据十分杂乱的情况下，寻找杂乱数据的内在规律，找到有效的表示，接下来详细举例说明。

假设 $\boldsymbol{B}=[\boldsymbol{b}_1\quad \boldsymbol{b}_2\quad \cdots\quad \boldsymbol{b}_M]$，$\boldsymbol{B}$ 中有 M 个样本；字典 $\boldsymbol{A}=[\boldsymbol{a}_1\quad \boldsymbol{a}_2\quad \cdots\quad \boldsymbol{a}_m]$，$\boldsymbol{A}$ 中有 m 个字典原子，同时 $\boldsymbol{A}$ 为酉阵，即 $\boldsymbol{A}^{\mathrm{T}}=\boldsymbol{A}^{-1}$；$\boldsymbol{X}=[\boldsymbol{x}_1\quad \boldsymbol{x}_2\quad \cdots\quad \boldsymbol{x}_M]$，$\boldsymbol{X}$ 中有 M 个样本；$\boldsymbol{A}^{\mathrm{T}}\boldsymbol{B}=\boldsymbol{X}$，即 $\boldsymbol{A}^{\mathrm{T}}\boldsymbol{b}_i=\boldsymbol{x}_i$。

如果只选取 $\boldsymbol{A}$ 的某些列(非全部列)，构成矩阵 $\tilde{\boldsymbol{A}}$ 就可以对样本 $\boldsymbol{b}_i$ 进行降维，就是通过 $\tilde{\boldsymbol{A}}^{\mathrm{T}}\boldsymbol{b}_i = \boldsymbol{x}_i$ 得到具有某一些特性的 $\boldsymbol{x}_i$， $\boldsymbol{x}_i$ 的维数低于 $\boldsymbol{b}_i$ 的维数。

5.3.1　主成分分析的第一种理解

第一种理解：寻找数据方差最大的方向。那到底什么是方差最大的方向？以图 5.2[39]为例。

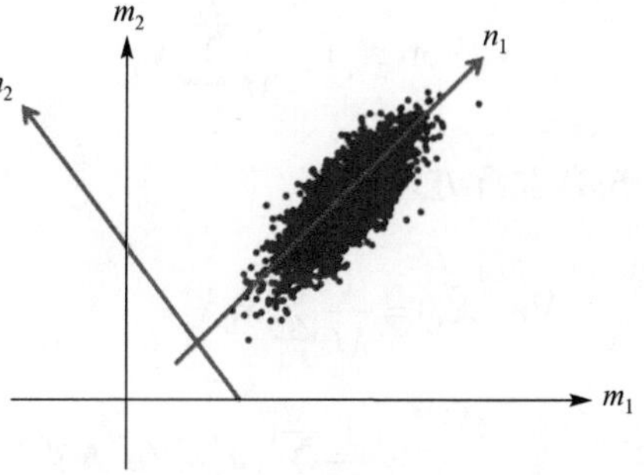

图 5.2　PCA 寻找方差最大方向

图 5.2 为二维平面，图中分布点表示的是二维数据，图中的点明显在空间的一个区域聚集。假设横坐标为 m_1，纵坐标为 m_2，图 5.2 中的数据需要 m_1 和 m_2 两个坐标轴进行表示，如果通过去掉一个坐标轴进行降维，会导致原本不相似的样本变成相似样本，难以区分。因此，需要寻找一个合适的降维方向对这组数据进行降维。这个时候就是 PCA 展现作用的时候了。(m_1,m_2) 坐标系是原始坐标系，(n_1,n_2) 坐标系是之后构建的用于降维的坐标系，如果坐标系是 (n_1,n_2) 坐标系，那么将二维降为一维时，只需要去掉 n_2 坐标系，仅使用 n_1 进行表示就可以使这组数据有最大限度的区分。实际上，(m_1,m_2) 坐标系和 (n_1,n_2) 坐标系都可以张成整个的二维平面，差异是它们的方向不同，n_1 实际选择的是数据方差最大的方向。方差体现了一组数据偏离其均值的程度。如果某个数据在一个坐标轴上投影，偏离波动中心的程度较大，就说明利用该坐标轴进行降维的同时较大限度地保持了数据的差异性。

将样本集 $\boldsymbol{X} = [\boldsymbol{x}_1 \quad \boldsymbol{x}_2 \quad \cdots \quad \boldsymbol{x}_M]$ 中每个样本展开表示为 $\boldsymbol{X} = [\boldsymbol{x}_1 \quad \boldsymbol{x}_2 \quad \cdots \quad \boldsymbol{x}_M] = \begin{bmatrix} x_{11} & x_{12} & \cdots & x_{1M} \\ x_{21} & x_{22} & \cdots & x_{2M} \\ \vdots & \vdots & \cdots & \vdots \\ x_{N1} & x_{N2} & \cdots & x_{NM} \end{bmatrix}$。假设 $\boldsymbol{A}$ 的第一列 $\boldsymbol{a}_1$ 为最大主成分原子，则 x_{11} 为第一个样本的最大表示系数，x_{12} 为第二个样本的最大表示系数，其他样本类似。$\tilde{\boldsymbol{X}}_1 = [x_{11} \ \ x_{12} \ \ \cdots \ \ x_{1M}]$ 应当拥有最大的方差。

方差计算公式如式(5.7)所示：

$$\operatorname{Var}(\tilde{\boldsymbol{X}}_1)=\frac{1}{M}\sum_{i=1}^{M}(\boldsymbol{x}_{1i}-\mu_1)^2 \tag{5.7}$$

其中，μ_1 为 $\boldsymbol{x}_{1i}$ 的均值，如果在主成分分析之前对数据进行了去均值处理，则 $\boldsymbol{x}_{1i}$ 的均值为零，那么，

$$\operatorname{Var}(\tilde{\boldsymbol{X}}_1)=\frac{1}{M}\sum_{i=1}^{M}\boldsymbol{x}_{1i}^2 \tag{5.8}$$

将 $\boldsymbol{a}_1^{\mathrm{T}}\boldsymbol{b}_i=\boldsymbol{x}_{1i}$ 代入式(5.8)求解方差，有

$$\begin{aligned}\operatorname{Var}(\tilde{\boldsymbol{X}}_1)&=\frac{1}{M}\sum_{i=1}^{M}{\boldsymbol{x}_{1i}}^2\\&=\frac{1}{M}\sum_{i=1}^{M}(\boldsymbol{a}_1^{\mathrm{T}}\boldsymbol{b}_i)(\boldsymbol{a}_1^{\mathrm{T}}\boldsymbol{b}_i)^{\mathrm{T}}\\&=\frac{1}{M}\sum_{i=1}^{M}\boldsymbol{a}_1^{\mathrm{T}}\boldsymbol{b}_i{\boldsymbol{b}_i}^{\mathrm{T}}\boldsymbol{a}_1\\&=\boldsymbol{a}_1^{\mathrm{T}}\left(\frac{1}{M}\sum_{i=1}^{M}\boldsymbol{b}_i{\boldsymbol{b}_i}^{\mathrm{T}}\right)\boldsymbol{a}_1\end{aligned} \tag{5.9}$$

由于 $\boldsymbol{b}_i$ 均值为零，$\left(\frac{1}{M}\sum_{i=1}^{M}\boldsymbol{b}_i{\boldsymbol{b}_i}^{\mathrm{T}}\right)$ 为 $\boldsymbol{b}_i$ 的协方差函数，写成矩阵形式，令 $\boldsymbol{C}_b=\frac{1}{M}\sum_{i=1}^{M}\boldsymbol{b}_i{\boldsymbol{b}_i}^{\mathrm{T}}$，将式(5.9)转化并令其为 $\sigma_{\max}^2$，有

$$\boldsymbol{a}_1^{\mathrm{T}}\boldsymbol{C}_b\boldsymbol{a}_1=\sigma_{\max}^2 \tag{5.10}$$

即

$$\boldsymbol{C}_b\boldsymbol{a}_1=\boldsymbol{a}_1\sigma_{\max}^2 \tag{5.11}$$

式(5.11)中的 $\sigma_{\max}^2$ 就是 $\boldsymbol{b}_i$ 的最大方差。由于 $\boldsymbol{C}_b$ 为 $\boldsymbol{b}_i$ 的协方差函数，则 $\boldsymbol{a}_1$ 实际上是求得的特征向量，$\sigma_{\max}^2$ 为特征值。

总结主成分分析的计算方法：

(1) 对数据 $\boldsymbol{B}=[\boldsymbol{b}_1\quad \boldsymbol{b}_2\quad \cdots\quad \boldsymbol{b}_M]$ 进行零均值化，进行零均值化即减去 $\boldsymbol{b}_i$ 的均值；

(2) 对数据求协方差函数 $\boldsymbol{C}_b$；

(3) 将协方差函数 $\boldsymbol{C}_b$ 代入到式(5.11)中进行求解特征值和特征向量，其中，最

大特征值对应的特征向量就是主成分 $\boldsymbol{a}_1$，即字典的第一个原子，第二个特征值对应的特征向量就是字典的第二个原子，以此类推即可；

(4) 将特征向量按照特征值大小从上到下按行排列成矩阵，得到字典 $\boldsymbol{A}$ 。

这就是主成分分析的第一种理解，找到数据最明显特征的方向。用主成分分析进行数据降维在很多方面都有一定的应用。

5.3.2 主成分分析的第二种理解

第二种理解：去掉数据每个维度的相关性，即数据 $\boldsymbol{B}$ 通过 $\boldsymbol{A}^{\mathrm{T}}\boldsymbol{B}=\boldsymbol{X}$ 投影之后，能够去掉数据之间的相关性，主要思想如下。

假设有数据 $\begin{bmatrix} b_{11} & b_{12} & b_{13} \\ b_{21} & b_{22} & b_{23} \\ b_{31} & b_{32} & b_{33} \\ b_{41} & b_{42} & b_{43} \end{bmatrix}$，这些数据具有一定的相关性，去相关性的目标是用矩阵 $\boldsymbol{A}^{\mathrm{T}}$ 去掉数据维度的相关性，得到的矩阵 $\begin{bmatrix} x_{11} & x_{12} & x_{13} \\ x_{21} & x_{22} & x_{23} \\ x_{31} & x_{32} & x_{33} \\ x_{41} & x_{42} & x_{43} \end{bmatrix}$ 的行都不相关。

$$\begin{bmatrix} a_{11} & a_{21} & a_{31} & a_{41} \\ a_{12} & a_{22} & a_{32} & a_{42} \\ a_{13} & a_{23} & a_{33} & a_{43} \\ a_{14} & a_{24} & a_{34} & a_{44} \end{bmatrix}\begin{bmatrix} b_{11} & b_{12} & b_{13} \\ b_{21} & b_{22} & b_{23} \\ b_{31} & b_{32} & b_{33} \\ b_{41} & b_{42} & b_{43} \end{bmatrix}=\begin{bmatrix} x_{11} & x_{12} & x_{13} \\ x_{21} & x_{22} & x_{23} \\ x_{31} & x_{32} & x_{33} \\ x_{41} & x_{42} & x_{43} \end{bmatrix} \tag{5.12}$$

式中，$\boldsymbol{A}^{\mathrm{T}}\boldsymbol{B}=\boldsymbol{X}$，$\boldsymbol{A}=\begin{bmatrix} a_{11} & a_{12} & a_{13} & a_{14} \\ a_{21} & a_{22} & a_{23} & a_{24} \\ a_{31} & a_{32} & a_{33} & a_{34} \\ a_{41} & a_{42} & a_{43} & a_{44} \end{bmatrix}$ $\boldsymbol{B}=\begin{bmatrix} b_{11} & b_{12} & b_{13} \\ b_{21} & b_{22} & b_{23} \\ b_{31} & b_{32} & b_{33} \\ b_{41} & b_{42} & b_{43} \end{bmatrix}$，$\boldsymbol{X}=\begin{bmatrix} x_{11} & x_{12} & x_{13} \\ x_{21} & x_{22} & x_{23} \\ x_{31} & x_{32} & x_{33} \\ x_{41} & x_{42} & x_{43} \end{bmatrix}$。

假设 $\boldsymbol{X}\boldsymbol{X}^{\mathrm{T}}$ 的结果如式(5.13)所示：

$$\boldsymbol{X}\boldsymbol{X}^{\mathrm{T}}=\boldsymbol{A}^{\mathrm{T}}\boldsymbol{B}(\boldsymbol{A}^{\mathrm{T}}\boldsymbol{B})^{\mathrm{T}}=\boldsymbol{A}^{\mathrm{T}}\boldsymbol{B}\boldsymbol{B}^{\mathrm{T}}\boldsymbol{A}=\begin{bmatrix} \lambda_1 & & & \\ & \lambda_2 & & \\ & & \lambda_3 & \\ & & & \lambda_4 \end{bmatrix} \tag{5.13}$$

式(5.13)可以变换为 $\boldsymbol{B}\boldsymbol{B}^{\mathrm{T}}\boldsymbol{A}=\begin{bmatrix} \lambda_1 & & & \\ & \lambda_2 & & \\ & & \lambda_3 & \\ & & & \lambda_4 \end{bmatrix}\boldsymbol{A}$，$\boldsymbol{X}\boldsymbol{X}^{\mathrm{T}}$ 的结果为对角阵，即 $\boldsymbol{X}$ 的每

一维度之间都互不相关，数据去掉了相关性。$\boldsymbol{A}$ 为 $\boldsymbol{BB}^{\mathrm{T}}$ 的特征向量，$\boldsymbol{BB}^{\mathrm{T}}$ 与式(5.9)中 $\left(\dfrac{1}{M}\sum_{i=1}^{M}\boldsymbol{b}_i\boldsymbol{b}_i^{\mathrm{T}}\right)$ 相等，为 $\boldsymbol{B}$ 的协方差矩阵 $\boldsymbol{C}_b$，$\boldsymbol{A}$ 为 $\boldsymbol{C}_b$ 的特征向量，$\lambda_1,\lambda_2,\cdots,\lambda_N$ 为 $\boldsymbol{C}_b$ 的特征值。

通过把 $\boldsymbol{B}$ 映射为 $\boldsymbol{X}$，可以去掉样本维度之间的相关性，这就是 PCA 的另外一种理解。

5.3.3 主成分分析的优缺点

主成分分析有如下优点：

①可消除变量之间的强相关性，因为主成分分析法在对原始数据指标变量进行变换后形成了彼此互不相关的主成分；

②主成分分析法可以消除特征间的相关性，避免采集的特征相关性太强导致计算资源浪费；

③主成分分析中各主成分是按方差大小依次排列顺序的，在分析问题时，可以舍弃一部分主成分，只取前面方差较大的几个主成分来代表原变量，从而降低数据维度。

主成分分析有如下缺点：

①提取的主成分不具备可解释性；

②降维后维度不能太低，降维后的信息量须保持在一个较高水平上才能完成；

③限定字典必须是正交、完备字典，但实际情况中，有时非正交完备的字典能更好地表达一类数据。

5.4 奇异值分解

矩阵的奇异值分解(singular value decomposition，SVD)[40]是线性代数中很重要的内容，也是线性代数中特征值分解(eigenvalue decomposition，EVD)的延伸。对于任意矩阵 $\boldsymbol{B}_{m\times n}$，它的奇异值分解的形式为

$$\boldsymbol{B}_{m\times n}=\boldsymbol{U}_{m\times m}\boldsymbol{S}_{m\times n}\boldsymbol{V}_{n\times n}^{\mathrm{T}} \tag{5.14}$$

其中，$\boldsymbol{U}$ 和 $\boldsymbol{V}$ 都是奇异值矩阵：$\boldsymbol{U}$ 为左奇异值矩阵，$\boldsymbol{V}$ 为右奇异值矩阵，且 $\boldsymbol{U}^{\mathrm{T}}\boldsymbol{U}=\boldsymbol{I}$，$\boldsymbol{V}^{\mathrm{T}}\boldsymbol{V}=\boldsymbol{I}$，$\boldsymbol{S}$ 只有对角元素而且对角元素是从大到小排列的，这些对角元素称为奇异值，如图 5.3[40]所示。

假设矩阵 $\boldsymbol{B}=\begin{bmatrix}1 & 1\\ 0 & 1\\ 1 & 0\end{bmatrix}$，对 $\boldsymbol{B}$ 进行奇异值分解。

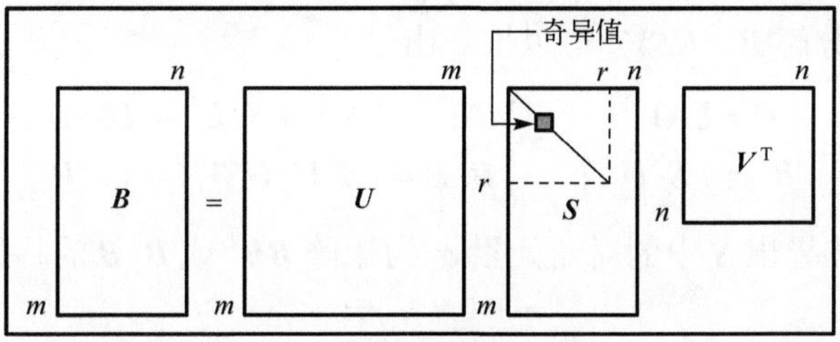

图 5.3　奇异值分解原理 1

由 $\boldsymbol{B}=\begin{bmatrix}1&1\\0&1\\1&0\end{bmatrix}$ 得 $\boldsymbol{BB}^{\mathrm{T}}=\begin{bmatrix}1&1\\0&1\\1&0\end{bmatrix}\begin{bmatrix}1&0&1\\1&1&0\end{bmatrix}=\begin{bmatrix}2&1&1\\1&1&0\\1&0&1\end{bmatrix}$，根据 $\boldsymbol{BB}^{\mathrm{T}}\boldsymbol{u}_i=\lambda_i\boldsymbol{u}_i$ 得 $\boldsymbol{BB}^{\mathrm{T}}$ 的奇异值 $\lambda_1=3,\lambda_2=1,\lambda_3=0$，由这三个奇异值对应的 $\boldsymbol{BB}^{\mathrm{T}}$ 的三个特征向量，即奇异值分解中的左奇异值向量分别为：$\boldsymbol{u}_1=\begin{bmatrix}\frac{2}{\sqrt{6}}\\\frac{1}{\sqrt{6}}\\\frac{1}{\sqrt{6}}\end{bmatrix},\boldsymbol{u}_2=\begin{bmatrix}0\\-\frac{1}{\sqrt{2}}\\\frac{1}{\sqrt{2}}\end{bmatrix},\boldsymbol{u}_3=\begin{bmatrix}-\frac{1}{\sqrt{3}}\\\frac{1}{\sqrt{3}}\\\frac{1}{\sqrt{3}}\end{bmatrix}$，得到左奇异值矩阵 $\boldsymbol{U}=[\boldsymbol{u}_1\quad\boldsymbol{u}_2\quad\boldsymbol{u}_3]=\begin{bmatrix}\frac{2}{\sqrt{6}}&0&-\frac{1}{\sqrt{3}}\\\frac{1}{\sqrt{6}}&-\frac{1}{\sqrt{2}}&\frac{1}{\sqrt{3}}\\\frac{1}{\sqrt{6}}&\frac{1}{\sqrt{2}}&\frac{1}{\sqrt{3}}\end{bmatrix}$。

由 $\boldsymbol{B}=\begin{bmatrix}1&1\\0&1\\1&0\end{bmatrix}$ 得 $\boldsymbol{B}^{\mathrm{T}}\boldsymbol{B}=\begin{bmatrix}1&0&1\\1&1&0\end{bmatrix}\begin{bmatrix}1&1\\0&1\\1&0\end{bmatrix}=\begin{bmatrix}2&1\\1&2\end{bmatrix}$，根据 $\boldsymbol{B}^{\mathrm{T}}\boldsymbol{B}\boldsymbol{v}_i=\lambda_i\boldsymbol{v}_i$ 得 $\boldsymbol{B}^{\mathrm{T}}\boldsymbol{B}$ 的奇异值 $\lambda_1=3,\lambda_2=1$，这两个奇异值对应 $\boldsymbol{B}^{\mathrm{T}}\boldsymbol{B}$ 的两个特征向量，即奇异值分解中的右奇异值向量分别为：$\boldsymbol{v}_1=\begin{bmatrix}\frac{1}{\sqrt{2}}\\\frac{1}{\sqrt{2}}\end{bmatrix},\boldsymbol{v}_2=\begin{bmatrix}\frac{1}{\sqrt{2}}\\-\frac{1}{\sqrt{2}}\end{bmatrix}$，得到右奇异值矩阵 $\boldsymbol{V}=[\boldsymbol{v}_1\quad\boldsymbol{v}_2]=\begin{bmatrix}\frac{1}{\sqrt{2}}&\frac{1}{\sqrt{2}}\\\frac{1}{\sqrt{2}}&-\frac{1}{\sqrt{2}}\end{bmatrix}$。

根据奇异值分解 $\boldsymbol{B}=\boldsymbol{USV}^{\mathrm{T}}$ 可以推导出

$$\left.\begin{aligned}\boldsymbol{B}&=\boldsymbol{USV}^{\mathrm{T}}\\\boldsymbol{B}^{\mathrm{T}}&=\boldsymbol{VS}^{\mathrm{T}}\boldsymbol{U}^{\mathrm{T}}\end{aligned}\right\}\Rightarrow\left\{\begin{aligned}\boldsymbol{BB}^{\mathrm{T}}&=\boldsymbol{USV}^{\mathrm{T}}\boldsymbol{VS}^{\mathrm{T}}\boldsymbol{U}^{\mathrm{T}}=\boldsymbol{US}^2\boldsymbol{U}^{\mathrm{T}}\\\boldsymbol{B}^{\mathrm{T}}\boldsymbol{B}&=\boldsymbol{VS}^{\mathrm{T}}\boldsymbol{U}^{\mathrm{T}}\boldsymbol{USV}^{\mathrm{T}}=\boldsymbol{VS}^2\boldsymbol{V}^{\mathrm{T}}\end{aligned}\right. \tag{5.15}$$

由式(5.15)可以推导出 $\boldsymbol{S}$ 中的对角元素 σ_i 为矩阵 $\boldsymbol{BB}^{\mathrm{T}}$ 或 $\boldsymbol{B}^{\mathrm{T}}\boldsymbol{B}$ 的特征值再开方，即

$$\sigma_i=\sqrt{\lambda_i} \tag{5.16}$$

那么矩阵 $\boldsymbol{S}=\begin{bmatrix}\sqrt{3}&0\\0&1\\0&0\end{bmatrix}$，$\boldsymbol{B}=\boldsymbol{USV}^{\mathrm{T}}=\begin{bmatrix}\frac{2}{\sqrt{6}}&0&-\frac{1}{\sqrt{3}}\\\frac{1}{\sqrt{6}}&-\frac{1}{\sqrt{2}}&\frac{1}{\sqrt{3}}\\\frac{1}{\sqrt{6}}&\frac{1}{\sqrt{2}}&\frac{1}{\sqrt{3}}\end{bmatrix}\begin{bmatrix}\sqrt{3}&0\\0&1\\0&0\end{bmatrix}\begin{bmatrix}\frac{1}{\sqrt{2}}&\frac{1}{\sqrt{2}}\\\frac{1}{\sqrt{2}}&-\frac{1}{\sqrt{2}}\end{bmatrix}$，

即 $\boldsymbol{B}=\sqrt{\lambda_1}\boldsymbol{u}_1\boldsymbol{v}_1^{\mathrm{T}}+\sqrt{\lambda_2}\boldsymbol{u}_2\boldsymbol{v}_2^{\mathrm{T}}$，对矩阵 $\boldsymbol{B}$ 奇异值分解完毕。

上面对奇异值分解的定义和计算做了详细的描述，似乎看不出奇异值分解有什么好处。那么奇异值分解有什么重要的性质值得注意呢？对于奇异值，它跟特征值分解中的特征值类似，在奇异值矩阵中也是按照从大到小排列的，而且奇异值的减少特别快，在很多情况下，前 10%甚至 1%的奇异值的和就占了全部的奇异值之和的 99%以上的比例。也就是说，可以用最大的 k 个奇异值和对应的左右奇异向量来近似描述矩阵，如图 5.4[40]所示，即

$$\boldsymbol{B}_{m\times n}=\boldsymbol{U}_{m\times m}\boldsymbol{S}_{m\times n}\boldsymbol{V}_{n\times n}^{\mathrm{T}}\approx\boldsymbol{U}_{m\times k}\boldsymbol{S}_{k\times k}\boldsymbol{V}_{k\times n}^{\mathrm{T}} \tag{5.17}$$

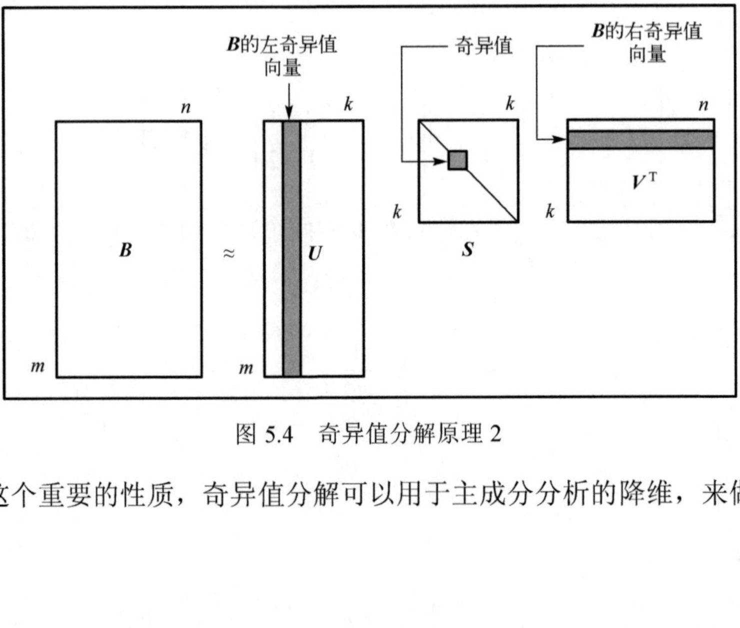

图 5.4 奇异值分解原理 2

由于这个重要的性质，奇异值分解可以用于主成分分析的降维，来做数据压缩和去噪。

5.4.1　通过奇异值分解获得矩阵的列主成分

假设 $\boldsymbol{B}=\boldsymbol{AX}$，计算 $\boldsymbol{BB}^{\mathrm{T}}$，可将 $\boldsymbol{B}=\boldsymbol{USV}^{\mathrm{T}}$ 代入得到

$$\boldsymbol{BB}^{\mathrm{T}}=\boldsymbol{USV}^{\mathrm{T}}\boldsymbol{VS}^{\mathrm{T}}\boldsymbol{U}^{\mathrm{T}} \tag{5.18}$$

因为 $\boldsymbol{V}$ 为右奇异值矩阵，且 $\boldsymbol{S}$ 为对角阵形式，对式(5.18)进行化简整理，有

$$\boldsymbol{BB}^{\mathrm{T}}=\boldsymbol{USV}^{\mathrm{T}}\boldsymbol{VS}^{\mathrm{T}}\boldsymbol{U}^{\mathrm{T}}=\boldsymbol{US}^{2}\boldsymbol{U}^{\mathrm{T}} \tag{5.19}$$

即

$$(\boldsymbol{BB}^{\mathrm{T}})\boldsymbol{U}=\boldsymbol{US}^{2} \tag{5.20}$$

由式(5.20)可知，求 $\boldsymbol{BB}^{\mathrm{T}}$ 的特征值和特征矩阵，将所有的特征向量放到同一个矩阵中，就会得到左奇异值矩阵 $\boldsymbol{U}$，将特征向量对应的特征值开平方根得到奇异值，然后这些奇异值依次组成的对角阵就是 $\boldsymbol{S}$。

又因为 $\boldsymbol{B}=\boldsymbol{AX}$，则有

$$\boldsymbol{BB}^{\mathrm{T}}=\boldsymbol{AX}(\boldsymbol{AX})^{\mathrm{T}}=\boldsymbol{AXX}^{\mathrm{T}}\boldsymbol{A}^{\mathrm{T}} \tag{5.21}$$

通过式(5.19)和式(5.21)进行对比可得

$$\boldsymbol{S}^{2}=\boldsymbol{XX}^{\mathrm{T}},\boldsymbol{A}=\boldsymbol{U} \tag{5.22}$$

可得出结论：看作列向量时，主成分分析中的字典 $\boldsymbol{A}$ 为对数据 $\boldsymbol{B}$ 进行奇异值分解得到的奇异值矩阵 $\boldsymbol{U}$，$\boldsymbol{U}$ 可以称之为列主成分。

5.4.2　通过奇异值分解获得矩阵的行主成分

假设 $\boldsymbol{B}^{\mathrm{T}}=\boldsymbol{AX}$，计算 $\boldsymbol{B}^{\mathrm{T}}\boldsymbol{B}$，可将 $\boldsymbol{B}=\boldsymbol{USV}^{\mathrm{T}}$ 代入得到

$$\boldsymbol{B}^{\mathrm{T}}\boldsymbol{B}=\boldsymbol{VSU}^{\mathrm{T}}\boldsymbol{USV}^{\mathrm{T}}=\boldsymbol{VS}^{2}\boldsymbol{V}^{\mathrm{T}} \tag{5.23}$$

因为 $\boldsymbol{V}$ 为奇异值矩阵，对式(5.23)进行化简整理，有

$$(\boldsymbol{B}^{\mathrm{T}}\boldsymbol{B})\boldsymbol{V}=\boldsymbol{VS}^{2} \tag{5.24}$$

由式(5.24)可知，求 $\boldsymbol{B}^{\mathrm{T}}\boldsymbol{B}$ 的特征值和特征矩阵，将所有的特征向量放到同一个矩阵中，就会得到右奇异值矩阵 $\boldsymbol{V}$，将特征向量对应的特征值开平方根得到奇异值，然后这些奇异值依次组成的对角阵就是 $\boldsymbol{S}$。

又因为 $\boldsymbol{B}^{\mathrm{T}}=\boldsymbol{AX}$，则有

$$\boldsymbol{B}^{\mathrm{T}}\boldsymbol{B}=\boldsymbol{AX}(\boldsymbol{AX})^{\mathrm{T}}=\boldsymbol{AXX}^{\mathrm{T}}\boldsymbol{A}^{\mathrm{T}} \tag{5.25}$$

通过式(5.23)和式(5.25)进行对比可得

$$\boldsymbol{S}^{2}=\boldsymbol{XX}^{\mathrm{T}},\boldsymbol{A}=\boldsymbol{V} \tag{5.26}$$

可得出结论：将 $\boldsymbol{B}$ 中数据看作行向量时，主成分分析中的字典 $\boldsymbol{A}$ 为对数据 $\boldsymbol{B}$ 进

行奇异值分解得到的奇异值矩阵 $\boldsymbol{V}$，$\boldsymbol{V}$ 可以称之为行主成分。

5.4.3 奇异值分解和主成分分析之间的关系

当对 $\boldsymbol{B}$ 的每一行去掉均值之后，$\boldsymbol{B}\boldsymbol{B}^{\mathrm{T}}$ 可以看作协方差矩阵。因此对 $\boldsymbol{B}\boldsymbol{B}^{\mathrm{T}}$ 求特征值和特征向量相当于求 $\boldsymbol{B}$ 的列主成分。因此，主成分分析字典可以通过奇异值分解进行求解。

奇异值分解得到的两个奇异值矩阵，分别代表主成分分析的列主成分和行主成分。对 $\boldsymbol{B}$ 的处理不同，得到的主成分不同。

奇异值分解有如下优点：

①算法稳定，适用面广，无论是否为方阵都可以进行奇异值分解；

②可以简化数据，使用维数小很多的数据集来表示原始数据集；

③可以利用奇异值分解从有噪声的数据中抽取相关特征，这样做实际上去除了噪声和冗余信息；

④算法在有些领域效果较好。

奇异值分解有如下缺点：

①计算代价很大；

②分解出的矩阵可解释性往往不强。

5.5 K-均值聚类算法

K-均值聚类[41]是一种稀疏表示：对于样本元素 $\boldsymbol{b}_i$，目的是从字典 $\boldsymbol{A}$ 中找到其距离最近的质心。其解决如下优化问题：

$$\min_{\boldsymbol{A},\boldsymbol{x}_i}\{\|\boldsymbol{b}_i-\boldsymbol{A}\boldsymbol{x}_i\|_{\mathrm{F}}^2\} \quad \text{s.t. } \forall i, \boldsymbol{x}_i=\boldsymbol{e}_k \tag{5.27}$$

其中，$\boldsymbol{A}=[\boldsymbol{a}_1 \quad \boldsymbol{a}_2 \quad \cdots \quad \boldsymbol{a}_m]$ 为稀疏表示字典，$\boldsymbol{a}_1,\boldsymbol{a}_2,\cdots,\boldsymbol{a}_m$ 为稀疏表示字典的原子，m 为原子个数，$\boldsymbol{x}_i$ 为稀疏表示系数，$\boldsymbol{e}_k$ 是只有一个非零元素的单位向量。在 K-均值聚类中，这 m 个原子为通过该算法得到的 m 个聚类中心。$\boldsymbol{x}_i$ 为 $\boldsymbol{b}_i$ 的稀疏表示系数。对于样本 $\boldsymbol{b}_i$，约束条件要求找到对应的稀疏表示系数 $\boldsymbol{x}_i$，并且只有一个原子被选中，也就是说稀疏表示系数 $\boldsymbol{x}_i$ 中只有一个元素不为 0，即 $\boldsymbol{x}_i=\boldsymbol{e}_k$。那么样本 $\boldsymbol{b}_i$ 即属于相应的聚类中心。近似模型如式(5.28)所示：

$$\min_{\boldsymbol{A},\boldsymbol{x}_i}\{\|\boldsymbol{b}_i-\boldsymbol{A}\boldsymbol{x}_i\|_{\mathrm{F}}^2\} \quad \text{s.t. } \forall i, \|\boldsymbol{x}_i\|_0=1 \tag{5.28}$$

5.5.1 K-均值聚类算法流程

K-均值聚类算法是聚类方法中最简单的一种，实际上就是用聚类中心作为字典原子的一种算法。其目的是寻找潜在的 m 个类别，从而使样本 $\boldsymbol{x}_i$ 合理地归属到不同的类别中，其具体算法如下。

第一步：输入样本集 $\boldsymbol{B}=\{\boldsymbol{b}_i\}_{i=1}^{M}$ 和类别数 m；

第二步：首先随机从数据集合中选取 m 个聚类中心，即初始化中心向量 $\boldsymbol{C}^{(0)}=\{\boldsymbol{c}_i^{(0)}\}_{i=1}^{m}$；

第三步：迭代，重复如下(1)、(2)步骤直至收敛。

(1)把样本 $\boldsymbol{x}_i$ 归属到某一类中，具体做法如下：

$$j=\arg\min_{j}\left\|\boldsymbol{x}_i-\boldsymbol{c}_j\right\|_2^2 \qquad j=1,2,\cdots,m \tag{5.29}$$

式(5.29)含义为，如果与其他聚类中心相比，$\boldsymbol{x}_i$ 到 $\boldsymbol{c}_j$ 距离最小，就把 $\boldsymbol{x}_i$ 归属到 $\boldsymbol{c}_j$ 所属的 j 类中。对训练数据集中的所有训练样本都按照此方法进行归类。

(2)将每一类中的所有训练样本进行平均，重新计算聚类中心的位置 $\boldsymbol{c}_1,\boldsymbol{c}_2,\cdots,\boldsymbol{c}_m$。

直到达到停止条件，输出聚类中心 $\boldsymbol{C}=\{\boldsymbol{c}_i\}_{i=1}^{m}$，$\boldsymbol{A}=\{\boldsymbol{c}_1 \quad \boldsymbol{c}_2 \quad \cdots \quad \boldsymbol{c}_m\}$ 为字典。K-均值聚类算法流程图如图 5.5 所示。

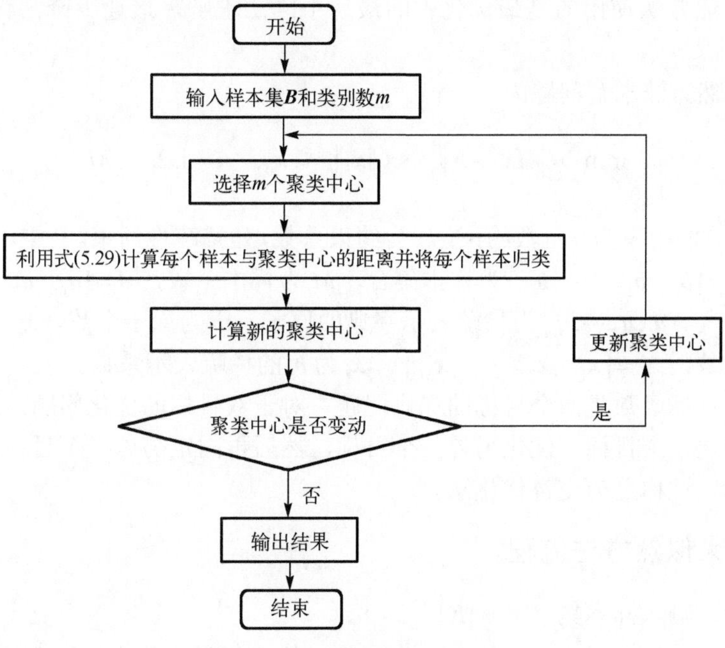

图 5.5　K-均值聚类算法流程图

5.5.2　K-均值聚类算法优缺点

K-均值聚类算法有如下优点：

①原理比较简单，实现也很容易，收敛速度快；

②聚类效果在某些任务上较优；

③算法的可解释度比较强；

④主要需要调节的参数仅仅是类别数 m 。

K-均值聚类算法有如下缺点[42]：

①需要事先指定类别数，不同的类别数对于结果有较大影响；

②对于初始点的选取敏感，不同的随机初始点得到的聚类结果可能完全不同；

③对于非凸的数据集比较难收敛；

④对噪声过于敏感，因为聚类的中心是基于均值的，因此离聚类中心较远的噪声会导致中心的偏移；

⑤结果不一定是全局最优，只能保证局部最优；

⑥解 $\boldsymbol{b}_i = \boldsymbol{A}\boldsymbol{x}_i$ ，求得的解 $\boldsymbol{x}_i$ 不稀疏，只能解 $\|\boldsymbol{b}_i = \boldsymbol{A}\boldsymbol{x}_i\|_2 \leqslant \varepsilon$ ，仍有误差。

5.6 最大似然方法

最大似然方法使用的是最优化中的最速下降法求解，最速下降法详见第 2 章 2.1 节。

最大似然方法求解问题为

$$\min_{A,x_i}\sum_{i=1}^{M}\|\boldsymbol{A}\boldsymbol{x}_i - \boldsymbol{b}_i\|_2^2 \quad \text{s.t.}\|\boldsymbol{x}_i\|_0 \leqslant k_0, \quad i = 1,2,\cdots,M \tag{5.30}$$

式(5.30)的约束为 0 范数约束，k_0 为约束系数，是稀疏性约束。其中，$\boldsymbol{b}_1,\boldsymbol{b}_2,\cdots,\boldsymbol{b}_M$ 为样本，$\boldsymbol{B} = [\boldsymbol{b}_1 \quad \boldsymbol{b}_2 \quad \cdots \quad \boldsymbol{b}_M]$ 为样本集合，M 为样本个数，$\boldsymbol{A} = [\boldsymbol{a}_1 \quad \boldsymbol{a}_2 \quad \cdots \quad \boldsymbol{a}_m]$ 为稀疏表示字典。$\boldsymbol{a}_1,\boldsymbol{a}_2\cdots,\boldsymbol{a}_m$ 为稀疏表示字典的原子，m 为原子个数。$\boldsymbol{x}_1,\boldsymbol{x}_2,\cdots,\boldsymbol{x}_M$ 为稀疏表示系数，$\boldsymbol{X} = [\boldsymbol{x}_1 \quad \boldsymbol{x}_2 \quad \cdots \quad \boldsymbol{x}_M]$ ，$\boldsymbol{x}_i$ 为 $\boldsymbol{b}_i$ 的稀疏表示系数。

另外，目标函数是两个目标的优化问题，对于双目标的优化问题，这里采取的方法是先固定一个目标，优化另外一个目标，然后再固定另外一个目标，优化先前固定的目标，这称之为交替优化法。

5.6.1 最大似然方法流程

第一步，输入样本集：$\boldsymbol{B} = \{\boldsymbol{b}_i\}_{i=1}^{M}$ 。

第二步，初始化字典：$\boldsymbol{A}^{(0)}$ ，即在 $\boldsymbol{B} = \{\boldsymbol{b}_i\}_{i=1}^{M}$ 中随机选择出自定义的原子个数。

第三步，迭代：重复如下(1)、(2)步骤直至收敛。

(1)更新稀疏表示系数 $\boldsymbol{x}_i$ ，可以使用如第 4 章 4.2.2 节中所示的正交匹配追踪算法：

$$\min_{x_i}\sum_{i=1}^{M}\|\boldsymbol{A}\boldsymbol{x}_i-\boldsymbol{b}_i\|_2^2\quad \text{s.t.}\|\boldsymbol{x}_i\|_0\leqslant k_0,\quad i=1,2,\cdots,M \tag{5.31}$$

(2) 更新字典 $\boldsymbol{A}$：

$$\boldsymbol{A}^{(J+1)}=\boldsymbol{A}^{(J)}-\eta\sum_{i=1}^{M}(\boldsymbol{A}^{(J)}\boldsymbol{x}_i-\boldsymbol{b}_i)\boldsymbol{x}_i^{\mathrm{T}} \tag{5.32}$$

其中，$\boldsymbol{A}^{(J+1)}$ 是第 $J+1$ 次迭代得到的稀疏表示字典，$\boldsymbol{A}^{(J)}$ 是第 J 次迭代得到的稀疏表示字典。满足收敛条件时，停止迭代。最大似然方法流程图如图 5.6 所示。

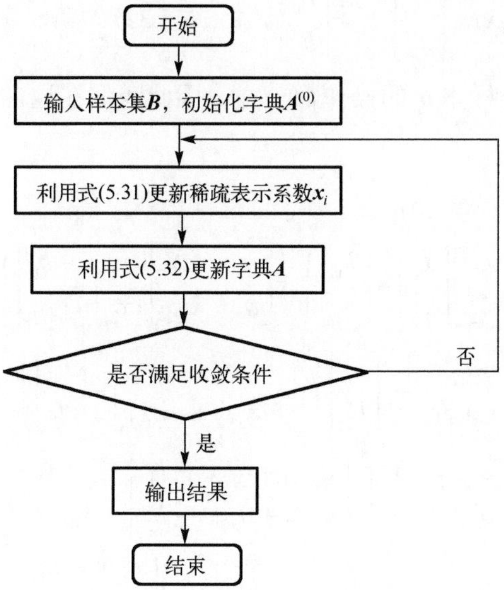

图 5.6　最大似然方法流程图

5.6.2　最大似然方法流程分析

上述算法步骤中，首先对初始化字典 $\boldsymbol{A}^{(0)}$ 进行赋值，然后用第 4 章中学过的正交匹配追踪算法求解稀疏表示系数。在更新字典的时候，采用的是最速下降法。最速下降法有一个难点就是下降方向的求解过程，也就是对式 (5.33) 的求解过程。

$$\min_{A,x_i}\sum_{i=1}^{M}\|\boldsymbol{A}\boldsymbol{x}_i-\boldsymbol{b}_i\|_2^2\quad \text{s.t.}\|\boldsymbol{x}_i\|_0\leqslant k_0,\quad i=1,2,\cdots,M \tag{5.33}$$

对于式 (5.33) 中的 $\boldsymbol{A}$，寻找最速下降方向，下降方向是负梯度方向，需要对 $\boldsymbol{A}$ 求导，一个关于 $\boldsymbol{A}$ 的函数 $f(\boldsymbol{A})$ 对 $\boldsymbol{A}$ 求导过程如下：

$$\frac{\partial f(\boldsymbol{A})}{\partial \boldsymbol{A}}=\begin{bmatrix}\frac{\partial f(\boldsymbol{A})}{\partial \boldsymbol{A}_{11}} & \frac{\partial f(\boldsymbol{A})}{\partial \boldsymbol{A}_{12}} & \cdots & \frac{\partial f(\boldsymbol{A})}{\partial \boldsymbol{A}_{1m}} \\ \frac{\partial f(\boldsymbol{A})}{\partial \boldsymbol{A}_{21}} & \frac{\partial f(\boldsymbol{A})}{\partial \boldsymbol{A}_{22}} & \cdots & \frac{\partial f(\boldsymbol{A})}{\partial \boldsymbol{A}_{2m}} \\ \vdots & \vdots & \vdots & \vdots \\ \frac{\partial f(\boldsymbol{A})}{\partial \boldsymbol{A}_{n1}} & \frac{\partial f(\boldsymbol{A})}{\partial \boldsymbol{A}_{n2}} & \cdots & \frac{\partial f(\boldsymbol{A})}{\partial \boldsymbol{A}_{nm}}\end{bmatrix} \tag{5.34}$$

假设：$\boldsymbol{A}=\begin{bmatrix}a_{11} & a_{12} \\ a_{21} & a_{22}\end{bmatrix},\boldsymbol{x}_i=\begin{bmatrix}x_1 \\ x_2\end{bmatrix},\boldsymbol{b}_i=\begin{bmatrix}b_1 \\ b_2\end{bmatrix}$，将式(5.33)的第一项作为目标函数 $f(\boldsymbol{A})=\|\boldsymbol{A}\boldsymbol{x}_i-\boldsymbol{b}_i\|_2^2$。对于每个样本 $\boldsymbol{b}_i$ 的操作都一样，因此我们在这部分将符号 $\boldsymbol{b}_i$ 简化为 $\boldsymbol{b}$，$\boldsymbol{x}_i$ 简化为 $\boldsymbol{x}$，得到：

$$\begin{aligned}
&(\boldsymbol{A}\boldsymbol{x}-\boldsymbol{b})^{\mathrm{T}}(\boldsymbol{A}\boldsymbol{x}-\boldsymbol{b}) \\
&=\left(\begin{bmatrix}a_{11} & a_{12} \\ a_{21} & a_{22}\end{bmatrix}\begin{bmatrix}x_1 \\ x_2\end{bmatrix}-\begin{bmatrix}b_1 \\ b_2\end{bmatrix}\right)^{\mathrm{T}}\left(\begin{bmatrix}a_{11} & a_{12} \\ a_{21} & a_{22}\end{bmatrix}\begin{bmatrix}x_1 \\ x_2\end{bmatrix}-\begin{bmatrix}b_1 \\ b_2\end{bmatrix}\right) \\
&=\left(\begin{bmatrix}a_{11}x_1+a_{12}x_2 \\ a_{21}x_1+a_{22}x_2\end{bmatrix}-\begin{bmatrix}b_1 \\ b_2\end{bmatrix}\right)^{\mathrm{T}}\left(\begin{bmatrix}a_{11}x_1+a_{12}x_2 \\ a_{21}x_1+a_{22}x_2\end{bmatrix}-\begin{bmatrix}b_1 \\ b_2\end{bmatrix}\right) \\
&=\begin{bmatrix}a_{11}x_1+a_{12}x_2-b_1 \\ a_{21}x_1+a_{22}x_2-b_2\end{bmatrix}^{\mathrm{T}}\begin{bmatrix}a_{11}x_1+a_{12}x_2-b_1 \\ a_{21}x_1+a_{22}x_2-b_2\end{bmatrix} \\
&=\begin{bmatrix}a_{11}x_1+a_{12}x_2-b_1 & a_{21}x_1+a_{22}x_2-b_2\end{bmatrix}\begin{bmatrix}a_{11}x_1+a_{12}x_2-b_1 \\ a_{21}x_1+a_{22}x_2-b_2\end{bmatrix} \\
&=a_{11}{}^2x_1{}^2+a_{12}{}^2x_2{}^2+2a_{11}a_{12}x_1x_2+a_{21}{}^2x_1{}^2+a_{22}{}^2x_2{}^2 \\
&\quad+2a_{21}a_{22}x_1x_2-2b_1a_{11}x_1-2b_2a_{21}x_1-2b_1a_{12}x_2-2b_2a_{22}x_2+b_1{}^2+b_2{}^2
\end{aligned} \tag{5.35}$$

展开以后，再进行计算求导，得

$$\begin{aligned}
&\frac{\partial(\boldsymbol{A}\boldsymbol{x}-\boldsymbol{b})^{\mathrm{T}}(\boldsymbol{A}\boldsymbol{x}-\boldsymbol{b})}{\partial \boldsymbol{A}} \\
&=\begin{bmatrix}\frac{\partial(\boldsymbol{A}\boldsymbol{x}-\boldsymbol{b})^{\mathrm{T}}(\boldsymbol{A}\boldsymbol{x}-\boldsymbol{b})}{\partial a_{11}} & \frac{\partial(\boldsymbol{A}\boldsymbol{x}-\boldsymbol{b})^{\mathrm{T}}(\boldsymbol{A}\boldsymbol{x}-\boldsymbol{b})}{\partial a_{12}} \\ \frac{\partial(\boldsymbol{A}\boldsymbol{x}-\boldsymbol{b})^{\mathrm{T}}(\boldsymbol{A}\boldsymbol{x}-\boldsymbol{b})}{\partial a_{21}} & \frac{\partial(\boldsymbol{A}\boldsymbol{x}-\boldsymbol{b})^{\mathrm{T}}(\boldsymbol{A}\boldsymbol{x}-\boldsymbol{b})}{\partial a_{21}}\end{bmatrix} \\
&=\begin{bmatrix}2a_{11}x_1{}^2+2a_{12}x_1x_2-2b_1x_1 & 2a_{12}x_2{}^2+2a_{11}x_1x_2-2b_2x_1 \\ 2a_{21}x_1{}^2+2a_{22}x_1x_2-2b_1x_2 & 2a_{22}x_2{}^2+2a_{21}x_1x_2-2b_2x_2\end{bmatrix}
\end{aligned}$$

$$
\begin{aligned}
&= 2\left(\begin{bmatrix} a_{11}x_1^{\ 2} & a_{11}x_1x_2 \\ a_{21}x_1^{\ 2} & a_{21}x_1x_2 \end{bmatrix} + \begin{bmatrix} a_{12}x_1x_2 & a_{12}x_2^{\ 2} \\ a_{22}x_1x_2 & a_{22}x_2^{\ 2} \end{bmatrix} - \begin{bmatrix} b_1x_1 & b_2x_1 \\ b_1x_2 & b_2x_2 \end{bmatrix}\right) \\
&= 2\left(\begin{bmatrix} a_{11} \\ a_{21} \end{bmatrix}[x_1^{\ 2} \quad x_1x_2] + \begin{bmatrix} a_{12} \\ a_{22} \end{bmatrix}[x_2x_1 \quad x_2^{\ 2}] - \begin{bmatrix} b_1 \\ b_2 \end{bmatrix}[x_1 \quad x_2]\right) \\
&= 2\left(\begin{bmatrix} a_{11} & a_{12} \\ a_{21} & a_{22} \end{bmatrix}\begin{bmatrix} x_1^{\ 2} & x_1x_2 \\ x_2x_1 & x_2^{\ 2} \end{bmatrix} - \begin{bmatrix} b_1 \\ b_2 \end{bmatrix}[x_1 \quad x_2]\right) \\
&= 2\left(\begin{bmatrix} a_{11} & a_{12} \\ a_{21} & a_{22} \end{bmatrix}\begin{bmatrix} x_1 \\ x_2 \end{bmatrix}[x_1 \quad x_2] - \begin{bmatrix} b_1 \\ b_2 \end{bmatrix}[x_1 \quad x_2]\right)
\end{aligned}
\tag{5.36}
$$

对式(5.36)进行整理得

$$
\frac{\partial(\boldsymbol{Ax}-\boldsymbol{b})^{\mathrm{T}}(\boldsymbol{Ax}-\boldsymbol{b})}{\partial \boldsymbol{A}} = 2(\boldsymbol{Axx}^{\mathrm{T}} - \boldsymbol{bx}^{\mathrm{T}}) = 2(\boldsymbol{Ax}-\boldsymbol{b})\boldsymbol{x}^{\mathrm{T}} \tag{5.37}
$$

将(5.37)所表示的负梯度方向作为最速下降方向，进而有

$$
\boldsymbol{A}^{(J+1)} = \boldsymbol{A}^{(J)} - \eta\sum_{i=1}^{M}(\boldsymbol{A}^{(J)}\boldsymbol{x}_i - \boldsymbol{b}_i)\boldsymbol{x}_i^{\mathrm{T}} \tag{5.38}
$$

其中，$\sum_{i=1}^{M}(\boldsymbol{A}^{(J)}\boldsymbol{x}_i - \boldsymbol{b}_i)\boldsymbol{x}_i^{\mathrm{T}}$ 是求导出的梯度方向，η 为步长。

最大似然方法缺点：若步长选择不当，会导致算法不收敛。最速下降法的步长选择是一个难点。

5.7　最优方向法

最优方向法(method of optimal direction，MOD)[43]求解问题为

$$
\min_{A,x_i}\sum_{i=1}^{M}\|\boldsymbol{Ax}_i - \boldsymbol{b}_i\|_2^2 \quad \text{s.t.}\|\boldsymbol{x}_i\|_0 \leqslant k_0, \quad i = 1,2,\cdots,M \tag{5.39}
$$

式(5.39)的约束为 0 范数约束，k_0 是稀疏度的约束。其中，$\boldsymbol{b}_1,\boldsymbol{b}_2,\cdots,\boldsymbol{b}_M$ 为样本，$\boldsymbol{B}=[\boldsymbol{b}_1 \quad \boldsymbol{b}_2 \quad \cdots \quad \boldsymbol{b}_M]$为样本集合，$M$ 为样本个数；$\boldsymbol{A}=[\boldsymbol{a}_1 \quad \boldsymbol{a}_2 \quad \cdots \quad \boldsymbol{a}_m]$为稀疏表示字典，$\boldsymbol{a}_1,\boldsymbol{a}_2\cdots\boldsymbol{a}_m$ 为稀疏表示字典的原子，m 为原子个数；$\boldsymbol{x}_1,\boldsymbol{x}_2,\cdots,\boldsymbol{x}_M$ 为稀疏表示系数，$\boldsymbol{X}=[\boldsymbol{x}_1 \quad \boldsymbol{x}_2 \quad \cdots \quad \boldsymbol{x}_M]$，$\boldsymbol{x}_i$ 为 $\boldsymbol{b}_i$ 的稀疏表示系数。

最优方向法与最大似然方法相比，是一个效果更好的方法。

5.7.1　最优方向法算法流程

第一步，输入样本集：$\boldsymbol{B}=\{\boldsymbol{b}_i\}_{i=1}^{M}$。

第二步，初始化字典：$\boldsymbol{A}^{(0)}$，即在 $\boldsymbol{B}=\{\boldsymbol{b}_i\}_{i=1}^{M}$ 中随机选择出自定义的原子个数。

第三步，迭代如下步骤。

(1)更新稀疏表示系数 $\boldsymbol{x}_i$，可以使用如第4章4.2.2节中所示的正交匹配追踪算法：

$$\min_{\boldsymbol{x}_i}\sum_{i=1}^{M}\left\|\boldsymbol{A}\boldsymbol{x}_i-\boldsymbol{b}_i\right\|_2^2 \quad \text{s.t.}\left\|\boldsymbol{x}_i\right\|_0 \leqslant k_0, \quad i=1,2,\cdots,M \tag{5.40}$$

令 $\boldsymbol{X}^{(J)}=[\boldsymbol{x}_1^{(J)} \quad \boldsymbol{x}_2^{(J)} \quad \cdots \quad \boldsymbol{x}_M^{(J)}]$ 为第 J 次迭代得到的稀疏表示系数。

(2)更新字典 $\boldsymbol{A}$：

$$\boldsymbol{A}^{(J)}=\boldsymbol{B}(\boldsymbol{X}^{(J)})^{+}=\boldsymbol{B}(\boldsymbol{X}^{(J)})^{\mathrm{T}}(\boldsymbol{X}^{(J)}(\boldsymbol{X}^{(J)})^{\mathrm{T}})^{-1} \tag{5.41}$$

其中，$\boldsymbol{A}^{(J)}$ 为第 J 次迭代得到的字典，$(\boldsymbol{X}^{(J)})^{+}$ 表示 $\boldsymbol{X}^{(J)}$ 的伪逆，当满足收敛条件时(如设置迭代次数)，输出最终的字典 $\boldsymbol{A}$。最优方向法流程图如图 5.7 所示。

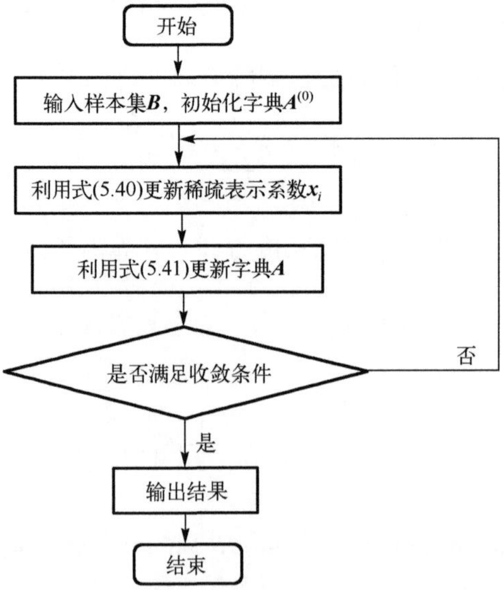

图 5.7 最优方向法流程图

5.7.2 最优方向法算法流程分析

最优方向法和最大似然方法的思路基本相同：都是交叉迭代。首先对 $\boldsymbol{A}^{(0)}$ 进行初始化，然后用正交匹配追踪算法更新稀疏表示系数。关键就在于第(2)步：更新字典的方法。最大似然算法采用的是最速下降方法，而这里直接采用最小二乘法计算。当 $\boldsymbol{x}_i$ 已知，且已知样本 $\boldsymbol{b}_i$，就可以将 $\boldsymbol{A}\boldsymbol{x}_i=\boldsymbol{b}_i$ 转换成 $\boldsymbol{A}\boldsymbol{X}=\boldsymbol{B}$ 的形式，其中，$\boldsymbol{X}$ 为稀疏表示系数列向量组合成的矩阵，$\boldsymbol{B}$ 为已知信号列向量组成的矩阵，然后有

$$\min_{\boldsymbol{A},\boldsymbol{X}}\left\|\boldsymbol{A}\boldsymbol{X}-\boldsymbol{B}\right\|_2^2 \quad \text{s.t.}\left\|\boldsymbol{x}_i\right\|_0 \leqslant k_0, \quad i=1,2,\cdots,M \tag{5.42}$$

根据式(5.42)假设：

$$f(\boldsymbol{A}) = \|\boldsymbol{AX} - \boldsymbol{B}\|_2^2 \tag{5.43}$$

对式(5.43)根据最小二乘法对 $\boldsymbol{A}$ 求偏导得到：

$$(\boldsymbol{AX} - \boldsymbol{B})\boldsymbol{X}^{\mathrm{T}} = 0 \tag{5.44}$$

则解得字典 $\boldsymbol{A}$：

$$\boldsymbol{A} = \boldsymbol{B}(\boldsymbol{X})^{+} = \boldsymbol{BX}^{\mathrm{T}}(\boldsymbol{XX}^{\mathrm{T}})^{-1} \tag{5.45}$$

算法采用的最小二乘法比最大似然法采用的最速下降方法的效果好，并且避免了寻找步长过程中可能存在的问题。

5.8 K-SVD 算法

使用奇异值分解进行 K 次迭代的算法(K-singular value decomposition，K-SVD)是 2006 年由以色列理工学院的 Aharon 等[44]提出的一种非常经典的字典训练算法，并且达到了很好的训练效果。K-SVD 算法依据误差最小原则，对误差项进行奇异值分解，选择使误差最小的分解项作为更新的字典原子和对应的原子系数，经过 K 次迭代从而得到优化的解。

K-SVD 一般用于字典学习、稀疏编码方面，它可以认为是 K-均值聚类的一种改进，字典 $\boldsymbol{A}$ 的每一列相当于 K-均值聚类的聚类中心。K-SVD 算法的目标是要构造一个过完备的矩阵，然后选择最稀疏的系数使得矩阵可以对与训练集相似的目标向量进行稀疏表示。

K-SVD 算法的求解问题为

$$\min_{\boldsymbol{A},\boldsymbol{x}_i} \sum_{i=1}^{M} \|\boldsymbol{A}\boldsymbol{x}_i - \boldsymbol{b}_i\|_2^2 \quad \text{s.t.} \|\boldsymbol{x}_i\|_0 \leqslant k_0,\ i = 1,2,\cdots,M \tag{5.46}$$

式(5.46)的约束为 0 范数约束，k_0 为约束系数，是稀疏性约束。其中，$\boldsymbol{b}_1,\boldsymbol{b}_2,\cdots,\boldsymbol{b}_M$ 为样本，$\boldsymbol{B}=[\boldsymbol{b}_1 \quad \boldsymbol{b}_2 \quad \cdots \quad \boldsymbol{b}_M]$ 为样本集合，M 为样本个数；$\boldsymbol{A}=[\boldsymbol{a}_1 \quad \boldsymbol{a}_2 \quad \cdots \quad \boldsymbol{a}_m]$ 为稀疏表示字典，$\boldsymbol{a}_1,\boldsymbol{a}_2\cdots,\boldsymbol{a}_m$ 为稀疏表示字典的原子，m 为原子个数；$\boldsymbol{x}_1,\boldsymbol{x}_2,\cdots,\boldsymbol{x}_M$ 为稀疏表示系数，$\boldsymbol{X}=[\boldsymbol{x}_1 \quad \boldsymbol{x}_2 \quad \cdots \quad \boldsymbol{x}_M]$，$\boldsymbol{x}_i$ 为 $\boldsymbol{b}_i$ 的稀疏表示系数。

5.8.1 K-SVD 算法流程

第一步，输入信号集：$\boldsymbol{B}=\{\boldsymbol{b}_i\}_{i=1}^{M}$。

第二步，初始化字典：$\boldsymbol{A}^{(0)}$，即在 $\boldsymbol{B}=\{\boldsymbol{b}_i\}_{i=1}^{M}$ 中随机选择出自定义的原子个数。

第三步，迭代：重复如下(1)、(2)步骤直至收敛。

(1)更新稀疏表示系数 $\boldsymbol{x}_i$，可以使用如第4章4.2.2节中所示的正交匹配追踪算法：

$$\min_{\boldsymbol{x}_i}\sum_{i=1}^{M}\|\boldsymbol{A}\boldsymbol{x}_i-\boldsymbol{b}_i\|_2^2 \quad \text{s.t.}\|\boldsymbol{x}_i\|_0 \leqslant k_0,\ i=1,2,\cdots,M \tag{5.47}$$

令 $\boldsymbol{X}^{(J)}=[\boldsymbol{x}_1^{(J)}\quad \boldsymbol{x}_2^{(J)}\quad \cdots \quad \boldsymbol{x}_M^{(J)}]$ 为第 J 次迭代得到的稀疏表示系数。

(2)逐列更新字典、并更新对应的稀疏表示系数，更新方法见5.8.2节，字典更新模型如式(5.48)所示：

$$\min_{\boldsymbol{A}}\|\boldsymbol{A}\boldsymbol{X}-\boldsymbol{B}\|_{\mathrm{F}}^2 \tag{5.48}$$

当满足收敛条件时，输出最终的字典 $\boldsymbol{A}$。K-SVD算法流程图如图5.8所示。

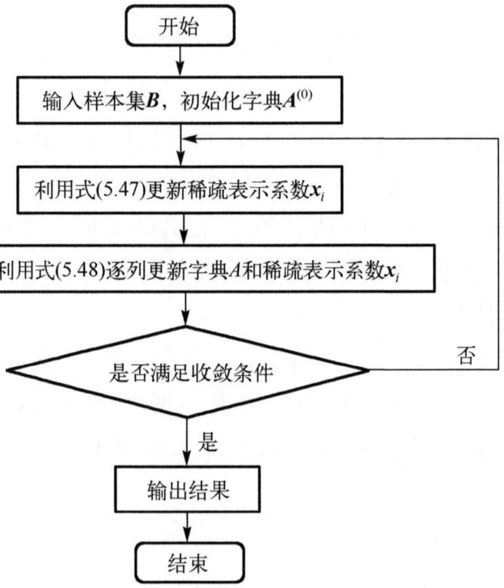

图5.8 K-SVD算法流程图

5.8.2 K-SVD算法流程分析

通过5.8.1节的第三步中的(1)得到样本的稀疏表示系数，第三步中(2)的目标是更新字典、同时更新稀疏表示系数。K-SVD采用逐列更新的方法更新字典，即当更新第 k 列原子的时候，其他的原子固定不变。假设当前要更新第 k 个原子 $\boldsymbol{a}_k$，令 $\boldsymbol{X}$ 对应的第 k 行为 $\boldsymbol{x}_k$。

需要注意，$\boldsymbol{x}_k$ 不是把 $\boldsymbol{X}$ 一整行都更新(因为 $\boldsymbol{x}_k$ 中有零元素、有非零元素，如果全部抽取出，后面计算时 $\boldsymbol{x}_k$ 就不再保持以前的稀疏性)，只抽取非零元素形成新的非零向量，$\boldsymbol{W}_k$ 只保留 $\boldsymbol{x}_k$ 对应的非零元素项。

由于 $\boldsymbol{b}_i = \boldsymbol{A}\boldsymbol{x}_i$ ，将该等式的左右都变成矩阵，即 $\boldsymbol{B} = [\boldsymbol{b}_1 \quad \boldsymbol{b}_2 \quad \boldsymbol{b}_3] = \begin{bmatrix} b_{11} & b_{12} & b_{13} \\ b_{21} & b_{22} & b_{23} \\ b_{31} & b_{32} & b_{33} \\ b_{41} & b_{42} & b_{43} \end{bmatrix}$，

$\boldsymbol{X} = [\boldsymbol{x}_1 \quad \boldsymbol{x}_2 \quad \boldsymbol{x}_3] = \begin{bmatrix} x_{11} & x_{12} & x_{13} \\ x_{21} & x_{22} & x_{23} \\ x_{31} & x_{32} & x_{33} \\ x_{41} & x_{42} & x_{43} \end{bmatrix}$，$\boldsymbol{A} = (\boldsymbol{a}_1 \quad \boldsymbol{a}_2 \quad \boldsymbol{a}_3 \quad \boldsymbol{a}_4) = \begin{bmatrix} a_{11} & a_{12} & a_{13} & a_{14} \\ a_{21} & a_{22} & a_{23} & a_{24} \\ a_{31} & a_{32} & a_{33} & a_{34} \\ a_{41} & a_{42} & a_{43} & a_{44} \end{bmatrix}$得到 $\boldsymbol{B} = \boldsymbol{A}\boldsymbol{X}$ ，即将向量形式的 $\boldsymbol{b}_i$ 和 $\boldsymbol{x}_i$ 变化成矩阵形式的 $\boldsymbol{B}$ 和 $\boldsymbol{X}$ ，如式(5.49)所示，由于在字典更新过程中，该公式两端不可能完全相等，因此将该公式改为 $\boldsymbol{A}\boldsymbol{X} \to \boldsymbol{B}$ ，其中， $\boldsymbol{B} = \boldsymbol{A}\boldsymbol{X} + \boldsymbol{E}$ ， $\boldsymbol{E}$ 为误差矩阵。

$$\begin{bmatrix} a_{11} & a_{12} & a_{13} & a_{14} \\ a_{21} & a_{22} & a_{23} & a_{24} \\ a_{31} & a_{32} & a_{33} & a_{34} \\ a_{41} & a_{42} & a_{43} & a_{44} \end{bmatrix} \begin{bmatrix} x_{11} & x_{12} & x_{13} \\ x_{21} & x_{22} & x_{23} \\ x_{31} & x_{32} & x_{33} \\ x_{41} & x_{42} & x_{43} \end{bmatrix} \to \begin{bmatrix} b_{11} & b_{12} & b_{13} \\ b_{21} & b_{22} & b_{23} \\ b_{31} & b_{32} & b_{33} \\ b_{41} & b_{42} & b_{43} \end{bmatrix} \tag{5.49}$$

假设式(5.49)中 $\boldsymbol{X}$ 为稀疏表示，部分元素为 0，如式(5.50)所示，则

$$\begin{bmatrix} a_{11} & a_{12} & a_{13} & a_{14} \\ a_{21} & a_{22} & a_{23} & a_{24} \\ a_{31} & a_{32} & a_{33} & a_{34} \\ a_{41} & a_{42} & a_{43} & a_{44} \end{bmatrix} \begin{bmatrix} x_{11} & x_{12} & 0 \\ x_{21} & x_{22} & 0 \\ x_{31} & 0 & x_{33} \\ 0 & x_{42} & x_{43} \end{bmatrix} \to \begin{bmatrix} b_{11} & b_{12} & b_{13} \\ b_{21} & b_{22} & b_{23} \\ b_{31} & b_{32} & b_{33} \\ b_{41} & b_{42} & b_{43} \end{bmatrix} \tag{5.50}$$

因为式(5.50)中“$\to$”两端存在全局误差，所以式(5.50)与式(5.51)等价：

$$\begin{aligned} &\begin{bmatrix} a_{11} & a_{12} & a_{13} & a_{14} \\ a_{21} & a_{22} & a_{23} & a_{24} \\ a_{31} & a_{32} & a_{33} & a_{34} \\ a_{41} & a_{42} & a_{43} & a_{44} \end{bmatrix} \begin{bmatrix} x_{11} & x_{12} & 0 \\ x_{21} & x_{22} & 0 \\ x_{31} & 0 & x_{33} \\ 0 & x_{42} & x_{43} \end{bmatrix} + \boldsymbol{E} = \begin{bmatrix} b_{11} & b_{12} & b_{13} \\ b_{21} & b_{22} & b_{23} \\ b_{31} & b_{32} & b_{33} \\ b_{41} & b_{42} & b_{43} \end{bmatrix} \\ &= \begin{bmatrix} a_{11} \\ a_{21} \\ a_{31} \\ a_{41} \end{bmatrix} [x_{11} \quad x_{12} \quad 0] + \begin{bmatrix} a_{12} \\ a_{22} \\ a_{32} \\ a_{42} \end{bmatrix} [x_{21} \quad x_{22} \quad 0] + \begin{bmatrix} a_{13} \\ a_{23} \\ a_{33} \\ a_{43} \end{bmatrix} [x_{31} \quad 0 \quad x_{33}] + \begin{bmatrix} a_{14} \\ a_{24} \\ a_{34} \\ a_{44} \end{bmatrix} [0 \quad x_{42} \quad x_{43}] + \boldsymbol{E} \end{aligned} \tag{5.51}$$

其中，误差 $\boldsymbol{E} = \boldsymbol{B} - \boldsymbol{A}\boldsymbol{X}$ 。

目标函数转化过程：

$$
\begin{aligned}
\|\boldsymbol{E}\|_{\mathrm{F}}^{2} &= \|\boldsymbol{B}-\boldsymbol{A}\boldsymbol{X}\|_{\mathrm{F}}^{2} \\
&= \left\|\boldsymbol{B}-\sum_{j=0}^{k}\boldsymbol{a}_{j}\boldsymbol{x}_{j}^{\mathrm{T}}\right\|_{\mathrm{F}}^{2} \\
&= \left\|\left(\boldsymbol{B}-\sum_{j\neq k}\boldsymbol{a}_{j}\boldsymbol{x}_{j}^{\mathrm{T}}\right)-\boldsymbol{a}_{k}\boldsymbol{x}_{k}^{\mathrm{T}}\right\|_{\mathrm{F}}^{2} \\
&= \left\|\boldsymbol{W}_{k}-\boldsymbol{a}_{k}\boldsymbol{x}_{k}^{\mathrm{T}}\right\|_{\mathrm{F}}^{2}
\end{aligned} \tag{5.52}
$$

其中，$\boldsymbol{x}_k^{\mathrm{T}}$ 为 X 的第 k 行，$\boldsymbol{W}_k=\boldsymbol{B}-\sum_{j\neq k}\boldsymbol{a}_j\boldsymbol{x}_j^{\mathrm{T}}$，如果残差 $\boldsymbol{E}_k=\boldsymbol{B}-\sum_{j\neq k}\boldsymbol{a}_j\boldsymbol{x}_j^{\mathrm{T}}$，那么 $\boldsymbol{W}_k=\boldsymbol{E}_k+\boldsymbol{a}_k\boldsymbol{x}_k$，如果把 $\boldsymbol{a}_k\boldsymbol{x}_k$ 看作是 $\boldsymbol{W}_k$ 的秩为 1 的逼近。算法的任务就是寻找更好的 $\boldsymbol{a}_k$ 和 $\boldsymbol{x}_k$ 对 $\boldsymbol{W}_k$ 进行逼近，让 $\boldsymbol{E}_k$ 变得更小。

求解 $\boldsymbol{a}_k$ 和 $\boldsymbol{x}_k$，需要对 $\boldsymbol{W}_k$ 做奇异值分解[45]：

$$
\boldsymbol{W}_k=\boldsymbol{U}\boldsymbol{S}\boldsymbol{V}^{\mathrm{T}} \tag{5.53}
$$

但是直接分解 $\boldsymbol{W}_k$ 得到的 $\boldsymbol{x}_k^{\mathrm{T}}$ 并不稀疏，所以只计算 $\boldsymbol{x}_k^{\mathrm{T}}$ 中的非零列。更新字典和稀疏系数是迭代进行的，在第 n 次迭代中，找到第 $(n-1)$ 次迭代中 $\boldsymbol{B}$ 的哪些原子用到了字典 $\boldsymbol{A}$ 的原子 $\boldsymbol{a}_k$，也就是 $\boldsymbol{X}$ 的第 k 行哪些元素不为零。

例如对于式(5.51)，假设现在更新第一列原子，因为这里没有用到 $\boldsymbol{X}$ 的第三个样本(即 $\boldsymbol{X}$ 的第三列)，所以在更新 $\boldsymbol{a}_1$ 的过程中只使用 $\boldsymbol{X}$ 的前两个样本，更新过程如下：

$$
\begin{aligned}
&\begin{bmatrix} a_{11} & a_{12} & a_{13} & a_{14} \\ a_{21} & a_{22} & a_{23} & a_{24} \\ a_{31} & a_{32} & a_{33} & a_{34} \\ a_{41} & a_{42} & a_{43} & a_{44} \end{bmatrix}\begin{bmatrix} x_{11} & x_{12} \\ x_{21} & x_{22} \\ x_{31} & 0 \\ 0 & x_{42} \end{bmatrix}+\boldsymbol{E}_1=\begin{bmatrix} b_{11} & b_{12} \\ b_{21} & b_{22} \\ b_{31} & b_{32} \\ b_{41} & b_{42} \end{bmatrix} \\
&=\begin{bmatrix} a_{11} \\ a_{21} \\ a_{31} \\ a_{41} \end{bmatrix}[x_{11}\quad x_{12}]+\boxed{\begin{bmatrix} a_{12} \\ a_{22} \\ a_{32} \\ a_{42} \end{bmatrix}[x_{21}\quad x_{22}]+\begin{bmatrix} a_{13} \\ a_{23} \\ a_{33} \\ a_{43} \end{bmatrix}[x_{31}\quad 0]+\begin{bmatrix} a_{14} \\ a_{24} \\ a_{34} \\ a_{44} \end{bmatrix}[0\quad x_{42}]}+\boldsymbol{E}_1
\end{aligned} \tag{5.54}
$$

将框外的两个矩阵相加，得到的矩阵即为上述所描述的残差 $\boldsymbol{W}_1$，对 $\boldsymbol{W}_1$ 再做奇异值分解 $\boldsymbol{W}_1=\boldsymbol{U}\boldsymbol{S}\boldsymbol{V}^{\mathrm{T}}$，$\boldsymbol{U}$ 的第一列为新的字典 $\boldsymbol{A}$ 的第一列原子 $\boldsymbol{a}_1$，$\boldsymbol{V}$ 的第一列与 $\boldsymbol{S}(1,1)$ 的乘积为新的 $\boldsymbol{x}_1^{\mathrm{T}}$，这样就完成字典的第一个原子的更新，逐步更新得到新的字典 $\boldsymbol{A}$。

使用与更新 $\boldsymbol{a}_1$ 和 $\boldsymbol{x}_1^{\mathrm{T}}$ 相同的方法更新 $\boldsymbol{a}_k$ 和 $\boldsymbol{x}_k^{\mathrm{T}}$，计算目标函数后得到只保留对应位置的 $\boldsymbol{W}_k$，对 $\boldsymbol{W}_k$ 再做奇异值分解，$\boldsymbol{W}_k=\boldsymbol{U}\boldsymbol{S}\boldsymbol{V}^{\mathrm{T}}$，$\boldsymbol{U}$ 的第一列为新的字典 $\boldsymbol{A}$ 的原子 k，$\boldsymbol{V}$ 的第一列与 $\boldsymbol{S}(1,1)$ 的乘积为新的 $\boldsymbol{x}_k^{\mathrm{T}}$，这样就完成字典的第 k 个原子的更新，逐步更新得到新的字典 $\boldsymbol{A}$。

5.8.3　K-SVD 算法的缺点

(1) 若要训练字典 $\boldsymbol{A}$，数据量要足够大，要求 $\boldsymbol{B}$ 的数据量 $\gg \boldsymbol{A}$ 的原子个数 $\gg \boldsymbol{B}$ 中每个样本维数。因此，训练速度较慢。

(2) 训练样本数目不是足够大的情况下有可能会导致过拟合。

(3) 不能适应图像的变化。对于图像的旋转、尺度变换，该方法训练得到的字典不能适应这类变化。

5.8.4　K-SVD 算法的对比实验

1. K-SVD 字典、DCT 字典和 Haar 字典结果对比

图 5.9[44]是用于训练的随机样本块。

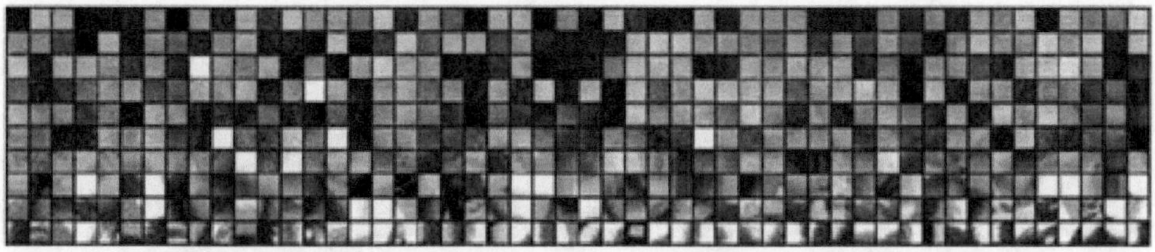

图 5.9　用于训练的随机样本块

现在用图 5.9 中的随机训练块来训练 K-SVD 字典，另外再计算出离散余弦变换 (discrete cosine transform，DCT) 字典和 Haar 字典来与 K-SVD 字典做对比。

经过随机样本块训练得到的 K-SVD 字典、使用随机输入图像计算得到的 DCT 字典和 Haar 字典如图 5.10[44]所示。

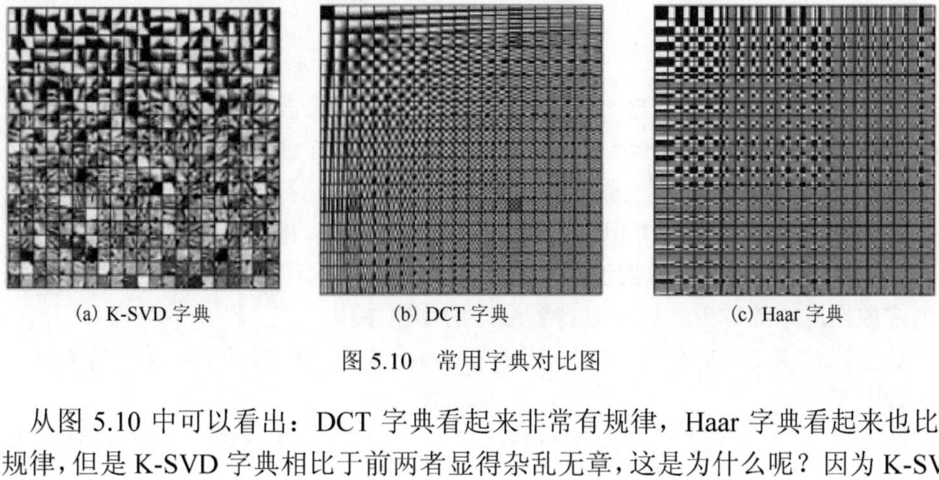

(a) K-SVD 字典　(b) DCT 字典　(c) Haar 字典

图 5.10　常用字典对比图

从图 5.10 中可以看出：DCT 字典看起来非常有规律，Haar 字典看起来也比较有规律，但是 K-SVD 字典相比于前两者显得杂乱无章，这是为什么呢？因为 K-SVD

字典是根据样本生成的，它会随着样本的变化而变化。DCT 字典和 Haar 字典相对来说缺乏对样本的适应性，它们是使用公式生成的。

经过上述方法得到的字典用途广泛，它们不仅可以用于图像重建，还可以用于图像填充。在实际应用中，为了减少信道的传输压力，常常会进行不同程度的压缩，只传输图像中的部分像素，然后在接收端再对图像进行填充，图像填充原理如图 5.11 所示。

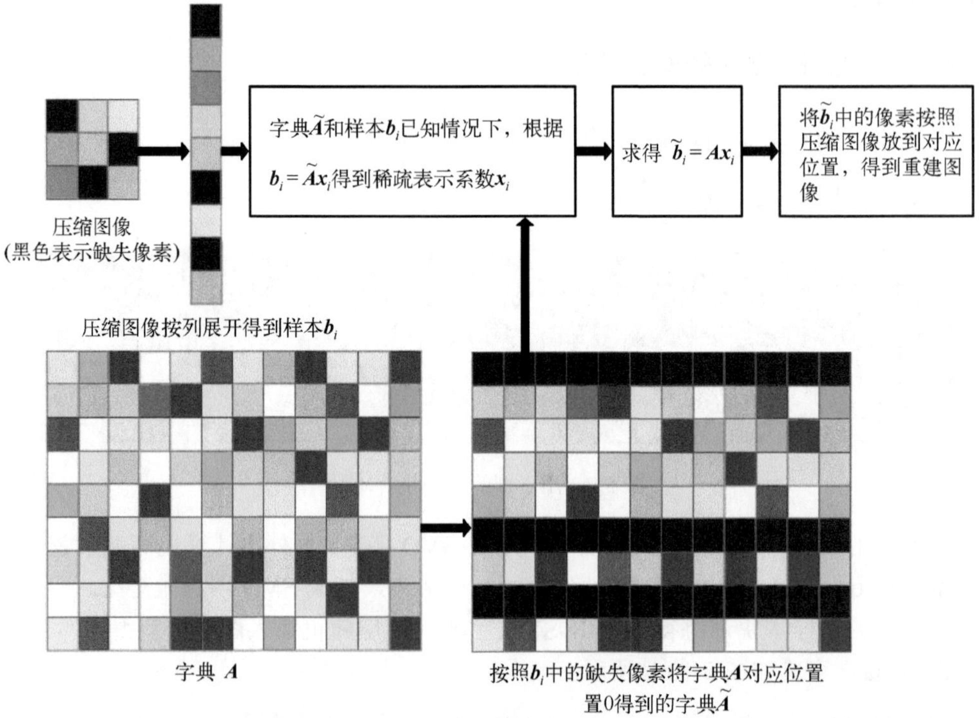

图 5.11　图像填充原理

图 5.11 中有一幅3×3的压缩图像，其中，黑色的像素块表示像素值为 0 的缺失像素，首先将压缩图像按列展开得到样本$\boldsymbol{b}_i$，$\boldsymbol{A}$是事先训练得到的字典，接下来根据样本$\boldsymbol{b}_i$将字典$\boldsymbol{A}$对应的位置置 0 得到字典$\tilde{\boldsymbol{A}}$，然后在字典$\tilde{\boldsymbol{A}}$和样本$\boldsymbol{b}_i$已知的情况下，根据$\boldsymbol{b}_i=\tilde{\boldsymbol{A}}\boldsymbol{x}_i$可以求得相应的稀疏表示系数$\boldsymbol{x}_i$，将$\boldsymbol{x}_i$与原字典$\boldsymbol{A}$相乘，即$\tilde{\boldsymbol{b}}_i=\boldsymbol{A}\boldsymbol{x}_i$就可以对缺失的像素进行填充，最后将重建得到的样本$\tilde{\boldsymbol{b}}_i$中的像素根据压缩图像放到原本的位置，就可以得到最终的重建图像。

这里针对 K-SVD 字典、DCT 字典和 Haar 字典的图像填充结果进行对比，如图 5.12[44]所示。

图 5.12(a)为 50%像素数压缩率的情况下，分别使用 K-SVD 字典、Haar 字典和

DCT 字典进行填充得到的结果图，根据观测到的结果图以及平均绝对误差(mean absolute error，MAE)和均方根误差(root mean square error，RMSE)的值可以得知：在 50%像素数压缩率的情况下，K-SVD 字典的填充效果非常好，在三种字典中效果最好，DCT 字典次之，Haar 字典效果最不理想。图 5.12(b)为 70%像素数压缩率的情况下，分别使用 K-SVD 字典、Haar 字典和 DCT 字典进行填充得到的结果图，因为像素的压缩率较高，所以三种字典的填充效果都不够理想，但是相比较而言，依旧能得出相同的实验结果：K-SVD 字典在三种字典中效果最好，DCT 字典次之，Haar 字典效果最不理想。

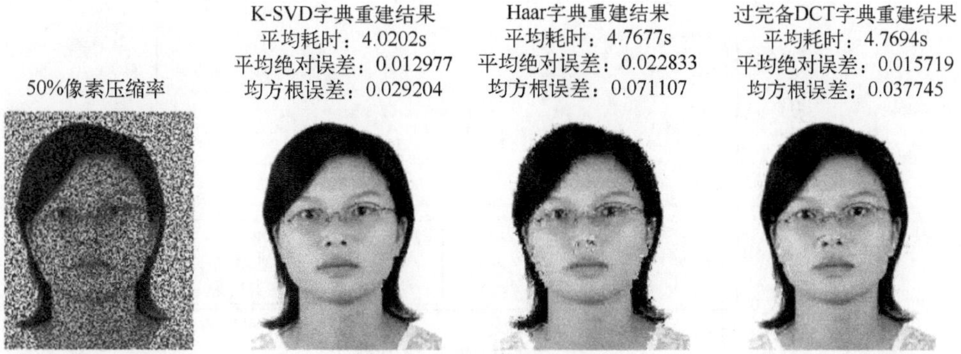

(a) 50%像素数压缩率

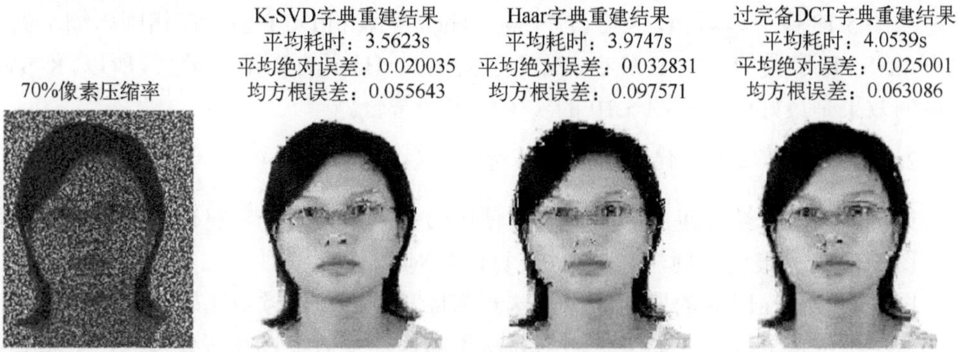

(b) 70%像素数压缩率

图 5.12 不同像素数压缩率下的使用不同字典的图像填充实验

像素数过大，会增加图像处理、传输和存储过程中的算法复杂度，因此人们可以在满足日常需求的情况下，适当减小像素数，在减少算法复杂度和满足视觉需求二者之间寻求一个平衡。

RMSE 的计算公式如式(5.55)所示：

$$\mathrm{RMSE}=\sqrt{\frac{\sum_{i=1}^{M}\left\|\boldsymbol{b}_i-\tilde{\boldsymbol{b}}_i\right\|_2^2}{M}} \tag{5.55}$$

其中，$\boldsymbol{b}_i$ 表示原始图像，$\tilde{\boldsymbol{b}}_i$ 表示重建图像，在这里 $\tilde{\boldsymbol{b}}_i$ 具体就是指用字典恢复出来的图像；M 表示图像的像素总数。接下来看一下常用字典的 RMSE 随图像压缩率的变化曲线图，如图 5.13[44]所示。

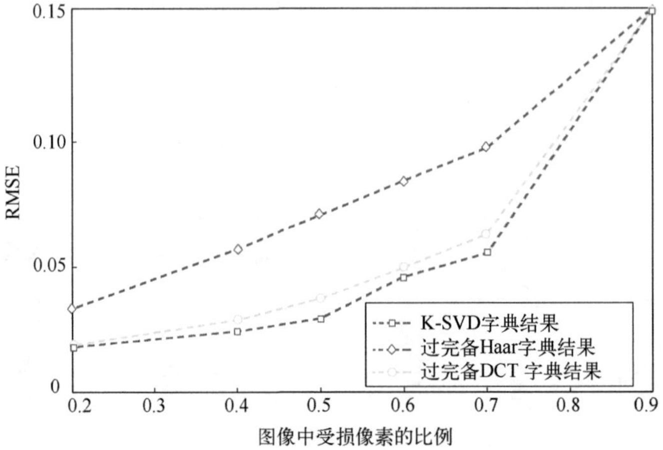

图 5.13　常用字典的 RMSE 随图像压缩率的变化曲线图

从图 5.13 中可以看出，K-SVD 字典、Haar 字典和 DCT 字典在相同压缩率的情况下，K-SVD 字典的 RMSE 最小，DCT 字典稍大，Haar 的 RMSE 最大，所以，K-SVD 字典的效果是最好的，与图 5.10 的实验结果相符合。

2. K-SVD 算法和最优方向法结果对比

最优方向法算法详见 5.7 节，它是使用最小二乘法进行字典训练的一种经典算法，图 5.14[46]为最优方向法与 K-SVD 算法的对比。

图 5.14 为 Barbara 的原始图像，这幅图像是图像重建领域比较经典的图像，因为图像中条纹成分较多，如果使用的算法不够好，那么经过算法处理后，会将条纹和噪声一起去掉，而效果好的算法会保留条纹而消除噪声。接下来用这幅图像对最优方向法和 K-SVD 算法的收敛性进行对比。

图 5.15[46]为最优方向法和 K-SVD 算法的收敛性对比图，从图中可以看出这两类算法都是收敛的，都是迭代初期算法误差较大，但是随着迭代次数的增多，算法误差都在逐渐减小，但是 K-SVD 算法相比于最优方向法，它的收敛速度更快，误差更小，算法效果更好。但是两者都不能将误差减小至 0，没有达到最优解，所以关于稀疏表示字典的求解方法到目前为止还在继续进行研究。

图 5.14　Barbara 的原始图像

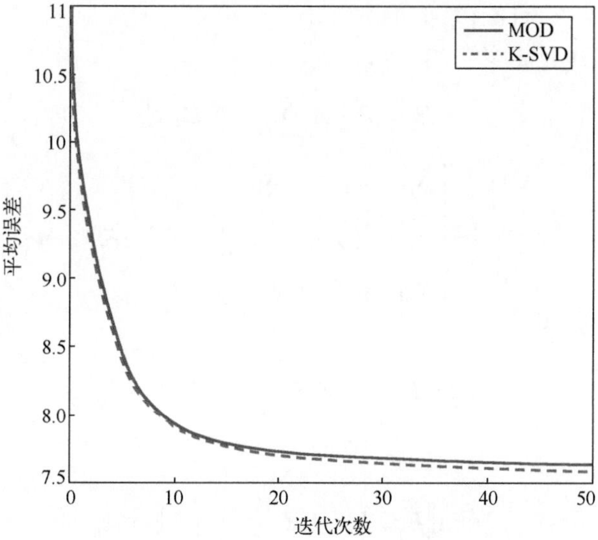

图 5.15　最优方向法和 K-SVD 算法的收敛性对比图

5.9　双稀疏模型

双稀疏模型(the double-sparsity model)[47]就是针对 K-SVD 算法中存在的第三个问题——字典不能适应图像的变化而提出的。使用该模型进行图像去噪的算法简称稀疏 K 次迭代奇异值分解算法(sparsity-KSVD，S-KSVD)。字典计算方法为

$$\boldsymbol{A} = \boldsymbol{A}_0 \boldsymbol{Z} \tag{5.56}$$

其中，$\boldsymbol{A}$ 是由公式 $\boldsymbol{A} = \boldsymbol{A}_0 \boldsymbol{Z}$ 计算生成的字典，对应的是上述各类算法中通过训练直

接得到的字典。$\boldsymbol{A}_0$是DCT字典，所谓DCT字典就是对图像进行离散余弦变换时所采用的变换矩阵，所以$\boldsymbol{A}_0$是使用公式生成的字典，是固定矩阵。稀疏表示模型：

$$\min_{\{\boldsymbol{x}_i\}_{i=1}^M,\{\boldsymbol{Z}_j\}_{j=1}^m} \sum_{i=1}^M \|\boldsymbol{b}_i - \boldsymbol{A}_0\boldsymbol{Z}\boldsymbol{x}_i\|_2^2, \quad \begin{Bmatrix} \|\boldsymbol{Z}_j\|_0 \leqslant k_0, 1 \leqslant j \leqslant m \\ \|\boldsymbol{x}_i\|_0 \leqslant k_1, 1 \leqslant i \leqslant M \end{Bmatrix} \tag{5.57}$$

式中，$\boldsymbol{Z}_j$是$\boldsymbol{Z}=\{\boldsymbol{Z}_j\}_{j=1}^m$的第$j$列，$k_0$是$\boldsymbol{Z}_j$的稀疏度约束；$k_1$是$\boldsymbol{x}_i$的稀疏度约束；$\boldsymbol{x}_1,\boldsymbol{x}_2,\cdots,\boldsymbol{x}_M$为稀疏表示系数，$\boldsymbol{X}=[\boldsymbol{x}_1 \quad \boldsymbol{x}_2 \quad \cdots \quad \boldsymbol{x}_M]$，$\boldsymbol{x}_i$为$\boldsymbol{b}_i$的稀疏表示系数；$\boldsymbol{A}_0\boldsymbol{Z}\boldsymbol{x}_i$是把使用公式生成的字典做了一个线性组合，相当于将原求解过程中优化$\boldsymbol{A}$和$\boldsymbol{X}=\{\boldsymbol{x}_i\}_{i=1}^M$转化成优化$\boldsymbol{Z}=\{\boldsymbol{Z}_j\}_{j=1}^m$和$\boldsymbol{X}=\{\boldsymbol{x}_i\}_{i=1}^M$，$\boldsymbol{A}_0$为事先定义好的字典，$\boldsymbol{Z}$表示稀疏表示矩阵每列有$k_0$个非0值。

5.9.1 双稀疏模型流程

第一步：计算$\boldsymbol{Z}=\{\boldsymbol{Z}_j\}_{j=1}^m$的第$j$列$\boldsymbol{Z}_j$。

先对残差$\boldsymbol{E}_j$进行定义：

$$\boldsymbol{E}_j = \boldsymbol{B} - \boldsymbol{A}_0 \sum_{k=1,k\neq j}^m \boldsymbol{Z}_k \tilde{\boldsymbol{x}}_k^{\mathrm{T}} \tag{5.58}$$

其中，$\boldsymbol{X}=[\boldsymbol{x}_1 \quad \boldsymbol{x}_2 \quad \cdots \quad \boldsymbol{x}_M]=\begin{bmatrix} \boldsymbol{x}_{11} & \boldsymbol{x}_{12} & \cdots & \boldsymbol{x}_{1M} \\ \boldsymbol{x}_{21} & \boldsymbol{x}_{22} & \cdots & \boldsymbol{x}_{2M} \\ \vdots & \vdots & \ddots & \vdots \\ \boldsymbol{x}_{m1} & \boldsymbol{x}_{m1} & \cdots & \boldsymbol{x}_{mM} \end{bmatrix}$，$\tilde{\boldsymbol{x}}_k=[\boldsymbol{x}_{k1} \quad \boldsymbol{x}_{k2} \quad \cdots \quad \boldsymbol{x}_{kM}]^{\mathrm{T}}$，则参考K-SVD算法可知：

$$\min_{\boldsymbol{Z}_j} \|\boldsymbol{E}_j - \boldsymbol{A}_0\boldsymbol{Z}_j\tilde{\boldsymbol{x}}_j^{\mathrm{T}}\|_{\mathrm{F}}^2, \quad \|\boldsymbol{Z}_j\|_0 \leqslant k_0 \tag{5.59}$$

即

$$\min_{\boldsymbol{Z}_j} \|\boldsymbol{E}_j\tilde{\boldsymbol{x}}_j^{\mathrm{T}} - \boldsymbol{A}_0\boldsymbol{Z}_j\|_2^2, \quad \|\boldsymbol{Z}_j\|_0 \leqslant k_0 \tag{5.60}$$

式(5.59)和式(5.60)是等价的，人们一般使用式(5.60)求解$\boldsymbol{Z}_j$，逐步更新可得到$\boldsymbol{Z}=\{\boldsymbol{Z}_j\}_{j=1}^m$。

第二步：使用最小二乘法求偏导数计算$\tilde{\boldsymbol{x}}_j^{\mathrm{T}}$。

令

$$f(\tilde{\boldsymbol{x}}_j^{\mathrm{T}}) = \|\boldsymbol{E}_j - \boldsymbol{A}_0\boldsymbol{Z}_j\tilde{\boldsymbol{x}}_j^{\mathrm{T}}\|_{\mathrm{F}}^2 \tag{5.61}$$

对式(5.61)进行最小二乘法求偏导即

$$\frac{\partial f(\tilde{\boldsymbol{x}}_j^{\mathrm{T}})}{\partial \tilde{\boldsymbol{x}}_j^{\mathrm{T}}} = \boldsymbol{Z}_j^{\mathrm{T}}\boldsymbol{A}_0^{\mathrm{T}}(\boldsymbol{E}_j - \boldsymbol{A}_0\boldsymbol{Z}_j\tilde{\boldsymbol{x}}_j^{\mathrm{T}}) = 0 \tag{5.62}$$

整理得

$$\tilde{\boldsymbol{x}}_j^{\mathrm{T}} = \frac{1}{\boldsymbol{Z}_j^{\mathrm{T}}\boldsymbol{A}_0^{\mathrm{T}}\boldsymbol{A}_0\boldsymbol{Z}_j}\boldsymbol{Z}_j^{\mathrm{T}}\boldsymbol{A}_0^{\mathrm{T}}\boldsymbol{E}_j \tag{5.63}$$

5.9.2　双稀疏模型流程分析

首先，从第一步 $\boldsymbol{E}_j = \boldsymbol{B} - \boldsymbol{A}_0\sum_{k=1,k\neq j}^{m}\boldsymbol{Z}_k\tilde{\boldsymbol{x}}_k^{\mathrm{T}}$ 中可以看出，这一步的目的是优化 $\boldsymbol{Z}_j$，也就是 $\boldsymbol{Z}$ 中的某一列，接下来将模型：

$$\min_{\boldsymbol{Z}_j}\left\|\boldsymbol{E}_j - \boldsymbol{A}_0\boldsymbol{Z}_j\tilde{\boldsymbol{x}}_j^{\mathrm{T}}\right\|_{\mathrm{F}}^2,\quad \left\|\boldsymbol{Z}_j\right\|_0 \leqslant k_0 \tag{5.64}$$

转化为式(5.65)的模型形式：

$$\min_{\boldsymbol{Z}_j}\left\|\boldsymbol{E}_j\tilde{\boldsymbol{x}}_j - \boldsymbol{A}_0\boldsymbol{Z}_j\right\|_2^2,\quad \left\|\boldsymbol{Z}_j\right\|_0 \leqslant k_0 \tag{5.65}$$

模型式(5.64)和式(5.65)的主要区别在于，如何将式(5.64)中的 $\boldsymbol{E}_j - \boldsymbol{A}_0\boldsymbol{Z}_j\tilde{\boldsymbol{x}}_j^{\mathrm{T}}$ 变成式(5.65)目标函数中 $\boldsymbol{E}_j\tilde{\boldsymbol{x}}_j - \boldsymbol{A}_0\boldsymbol{Z}_j$ 的形式。由于对 $\boldsymbol{Z}$ 的每一列更新都一样，为了简单表示，我们将下标 j 去掉进行推导：

$$\begin{aligned}
\left\|\boldsymbol{E} - \boldsymbol{A}_0\boldsymbol{Z}\tilde{\boldsymbol{x}}^{\mathrm{T}}\right\|_{\mathrm{F}}^2 &= Tr((\boldsymbol{E} - \boldsymbol{A}_0\boldsymbol{Z}\tilde{\boldsymbol{x}}^{\mathrm{T}})^{\mathrm{T}}(\boldsymbol{E} - \boldsymbol{A}_0\boldsymbol{Z}\tilde{\boldsymbol{x}}^{\mathrm{T}}))\\
&= Tr(\boldsymbol{E}^{\mathrm{T}}\boldsymbol{E}) - 2Tr(\boldsymbol{E}^{\mathrm{T}}\boldsymbol{A}_0\boldsymbol{Z}\tilde{\boldsymbol{x}}^{\mathrm{T}}) + Tr(\tilde{\boldsymbol{x}}\boldsymbol{Z}^{\mathrm{T}}\boldsymbol{A}_0{}^{\mathrm{T}}\boldsymbol{A}_0\boldsymbol{Z}\tilde{\boldsymbol{x}}^{\mathrm{T}})\\
&= Tr(\boldsymbol{E}^{\mathrm{T}}\boldsymbol{E}) - 2Tr(\tilde{\boldsymbol{x}}^{\mathrm{T}}\boldsymbol{E}^{\mathrm{T}}\boldsymbol{A}_0\boldsymbol{Z}) + Tr(\tilde{\boldsymbol{x}}^{\mathrm{T}}\tilde{\boldsymbol{x}}\boldsymbol{Z}^{\mathrm{T}}\boldsymbol{A}_0{}^{\mathrm{T}}\boldsymbol{A}_0\boldsymbol{Z})\\
&= Tr(\boldsymbol{E}^{\mathrm{T}}\boldsymbol{E}) - 2\tilde{\boldsymbol{x}}^{\mathrm{T}}\boldsymbol{E}^{\mathrm{T}}\boldsymbol{A}_0\boldsymbol{Z} + \boldsymbol{Z}^{\mathrm{T}}\boldsymbol{A}_0{}^{\mathrm{T}}\boldsymbol{A}_0\boldsymbol{Z}\\
&= Tr(\boldsymbol{E}^{\mathrm{T}}\boldsymbol{E}) - 2\tilde{\boldsymbol{x}}^{\mathrm{T}}\boldsymbol{E}^{\mathrm{T}}\boldsymbol{A}_0\boldsymbol{Z} + \boldsymbol{Z}^{\mathrm{T}}\boldsymbol{A}_0{}^{\mathrm{T}}\boldsymbol{A}_0\boldsymbol{Z} + \tilde{\boldsymbol{x}}^{\mathrm{T}}\boldsymbol{E}^{\mathrm{T}}\boldsymbol{E}\tilde{\boldsymbol{x}} - \tilde{\boldsymbol{x}}^{\mathrm{T}}\boldsymbol{E}^{\mathrm{T}}\boldsymbol{E}\tilde{\boldsymbol{x}}\\
&= \left\|\boldsymbol{E}\tilde{\boldsymbol{x}} - \boldsymbol{A}_0\boldsymbol{Z}\right\| + Tr(\boldsymbol{E}^{\mathrm{T}}\boldsymbol{E}) - \tilde{\boldsymbol{x}}^{\mathrm{T}}\boldsymbol{E}^{\mathrm{T}}\boldsymbol{E}\tilde{\boldsymbol{x}}\\
&= \left\|\boldsymbol{E}\tilde{\boldsymbol{x}} - \boldsymbol{A}_0\boldsymbol{Z}\right\| + f(\boldsymbol{E},\tilde{\boldsymbol{x}})
\end{aligned} \tag{5.66}$$

通过式(5.66)可证明式(5.64)和式(5.65)等价，证毕。

将式(5.64)转化成(5.65)的形式，用正交匹配追踪算法进行计算，稀疏表示系数的求解将会变得简单。而式(5.64)的形式不能直接用正交匹配追踪算法进行计算。接下来就是对稀疏表示系数的求解，可直接通过最小二乘法对其求偏导数，得到的驻点即为最优解。此过程与最优方向法过程相同，这里不做赘述。

双稀疏模型通过 $\boldsymbol{A}_0$ 将稀疏表示字典转化为 $\boldsymbol{Z}$，这里 $\boldsymbol{Z}$ 为稀疏的矩阵，然后再乘以稀疏表示系数 $\boldsymbol{x}_i$，这就是该算法优化的方法，双稀疏指的是计算过程中求得的 $\boldsymbol{Z}$ 是稀疏的，同时 $\boldsymbol{x}_i$ 也是稀疏的，因此称为双稀疏模型。

5.9.3 双稀疏模型的优点

(1) 自由度变小，不需要大量的训练数据。

(2) 可以处理高维信号。

(3) 由于 $\boldsymbol{Z}$ 是稀疏的，正交匹配追踪算法计算过程中算法复杂度低。

5.9.4 双稀疏模型的对比实验

从图 5.16[47]可以看出：二维双稀疏模型和三维双稀疏模型都可以对带噪声的 CT 图像进行去噪，但是三维双稀疏模型比二维双稀疏模型效果更好，当然这是人眼得出的结论，接下来通过计算 PSNR 的值来进一步证明该结论，如表 5.1[47]所示。

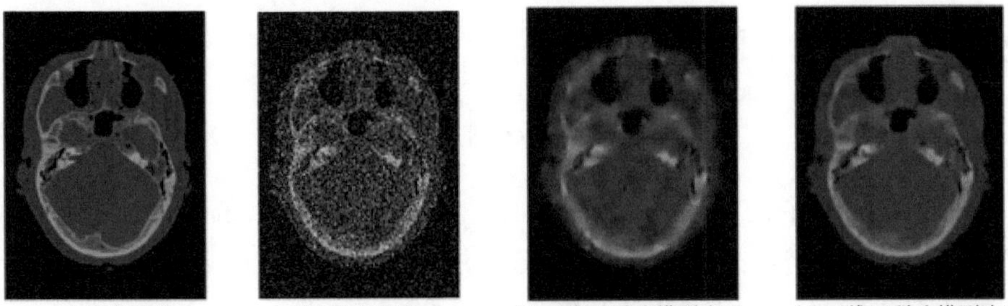

(a) 原始图像　(b) 噪声图像　(c) 二维双稀疏模型去噪　(d) 三维双稀疏模型去噪

图 5.16 双稀疏模型 CT 图像去噪

表 5.1 三类常见字典在不同维度下 PSNR 值对比

测试图像	σ/ PSNR	二维去噪			三维去噪		
		ODCT	KSVD	S-KSVD	ODCT	KSVD	S-KSVD
脚踝医学图像	5/34.15	43.07	43.23	43.15	44.42	**44.64**	**44.64**
	10/28.13	39.25	39.70	39.45	40.91	**41.24**	**41.22**
	20/22.11	35.34	36.12	35.87	37.57	**37.98**	**38.03**
	30/18.59	33.01	33.76	33.67	35.62	36.02	**36.21**
	50/14.15	30.15	30.43	30.48	33.07	33.48	**33.85**
	75/10.63	27.88	27.84	27.92	31.18	31.63	**31.98**
	100/8.13	26.42	26.31	26.39	29.89	30.08	**30.46**
头部医学图像	5/34.15	43.61	43.94	43.72	**45.11**	**45.12**	**45.17**
	10/28.13	39.34	40.13	39.70	41.46	**41.56**	**41.57**
	20/22.11	34.97	36.08	35.81	37.77	**38.02**	**38.10**
	30/18.59	32.48	33.13	33.08	35.54	35.91	**36.18**
	50/14.15	29.62	29.67	29.74	32.79	33.08	**33.56**
	75/10.63	27.84	27.75	27.82	30.73	30.69	**31.09**
	100/8.13	26.51	26.40	26.48	29.60	29.47	**29.72**

表 5.1 中分别计算了两幅图像在二维和三维的情况下，使用不同字典得到的去噪图像的 PSNR 值，这三个字典在表中依次为：过完备 DCT 字典（overcomplete-DCT，ODCT）、K-SVD 字典和双稀疏模型。最优的结果都使用了黑体加粗。二维情况下实验效果不明显，但是在三维情况下双稀疏模型效果显著，在这三类字典算法中得到了最高的 PSNR 值，去噪效果最好。

5.10 签名字典

签名字典[46]与上述各个算法中的字典不同，上述的普通字典是由维度相同的字典原子组成的，而签名字典是由样本训练得到的一幅图像。从前面的介绍可以看出，普通字典的每个原子都是固定大小的，针对不同大小的原子需求，需要重新训练字典。另外，有时原子和原子之间的相似性很大，会造成信息冗余。因此，本节将介绍一种字典，它看起来像一张图像。原子和原子之间相互重叠，要进行稀疏表示的时候才使用块选择矩阵来取出原子。签名字典的求解问题为

$$\min_{\tilde{A}} \sum_{i=1}^{M} \left\| \boldsymbol{b}_i - \sum_{j=1}^{k_0} x_{ij} \boldsymbol{P}_{ij} \tilde{\boldsymbol{A}} \right\|_2^2 \tag{5.67}$$

其中，$\boldsymbol{b}_i$ 为样本，x_{ij} 第 i 块第 j 个元素的稀疏表示系数，$\boldsymbol{P}_{ij}$ 为第 i 块第 j 个元素的块选择矩阵，$\tilde{\boldsymbol{A}}$ 为签名字典 $\boldsymbol{A}$ 的重新排列。例如，$\boldsymbol{A} = \begin{bmatrix} a_{11} & a_{12} & a_{13} \\ a_{21} & a_{22} & a_{23} \\ a_{31} & a_{32} & a_{33} \end{bmatrix}$，现在需要用字典 $\boldsymbol{A}$ 中的原子 $\begin{bmatrix} a_{22} \\ a_{32} \\ a_{23} \\ a_{33} \end{bmatrix}$ 对样本进行稀疏表示，需要用 $\boldsymbol{P}_{ij}$ 将该原子从 $\boldsymbol{A}$ 中提取出来，令

$$\boldsymbol{P}_{ij} = \begin{bmatrix} 0 & 0 & 0 & 0 & 1 & 0 & 0 & 0 & 0 \\ 0 & 0 & 0 & 0 & 0 & 1 & 0 & 0 & 0 \\ 0 & 0 & 0 & 0 & 0 & 0 & 0 & 1 & 0 \\ 0 & 0 & 0 & 0 & 0 & 0 & 0 & 0 & 1 \end{bmatrix}, \quad \tilde{\boldsymbol{A}} = \begin{bmatrix} a_{11} \\ a_{21} \\ a_{31} \\ a_{12} \\ a_{22} \\ a_{32} \\ a_{13} \\ a_{23} \\ a_{33} \end{bmatrix}$$，则 $\boldsymbol{P}_{ij}\tilde{\boldsymbol{A}} = \begin{bmatrix} a_{22} \\ a_{32} \\ a_{23} \\ a_{33} \end{bmatrix}$ 即可得到所需原子。

签名字典的模型如图 5.17[46]所示。

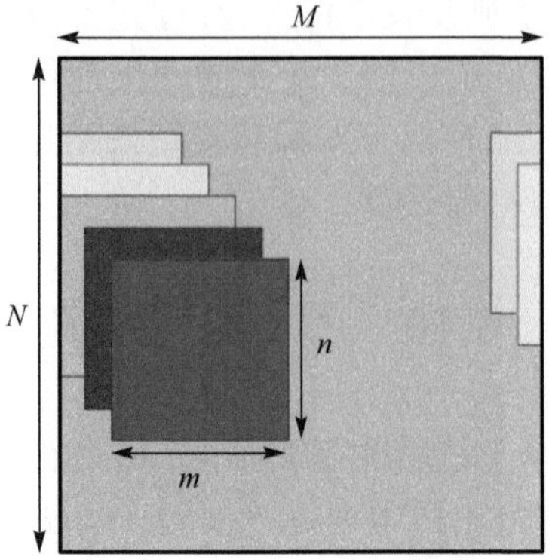

图 5.17　签名字典模型

图 5.17 的签名字典是一个大小为 $M\times N$ 的图像，该图像中任意位置、任意大小为 $m\times n$（$m\leqslant M,n\leqslant N$）的图像块均为签名字典的原子，都可用于图像重建。

5.10.1　签名字典流程分析

上述内容已让大家对签名字典有了一个初步的了解，那么签名字典究竟是怎样通过训练获取的呢？由式(5.67)得

$$
\begin{aligned}
\left\|\boldsymbol{b}_i-\sum_{j=1}^{k_0}x_{ij}\boldsymbol{P}_{ij}\tilde{\boldsymbol{A}}\right\|_2^2&=\left(\boldsymbol{b}_i-\sum_{j=1}^{k_0}x_{ij}\boldsymbol{P}_{ij}\tilde{\boldsymbol{A}}\right)^{\mathrm{T}}\left(\boldsymbol{b}_i-\sum_{j=1}^{k_0}x_{ij}\boldsymbol{P}_{ij}\tilde{\boldsymbol{A}}\right)\\
&=\boldsymbol{b}_i^{\mathrm{T}}\boldsymbol{b}_i-2\boldsymbol{b}_i^{\mathrm{T}}\sum_{j=1}^{k_0}x_{ij}\boldsymbol{P}_{ij}\tilde{\boldsymbol{A}}+\left(\sum_{j=1}^{k_0}x_{ij}\boldsymbol{P}_{ij}\tilde{\boldsymbol{A}}\right)^{\mathrm{T}}\left(\sum_{j=1}^{k_0}x_{ij}\boldsymbol{P}_{ij}\tilde{\boldsymbol{A}}\right)\\
&=\boldsymbol{b}_i^{\mathrm{T}}\boldsymbol{b}_i-2\sum_{j=1}^{k_0}x_{ij}\boldsymbol{b}_i^{\mathrm{T}}\boldsymbol{P}_{ij}\tilde{\boldsymbol{A}}+\sum_{k=1}^{k_0}\sum_{j=1}^{k_0}x_{ij}x_{ik}\boldsymbol{P}_{ij}^{\mathrm{T}}\boldsymbol{P}_{ik}\tilde{\boldsymbol{A}}^{\mathrm{T}}\tilde{\boldsymbol{A}}
\end{aligned}\tag{5.68}
$$

根据最速下降法，用式(5.68)对字典 $\tilde{\boldsymbol{A}}$ 求导，即可得到梯度下降方向，即

$$
\begin{aligned}
\frac{\partial\left\|\boldsymbol{b}_i-\sum_{j=1}^{k_0}x_{ij}\boldsymbol{P}_{ij}\tilde{\boldsymbol{A}}\right\|_2^2}{\partial\tilde{\boldsymbol{A}}}&=\frac{\partial\left(\boldsymbol{b}_i^{\mathrm{T}}\boldsymbol{b}_i-2\sum_{j=1}^{k_0}x_{ij}\boldsymbol{b}_i^{\mathrm{T}}\boldsymbol{P}_{ij}\tilde{\boldsymbol{A}}+\sum_{k=1}^{k_0}\sum_{j=1}^{k_0}x_{ij}x_{ik}\boldsymbol{P}_{ij}^{\mathrm{T}}\boldsymbol{P}_{ik}\tilde{\boldsymbol{A}}^{\mathrm{T}}\tilde{\boldsymbol{A}}\right)}{\partial\tilde{\boldsymbol{A}}}\\
&=-2\sum_{j=1}^{k_0}x_{ij}\boldsymbol{P}_{ij}^{\mathrm{T}}\boldsymbol{y}_i+2\sum_{k=1}^{k_0}\sum_{j=1}^{k_0}x_{ij}x_{ik}\boldsymbol{P}_{ij}^{\mathrm{T}}\boldsymbol{P}_{ik}\tilde{\boldsymbol{A}}\\
&=0
\end{aligned}\tag{5.69}
$$

对式(5.69)整理得字典 $\tilde{\boldsymbol{A}}$：

$$\tilde{\boldsymbol{A}} = \left(\sum_i \sum_{k=1}^{k_0} \sum_{j=1}^{k_0} x_{ij} x_{ik} \boldsymbol{P}_{ij}^{\mathrm{T}} \boldsymbol{P}_{ik} \right)^{-1} \sum_i \sum_{j=1}^{k_0} x_{ij} \boldsymbol{P}_{ij}^{\mathrm{T}} \tag{5.70}$$

利用空间域卷积和频域内积之间的等价性，在计算稀疏表示系数时，可以利用快速傅里叶算法来提高内积的计算效率。傅里叶变换的性质为：两个信号在时域的卷积操作，等同于这两个信号在频域进行相乘。利用正交匹配追踪算法求稀疏表示系数时，需要样本与所有的原子求内积，以找到最佳原子。在签名字典中，就相当于样本与整个字典相卷积。为了提高运算速度，可以将字典和样本分别进行快速傅里叶变换，在频域相乘再变回空域，则可以快速找到最佳原子。

5.10.2　签名字典的优点

(1) 签名字典的自由度比一般字典算法小得多，需要的训练数据少，收敛速度快。

(2) 当字典从一个纯移位的信号(或图像)中出现时，通过对第一个信号应用稀疏编码，并简单地移动这些原子来近似第二个信号，可以使对两个移位信号的工作更有效率。

(3) 这种字典结构是第一个可以容纳不同大小的原子的结构。

5.10.3　签名字典的实验结果

图 5.18[46]展示了三幅常见的训练图像。将这三幅图像分割为小的图像块，以这些图像块作为样本数据来训练签名字典，得到了如图 5.19[46]所示的三个字典。

从图 5.19 中可以发现，训练好的签名字典看起来较为抽象，但是隐约能从中看到训练样本的特征，如图 5.19(a) 中可以明显看出条纹信息，图 5.19(b) 中可以看出房屋边缘。

现在使用图 5.19(b) 中的签名字典对图像进行重建，重建结果如图 5.20[46]所示。

(a) Barbara　(b) House　(c) Peppers

图 5.18　常见的训练图像

(a) Barbara 训练得到的签名字典　(b) House 训练得到的签名字典　(c) Peppers 训练得到的签名字典

图 5.19　训练得到的签名字典

(a) 原始重建图像 PSNR=35.4539dB　(b) 移位系数为 (1, 0) 的重建图像 PSNR=31.0855dB　(c) 在 (b) 基础上一个系数改变后的重建图像 PSNR=34.3495dB

(d) 原始重建图像 PSNR=35.4539dB　(e) 移位系数为 (2, 2) 的重建图像 PSNR=24.3272dB　(f) 在 (e) 基础上一个系数改变后的重建图像 PSNR=31.5279dB

(g) 原始重建图像 PSNR=35.4539dB　(h) 移位系数为 (3, 3) 的重建图像 PSNR=21.7484dB　(i) 在 (h) 基础上一个系数改变后的重建图像 PSNR=29.5112dB

图 5.20　利用签名字典的重建图像

利用训练好的签名字典对图像进行重建，得到了如图 5.20 所示的实验结果，其中，图 5.20(a)、(d)、(g) 为相同的原始重建图像，为了获取该结果，每个图像块进行重建时都搜索所有签名字典中的原子以获得最佳原子，因此这种重建方法的视觉效果较好，且峰值信噪比也较高。图 5.20(b) 是移位系数为 (1, 0) 的重建图像，即在重建过程中对一个图像块 $\boldsymbol{P}_{11}$ 搜索所有字典原子进行重建，与图像块 $\boldsymbol{P}_{11}$ 相邻的图像块 $\boldsymbol{P}_{12}$ 使用重建 $\boldsymbol{P}_{11}$ 用到的字典原子的相邻原子进行重建，经过这种方法，算法复杂度约为原来重建方法的 $1/2$，但是可以看出重建图像的结果并不理想，图像的边缘出现了锯齿状人工痕迹，且峰值信噪比也明显降低。图 5.20(c) 是在图 5.20(b) 的基础上，相邻图像块只更新一个稀疏表示系数，即只重新寻找一个最佳匹配原子，其余的原子保持与相邻图像块相同，相当于只增加少量的运算量，就能将重建结果大大改善。

同理，图 5.20(d)～图 5.20(f)、图 5.20(g)～图 5.20(i) 是两组类似的对比实验。图 5.20(e) 中的移位系数为 (2, 2)，也就是说对 2×2 的四个相邻图像块进行重建时，对一个图像块 $\boldsymbol{P}_{11}$ 搜索所有字典原子进行重建，与图像块 $\boldsymbol{P}_{11}$ 相邻的图像块 $\boldsymbol{P}_{12},\boldsymbol{P}_{21},\boldsymbol{P}_{22}$ 使用重建 $\boldsymbol{P}_{11}$ 用到的字典原子的对应位置的相邻原子进行重建。相比于原始重建图像的方法，图 5.20(e) 的算法复杂度约为原来算法的 1/4。图 5.20(h) 中的移位系数为 (3, 3)，相比于原始重建图像的方法，图 5.20(h) 的算法复杂度约为原来算法的 1/9，图像重建方法与图 5.20(e) 类似。在满足日常视觉需求的前提下，人们就可以利用这种方法对图像进行重建，既可以降低算法复杂度，也可以极大地加快图像的重建速度。

5.11　在线字典训练

在线字典[48]训练不同于以往的字典训练方式，常见的字典训练算法大多在每次迭代中对整个字典进行更新，因此算法复杂度极高，而在线字典训练是针对样本偶发或样本数据量小的情况，每次用一个样本来更新一次字典。

5.11.1　在线字典训练流程

初始化：输入样本集 $\boldsymbol{B}$，$\boldsymbol{W}_0=0$，$\boldsymbol{U}_0=0$，字典 $\boldsymbol{A}_0$，迭代如下步骤。

第一步，计算稀疏表示系数 $\boldsymbol{x}_t$，利用第 4 章提到的稀疏表示系数计算方法计算：

$$\boldsymbol{x}_t=\arg\min_{\boldsymbol{x}}\frac{1}{2}\left\|\boldsymbol{b}_t-\boldsymbol{A}_{t-1}\boldsymbol{x}\right\|_2^2+\lambda\left\|\boldsymbol{x}\right\|_1 \tag{5.71}$$

其中，$\boldsymbol{x}_t$ 表示第 t 个样本的稀疏表示系数；$\boldsymbol{b}_t$ 表示第 t 次迭代时的新的样本；$\boldsymbol{A}_{t-1}$ 表示第 $(t-1)$ 次迭代得到的字典，λ 表示正则化系数。

第二步，计算一些假设的参数 $\boldsymbol{W}_t,\boldsymbol{U}_t$，详见 5.11.2 节：

$$\boldsymbol{W}_t=\boldsymbol{W}_{t-1}+\boldsymbol{x}_t\boldsymbol{x}_t^{\mathrm{T}}，\quad \boldsymbol{U}_t=\boldsymbol{U}_{t-1}+\boldsymbol{b}_t\boldsymbol{x}_t^{\mathrm{T}} \tag{5.72}$$

第三步，更新字典：

$$\boldsymbol{A}_t = \boldsymbol{A}_{t-1} - \lambda(\boldsymbol{A}_{t-1}\boldsymbol{W}_t - \boldsymbol{U}_t) \tag{5.73}$$

其中，$\boldsymbol{A}_t$ 表示第 t 次迭代得到的字典，λ 表示正则化系数。当满足收敛条件时，输出最终的字典 $\boldsymbol{A}_t$。在线字典训练流程图如图 5.21 所示。

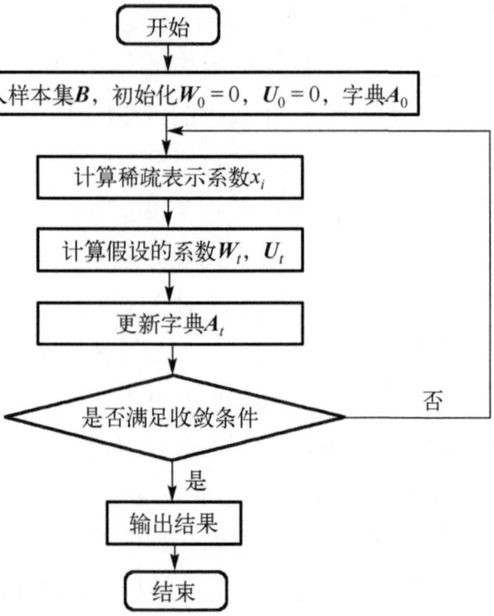

图 5.21　在线字典训练流程图

5.11.2　在线字典训练流程分析

第 t 次迭代时字典 $\boldsymbol{A}_t$ 的模型如式(5.74)所示：

$$\begin{aligned}\boldsymbol{A}_t &= \arg\min_{A\in C}\frac{1}{t}\sum_{i=1}^{t}\left(\frac{1}{2}\|\boldsymbol{b}_i - \boldsymbol{A}\boldsymbol{x}_i\|_2^2\right)\\ &= \arg\min_{A\in C}\frac{1}{2t}Tr[(\boldsymbol{B}-\boldsymbol{A}\boldsymbol{X})^{\mathrm{T}}(\boldsymbol{B}-\boldsymbol{A}\boldsymbol{X})]\\ &= \arg\min_{A\in C}\frac{1}{2t}Tr(\boldsymbol{B}^{\mathrm{T}}\boldsymbol{B} - 2\boldsymbol{X}^{\mathrm{T}}\boldsymbol{A}^{\mathrm{T}}\boldsymbol{B} + \boldsymbol{X}^{\mathrm{T}}\boldsymbol{A}^{\mathrm{T}}\boldsymbol{A}\boldsymbol{X})\\ &= \arg\min_{A\in C}\frac{1}{2t}Tr(\boldsymbol{A}^{\mathrm{T}}\boldsymbol{A}\boldsymbol{X}\boldsymbol{X}^{\mathrm{T}} - 2\boldsymbol{A}^{\mathrm{T}}\boldsymbol{B}\boldsymbol{X}^{\mathrm{T}})\end{aligned} \tag{5.74}$$

其中，$\boldsymbol{b}_i$ 表示字典训练样本，$\boldsymbol{B}=[\boldsymbol{b}_1 \quad \boldsymbol{b}_2 \quad \cdots \quad \boldsymbol{b}_t]$ 为样本集合，$\boldsymbol{A}$ 为字典，$\boldsymbol{x}_i$ 为样本 $\boldsymbol{b}_i$ 的稀疏表示系数，$\boldsymbol{X}=[\boldsymbol{x}_1 \quad \boldsymbol{x}_2 \quad \cdots \quad \boldsymbol{x}_t]$，$\lambda$ 表示正则化系数。假设式(5.74)中，$\boldsymbol{W}_t = \boldsymbol{X}\boldsymbol{X}^{\mathrm{T}}, \boldsymbol{U}_t = \boldsymbol{B}\boldsymbol{X}^{\mathrm{T}}$，则

$$\boldsymbol{A}_t = \arg\min_{A\in C} \frac{1}{2t} Tr(\boldsymbol{A}^{\mathrm{T}}\boldsymbol{A}\boldsymbol{W}_t - 2\boldsymbol{A}^{\mathrm{T}}\boldsymbol{U}_t) \tag{5.75}$$

假设式(5.75)中，$\boldsymbol{A} = \begin{bmatrix} a_{11} & a_{12} \\ a_{21} & a_{22} \end{bmatrix}$，$\boldsymbol{W}_t = \begin{bmatrix} w_{11} & w_{12} \\ w_{21} & w_{22} \end{bmatrix}$，$\boldsymbol{U}_t = \begin{bmatrix} u_{11} & u_{12} \\ u_{21} & u_{22} \end{bmatrix}$，则

$$\begin{aligned}
\boldsymbol{A}_t &= \arg\min_{A\in C} \frac{1}{2t} Tr(\boldsymbol{A}^{\mathrm{T}}\boldsymbol{A}\boldsymbol{W}_t - 2\boldsymbol{A}^{\mathrm{T}}\boldsymbol{U}_t) \\
&= \arg\min_{A\in C} \frac{1}{2t} Tr\left[\left(\begin{bmatrix} a_{11} & a_{21} \\ a_{12} & a_{22} \end{bmatrix}\begin{bmatrix} a_{11} & a_{12} \\ a_{21} & a_{22} \end{bmatrix}\begin{bmatrix} w_{11} & w_{12} \\ w_{21} & w_{22} \end{bmatrix}\right) - \left(2\begin{bmatrix} a_{11} & a_{21} \\ a_{12} & a_{22} \end{bmatrix}\begin{bmatrix} u_{11} & u_{12} \\ u_{21} & u_{22} \end{bmatrix}\right)\right] \\
&= \arg\min_{A\in C} \frac{1}{2t} Tr\left[\begin{bmatrix} a_{11} & a_{21} \\ a_{12} & a_{22} \end{bmatrix}\left(\begin{bmatrix} a_{11} & a_{12} \\ a_{21} & a_{22} \end{bmatrix}\begin{bmatrix} w_{11} & w_{12} \\ w_{21} & w_{22} \end{bmatrix} - 2\begin{bmatrix} u_{11} & u_{12} \\ u_{21} & u_{22} \end{bmatrix}\right)\right] \\
&= \arg\min_{A\in C} \frac{1}{2t} Tr\left[\begin{bmatrix} a_{11} & a_{21} \\ a_{12} & a_{22} \end{bmatrix}\left(\begin{bmatrix} a_{11}w_{11} + a_{12}w_{21} & a_{11}w_{12} + a_{12}w_{22} \\ a_{21}w_{11} + a_{22}w_{21} & a_{21}w_{12} + a_{22}w_{22} \end{bmatrix} - 2\begin{bmatrix} u_{11} & u_{12} \\ u_{21} & u_{22} \end{bmatrix}\right)\right] \\
&= \arg\min_{A\in C} \frac{1}{2t} Tr\left(\begin{bmatrix} a_{11} & a_{21} \\ a_{12} & a_{22} \end{bmatrix}\begin{bmatrix} a_{11}w_{11} + a_{12}w_{21} - 2u_{11} & a_{11}w_{12} + a_{12}w_{22} - 2u_{12} \\ a_{21}w_{11} + a_{22}w_{21} - 2u_{21} & a_{21}w_{12} + a_{22}w_{22} - 2u_{22} \end{bmatrix}\right) \\
&= \arg\min_{A\in C} \frac{1}{2t}\left(\begin{aligned} &a_{11}{}^2 w_{11} + a_{11}a_{12}w_{21} - 2a_{11}u_{11} + a_{21}{}^2 w_{11} + a_{21}a_{22}w_{21} - 2a_{21}u_{21} \\ &+ a_{11}a_{12}w_{12} + a_{12}{}^2 w_{22} - 2a_{12}u_{12} + a_{21}a_{22}w_{12} + a_{22}{}^2 w_{22} - 2a_{22}u_{22} \end{aligned}\right)
\end{aligned} \tag{5.76}$$

设 $f(\boldsymbol{A}_t) = \frac{1}{2}a_{11}{}^2 w_{11} + \frac{1}{2}a_{11}a_{12}w_{21} - a_{11}u_{11} + \frac{1}{2}a_{21}{}^2 w_{11} + \frac{1}{2}a_{21}a_{22}w_{21} - a_{21}u_{21} + \frac{1}{2}a_{11}a_{12}w_{12} + \frac{1}{2}a_{12}{}^2 w_{22} - a_{12}u_{12} + \frac{1}{2}a_{21}a_{22}w_{12} + \frac{1}{2}a_{22}{}^2 w_{22} - a_{22}u_{22}$，则根据最速下降法用 $f(\boldsymbol{A}_t)$ 对 $\boldsymbol{A}$ 求导得到梯度下降方向为

$$\begin{aligned}
\frac{\partial f(\boldsymbol{A}_t)}{\partial \boldsymbol{A}} &= \begin{bmatrix} \dfrac{\partial f(\boldsymbol{A}_t)}{\partial a_{11}} & \dfrac{\partial f(\boldsymbol{A}_t)}{\partial a_{12}} \\ \dfrac{\partial f(\boldsymbol{A}_t)}{\partial a_{21}} & \dfrac{\partial f(\boldsymbol{A}_t)}{\partial a_{22}} \end{bmatrix} \\
&= \begin{bmatrix} a_{11}w_{11} + \frac{1}{2}a_{12}w_{21} - u_{11} + \frac{1}{2}a_{12}w_{12} & \frac{1}{2}a_{11}w_{21} + \frac{1}{2}a_{11}w_{12} + a_{12}w_{22} - u_{12} \\ a_{21}w_{11} + \frac{1}{2}a_{22}w_{21} - u_{21} + \frac{1}{2}a_{22}w_{12} & \frac{1}{2}a_{21}w_{21} + \frac{1}{2}a_{21}w_{12} + a_{22}w_{22} - u_{22} \end{bmatrix} \\
&= \begin{bmatrix} a_{11}w_{11} + a_{12}w_{21} - u_{11} & a_{11}w_{12} + a_{12}w_{22} - u_{12} \\ a_{21}w_{11} + a_{22}w_{21} - u_{21} & a_{21}w_{12} + a_{22}w_{22} - u_{22} \end{bmatrix}
\end{aligned}$$

$$
\begin{aligned}
&= \begin{bmatrix} a_{11} & a_{12} \\ a_{21} & a_{22} \end{bmatrix} \begin{bmatrix} w_{11} & w_{12} \\ w_{21} & w_{22} \end{bmatrix} - \begin{bmatrix} u_{11} & u_{12} \\ u_{21} & u_{22} \end{bmatrix} \\
&= \boldsymbol{A}\boldsymbol{W}_t - \boldsymbol{U}_t
\end{aligned} \tag{5.77}
$$

综上所述，更新字典的方式为

$$
\boldsymbol{A}_t = \boldsymbol{A}_{t-1} - \eta(\boldsymbol{A}_{t-1}\boldsymbol{W}_t - \boldsymbol{U}_t) \tag{5.78}
$$

其中，$\boldsymbol{A}_t$ 表示第 t 次迭代得到的字典，η 为更新时的步长。可以看出，式(5.78)中的字典 $\boldsymbol{A}_t$ 是随着 $\boldsymbol{W}_t = \boldsymbol{X}\boldsymbol{X}^{\mathrm{T}}, \boldsymbol{U}_t = \boldsymbol{B}\boldsymbol{X}^{\mathrm{T}}$ 的更新而更新的，那么 $\boldsymbol{W}_t, \boldsymbol{U}_t$ 是如何更新的呢？

当第一次迭代，即只有一个训练样本时，

$$
\begin{cases}
\boldsymbol{W}_1 = \boldsymbol{X}_1\boldsymbol{X}_1^{\mathrm{T}} = \boldsymbol{x}_1\boldsymbol{x}_1^{\mathrm{T}} = \boldsymbol{W}_0 + \boldsymbol{x}_1\boldsymbol{x}_1^{\mathrm{T}} \\
\boldsymbol{U}_1 = \boldsymbol{B}_1\boldsymbol{X}_1^{\mathrm{T}} = \boldsymbol{b}_1\boldsymbol{x}_1^{\mathrm{T}} = \boldsymbol{U}_0 + \boldsymbol{b}_1\boldsymbol{x}_1^{\mathrm{T}}
\end{cases} \tag{5.79}
$$

当第二次迭代，多了一个新的样本，即有两个训练样本时，

$$
\begin{cases}
\boldsymbol{W}_2 = \boldsymbol{X}_2\boldsymbol{X}_2^{\mathrm{T}} = [\boldsymbol{x}_1 \quad \boldsymbol{x}_2] \begin{bmatrix} \boldsymbol{x}_1^{\mathrm{T}} \\ \boldsymbol{x}_2^{\mathrm{T}} \end{bmatrix} = \boldsymbol{x}_1\boldsymbol{x}_1^{\mathrm{T}} + \boldsymbol{x}_2\boldsymbol{x}_2^{\mathrm{T}} = \boldsymbol{W}_1 + \boldsymbol{x}_2\boldsymbol{x}_2^{\mathrm{T}} \\
\boldsymbol{U}_2 = \boldsymbol{B}_2\boldsymbol{X}_2^{\mathrm{T}} = [\boldsymbol{b}_1 \quad \boldsymbol{b}_2] \begin{bmatrix} \boldsymbol{x}_1^{\mathrm{T}} \\ \boldsymbol{x}_2^{\mathrm{T}} \end{bmatrix} = \boldsymbol{b}_1\boldsymbol{x}_1^{\mathrm{T}} + \boldsymbol{b}_2\boldsymbol{x}_2^{\mathrm{T}} = \boldsymbol{U}_1 + \boldsymbol{b}_2\boldsymbol{x}_2^{\mathrm{T}}
\end{cases} \tag{5.80}
$$

以此类推，当第 t 次迭代时，相比于第 $(t-1)$ 次迭代又多了一个训练样本，即有 t 个训练样本时，

$$
\begin{cases}
\boldsymbol{W}_t = \boldsymbol{X}_t\boldsymbol{X}_t^{\mathrm{T}} = [\boldsymbol{x}_1 \quad \boldsymbol{x}_2 \cdots \quad \boldsymbol{x}_t] \begin{bmatrix} \boldsymbol{x}_1^{\mathrm{T}} \\ \boldsymbol{x}_2^{\mathrm{T}} \\ \vdots \\ \boldsymbol{x}_t^{\mathrm{T}} \end{bmatrix} = \boldsymbol{x}_1\boldsymbol{x}_1^{\mathrm{T}} + \boldsymbol{x}_2\boldsymbol{x}_2^{\mathrm{T}} + \cdots + \boldsymbol{x}_t\boldsymbol{x}_t^{\mathrm{T}} = \boldsymbol{W}_{t-1} + \boldsymbol{x}_t\boldsymbol{x}_t^{\mathrm{T}} \\
\boldsymbol{U}_t = \boldsymbol{B}_t\boldsymbol{X}_t^{\mathrm{T}} = [\boldsymbol{b}_1 \quad \boldsymbol{b}_2 \cdots \quad \boldsymbol{b}_t] \begin{bmatrix} \boldsymbol{x}_1^{\mathrm{T}} \\ \boldsymbol{x}_2^{\mathrm{T}} \\ \vdots \\ \boldsymbol{x}_t^{\mathrm{T}} \end{bmatrix} = \boldsymbol{b}_1\boldsymbol{x}_1^{\mathrm{T}} + \boldsymbol{b}_2\boldsymbol{x}_2^{\mathrm{T}} + \cdots + \boldsymbol{b}_t\boldsymbol{b}_t^{\mathrm{T}} = \boldsymbol{U}_{t-1} + \boldsymbol{b}_t\boldsymbol{x}_t^{\mathrm{T}}
\end{cases} \tag{5.81}
$$

可以看到，在每次迭代时，仅用一个样本就可对 $\boldsymbol{W}_t, \boldsymbol{U}_t$ 进行更新，进而更新字典 $\boldsymbol{A}_t$。这也是在线字典训练算法的特点：每次迭代只用一个样本来更新一次字典。

5.11.3　在线字典训练实验结果

在线字典训练算法常用于图像修补，图像修补[49]是在图像被各种类型的内容影响失真后对图像进行恢复。图像修补的常见应用场景如图 5.22 所示。

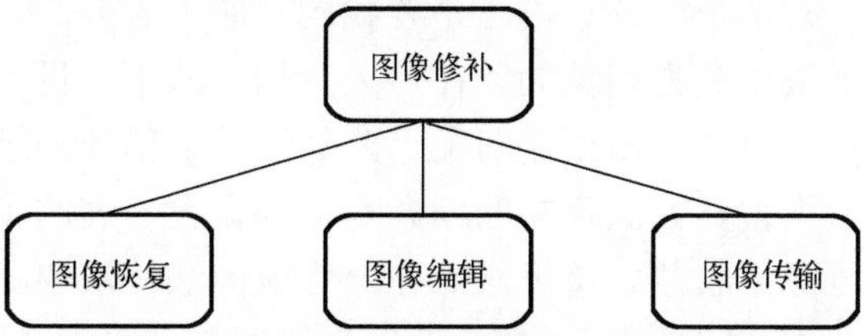

图 5.22　图像修补的应用

图像修补常应用于图像恢复、图像编辑和图像传输。图像恢复是指去除图像中的遮挡文本；图像编辑是指去除图像中不想要的目标；图像传输是指修补图像在传输过程中丢失的图像块状内容。

图像修补的实验结果如图 5.23[48]所示。

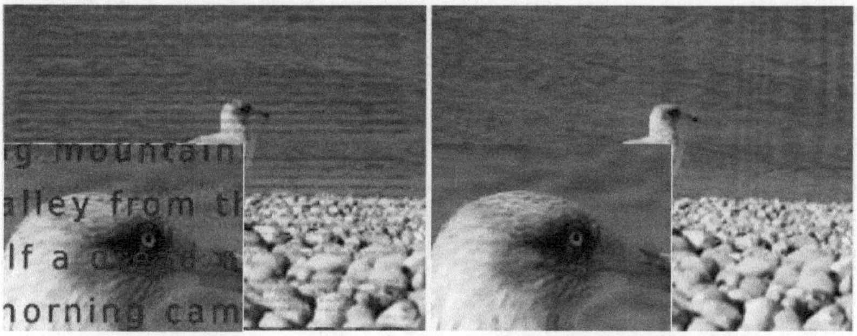

(a) 原始图像　　(b) 图像修补后的图像

图 5.23　图像修补结果图

图 5.23 (a) 为原始的需要进行图像修补的图像，该图像上面有大量的遮挡文本，该实验的目标就是有效地去除这些遮挡文本。使用在线字典训练方法对图 5.23 (a) 进行重建，用被遮挡像素邻近的未被遮挡的像素对其进行修补，可以看出修补后的图像效果较好，有效地去除了遮挡文本。

5.12　本 章 小 结

本章主要内容为模型 $\boldsymbol{B} = \boldsymbol{AX}$ 中稀疏表示字典的求解方法。求字典的方式有两种，一种是使用数学公式生成，另外一种是使用机器学习的方法训练生成。使用数学公式生成的优点是生成正交完备的标准正交基，这个标准正交基可以带来快速算法，但是数学公式生成的实验结果并不理想。因此人们提出机器学习法，通过机器学习法得到的字典是非正交的过完备字典。

在主成分分析算法中，得到的正交完备集可以自适应地对数据进行机器学习。那么主成分分析这里有两个理解，第一是要找到它的主成分，寻找方差最大方向；第二个理解是它对于数据是去相关的。在最大似然方法中，目标函数是两个目标，因此进行了交替优化，首先，用正交匹配追踪算法求解稀疏表示系数，然后使用最速下降法求字典。最大似然方法存在的问题是需要设置合理的步长，如果步长设置得不合理，该算法可能不收敛。接下来，在最优方向法算法中，最优方向法仍然是用正交匹配追踪算法求解稀疏表示系数，然后直接用最小二乘法求解稀疏表示字典，效果好于最大似然法，尤其在噪声比较大的情况下，效果甚至超过 K-SVD。

接下来讲到的是 K-SVD 方法，K-SVD 的主要思想是，用奇异值分解的奇异值矩阵和对角阵去更新字典和稀疏表示系数。在双稀疏模型中，双稀疏模型的思想是将字典 $\boldsymbol{A}$ 转化为 $\boldsymbol{A}_0\boldsymbol{Z}$，解决的是样本不足的问题，并且降低了复杂度。

最后介绍了签名字典和在线字典训练。签名字典训练出来的字典为一幅图像，图像中的任意大小、任意位置的图像块都可作为字典原子用于图像重建，因此签名字典有自由度小、需要的训练数据少和收敛速度快等特点。在线字典训练针对样本偶发且样本数据量小的情况，用一个样本来更新一次字典，极大地降低了算法复杂度。

上述这些字典求解的算法针对不同的场景有各自的优势，在日常生活中人们可以根据需求来对这些算法进行选择。

课 后 习 题

1．(多选)据你所知，为什么人们要用奇异值分解来处理图像？（　　）

A．图像压缩　　B．图像识别

C．低秩近似　　D．它是无用的

2．哪个是左奇异向量 $\boldsymbol{A}$？（　　）

A．$\boldsymbol{A}\boldsymbol{A}^{\mathrm{T}}$ 的特征向量　　B．$\boldsymbol{A}^{\mathrm{T}}\boldsymbol{A}$ 的特征向量

C．$\boldsymbol{A}$ 的特征向量　　D．$\boldsymbol{A}^{\mathrm{T}}$ 的特征向量

3．假设 λ 是 $\boldsymbol{A}^{\mathrm{T}}\boldsymbol{A}$ 的特征值，哪个是 $\boldsymbol{A}$ 的奇异值?（　　）

A．λ　　B．λ^2　　C．$\sqrt{\lambda}$　　D．0

4．哪个是矩阵 $\boldsymbol{A}=\begin{bmatrix}2 & 1\\ 4 & 2\end{bmatrix}$ 的奇异值?（　　）

A．1　　B．3　　C．5　　D．2

5．下列哪个矩阵具有相同的奇异值和特征值?(　　)

A. $\begin{bmatrix} 2 & 1 \\ 1 & 9 \end{bmatrix}$　　B. $\begin{bmatrix} 2 & 1 \\ 1 & -9 \end{bmatrix}$　　C. $\begin{bmatrix} 2 & 1 \\ 9 & 2 \end{bmatrix}$

6．哪些是矩阵$\begin{bmatrix} 1 & 1 \\ 1 & 1 \end{bmatrix}$的奇异向量?(　　)

A．$\boldsymbol{u}=\begin{bmatrix} 1 \\ 1 \end{bmatrix},\boldsymbol{v}=\begin{bmatrix} 1 \\ 0 \end{bmatrix}$　　B．$\boldsymbol{u}=\begin{bmatrix} 1 \\ 1 \end{bmatrix},\boldsymbol{v}=\begin{bmatrix} 1 \\ 1 \end{bmatrix}$

C．$\boldsymbol{u}=\begin{bmatrix} 1 \\ 0 \end{bmatrix},\boldsymbol{v}=\begin{bmatrix} 1 \\ 1 \end{bmatrix}$　　D．$\boldsymbol{u}=\begin{bmatrix} 0 \\ 1 \end{bmatrix},\boldsymbol{v}=\begin{bmatrix} 1 \\ 1 \end{bmatrix}$

7. 对于矩阵$\boldsymbol{A}=\begin{bmatrix} 3 & 0 \\ 4 & 5 \end{bmatrix}$，如果计算出它们的奇异值和向量$\sigma_1=\sqrt{45}$，$\sigma_2=\sqrt{5}$，$\boldsymbol{v}_1=\frac{1}{\sqrt{2}}\begin{bmatrix} 1 \\ 1 \end{bmatrix}$，$\boldsymbol{v}_2=\frac{1}{\sqrt{2}}\begin{bmatrix} -1 \\ 1 \end{bmatrix}$，那么$\boldsymbol{A}$的左奇异值矩阵$\boldsymbol{U}$为(　　)

A．$\boldsymbol{U}=\frac{1}{\sqrt{10}}\begin{bmatrix} 1 & 3 \\ -3 & 1 \end{bmatrix}$　　B．$\boldsymbol{U}=\frac{1}{\sqrt{10}}\begin{bmatrix} 1 & -2 \\ 2 & 1 \end{bmatrix}$

C．$\boldsymbol{U}=\frac{1}{\sqrt{10}}\begin{bmatrix} 1 & -3 \\ 3 & 1 \end{bmatrix}$

8．PCA 的第一步是什么？(　　)

A．SVD　　B．减去平均值

C．计算协方差矩阵　　D．计算特征值

9．(多选)PCA 的主要思想是什么？(　　)

A．计算稀疏表示　　B．找到最好的稀疏表示字典

C．去除维度之间的相关性　　D．减去平均值

10．假设$\boldsymbol{B}=\boldsymbol{USV}^{\mathrm{T}}$，那$\boldsymbol{U}$是什么？(　　)

A．行主成分　　B．列主成分

C．$\boldsymbol{B}$的特征向量　　D．一个对角矩阵

11．当人们用 K-均值聚类计算字典时，字典是什么?(　　)

A．数据样本　　B．归一化数据样本

C．聚类中心　　D．归一化聚类中心

12．在最优方向法中，使用什么方法更新字典?(　　)

A．将一些原子更改为稀疏的　　B．最速下降法　　C．峰值

13．对于一个矩阵$\boldsymbol{B}$，它的奇异值分解是$\boldsymbol{B}=\boldsymbol{USV}^{\mathrm{T}}$，那么$\boldsymbol{B}$秩为 1 的最佳逼近是什么？(　　)

A. $\boldsymbol{B}^1 = \boldsymbol{USV}^{\mathrm{T}}$ B. $\boldsymbol{B}^1 = \boldsymbol{U}(1)\boldsymbol{S}(1,1)\boldsymbol{V}(1)^{\mathrm{T}}$

C. $\boldsymbol{B}^1 = \boldsymbol{U}(n)\boldsymbol{S}(1,1)\boldsymbol{V}(n)^{\mathrm{T}}$ D. $\boldsymbol{B}^1 = \boldsymbol{U}(n)\boldsymbol{S}(n,n)\boldsymbol{V}(n)^{\mathrm{T}}$

14. 用来更新一个原子的是什么?( )

A. 不使用此原子的数据样本 B. 使用这个原子的数据样本

C. 零向量

15. 用什么数学方法可以同时更新一个字典原子和稀疏表示?( )

A. 特征值分解 B. SVD 分解

C. Cholesky 分解 D. QL 分解

16. 什么是图像填充?( )

A. 填充缺失的图像 B. 填充缺失的帧

C. 填充缺失的像素值 D. 填充缺失的面部

17. 基于稀疏表示的图像填充步骤是什么?( )

A. 计算稀疏表示 B. 计算像素颜色

C. 计算字典 D. 计算稀疏性

18. 对于图像填充，用什么对重建图像的质量进行评估?( )

A. MA B. RMSE C. VSE D. DWED

19. 稀疏表示的约束条件是什么?( )

A. 缺乏不变性 B. 需要大量的训练数据

C. 学习过程缓慢 D. 有过拟合的风险

20. 在双稀疏模型 $\min\limits_{\{\boldsymbol{X}_i\}_{i=1}^M,\{\boldsymbol{Z}_j\}_{j=1}^M} \sum_{i=1}^M \|\boldsymbol{y}_i - \boldsymbol{A}_0\boldsymbol{Z}\boldsymbol{X}_i\|_2^2$ 中，什么是稀疏的?( )

A. $\boldsymbol{Z}$ B. $\boldsymbol{X}_i$ C. $\boldsymbol{A}_0$ D. $\boldsymbol{y}_i$

21. 签名字典的优点是什么?()

A. 稀疏表示很容易计算 B. 字典很大

C. 信号长度不是固定的

22. 哪个字典自由度更小?( )

A. 普通字典 B. 签名字典

23. 签名字典的优点是什么?( )

A. 原子有不同的大小 B. 原子更大

C. 适应移位信号 D. 它不需要训练

24. 在线字典训练中，字典更新使用了多少个数据样本?( )

A. 1 B. 2 C. 3 D. 4

第6章　图像去噪算法

6.1　稀疏表示去噪基本原理

从稀疏表示方法[50-52]的角度看，观测到的信号包括两部分：干净信号和噪声。基于这个思想，我们可以认为观测到的图像是干净图像和噪声图像的组合，干净图像被认为是可稀疏表示的，即可以通过有限个原子来表示，而噪声是随机的、不可稀疏表示的，即不可以通过有限个原子表示，因此通过观测图像去提取图像的稀疏成分，再用这些稀疏成分来重构图像，在这个过程中，噪声被处理为观测图像和重构图像之间的残差，在重构过程中残差被丢弃，从而达到去噪的效果，使用公式表示为

$$\boldsymbol{z}=\boldsymbol{y}+\boldsymbol{v} \tag{6.1}$$

其中，$\boldsymbol{y}$为干净图像，$\boldsymbol{z}$为观测图像，$\boldsymbol{v}$为噪声。

具体过程可以由图6.1表示。

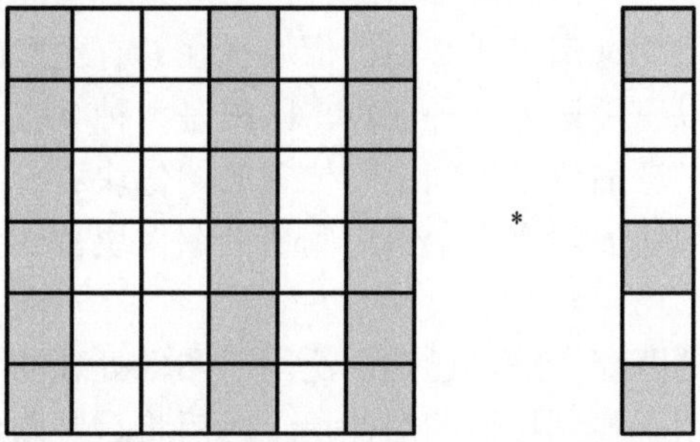

图6.1　稀疏表示方法去噪的基本原理

如图6.1所示，$\boldsymbol{D}$是训练好的过完备字典(其中，带阴影的列表示干净图像对应的原子，不带阴影的列表示噪声对应的原子)，通过稀疏编码，可以得到稀疏表示系数$\boldsymbol{x}$。假设$\boldsymbol{D}=[\boldsymbol{D}_s\quad \boldsymbol{D}_n]$，其中，$\boldsymbol{D}_s$为干净图像对应的原子，$\boldsymbol{D}_n$为噪声对应的原子。可以将式(6.1)变换为

$$\begin{aligned}\boldsymbol{z}=\boldsymbol{D}\boldsymbol{x}&=[\boldsymbol{D}_s\quad \boldsymbol{D}_n]\begin{bmatrix}\boldsymbol{x}_s\\ \boldsymbol{x}_n\end{bmatrix}\\ &=\boldsymbol{D}_s\boldsymbol{x}_s+\boldsymbol{D}_n\boldsymbol{x}_n\end{aligned} \tag{6.2}$$

其中，x_s 为干净图像对应的稀疏表示系数，x_n 为噪声对应的稀疏表示系数。

在 $\boldsymbol{x}$ 中，干净图像对应的系数不为 0，而噪声对应的系数置 0，这样，在重建过程中，利用字典 $\boldsymbol{D}$ 和稀疏向量 $\boldsymbol{x}$ 相乘，就可以用对应的第 1，4，6 个原子(即表示干净图像对应的原子)来线性表示原图像，这时，稀疏表示的过程便可理解为对图像进行去噪的操作。

6.2 BM3D 去噪

变换域去噪方法假设可以通过几个基本元素的线性组合来较好地近似真实信号，也就是说，信号在变换域中可以进行稀疏表示。因此，通过保留真实信号主要部分的少数高幅值变换系数，而丢弃由噪声引起的其余部分，可以有效地估计真实信号。基于变换域去噪和稀疏表示的基本原理，本节介绍一种基于变换域的增强性稀疏表示图像去噪方法——三维块匹配滤波(block-matching and 3D filtering，BM3D)去噪[53]。

6.2.1 分组

将相似的二维图像块组成一个三维阵列的操作称为图像块的“分组”。分组也可以通过各种技术实现，例如，矢量量化[54]或 K-均值聚类[41]等，它们构建的组不相交，即每个图像块仅属于一个组。此外，这种分组导致不同图像块的不平等处理，因为靠近组质心的图像块比远离组质心的图像块往往具有更多的有用信息。相比之下，通过匹配的方法可以有效避免这种缺点。匹配是一种寻找与给定参考图像块相似图像块的方法，是通过评估位于不同空间位置的图像块和参考图像块之间的相似性来实现的。与参考图像块的距离小于给定阈值的图像块被认为是相互相似的，随后被分在同一个组内。

块匹配是一种特殊的匹配方法，已被广泛用于图像处理的各类算法中，作为一种特殊的分组方式，它用于找到相似的图像块，然后将这些图像块堆叠在一起形成一个三维阵列(即一个组)。图 6.2 所示为通过图像的块匹配进行分组的过程，给出了几个参考块和与它们相似的匹配块。

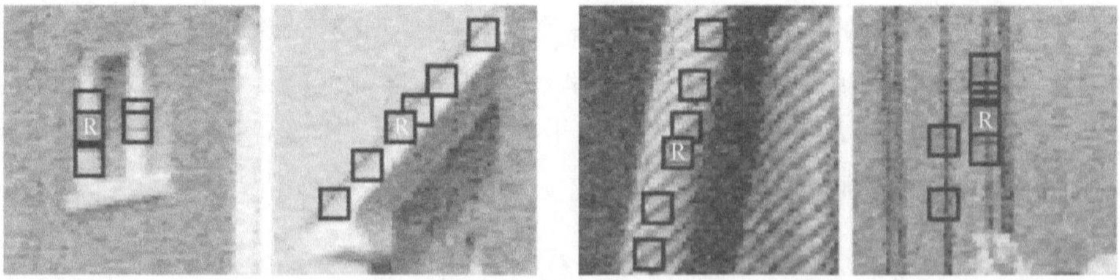

图 6.2 从具有高斯白噪声的自然图像中分组的结果，每个图像块显示一个标记为“R”的参考块和与之匹配的几个相似块

6.2.2　协同滤波

在一张图像中，往往存在很多相似的或具有相似纹理特征的图像块，这种现象叫作图像的自相似性。利用图像的自相似性来估计每个图像块中真实信息的方法称为协同滤波。协同滤波可以通过变换域的收缩来具体实现。假设相似图像块的三维分组已经形成，协同滤波包括以下步骤：

①对该组应用三维线性变换；

②收缩变换系数以衰减噪声；

③反转线性变换以产生所有分组片段的估计值。

应用于自然图像块的组时，这种协作变换域收缩方法特别有效。因为这些组具有以下两方面的特点：

①在每个分组图像块的像素之间存在内相关性——自然图像的一个特点；

②在不同图像块的相应像素之间的图像块间相关性——分组图像块之间相似性。

三维变换可以利用这两种相关性，从而产生组中真实信号的稀疏表示。这种稀疏性使得在衰减噪声的同时还保持了信号的特征。

6.2.3　算法内容

1. 算法概述

在 BM3D 去噪算法中，分组是通过块匹配实现的，协同滤波是通过在三维变换域中收缩来实现的。使用的图像块是固定大小的正方形图像块。通过从输入的噪声图像中每次提取一个大小相同的参考块来处理输入噪声图像，并且对于每个这样的块执行以下步骤：

①找到与参考块相似的块(块匹配)，并将它们堆叠在一起以形成三维阵列(组)；

②对该组进行协同滤波，并将获得的所有分组块的二维估计值返回到其原始位置。

在处理所有参考块之后，获得的估计块可以重叠，因此，每个像素有多个估计，汇总这些估计值以形成整个图像的估计值。

图 6.3 所示为该算法的具体实现过程。

步骤 1：基础估计。

(1)逐块估计。对于噪声图像中的每个块，执行以下步骤。

①分组：找到与当前处理块相似的块，然后将它们堆叠在一个三维阵列(组)中。

②协同硬阈值化：对形成的组应用三维变换，通过变换系数的硬阈值化来衰减噪声，逆三维变换以产生所有分组块的估计，并将块的估计返回到它们的原始位置。

(2)汇总。通过加权平均所有获得的重叠分块估计，计算真实图像的基本估计图。

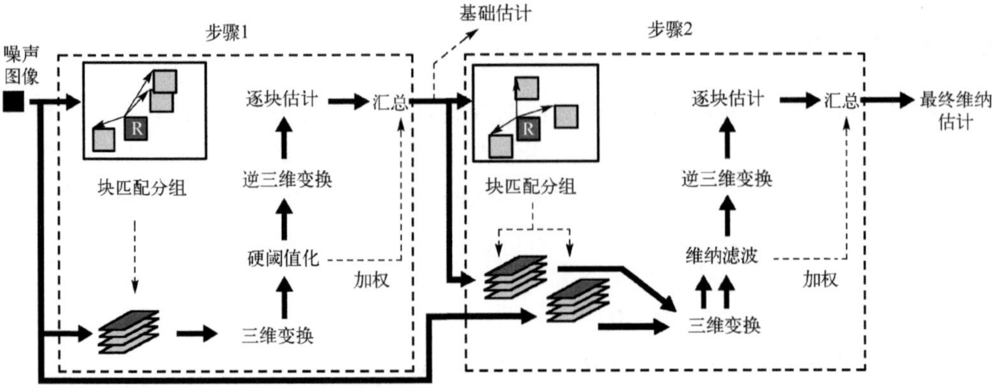

图 6.3 BM3D 算法流程图[53]

步骤 2：最终估计，使用基本估计的结果，执行改进的分组和协同维纳滤波。

(1)逐块估计。对于噪声图像中的每个块，执行以下步骤。

①分组：使用基本估计图中的匹配块来找到与当前处理块相似的块的位置。使用这些位置，形成两个组(三维阵列)，一组来自噪声图像，另一组来自基本估计。

②协同维纳滤波：对两个组应用三维变换。使用基本估计的能量谱作为真实能量谱，对噪声进行维纳滤波。通过对滤波后的系数应用逆三维变换来产生所有分组块的估计，并将块的估计返回到它们的原始位置。

(2)汇总。通过使用加权平均所有获得的局部估计来计算真实图像的最终估计。

上述算法的步骤 2 有两个重要的作用：

①使用基本估计代替噪声图像，这就能够通过块匹配来改进分组；

②将基本估计值用作维纳滤波的导频信号，比简单的噪声数据三维频谱硬阈值处理更有效、更准确。

整体来看，上述的 BM3D 去噪算法中，通过步骤 1 和步骤 2 一共实现了两次去噪。第一次去噪主要利用噪声图像在三维变化后的硬阈值化来实现；第二次去噪利用第一次去噪后的结果和原来的噪声图像在三维变化后进行维纳滤波来实现。下面具体介绍这两个去噪的过程。

2. 协同滤波——第一次去噪

图 6.4 所示为第一次去噪的过程。

假设原始图像 $\boldsymbol{A}$ 上有一个大小为 $n\times n$ 的图像块 $\boldsymbol{W}_0$：

$$\boldsymbol{W}_0=\begin{bmatrix} w_0(1,1) & w_0(1,2) & \cdots & w_0(1,n) \\ w_0(2,1) & w_0(2,2) & \cdots & w_0(2,n) \\ \vdots & & \cdots & \\ w_0(n,1) & w_0(n,1) & \cdots & w_0(n,n) \end{bmatrix} \tag{6.3}$$

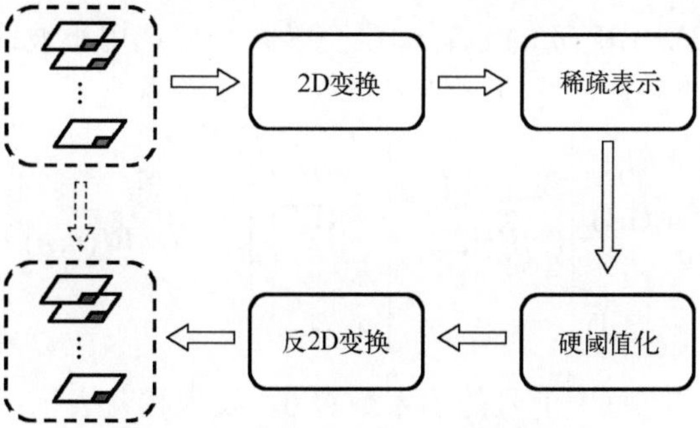

图 6.4　第一次去噪的过程示意图

在图像中寻找 m 个和 $\boldsymbol{W}_0$ 相似的图像块，记为 $\boldsymbol{W}_1,\boldsymbol{W}_2,\cdots,\boldsymbol{W}_m$。对 $\boldsymbol{W}_0,\boldsymbol{W}_1,\boldsymbol{W}_2,\cdots,\boldsymbol{W}_m$ 进行二维变换。该变换一般选用小波变换或离散余弦变换，得到变换后的图像块：$\tilde{\boldsymbol{W}}_0,\tilde{\boldsymbol{W}}_1,\tilde{\boldsymbol{W}}_2,\cdots,\tilde{\boldsymbol{W}}_m$。

假设

$$\tilde{\boldsymbol{W}}_0=\begin{bmatrix}\tilde{w}_0(1,1) & \tilde{w}_0(1,2) & \cdots & \tilde{w}_0(1,n)\\ \tilde{w}_0(2,1) & \tilde{w}_0(2,2) & \cdots & \tilde{w}_0(2,n)\\ \vdots & & \cdots & \\ \tilde{w}_0(n,1) & \tilde{w}_0(n,1) & \cdots & \tilde{w}_0(n,n)\end{bmatrix} \tag{6.4}$$

同理

$$\tilde{\boldsymbol{W}}_1=\begin{bmatrix}\tilde{w}_1(1,1) & \tilde{w}_1(1,2) & \cdots & \tilde{w}_1(1,n)\\ \tilde{w}_1(2,1) & \tilde{w}_1(2,2) & \cdots & \tilde{w}_1(2,n)\\ \vdots & & \cdots & \\ \tilde{w}_1(n,1) & \tilde{w}_1(n,1) & \cdots & \tilde{w}_1(n,n)\end{bmatrix} \tag{6.5}$$

一直到

$$\tilde{\boldsymbol{W}}_m=\begin{bmatrix}\tilde{w}_m(1,1) & \tilde{w}_m(1,2) & \cdots & \tilde{w}_m(1,n)\\ \tilde{w}_m(2,1) & \tilde{w}_m(2,2) & \cdots & \tilde{w}_m(2,n)\\ \vdots & & \cdots & \\ \tilde{w}_m(n,1) & \tilde{w}_m(n,1) & \cdots & \tilde{w}_m(n,n)\end{bmatrix} \tag{6.6}$$

以每个块的同一位置上的像素值为样本，得到样本集：

$$\tilde{\boldsymbol{W}}(1,1)=\begin{bmatrix}\tilde{w}_0(1,1)\\ \tilde{w}_1(1,1)\\ \cdots\\ \tilde{w}_m(1,1)\end{bmatrix},\ \tilde{\boldsymbol{W}}(1,2)=\begin{bmatrix}\tilde{w}_0(1,2)\\ \tilde{w}_1(1,2)\\ \cdots\\ \tilde{w}_m(1,2)\end{bmatrix},\cdots,\ \tilde{\boldsymbol{W}}(n,n)=\begin{bmatrix}\tilde{w}_0(n,n)\\ \tilde{w}_1(n,n)\\ \cdots\\ \tilde{w}_m(n,n)\end{bmatrix} \tag{6.7}$$

对 $\tilde{\boldsymbol{W}}(1,1),\tilde{\boldsymbol{W}}(1,2),\cdots,\tilde{\boldsymbol{W}}(n,n)$ 进行一维变换，一般选用小波或哈达玛字典，也可以利用第 5 章提到的字典训练方法训练字典，得到变换之后的信号：

$$\tilde{\tilde{\boldsymbol{W}}}(1,1)=\begin{bmatrix}\tilde{\tilde{w}}_0(1,1)\\ \tilde{\tilde{w}}_1(1,1)\\ \cdots\\ \tilde{\tilde{w}}_m(1,1)\end{bmatrix},\quad \tilde{\tilde{\boldsymbol{W}}}(1,2)=\begin{bmatrix}\tilde{\tilde{w}}_0(1,2)\\ \tilde{\tilde{w}}_1(1,2)\\ \cdots\\ \tilde{\tilde{w}}_m(1,2)\end{bmatrix},\quad \cdots,\quad \tilde{\tilde{\boldsymbol{W}}}(n,n)=\begin{bmatrix}\tilde{\tilde{w}}_0(n,n)\\ \tilde{\tilde{w}}_1(n,n)\\ \cdots\\ \tilde{\tilde{w}}_m(n,n)\end{bmatrix} \tag{6.8}$$

使用硬阈值方法将每个信号的小系数置 0，实现稀疏表示：

$$\tilde{\tilde{w}}'_q(i,j)=\begin{cases}\tilde{\tilde{w}}_q(i,j), & \tilde{\tilde{w}}_q(i,j)>\tau\\ 0, & \tilde{\tilde{w}}_q(i,j)<\tau\end{cases},\quad i=1,2,\cdots,n,\quad j=1,2,\cdots,n,\quad q=1,2,\cdots,m \tag{6.9}$$

其中，τ 为硬阈值，得到

$$\tilde{\tilde{\boldsymbol{W}}}'(1,1)=\begin{bmatrix}\tilde{\tilde{w}}'_0(1,1)\\ \tilde{\tilde{w}}'_1(1,1)\\ \cdots\\ \tilde{\tilde{w}}'_m(1,1)\end{bmatrix},\quad \tilde{\tilde{\boldsymbol{W}}}'(1,2)=\begin{bmatrix}\tilde{\tilde{w}}'_0(1,2)\\ \tilde{\tilde{w}}'_1(1,2)\\ \cdots\\ \tilde{\tilde{w}}'_m(1,2)\end{bmatrix},\quad \cdots,\quad \tilde{\tilde{\boldsymbol{W}}}'(n,n)=\begin{bmatrix}\tilde{\tilde{w}}'_0(n,n)\\ \tilde{\tilde{w}}'_1(n,n)\\ \cdots\\ \tilde{\tilde{w}}'_m(n,n)\end{bmatrix} \tag{6.10}$$

将 $\tilde{\tilde{\boldsymbol{W}}}'(i,j)$ 均进行反一维变换得到 $\tilde{\boldsymbol{W}}'(i,j)$，然后将 $\tilde{\boldsymbol{W}}'(i,j)$ 中的每一个块进行反二维变换得到恢复的图像块 $\boldsymbol{W}'_0,\boldsymbol{W}'_1,\boldsymbol{W}'_2,\cdots,\boldsymbol{W}'_m$。将这些图像块放回原来的位置，获得第一次去噪后的重建图像 $\boldsymbol{A}^1$。

3. 协同滤波——第二次去噪

图 6.5 所示为第二次去噪的过程，第二次去噪是在第一次去噪结果的基础上进行的，需要用到第一次去噪后的图像块和原来的噪声图像块。

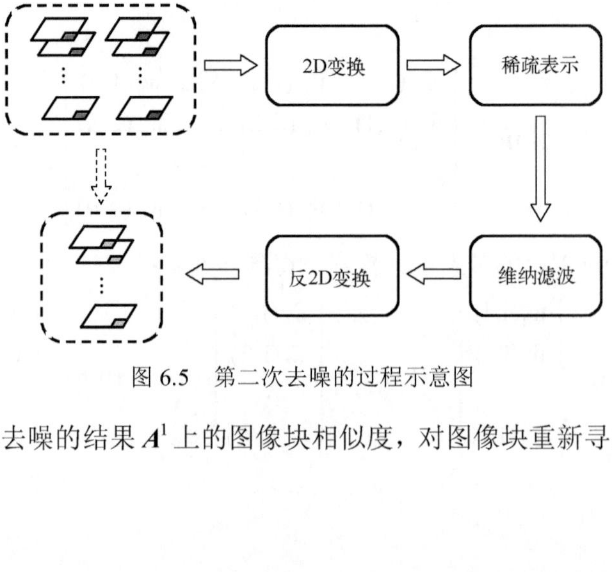

图 6.5 第二次去噪的过程示意图

根据第一次去噪的结果 $\boldsymbol{A}^1$ 上的图像块相似度，对图像块重新寻找相似块，确定相似块的位置。

假设图像 $\boldsymbol{A}^1$ 上有一个大小为 $n\times n$ 的图像块 $\boldsymbol{W}_0{}^1$：

$$\boldsymbol{W}_0{}^1=\begin{bmatrix} w_0{}^1(1,1) & w_0{}^1(1,2) & \cdots & w_0{}^1(1,n) \\ w_0{}^1(2,1) & w_0{}^1(2,2) & \cdots & w_0{}^1(2,n) \\ \vdots & & \cdots & \\ w_0{}^1(n,1) & w_0{}^1(n,1) & \cdots & w_0{}^1(n,n) \end{bmatrix} \tag{6.11}$$

对应位置的带噪声图像 $\boldsymbol{A}$ 上有一个大小为 $n\times n$ 的图像块 $\boldsymbol{W}_0$。

在图像 $\boldsymbol{A}^1$ 中寻找 m 个和 $\boldsymbol{W}_0{}^1$ 相似的图像块，记为 $\boldsymbol{W}_1{}^1,\boldsymbol{W}_2{}^1,\cdots,\boldsymbol{W}_m{}^1$，并记录块的位置。注意，跟第一次去噪不同，第二次去噪寻找相似块是在第一次去噪后的图像 $\boldsymbol{A}^1$ 上寻找的相似块，而不是在带噪声图像 $\boldsymbol{A}$ 上寻找相似块。然后根据 $\boldsymbol{W}_1{}^1,\boldsymbol{W}_2{}^1,\cdots,\boldsymbol{W}_m{}^1$ 的位置，在带噪声图像 $\boldsymbol{A}$ 上确定 $\boldsymbol{W}_0$ 的带噪声相似块 $\boldsymbol{W}_1,\boldsymbol{W}_2,\cdots,\boldsymbol{W}_m$。

对第一次去噪后的图像块组 $\boldsymbol{W}_0{}^1,\boldsymbol{W}_1{}^1,\boldsymbol{W}_2{}^1,\cdots,\boldsymbol{W}_m{}^1$ 和带噪声的图像块组 $\boldsymbol{W}_0,\boldsymbol{W}_1,\boldsymbol{W}_2,\cdots,\boldsymbol{W}_m$ 进行二维变换。该变换一般选用小波变换或离散余弦变换，得到变换后的图像块：$\tilde{\boldsymbol{W}}_0{}^1,\tilde{\boldsymbol{W}}_1{}^1,\tilde{\boldsymbol{W}}_2{}^1,\cdots,\tilde{\boldsymbol{W}}_m{}^1$ 和 $\tilde{\boldsymbol{W}}_0,\tilde{\boldsymbol{W}}_1,\tilde{\boldsymbol{W}}_2,\cdots,\tilde{\boldsymbol{W}}_m$。

假设

$$\tilde{\boldsymbol{W}}_0{}^1=\begin{bmatrix} \tilde{w}_0{}^1(1,1) & \tilde{w}_0{}^1(1,2) & \cdots & \tilde{w}_0{}^1(1,n) \\ \tilde{w}_0{}^1(2,1) & \tilde{w}_0{}^1(2,2) & \cdots & \tilde{w}_0{}^1(2,n) \\ \vdots & & \cdots & \\ \tilde{w}_0{}^1(n,1) & \tilde{w}_0{}^1(n,1) & \cdots & \tilde{w}_0{}^1(n,n) \end{bmatrix} \tag{6.12}$$

$$\tilde{\boldsymbol{W}}_0=\begin{bmatrix} \tilde{w}_0(1,1) & \tilde{w}_0(1,2) & \cdots & \tilde{w}_0(1,n) \\ \tilde{w}_0(2,1) & \tilde{w}_0(2,2) & \cdots & \tilde{w}_0(2,n) \\ \vdots & & \cdots & \\ \tilde{w}_0(n,1) & \tilde{w}_0(n,1) & \cdots & \tilde{w}_0(n,n) \end{bmatrix} \tag{6.13}$$

同理

$$\tilde{\boldsymbol{W}}_1{}^1=\begin{bmatrix} \tilde{w}_1{}^1(1,1) & \tilde{w}_1{}^1(1,2) & \cdots & \tilde{w}_1{}^1(1,n) \\ \tilde{w}_1{}^1(2,1) & \tilde{w}_1{}^1(2,2) & \cdots & \tilde{w}_1{}^1(2,n) \\ \vdots & & \cdots & \\ \tilde{w}_1{}^1(n,1) & \tilde{w}_1{}^1(n,1) & \cdots & \tilde{w}_1{}^1(n,n) \end{bmatrix} \tag{6.14}$$

$$\tilde{\boldsymbol{W}}_1=\begin{bmatrix} \tilde{w}_1(1,1) & \tilde{w}_1(1,2) & \cdots & \tilde{w}_1(1,n) \\ \tilde{w}_1(2,1) & \tilde{w}_1(2,2) & \cdots & \tilde{w}_1(2,n) \\ \vdots & & \cdots & \\ \tilde{w}_1(n,1) & \tilde{w}_1(n,1) & \cdots & \tilde{w}_1(n,n) \end{bmatrix} \tag{6.15}$$

一直到

$$\tilde{\boldsymbol{W}}_m^{\ 1}=\begin{bmatrix}\tilde{w}_m^{\ 1}(1,1) & \tilde{w}_m^{\ 1}(1,2) & \cdots & \tilde{w}_m^{\ 1}(1,n)\\ \tilde{w}_m^{\ 1}(2,1) & \tilde{w}_m^{\ 1}(2,2) & \cdots & \tilde{w}_m^{\ 1}(2,n)\\ \vdots & & \cdots & \\ \tilde{w}_m^{\ 1}(n,1) & \tilde{w}_m^{\ 1}(n,1) & \cdots & \tilde{w}_m^{\ 1}(n,n)\end{bmatrix} \tag{6.16}$$

$$\tilde{\boldsymbol{W}}_m=\begin{bmatrix}\tilde{w}_m(1,1) & \tilde{w}_m(1,2) & \cdots & \tilde{w}_m(1,n)\\ \tilde{w}_m(2,1) & \tilde{w}_m(2,2) & \cdots & \tilde{w}_m(2,n)\\ \vdots & & \cdots & \\ \tilde{w}_m(n,1) & \tilde{w}_m(n,1) & \cdots & \tilde{w}_m(n,n)\end{bmatrix} \tag{6.17}$$

以每个块的同一位置上的像素值为样本，得到样本集：

$$\tilde{\boldsymbol{W}}^1(1,1)=\begin{bmatrix}\tilde{w}_0^{\ 1}(1,1)\\ \tilde{w}_1^{\ 1}(1,1)\\ \cdots\\ \tilde{w}_m^{\ 1}(1,1)\end{bmatrix},\ \tilde{\boldsymbol{W}}^1(1,2)=\begin{bmatrix}\tilde{w}_0^{\ 1}(1,2)\\ \tilde{w}_1^{\ 1}(1,2)\\ \cdots\\ \tilde{w}_m^{\ 1}(1,2)\end{bmatrix},\ \cdots,\ \tilde{\boldsymbol{W}}^1(n,n)=\begin{bmatrix}\tilde{w}_0^{\ 1}(n,n)\\ \tilde{w}_1^{\ 1}(n,n)\\ \cdots\\ \tilde{w}_m^{\ 1}(n,n)\end{bmatrix} \tag{6.18}$$

$$\tilde{\boldsymbol{W}}(1,1)=\begin{bmatrix}\tilde{w}_0(1,1)\\ \tilde{w}_1(1,1)\\ \cdots\\ \tilde{w}_m(1,1)\end{bmatrix},\ \tilde{\boldsymbol{W}}(1,2)=\begin{bmatrix}\tilde{w}_0(1,2)\\ \tilde{w}_1(1,2)\\ \cdots\\ \tilde{w}_m(1,2)\end{bmatrix},\ \cdots,\ \tilde{\boldsymbol{W}}(n,n)=\begin{bmatrix}\tilde{w}_0(n,n)\\ \tilde{w}_1(n,n)\\ \cdots\\ \tilde{w}_m(n,n)\end{bmatrix} \tag{6.19}$$

对 $\tilde{\boldsymbol{W}}(1,1),\tilde{\boldsymbol{W}}(1,2),\cdots,\tilde{\boldsymbol{W}}(n,n)$ 进行一维变换，一般选用小波或哈达玛字典，或使用第 5 章描述的训练方法训练字典，得到变换之后的信号：

$$\tilde{\tilde{\boldsymbol{W}}}^1(1,1)=\begin{bmatrix}\tilde{\tilde{w}}_0^{\ 1}(1,1)\\ \tilde{\tilde{w}}_1^{\ 1}(1,1)\\ \cdots\\ \tilde{\tilde{w}}_m^{\ 1}(1,1)\end{bmatrix},\ \tilde{\tilde{\boldsymbol{W}}}^1(1,2)=\begin{bmatrix}\tilde{\tilde{w}}_0^{\ 1}(1,2)\\ \tilde{\tilde{w}}_1^{\ 1}(1,2)\\ \cdots\\ \tilde{\tilde{w}}_m^{\ 1}(1,2)\end{bmatrix},\ \cdots,\ \tilde{\tilde{\boldsymbol{W}}}^1(n,n)=\begin{bmatrix}\tilde{\tilde{w}}_0^{\ 1}(n,n)\\ \tilde{\tilde{w}}_1^{\ 1}(n,n)\\ \cdots\\ \tilde{\tilde{w}}_m^{\ 1}(n,n)\end{bmatrix} \tag{6.20}$$

$$\tilde{\tilde{\boldsymbol{W}}}(1,1)=\begin{bmatrix}\tilde{\tilde{w}}_0(1,1)\\ \tilde{\tilde{w}}_1(1,1)\\ \cdots\\ \tilde{\tilde{w}}_m(1,1)\end{bmatrix},\ \tilde{\tilde{\boldsymbol{W}}}(1,2)=\begin{bmatrix}\tilde{\tilde{w}}_0(1,2)\\ \tilde{\tilde{w}}_1(1,2)\\ \cdots\\ \tilde{\tilde{w}}_m(1,2)\end{bmatrix},\ \cdots,\ \tilde{\tilde{\boldsymbol{W}}}(n,n)=\begin{bmatrix}\tilde{\tilde{w}}_0(n,n)\\ \tilde{\tilde{w}}_1(n,n)\\ \cdots\\ \tilde{\tilde{w}}_m(n,n)\end{bmatrix} \tag{6.21}$$

假设

$$\tilde{\tilde{\boldsymbol{W}}}(1,1)=\boldsymbol{H}^{1,1}\tilde{\tilde{\boldsymbol{W}}}^1(1,1)+\boldsymbol{N}^{1,1}$$
$$\tilde{\tilde{\boldsymbol{W}}}(1,2)=\boldsymbol{H}^{1,2}\tilde{\tilde{\boldsymbol{W}}}^1(1,2)+\boldsymbol{N}^{1,2}$$
$$\cdots$$

$$\tilde{\tilde{\boldsymbol{W}}}(n,n)=\boldsymbol{H}^{n,n}\tilde{\tilde{\boldsymbol{W}}}^1(n,n)+\boldsymbol{N}^{n,n} \tag{6.22}$$

以第 1 组的第一个退化模型：$\tilde{\tilde{\boldsymbol{W}}}(1,1)=\boldsymbol{H}^{1,1}\tilde{\tilde{\boldsymbol{W}}}^1(1,1)+\boldsymbol{N}^{1,1}$ 为例，推导维纳滤波的公式。维纳滤波是采用优化的原理进行推导的，优化目标是重建信号的频谱 $\bar{\boldsymbol{W}}^1(1,1)$ 和基准信号的频谱 $\tilde{\tilde{\boldsymbol{W}}}^1(1,1)$ 的均方差最小，二者的均方差可表示为

$$e=E\left[\left|\tilde{\tilde{\boldsymbol{W}}}^1(1,1)-\bar{\boldsymbol{W}}^1(1,1)\right|^2\right] \tag{6.23}$$

重建信号的频谱 $\bar{\boldsymbol{W}}^1(1,1)$ 为

$$\bar{\boldsymbol{W}}^1(1,1)=\boldsymbol{R}^{1,1}\tilde{\tilde{\boldsymbol{W}}}(1,1) \tag{6.24}$$

其中，$\boldsymbol{R}^{1,1}$ 为需要求解的维纳滤波系数。

将式(6.24)和 $\tilde{\tilde{\boldsymbol{W}}}(1,1)=\boldsymbol{H}^{1,1}\tilde{\tilde{\boldsymbol{W}}}^1(1,1)+\boldsymbol{N}^{1,1}$ 代入式(6.23)可得

$$\begin{aligned}e&=E\left[\left|\tilde{\tilde{\boldsymbol{W}}}^1(1,1)-\bar{\boldsymbol{W}}^1(1,1)\right|^2\right]\\&=E\left[\left|\tilde{\tilde{\boldsymbol{W}}}^1(1,1)-\boldsymbol{R}^{1,1}[\boldsymbol{H}^{1,1}\tilde{\tilde{\boldsymbol{W}}}^1(1,1)+\boldsymbol{N}^{1,1}]\right|^2\right]\\&=E\left[\left|[1-\boldsymbol{R}^{1,1}\boldsymbol{H}^{1,1}]\tilde{\tilde{\boldsymbol{W}}}^1(1,1)-\boldsymbol{R}^{1,1}\boldsymbol{N}^{1,1}\right|^2\right]\end{aligned} \tag{6.25}$$

展开平方并进一步推导：

$$\begin{aligned}e&=E\left\{\left|[1-\boldsymbol{R}^{1,1}\boldsymbol{H}^{1,1}]\tilde{\tilde{\boldsymbol{W}}}^1(1,1)-\boldsymbol{R}^{1,1}\boldsymbol{N}^{1,1}\right|^2\right\}\\&=E\left\{\left|[1-\boldsymbol{R}^{1,1}\boldsymbol{H}^{1,1}]\tilde{\tilde{\boldsymbol{W}}}^1(1,1)-\boldsymbol{R}^{1,1}\boldsymbol{N}^{1,1}\right|\left|[1-\boldsymbol{R}^{1,1}\boldsymbol{H}^{1,1}]\tilde{\tilde{\boldsymbol{W}}}^1(1,1)-\boldsymbol{R}^{1,1}\boldsymbol{N}^{1,1}\right|^*\right\}\\&=[1-\boldsymbol{R}^{1,1}\boldsymbol{H}^{1,1}][1-\boldsymbol{R}^{1,1}\boldsymbol{H}^{1,1}]^*E\left[\left|\tilde{\tilde{\boldsymbol{W}}}^1(1,1)\right|^2\right]-[1-\boldsymbol{R}^{1,1}\boldsymbol{H}^{1,1}](\boldsymbol{R}^{1,1})^*E[\tilde{\tilde{\boldsymbol{W}}}^1(1,1)(\boldsymbol{N}^{1,1})^*]\\&\quad-\boldsymbol{R}^{1,1}[1-\boldsymbol{R}^{1,1}\boldsymbol{H}^{1,1}]^*E[(\tilde{\tilde{\boldsymbol{W}}}^1(1,1))^*\boldsymbol{N}^{1,1}]+\boldsymbol{R}^{1,1}(\boldsymbol{R}^{1,1})^*E\left[\left|\boldsymbol{N}^{1,1}\right|^2\right]\end{aligned} \tag{6.26}$$

由于噪声和信号是独立无关的，因此，

$$E[\tilde{\tilde{\boldsymbol{W}}}^1(1,1)(\boldsymbol{N}^{1,1})^*]=E[(\tilde{\tilde{\boldsymbol{W}}}^1(1,1))^*\boldsymbol{N}^{1,1}]=0 \tag{6.27}$$

定义功率谱如下：

$$S_W^{1,1}=E\left[\left|\tilde{\tilde{\boldsymbol{W}}}^1(1,1)\right|^2\right] \tag{6.28}$$

$$S_N^{1,1}=E\left[\left|\boldsymbol{N}^{1,1}\right|^2\right] \tag{6.29}$$

将式(6.27)～式(6.29)代入式(6.26)得

$$e=[1-\boldsymbol{R}^{1,1}\boldsymbol{H}^{1,1}][1-\boldsymbol{R}^{1,1}\boldsymbol{H}^{1,1}]^*S_W^{1,1}+\boldsymbol{R}^{1,1}(\boldsymbol{R}^{1,1})^*S_N^{1,1} \tag{6.30}$$

然后对需要求解的维纳滤波系数 $\boldsymbol{R}^{1,1}$ 求导并令导数为零：

$$\frac{\mathrm{d}e}{\mathrm{d}\boldsymbol{R}^{1,1}} = 2(\boldsymbol{R}^{1,1})^* S_N^{1,1} - 2\boldsymbol{H}^{1,1}[1-\boldsymbol{R}^{1,1}\boldsymbol{H}^{1,1}]^* S_W^{1,1} = 0 \tag{6.31}$$

假设上述的所有频谱和系数在频域中都为实数：

$$\boldsymbol{R}^{1,1} S_N^{1,1} - \boldsymbol{H}^{1,1}[1-\boldsymbol{R}^{1,1}\boldsymbol{H}^{1,1}] S_W^{1,1} = 0 \tag{6.32}$$

对上式进一步化简：

$$\boldsymbol{R}^{1,1} S_N^{1,1} = \boldsymbol{H}^{1,1} S_W^{1,1} - \boldsymbol{R}^{1,1}\left|\boldsymbol{H}^{1,1}\right|^2 S_W^{1,1} \tag{6.33}$$

$$\boldsymbol{R}^{1,1} S_N^{1,1} + \boldsymbol{R}^{1,1}\left|\boldsymbol{H}^{1,1}\right|^2 S_W^{1,1} = \boldsymbol{H}^{1,1} S_W^{1,1} \tag{6.34}$$

$$\boldsymbol{R}^{1,1}(S_N^{1,1} + \left|\boldsymbol{H}^{1,1}\right|^2 S_W^{1,1}) = \boldsymbol{H}^{1,1} S_W^{1,1} \tag{6.35}$$

最终求得维纳滤波系数 $\boldsymbol{R}^{1,1}$：

$$\boldsymbol{R}^{1,1} = \frac{\boldsymbol{H}^{1,1} S_W^{1,1}}{S_N^{1,1} + \left|\boldsymbol{H}^{1,1}\right|^2 S_W^{1,1}} = \frac{\boldsymbol{H}^{1,1}}{\left|\boldsymbol{H}^{1,1}\right|^2 + S_N^{1,1} / S_W^{1,1}} \tag{6.36}$$

重建信号的维纳滤波公式为

$$\bar{\boldsymbol{W}}(1,1) = \boldsymbol{R}^{1,1}\tilde{\tilde{\boldsymbol{W}}}(1,1) = \left[\frac{\boldsymbol{H}^{1,1}}{\left|\boldsymbol{H}^{1,1}\right|^2 + S_N^{1,1} / S_W^{1,1}}\right]\tilde{\tilde{\boldsymbol{W}}}(1,1) \tag{6.37}$$

其他位置 (i,j) 的频谱和 $(1,1)$ 处的频谱一样。

得到了滤波后的频谱，接下来的过程和第一次去噪方法一样。经过滤波后的频谱 $\bar{\boldsymbol{W}}(i,j)$ 均进行反一维变换得到 $\tilde{\boldsymbol{W}}'(i,j)$，然后将 $\tilde{\boldsymbol{W}}'(i,j)$ 中的每一个块进行反二维变换得到恢复的图像块 $\boldsymbol{W}_0',\boldsymbol{W}_1',\boldsymbol{W}_2',\cdots,\boldsymbol{W}_m'$。将这些图像块放回原来的位置，获得第二次去噪后的重建图像 $\boldsymbol{A}^2$。

6.2.4 算法效果

图 6.6 显示了使用 BM3D 算法的去噪结果（$\sigma = 20$ 的加性噪声），初步看出，这种算法对噪声的去除效果明显，且可以保留图像中的细节纹理特征，PSNR = 33.05dB。

进一步在图 6.7 中展示 BM3D 算法的去噪性能，其中给出了一些有噪声测试图像（$\sigma = 25$）的片段和相应去噪后的片段。去噪后的图像很好地保留了：

①图像较为平滑的区域（“莉娜”的脸颊和其他图像的背景）；

②纹理和重复图案（“芭芭拉”的围巾）；

③锐利的边缘（“摄影师”和“船”中物体的边界）。

(a) 原始图像　(b) $\sigma = 20$ 的噪声图像　(c) BM3D 算法的去噪结果图

图 6.6　BM3D 算法的去噪结果图

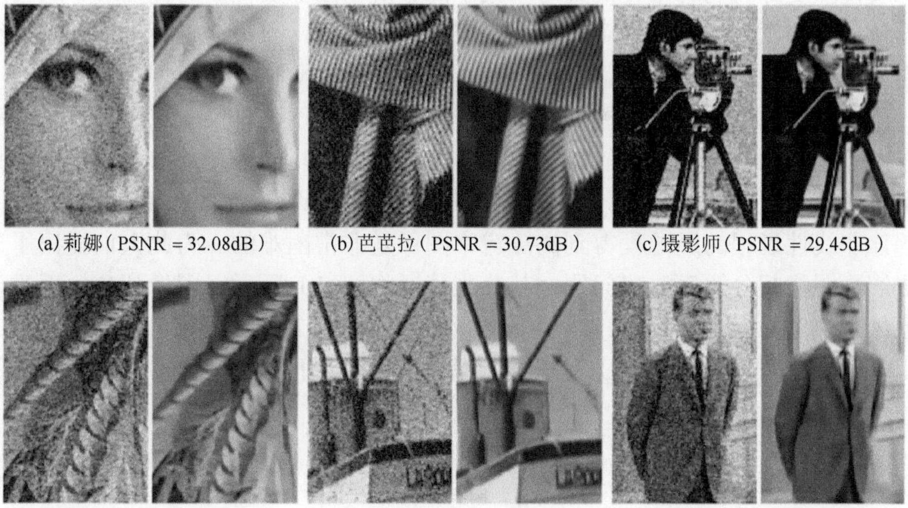

(a) 莉娜（PSNR = 32.08dB）　(b) 芭芭拉（PSNR = 30.73dB）　(c) 摄影师（PSNR = 29.45dB）

(d) 服饰（PSNR = 29.62dB）　(e) 船（PSNR = 29.91dB）　(f) 夫妇（PSNR = 29.72dB）

图 6.7　图像片段（$\sigma = 25$，PSNR = 20.18dB）和用 BM3D 对其去噪后的图像片段

6.3　本 章 小 结

本章内容主要介绍了如何使用稀疏表示原理进行性图像去噪。首先介绍了稀疏表示去噪的基本原理，进而介绍了一种基于变换域的增强性稀疏表示图像去噪方法——BM3D 去噪。作为一种经典的去噪方法，BM3D 去噪的过程主要包含了基础估计和最终估计两个步骤，通过这两个步骤实现两次去噪过程，从实验的算法结果中可以看出 BM3D 算法确实具有较好的去噪效果。

第 7 章　基于重建的图像超分辨率算法

在信息化社会，图像是人们存储和传播信息的主要手段之一。所谓分辨率其实描述的就是对于客观场景的采集或者观察的精细程度，人类及机器对图像内容的识别与分辨率息息相关。利用图像超分辨率重建技术，不仅可以提高对已有低分辨率图像及视频资源的利用率，而且可以减小高分辨率图像及视频的传播对于通信及存储设备造成的压力。该技术可以广泛应用于高清电视、卫星遥感、模式识别、医学诊断和刑侦分析等领域[55,56]。

由于大量的细节信息在模糊和下采样过程中丢失了，仅仅能观察到低分辨率带噪声图像。因此，观察得到的像素数远远少于需要恢复的像素数，这就使图像超分辨率重建成为一个病态问题。由于模糊和下采样涉及许多非线性操作，因此要通过求解该非线性过程的逆过程得到高分辨率图像是非常困难的。为此人们提出了许多算法解决图像超分辨率重建问题，其分类情况如图 7.1 所示。图像超分辨率重建算法大体来说可以分为三类[57]：一类是基于插值[58,59]的方法，详见第 3 章 3.4 节；一类是基于重建[60,61]的方法；还有一类是基于学习[62,63]的方法。本章主要介绍基于重建的图像超分辨率算法。

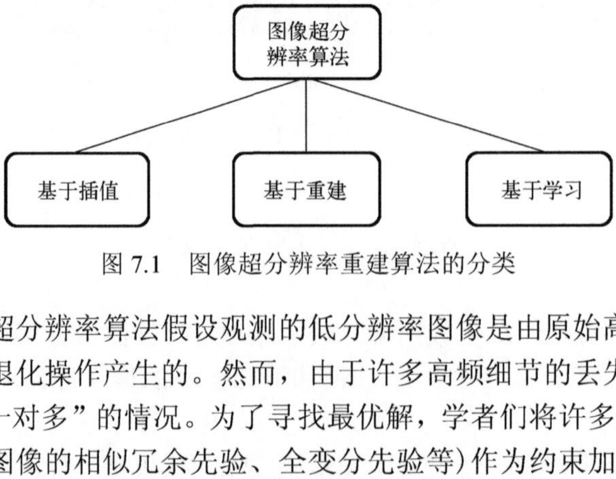

图 7.1　图像超分辨率重建算法的分类

基于重建的超分辨率算法假设观测的低分辨率图像是由原始高分辨率图像经过模糊、下采样等退化操作产生的。然而，由于许多高频细节的丢失，使得图像超分辨率问题出现“一对多”的情况。为了寻找最优解，学者们将许多先验知识(如边缘导向先验、自然图像的相似冗余先验、全变分先验等)作为约束加入图像重建过程。这类算法最大的优势就是可以很好地抑制重影状人工痕迹，产生清晰的图像边缘。然而，如果图像超分辨率的倍数较大，那么这类算法提供有用细节信息的能力是有限的。常见的代表性方法有：迭代反投影[64] (iterative back projection，IBP)、全变分正则化法[65] (total variation regularization，TV) 等。

自从 Hong 等[66,67]提出基于正则化的图像超分辨率重建算法之后，人们为基于正则化的算法提出了各种约束。迭代反投影算法是基于正则化的算法中较简单且执行效率较高的一种算法，因此应用非常广泛。迭代反投影算法假设低分辨率图像和高分辨率图像的下采样结果应当非常相似，但是该算法对噪声和奇点缺乏鲁棒性。全变分正则化在迭代反投影模型的基础上增加了全变分约束，使正则化之后的结果能够较好地保留图像边缘，同时还能够去除噪声和奇点。

7.1　低分辨率图像的退化模型

图像超分辨率重建中，一个重要的任务就是为低分辨率图像建立可靠的退化模型。其中一个广泛使用的模型如式(7.1)所示[68,69]：

$$\boldsymbol{L} = \boldsymbol{\Phi}(\boldsymbol{\Theta}(\boldsymbol{\Lambda}(\boldsymbol{H}))) + \boldsymbol{N} \tag{7.1}$$

式中，$\boldsymbol{L}$ 为低分辨率图像，$\boldsymbol{H}$ 为高分辨率图像，$\boldsymbol{\Lambda}$ 为变形操作，$\boldsymbol{\Theta}$ 为模糊操作，$\boldsymbol{\Phi}$ 为下采样操作，$\boldsymbol{N}$ 为加性噪声。

该模型如图 7.2 所示。高分辨率图像经过旋转、模糊、下采样、加噪声四步得到低分辨率图像。假设上述旋转、模糊和下采样操作都可以使用线性模型来表示，那么可以将三个操作合并为一个矩阵 $\boldsymbol{\Psi}$，得到如下模型[70]：

$$\boldsymbol{L} = \boldsymbol{\Psi H} + \boldsymbol{N} \tag{7.2}$$

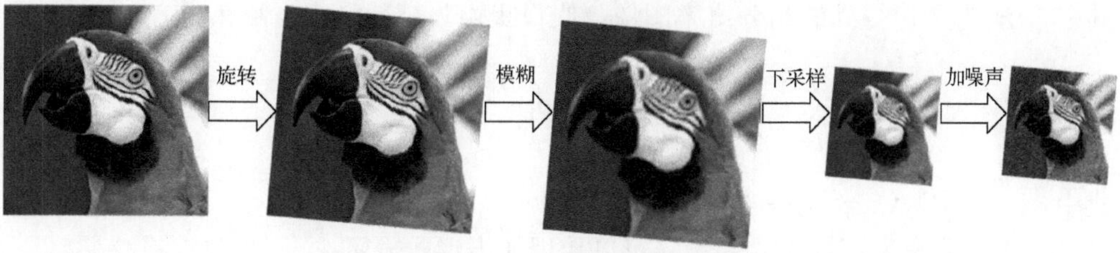

图 7.2　低分辨率图像的产生过程

式(7.2)是一个简单且普遍采用的低分辨率图像退化模型。在此基础上，有些学者对该模型进行改进，以便得到更好的重建效果，其中包括：

(1)考虑更加复杂的模糊操作[71-73]，$\Theta = \Theta_1 * \Theta_2 * \Theta_3$，式中，$\Theta_1$ 为传感器模糊，Θ_2 为镜头模糊，Θ_3 为运动模糊；

(2)在式(7.1)中加入两个参数 $\bar{\lambda}$ 和 $\bar{\boldsymbol{\gamma}}$，形成如下衍射光学模型[74-76]：

$$\boldsymbol{L} = \bar{\lambda}\boldsymbol{\Phi}(\boldsymbol{\Theta}(\boldsymbol{\Lambda}(\boldsymbol{H}))) + \bar{\boldsymbol{\gamma}} + \boldsymbol{N} \tag{7.3}$$

该衍射光学模型能处理小的光学变化；

(3)假设低分辨率图像还经过了某种压缩，因此，在式(7.2)上加入了一些量化误差 $\boldsymbol{\rho}$，得到如下模型[77,78]：

$$\boldsymbol{L}=\boldsymbol{\Psi H}+\boldsymbol{\rho}+\boldsymbol{N} \tag{7.4}$$

(4) 增加相机的非线性响应函数、曝光时间、白平衡等造成的影响[79,80]：

$$\boldsymbol{L}=\tilde{\kappa}(\bar{\alpha}\boldsymbol{\Psi H}+\bar{\boldsymbol{B}}+\boldsymbol{N})+\boldsymbol{\rho} \tag{7.5}$$

其中，$\bar{\alpha}$ 为曝光时间的影响，$\bar{\boldsymbol{B}}$ 为白平衡的影响，$\tilde{\kappa}$ 为相机的非线性响应函数。

7.2 图像的正则化模型

最大似然准则为许多基于正则化的图像超分辨率重建算法提供了理论依据。最大似然准则的主要目标是求出以最大概率能够获得的已知低分辨率图像对应的高分辨率图像。使用贝叶斯公式可以将最大似然准则变化成最大后验概率准则。可以用式 (7.6) 描述[68,81,82]：

$$p(\boldsymbol{H}\mid\boldsymbol{L})=\frac{p(\boldsymbol{L}\mid\boldsymbol{H})p(\boldsymbol{H})}{p(\boldsymbol{L})} \tag{7.6}$$

其中，$\boldsymbol{L}$ 为已知的低分辨率图像，$\boldsymbol{H}$ 为优化过程的初值，对式 (7.6) 两边取对数可以得到[83]：

$$\hat{\boldsymbol{H}}=\arg\max_{\boldsymbol{H}}(\log(p(\boldsymbol{H}\mid\boldsymbol{L}))+\log(p(\boldsymbol{H}))) \tag{7.7}$$

其中，$\hat{\boldsymbol{H}}$ 为重建得到的高分辨率图像。假设噪声为高斯噪声，那么[84]：

$$p(\boldsymbol{H}\mid\boldsymbol{L})=\frac{1}{\gamma_1}\exp\left(\frac{-\|\boldsymbol{\Psi H}-\boldsymbol{L}\|_2^2}{2\sigma^2}\right) \tag{7.8}$$

式中，γ_1 为常数，σ^2 为噪声的方差，$\boldsymbol{\Psi}$ 表示退化矩阵。

关于高分辨率图像先验知识，可以使用如下形式表示：

$$p(\boldsymbol{H})=\frac{1}{\gamma_2}\exp(-\Gamma(\boldsymbol{H})) \tag{7.9}$$

式中，γ_2 为常数，$\Gamma(\boldsymbol{H})$ 为正则化项。

那么，式 (7.2) 的优化问题就等价于：

$$\hat{\boldsymbol{H}}=\arg\min_{\boldsymbol{H}}(\|\boldsymbol{\Psi H}-\boldsymbol{L}\|_2^2+\lambda\Gamma(\boldsymbol{H})) \tag{7.10}$$

其中，$\hat{\boldsymbol{H}}$ 为重建得到的高分辨率图像，$\boldsymbol{L}$ 表示输入的低分辨率图像，$\boldsymbol{H}$ 表示优化过程的初值，$\boldsymbol{\Psi}$ 表示退化矩阵，λ 表示拉格朗日乘子，用于控制正则化项的权重，$\Gamma(\boldsymbol{H})$ 为正则化项。

图像的先验信息可以理解为在图像重建之前，已经得到的一些信息。图像的先验信息通常被用作正则化项，来对图像重建过程进行约束，常见的图像先验信息有：图像的光滑性、图像的外部重复性、图像的局部相似性、图像的非局部相似性和图像的金字塔自相似性。

7.2.1　图像的光滑性

许多研究者认为高分辨率图像大部分区域是光滑的，应当具有较小的全变分模值(详见 7.4 节)，进而消除图像重建可能带来的人工痕迹，如图 7.3 所示。

7.2.2　图像的外部重复性

图像的外部重复性意味着自然图像的图像块可能在相同或不同数据集的其他图像上重复出现，如图 7.4 所示。

图 7.3　图像的光滑性

(a)　(b)

图 7.4　图像的外部重复性

从图 7.4 中可以看到，图 7.4(a)和图 7.4(b)中方框中的图像块是相似的，因此这些图像块具有外部重复性。也就是说，当其中的一些图像块信息缺失时，人们就可以用不同数据集的其他相似或相同图像块对其进行重建。

7.2.3　图像的局部相似性

图像的局部相似性是指一个图像块与位于其邻域的其他图像块相似，如图 7.5 所示。

从图 7.5 中可以看到，“鹦鹉”头部的多个图像块具有局部相似性，当其中的一些图像块信息缺失时，人们就可以用它的局部相似图像块对其进行重建，而无须依赖于其他图像或外部数据集。

7.2.4　图像的非局部相似性

图像的非局部相似性假设图像的图像块在其内部重复出现，如图 7.6 所示。

如图 7.6 所示：“蕾娜”的手臂上三个图像块虽然不相邻，但是它们彼此之间具有非局部相似性，当其中的一些图像块信息缺失时，人们就可以用它的相似或相同的图像块对其进行重建。

图 7.5　图像的局部相似性

图 7.6　图像的非局部相似性

7.2.5 图像的多尺度自相似性

图像的多尺度自相似性意味着自然图像的图像块总是在其自身尺度或其他尺度图像上重复出现，如图 7.7 所示。

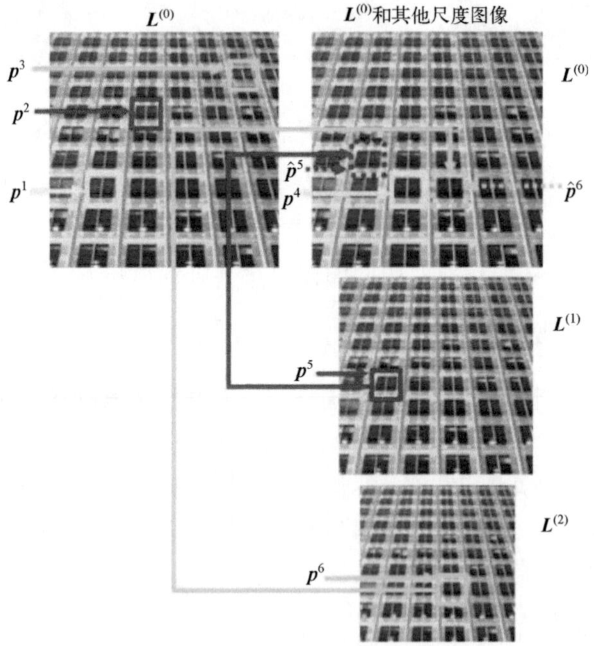

图 7.7　图像的多尺度自相似性

如图 7.7 所示，其中，$\boldsymbol{L}^{(0)}$ 表示输入图像；$\boldsymbol{L}^{(1)}$ 和 $\boldsymbol{L}^{(2)}$ 表示 $\boldsymbol{L}^{(0)}$ 不同尺度的下采样

图；$\boldsymbol{p}^1$，$\boldsymbol{p}^2$ 和 $\boldsymbol{p}^3$ 是 $\boldsymbol{L}^{(0)}$ 中的相似图像块；$\boldsymbol{p}^2$ 与 $\boldsymbol{L}^{(1)}$ 中的块 $\boldsymbol{p}^5$ 是相似块，$\boldsymbol{p}^3$ 与 $\boldsymbol{L}^{(2)}$ 中的块 $\boldsymbol{p}^6$ 是相似块；$\hat{\boldsymbol{p}}^5$ 可以看作 $\boldsymbol{p}^5$ 对应的高分辨率块，$\hat{\boldsymbol{p}}^6$ 可以看作 $\boldsymbol{p}^6$ 对应的高分辨率块。那么，$(\hat{\boldsymbol{p}}^5,\boldsymbol{p}^5)$，$(\hat{\boldsymbol{p}}^6,\boldsymbol{p}^6)$ 构成高分辨率-低分辨率图像对。这样，$\hat{\boldsymbol{p}}^5$ 可以用于重建 $\boldsymbol{p}^2$，$\hat{\boldsymbol{p}}^6$ 可以用于重建 $\boldsymbol{p}^3$。

许多研究者提出了基于多尺度自相似先验的自学习超分辨率算法，这些算法的结果表明，只依靠输入的低分辨率图像本身也可以生成高质量的高分辨率图像。

7.3　迭代反投影

在图像超分辨率重建领域中，迭代反投影作为一种后处理的过程被广泛地应用。迭代反投影算法[85]的主要思想是高分辨率图像的下采样图像应与低分辨率图像相似。即使遇到待重建图像的质量差，并且细节缺失严重的情况，经过迭代反投影处理也可以恢复很多重要的细节。迭代反投影基于以下模型：

$$\boldsymbol{H}^{\mathrm{IBP}}=\arg\min_{\boldsymbol{H}}\{\|\boldsymbol{L}-\boldsymbol{H}\downarrow\|_2^2\} \tag{7.11}$$

其中，$\downarrow$ 表示下采样操作，$\boldsymbol{L}$ 表示输入的低分辨率图像，$\boldsymbol{H}$ 为优化过程的初值，$\boldsymbol{H}^{\mathrm{IBP}}$ 为迭代反投影输出的高分辨率图像，可以使用式(7.12)对式(7.11)进行优化：

$$\boldsymbol{H}^{(J+1)}=\boldsymbol{H}^{(J)}+[(\boldsymbol{L}-\boldsymbol{H}^{(J)}\downarrow)\uparrow] \tag{7.12}$$

其中，$\uparrow$ 表示上采样操作，$\boldsymbol{H}^{(J)}$ 表示第 J 次迭代后的高分辨率图像估计。为了进一步方便大家理解，迭代反投影的流程图如图 7.8 所示。

如图 7.8 所示，原始低分辨率图像 $\boldsymbol{L}$ 经过图像重建后得到初始的高分辨率图像 $\boldsymbol{H}$，$\boldsymbol{H}$ 经过下采样得到低分辨率图像 $\boldsymbol{H}\downarrow$，将 $\boldsymbol{L}$ 与 $\boldsymbol{H}\downarrow$ 相减得到差值图像 $(\boldsymbol{L}-\boldsymbol{H}\downarrow)$，将插值图像进行上采样得到差值高分辨率图像 $(\boldsymbol{L}-\boldsymbol{H}\downarrow)\uparrow$，然后将 $(\boldsymbol{L}-\boldsymbol{H}\downarrow)\uparrow$ 加到初始的高分辨率图像 $\boldsymbol{H}$ 上得到第一次的迭代高分辨率图像 $\boldsymbol{H}^{(1)}$，然后继续迭代直到满足条件(如设置迭代次数)，最后经过 J 次迭代得到 $\boldsymbol{H}^{(J)}$。

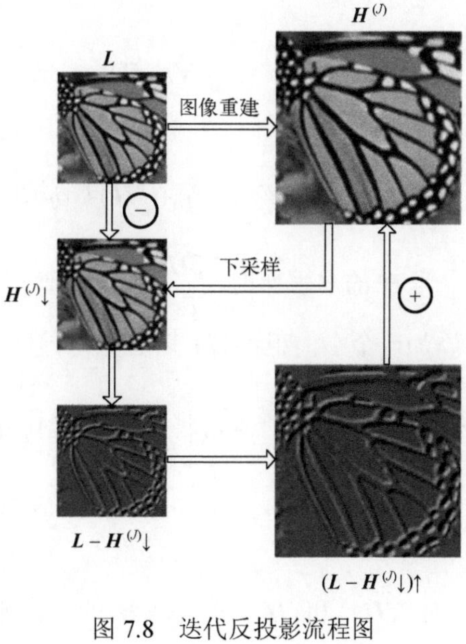

图 7.8　迭代反投影流程图

7.4 全变分正则化

许多学者根据自己对图像先验知识的理解设计了不同的式(7.10)中的正则化项$\varGamma(\boldsymbol{H})$，全变分正则化认为高分辨率图像大部分区域是光滑的，应当具有较小的全变分模值。因此，令$\varGamma(\boldsymbol{H})=\int|\nabla \boldsymbol{H}|$。传统的全变分正则化[86]模型如下：

$$\boldsymbol{H}^{\mathrm{TV}}=\arg\min_{H}\left\{\int|\nabla \boldsymbol{H}|+\frac{\lambda}{2}\|\boldsymbol{\Psi}\boldsymbol{H}-\boldsymbol{L}\|_2^2\right\} \tag{7.13}$$

其中，$\boldsymbol{H}^{\mathrm{TV}}$是重建的高分辨率图像，$\boldsymbol{H}$是要优化的高分辨率图像，$\lambda$是拉格朗日乘子，$\boldsymbol{L}$是原始低分辨率图像，$\boldsymbol{\Psi}$是退化矩阵。

假设模型式(7.13)的能量函数如下：

$$E(\boldsymbol{H})=\int|\nabla \boldsymbol{H}|+\frac{\lambda}{2}\|\boldsymbol{\Psi}\boldsymbol{H}-\boldsymbol{L}\|_2^2 \tag{7.14}$$

$E(\boldsymbol{H})$可通过以下梯度下降迭代使公式最小化：

$$\boldsymbol{H}^{J+1}=\boldsymbol{H}^{J}-\nabla E(\boldsymbol{H}^{J}) \tag{7.15}$$

其中，J是迭代次数，$\boldsymbol{H}^{J}$是第J次迭代中的重建图像。

$E(\boldsymbol{H})$的偏导数为

$$\nabla E(\boldsymbol{H})=-\mathrm{div}\left(\frac{\nabla \boldsymbol{H}}{|\nabla \boldsymbol{H}|}\right)+\lambda\boldsymbol{\Psi}^{\mathrm{T}}(\boldsymbol{\Psi}\boldsymbol{H}-\boldsymbol{L}) \tag{7.16}$$

其中，$\nabla \boldsymbol{H}=(((\partial \boldsymbol{H})/(\partial x)),((\partial \boldsymbol{H})/(\partial y)))$，$|\nabla \boldsymbol{H}|=\sqrt{\left(\frac{\partial \boldsymbol{H}}{\partial x}\right)^2+\left(\frac{\partial \boldsymbol{H}}{\partial y}\right)^2}$，在图像处理中，$\frac{\partial \boldsymbol{H}}{\partial x}$为$\boldsymbol{H}$的水平梯度，$\frac{\partial \boldsymbol{H}}{\partial x}$为$\boldsymbol{H}$的垂直梯度；T表示转置运算；在$\mathrm{div}((\nabla \boldsymbol{H})/(|\nabla \boldsymbol{H}|))$中添加一个小的正参数$\varepsilon$以避免奇异性，术语$\mathrm{div}((\nabla \boldsymbol{H})/(|\nabla \boldsymbol{H}|))$表示如下：

$$\begin{aligned}\mathrm{div}\left(\frac{\nabla \boldsymbol{H}}{|\nabla \boldsymbol{H}|}\right)=&\frac{\partial}{\partial x}\left[(\boldsymbol{H})_x/\sqrt{(\boldsymbol{H})_x^2+(\boldsymbol{H})_y^2+\varepsilon}\right]\\&+\frac{\partial}{\partial y}\left[(\boldsymbol{H})_y/\sqrt{(\boldsymbol{H})_x^2+(\boldsymbol{H})_y^2+\varepsilon}\right]\end{aligned} \tag{7.17}$$

其中，$(\boldsymbol{H})_x$和$(\boldsymbol{H})_y$分别是$\boldsymbol{H}$的一阶垂直导数和水平导数，模型式(7.15)可通过式(7.18)进行优化。

$$(\boldsymbol{H}^{J+1})_{i,j}=(\boldsymbol{H}^{J})_{i,j}+\left\{\frac{(\boldsymbol{H}^{J})_{xx}[(\boldsymbol{H}^{J})_{y}^{2}+\varepsilon]-2(\boldsymbol{H}^{J})_{xx}(\boldsymbol{H}^{J})_{x}(\boldsymbol{H}^{J})_{y}+(\boldsymbol{H}^{J})_{yy}[(\boldsymbol{H}^{J})_{x}^{2}+\varepsilon]}{[(\boldsymbol{H}^{J})_{x}^{2}+(\boldsymbol{H}^{J})_{y}^{2}+\varepsilon]^{\frac{3}{2}}}\right\}_{i,j}$$
$$+\lambda\{\boldsymbol{\Psi}^{\mathrm{T}}(\boldsymbol{L}-\boldsymbol{\Psi}\boldsymbol{H}^{J})\}_{i,j} \tag{7.18}$$

其中，ε 是为了防止奇异而添加的一个小的整数，ε 一般取 1[87]。$(\boldsymbol{H}^{J})_{x}$ 和 $(\boldsymbol{H}^{J})_{y}$ 分别是 $\boldsymbol{H}^{J}$ 在 x,y 方向上的一阶导数，$(\boldsymbol{H}^{J})_{xx}$ 和 $(\boldsymbol{H}^{J})_{yy}$ 分别是 $\boldsymbol{H}^{J}$ 在 x,y 方向上的二阶导数，$(\boldsymbol{H}^{J})_{xy}$ 为混合导数，它们的计算公式如下：

$$[(\boldsymbol{H}^{J})_{x}]_{i,j}=(\boldsymbol{H}^{J})_{i+1,j}-(\boldsymbol{H}^{J})_{i-1,j} \tag{7.19}$$

$$[(\boldsymbol{H}^{J})_{y}]_{i,j}=(\boldsymbol{H}^{J})_{i,j+1}-(\boldsymbol{H}^{J})_{i,j-1} \tag{7.20}$$

$$[(\boldsymbol{H}^{J})_{xx}]_{i,j}=(\boldsymbol{H}^{J})_{i+1,j}-2(\boldsymbol{H}^{J})_{i,j}+(\boldsymbol{H}^{J})_{i-1,j} \tag{7.21}$$

$$[(\boldsymbol{H}^{J})_{yy}]_{i,j}=(\boldsymbol{H}^{J})_{i,j+1}-2(\boldsymbol{H}^{J})_{i,j}+(\boldsymbol{H}^{J})_{i,j-1} \tag{7.22}$$

$$[(\boldsymbol{H}^{J})_{xy}]_{i,j}=(\boldsymbol{H}^{J})_{i+1,j+1}-(\boldsymbol{H}^{J})_{i-1,j+1}+(\boldsymbol{H}^{J})_{i-1,j-1}-(\boldsymbol{H}^{J})_{i+1,j-1} \tag{7.23}$$

其中，$[.]_{i,j}$ 或 $(.)_{i,j}$ 表示给定图像中坐标 (i,j) 处的像素值。

7.5 基于全变分正则化的图像超分辨率算法

本节介绍一种不依赖机器学习工具和高端设备而进行快速图像超分辨率的方法。超分辨率后的图像应清晰自然，无锯齿状人工痕迹。本团队[88]分析了锯齿状人工痕迹的特征，并提出了一种去除它们的方法，即认为图像的边缘是变形曲线，具有锯齿状人工痕迹的边缘因为弧长的长度偏长而达不到理想的重建结果。因此，本节介绍了这种通过缩短图像边缘弧长来去除锯齿状人工痕迹的模型。与现有算法相比，该方法的优点是在不使用任何学习参数的情况下，有效地去除了锯齿状人工痕迹，同时增强了模糊边缘。

本团队[88]提出了一个假设来提高图像的超分辨率效果，并提出了一个利用该假设的算法。这个假设中认为所有的边都应该有一个短的弧长。该算法具有以下特点。

(1) 良好的性能：该算法获得了与最近发表的神经网络方法相似的阶跃边缘。

(2) 不需要 GPU 或外部数据：只使用简单的假设来执行图像的超分辨率，不需要外部数据集或 GPU 来学习图像先验。

(3) 支持各种超分辨率倍数：所介绍的算法可以在包括非整数倍数在内的任何超分辨率倍数上执行。

(4) 存储空间小：由于没有训练过的模型或参数被存储，因此该算法只需要很小的存储空间。

(5) 小的时间复杂度：该算法不需要大量的训练时间来训练模型，只需要很小的时间开销就可以完成图像的超分辨率。

7.5.1 曲线弧长

根据图 7.9，人们可以改变曲线 C 的弧长，使其尽可能靠近目标边缘，以降低锯齿状人工痕迹的严重程度。曲线的演化可以表示为二维函数 $u(x,y)$ 随时间 t 变化的水平集：

$$C(t) := \{(x,y), u(x,y,t) = c\} \tag{7.24}$$

其中，c 是常数。变形曲线 C 的能量函数如下：

$$E(C) = \int_C g(C)\mathrm{d}s \tag{7.25}$$

其中，ds 表示曲线无穷小弧长 ($\|(\partial C / \partial S)\| = 1$)，$g(\cdot)$ 表示无穷小弧长的加权函数。能量函数的最小化对应于弧长的最小化。

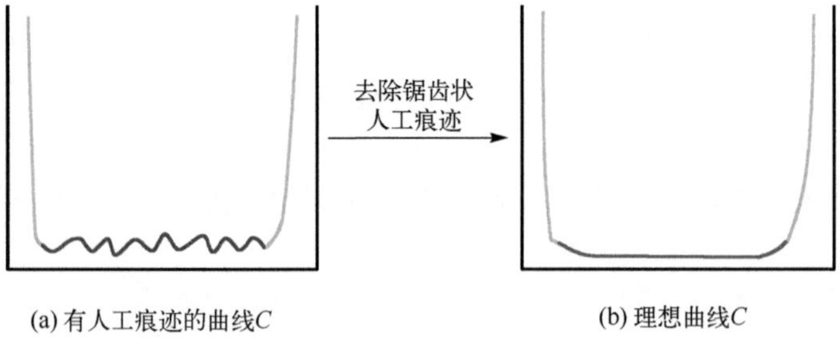

图 7.9 变形曲线示意图

7.5.2 模型介绍

为了消除锯齿状人工痕迹，使弧长最小化，我们提出以下模型：

$$\boldsymbol{H}^{\mathrm{TV}} = \arg\min_{\boldsymbol{H}} \left\{ \int |\nabla \boldsymbol{H}| + \frac{\lambda_1}{2} \|\boldsymbol{\Psi H} - \boldsymbol{L}\|_2^2 + \lambda_2 \int_C g(C)\mathrm{d}s \right\} \tag{7.26}$$

其中，$\boldsymbol{H}^{\mathrm{TV}}$ 为重建得到的图像，$\boldsymbol{H}$ 为该优化过程的初值，$\boldsymbol{L}$ 表示输入的低分辨率图像，$\boldsymbol{\Psi}$ 为退化矩阵，λ_1 和 λ_2 是拉格朗日乘子。

根据 Sapiro 的理论[89]，能量函数 $E(C) = \int_C g(C)\mathrm{d}s$ 的梯度下降函数如下：

$$\frac{\partial C}{\partial t} = [g(C)k - \nabla g N]N \tag{7.27}$$

式中，t 是时间 $(t \geqslant 0)$；N 表示垂直于曲线的法向量；令 $\nabla u = [u_x, u_y]$，u_x 和 u_y 分别是 $u(x,y)$ 的一阶垂直和水平导数，$|\nabla u| = (u_x^2 + u_y^2)^{1/2}$；$k$ 代表曲率，表示为

$$k=-\mathrm{div}(N)=\frac{u_{xx}u_y^2-2u_xu_yu_{xy}+u_{yy}u_x^2}{(u_x^2+u_y^2)^{3/2}} \tag{7.28}$$

根据式(7.24)中 $u(x,y,t)$ 的定义，u 的全导数如下：

$$\frac{\mathrm{d}u}{\mathrm{d}t}=\frac{\partial u}{\partial t}+\nabla u\cdot\frac{\partial(x,y)}{\partial t}=0 \tag{7.29}$$

因此，

$$\frac{\partial u}{\partial t}=-\nabla u\cdot\frac{\partial(x,y)}{\partial t} \tag{7.30}$$

假设一条指定的边具有均匀的权重。然后，$g(C)$ 设为 1 的常量值，∇g 为 0。根据式(7.24)，$((\partial(x,y))/(\partial t))=((\partial C)/(\partial t))$，由式(7.27)和式(7.30)得到：

$$\frac{\partial u}{\partial t}=-\nabla ukN \tag{7.31}$$

将 $N=-(\nabla u/(|\nabla u|))$ 和式(7.28)代入式(7.31)得到：

$$\frac{\partial u}{\partial t}=k|\nabla u|=\frac{u_{xx}u_y^2-2u_xu_yu_{xy}+u_{yy}u_x^2}{(u_x^2+u_y^2)} \tag{7.32}$$

其中，u_{xx} 和 u_{yy} 是 $u(x,y)$ 的二阶垂直和水平导数，u_{xy} 是 $u(x,y)$ 的二阶混合导数。式(7.26)可通过式(7.33)求解。

$$\begin{aligned}(\boldsymbol{H}^{J+1})_{i,j}&=(\boldsymbol{H}^J)_{i,j}+\lambda_1\{\boldsymbol{\Psi}^{\mathrm{T}}(\boldsymbol{\Psi}\boldsymbol{H}^J-\boldsymbol{L})\}_{i,j}\\&\quad+\frac{\{(\boldsymbol{H}^J)_{xx}[(\boldsymbol{H}^J)_y^2+\varepsilon]-2(\boldsymbol{H}^J)_{xy}(\boldsymbol{H}^J)_x(\boldsymbol{H}^J)_y+(\boldsymbol{H}^J)_{yy}[(\boldsymbol{H}^J)_x^2+\varepsilon]\}_{i,j}}{\{[(\boldsymbol{H}^J)_x^2+(\boldsymbol{H}^J)_y^2+\varepsilon]^{(3/2)}\}_{i,j}}\\&\quad+\lambda_2\frac{\{(\boldsymbol{H}^J)_{xx}[(\boldsymbol{H}^J)_y^2+\varepsilon]-2(\boldsymbol{H}^J)_{xy}(\boldsymbol{H}^J)_x(\boldsymbol{H}^J)_y+(\boldsymbol{H}^J)_{yy}[(\boldsymbol{H}^J)_x^2+\varepsilon]\}_{i,j}}{[(\boldsymbol{H}^J)_x^2+(\boldsymbol{H}^J)_y^2+\varepsilon]_{i,j}}\end{aligned} \tag{7.33}$$

其中，$(\boldsymbol{H}^J)_x$ 和 $(\boldsymbol{H}^J)_y$ 分别是 $\boldsymbol{H}^J$ 在 x,y 方向上的一阶导数，$(\boldsymbol{H}^J)_{xx}$ 和 $(\boldsymbol{H}^J)_{yy}$ 分别是 $\boldsymbol{H}^J$ 在 x,y 方向上的二阶导数，$(\boldsymbol{H}^J)_{xy}$ 为混合导数，计算方式如式(7.19)～式(7.23)所示。

7.5.3　算法总结

基于全变分正则化的图像超分辨率算法总结如下。

要求：输入低分辨率图像 $\boldsymbol{L}$ 。

确保：重建高分辨率图像 $\boldsymbol{H}^{\mathrm{TV}}$ 。

1. 初始化： $J=0$ 。

2. 通过对 $\boldsymbol{L}$ 双三次插值产生初始的预测高分辨率图像 $\boldsymbol{H}^0$ 。

3. 根据式(7.19)～式(7.23)，分别计算一阶导数 $(\boldsymbol{H}^J)_x$ 和 $(\boldsymbol{H}^J)_y$ ，二阶导数 $(\boldsymbol{H}^J)_{xx}$ 和 $(\boldsymbol{H}^J)_{yy}$ 以及混合导数 $(\boldsymbol{H}^J)_{xy}$ 。

4. 根据式(7.33)，更新预测高分辨率图像 $\boldsymbol{H}^{J+1}$ 。

5. 利用以下公式调整高分辨率图像的像素值 $\boldsymbol{H}^{J+\frac{1}{2}}$ ：

$$(\boldsymbol{H}^{J+1})_{i,j}=\begin{cases}0, & (\boldsymbol{H}^{J+\frac{1}{2}})_{i,j}<0\\(\boldsymbol{H}^{J+\frac{1}{2}})_{i,j}, & \text{其他}\\255, & (\boldsymbol{H}^{J+\frac{1}{2}})_{i,j}>255\end{cases}$$

6. 重复步骤 3～5，直到满足停止条件。

7. 获得重建高分辨率图像 $\boldsymbol{H}^{\mathrm{TV}}$ 。

7.5.4 实验结果

在下面的实验中使用的数据库包括 Set5、Set14 和 Urban100，详见文献[90]。Set5 和 Set14 数据库(包含动物、人类和风景)是典型的图像，在许多相关研究中用作测试数据库[91,92]。两个数据集中的图像都包含了阶跃边缘和复杂的纹理。当与复杂的纹理混合时，锯齿状的人工痕迹不容易被观察到，除非沿着阶跃边缘。Urban100 包含许多阶跃式边缘的建筑物。锯齿状的人工痕迹严重降低了这些建筑图像的视觉质量。影响所介绍的正则化模型性能的两个参数为：拉格朗日乘数 λ_1 和 λ_2，λ_1 设为 1，λ_2 设为 1.1[87]。

1. 与其他算法的比较

本节将所提算法的输出结果与双三次插值算法[93]、传统全变分正则化算法[87]、A+算法[91]、基于非常深的卷积网络的精确图像超分辨率(accurate image super-resolution using very deep convolutional networks，VDSR)算法[94]、基于深度拉普拉斯金字塔网络的快速准确的图像超分辨率(fast and accurate image super-resolution with deep Laplacian pyramid networks，LAPSRN)算法[95]、基于深度卷积网络的图像超分辨率(learning a deep convolutional network for image super-resolution，SR-CNN)算法[96]、基于增强深度残差网络的单图像超分辨率(enhanced deep residual networks for single image super-resolution, EDSR)算法[97]、基于特征识别的单图像超分辨率

(single image super-resolution with feature discrimination, SRFeat)算法[98]和 Jia-Bin Huang 算法[90]的输出结果进行比较。

图 7.10 和图 7.11 分别比较了 3 倍和 4 倍放大倍数下的图像质量。表 7.1 和表 7.2 列出了每种算法的峰值信噪比(PSNR)、结构相似性(SSIM)、梯度幅度相似

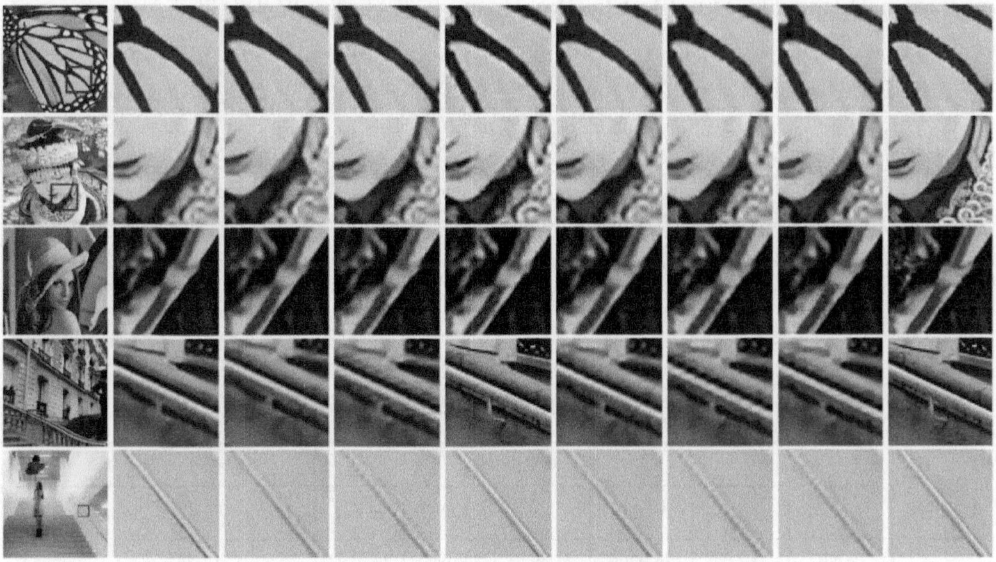

图 7.10　三倍放大的视觉比较

从左到右分别是低分辨率图像、VDSR、A+、SR-CNN、EDSR、Jia-Bin Huang、传统全变分正则化、本节算法和原始的高分辨率图像

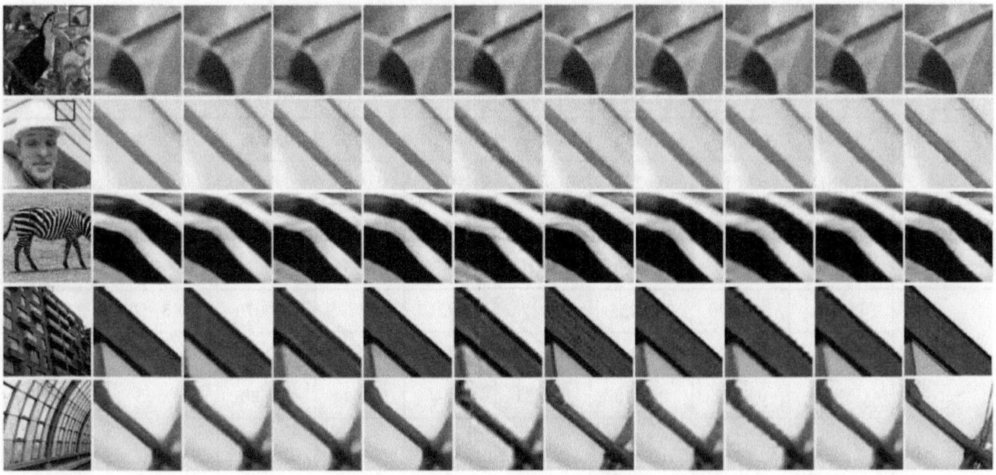

图 7.11　四倍放大的视觉比较

从左到右分别是低分辨率图像、VDSR、A+、SR-CNN、LAPSRN、EDSR、SRFeat、Jia-Bin Huang、传统全变分正则化、本节算法和原始的高分辨率图像

性偏差(gradient magnitude similarity deviation，GMSD)[99]、盲图像质量评估(blind image quality assessment，BIQA)[100]和每个算法的执行时间。无外部数据集算法的平均 PSNR 低于有外部数据集的算法，但本节算法能适应任何比例因子。与没有外部数据集的算法相比，本节算法的平均 PSNR 高于传统的全变分正则化算法，但低于 Jia-Bin Huang 的算法。由于 Jia-Bin Huang 的算法是一种基于自学习的算法，生成训练数据集和寻找匹配的图像块需要花费大量的时间，因此，本节算法的时间开销比 Jia-Bin Huang 算法要少。没有外部训练集的算法的时间开销远高于有外部训练集的算法，因为这里只显示需要外部数据库的算法测试过程的时间开销。大多数机器学习的训练过程需要几个小时或几天的时间，并且依赖于 GPU，GPU 具有比 CPU 更高的计算性能。然而，本节算法只依赖于输入的低分辨率图像，只需要 CPU。SSIM 的结果与 PSNR 的结果相似，GMSD 侧重于像素级梯度幅度的相似性，BIQA 是一种基于深度学习思想的盲图像质量评估方法，基于机器学习的算法可以在这类指标上获得高分。

表 7.1　不同算法的 PSNR 值和时间消耗(3 倍)

数据集	评价指标	需要外部数据集					不需要外部数据集		
		双三次插值	VDSR	A+	SR-CNN	EDSR	Huang	传统 TV	本节算法
Urban100	PSNR	23.2447	**25.9906**	24.8929	24.6995	24.0192	25.4398	24.1322	24.3583
	SSIM	0.7211	**0.8240**	0.7921	0.7812	0.7732	0.8088	0.7653	0.7726
	GMSD	0.1091	**0.0631**	0.0749	0.0792	0.0892	0.0682	0.0825	0.0801
	BIQA	0.3696	**0.6358**	0.5323	0.5237	0.5382	0.5340	0.5672	0.5776
	时间消耗	**0.0038**	0.2619	2.3945	14.7927	1.4578	358.9234	24.4312	23.8772
Set5	PSNR	29.0900	**32.3989**	31.2800	31.1431	20.7083	31.3710	30.7488	30.9552
	SSIM	0.8555	**0.9122**	0.8999	0.8924	0.8769	0.9000	0.8896	0.8937
	GMSD	0.0614	**0.0239**	0.0302	0.0341	0.0463	0.0325	0.0361	0.0345
	BIQA	0.2441	0.3652	0.2663	0.3447	0.3401	0.3420	0.5695	**0.5793**
	时间消耗	**0.0027**	0.0878	0.6410	2.8820	0.7538	52.0526	2.8438	4.6875
Set14	PSNR	26.3070	**28.5935**	27.9424	27.8217	26.8795	28.0070	27.5351	27.7411
	SSIM	0.7552	0.8166	**0.8309**	0.7991	0.7916	0.8064	0.7944	0.7984
	GMSD	0.0807	**0.0470**	0.0523	0.0549	0.0644	0.0520	0.0575	0.0550
	BIQA	0.3555	**0.5880**	0.5269	0.5067	0.5103	0.5067	0.5609	0.5700
	时间消耗	**0.0034**	0.1361	1.2470	7.3116	0.9522	164.1290	8.6618	7.9654

注：表中各方法相比较时，粗体值是最佳值

表 7.2 不同算法的 PSNR 值和时间消耗(4 倍)

数据集	评价指标	有外部数据集							无外部数据集		
		双三次插值	VDSR	A+	SR-CNN	LAPSRN	EDSR	SRFeat	Huang	传统 TV	本节算法
Urban 100	PSNR	21.8044	23.8359	22.9983	22.8054	**23.8630**	22.0020	23.1785	23.4530	22.6049	22.7547
	SSIM	0.6346	0.7353	0.6997	0.6847	**0.7387**	0.6514	0.7113	0.7204	0.6842	0.6913
	GMSD	0.1575	0.1062	0.1227	0.1280	0.1052	0.1400	**0.1008**	0.1113	0.1317	0.1285
	BIQA	0.2814	0.5627	0.4481	0.4242	0.5599	0.5226	**0.7598**	0.4722	0.5115	0.5223
	时间消耗	**0.0060**	0.3062	3.2473	28.3236	0.2915	0.7430	1.3070	428.3106	23.3339	23.9773
Set5	PSNR	27.1300	30.1160	29.0917	28.8023	**30.2831**	26.8225	28.7879	29.0522	28.5793	28.7309
	SSIM	0.7935	0.8714	0.8487	0.8373	**0.8740**	0.7825	0.8286	0.8496	0.8370	0.8422
	GMSD	0.1042	**0.0524**	0.0683	0.0731	0.0533	0.0969	0.0564	0.0680	0.0759	0.0734
	BIQA	0.2346	0.3609	0.2614	0.3296	0.3569	0.3252	0.3821	0.3346	0.5233	**0.5320**
	时间消耗	**0.0029**	0.0854	0.4490	2.9150	0.4399	0.8285	0.6301	46.1606	4.5188	4.4813
Set14	PSNR	24.7647	26.8319	26.1051	25.9959	**26.8865**	24.6872	25.3975	26.2129	25.7962	25.9891
	SSIM	0.6781	0.7476	0.7295	0.7198	**0.7504**	0.6876	0.6879	0.7331	0.7212	0.7265
	GMSD	0.1252	**0.0824**	0.0952	0.0981	0.0826	0.1113	0.0873	0.0917	0.1012	0.0975
	BIQA	0.2679	0.5412	0.4432	0.4199	0.5343	0.4253	**0.6736**	0.4647	0.5181	0.5255
	时间消耗	**0.0033**	0.1429	0.9135	7.3501	0.1429	2.1100	0.4650	100.3414	8.3895	8.3951

注：表中各方法相比较时，粗体值是最佳值

从图 7.10 和图 7.11 中可以看到，与传统的全变分正则化算法相比，本节算法得到的输出图像具有较少的锯齿状人工痕迹。这意味着所介绍的算法对于去除如式 (7.24)所描述约束的锯齿状人工痕迹是有效的。本节算法产生的阶跃边缘与最新的基于深度卷积网络的方法相似，可以为像蝴蝶和斑马这样的高对比度条纹图像提供良好的视觉质量，它证实了所介绍的假设是有效的。基于神经网络的机器学习无法恢复高分辨率的许多细节，例如，恢复“女孩”图像项链部分的细节几乎目前已有的算法都无法完成。

图 7.12 比较了自然图像的输出结果。从网页上选取历史图片，这些图像是用历史久远的低质量相机拍摄的，因此，这些图像含有复杂的自然退化。本节算法可以提供清晰的阶跃边缘，但不能恢复丢失的细节。SRFeat 是一种训练充分的深度神经网络，它可以恢复一些细节，但会在边缘放大一些噪声。因此，机器学习模型必须具有处理复杂退化的能力。其他机器学习算法[96,101]无法恢复细节。自然图像的输出结果表明了本节算法在去除人工痕迹和噪声方面的优势。

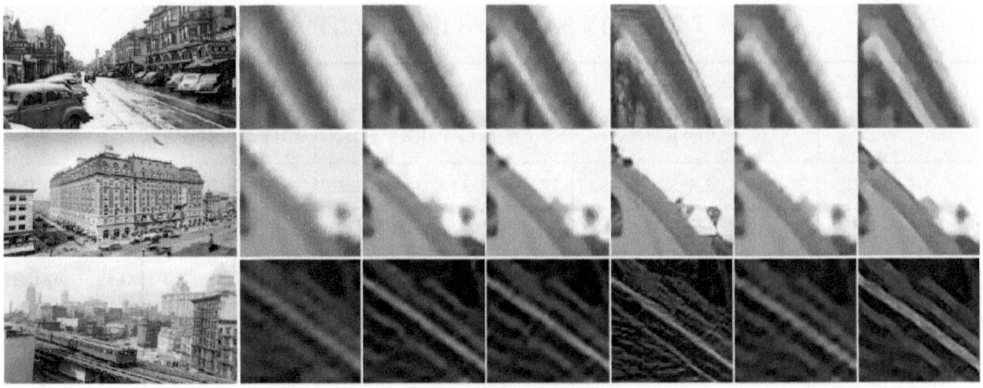

图 7.12 四倍放大自然图像的视觉比较

从左到右分别是低分辨率图像、A+、SR-CNN、Jia-Bin Huang、SRFeat、传统全变分正则化和本节方法

2. 收敛性

图 7.13 显示了本节算法和传统的全变分正则化算法的收敛曲线，收敛曲线是通过对 Urban100 中前十幅图像的每次迭代的 PSNR 值求平均值来计算的。从收敛曲线来看，与传统的全变分正则化算法相比，本节算法具有更高的收敛速度。当迭代次数小于 100 时，PSNR 值随迭代次数的增加而增大。经过 100 次迭代后，峰值信噪比(PSNR)近似为常数，并有轻微的螺旋形变化。停止迭代的标准就是检查 $\boldsymbol{H}^{J+1}$ 和 $\boldsymbol{H}^{J}$ 之间的最大变化是否 $<1/100$。为了控制时间开销，这里将最大迭代次数设置为 100。

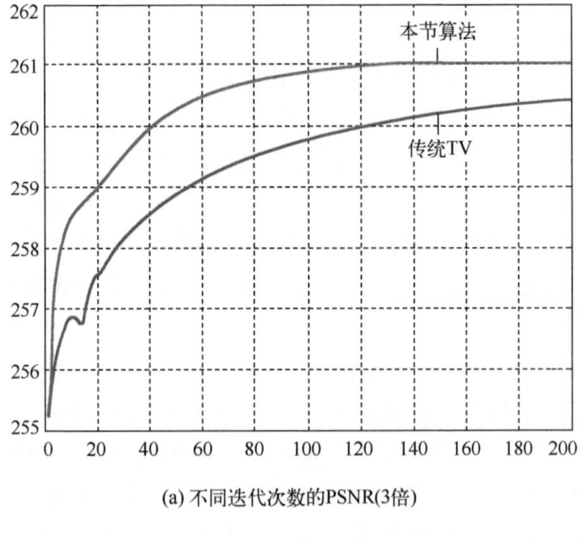

(a) 不同迭代次数的PSNR(3倍)

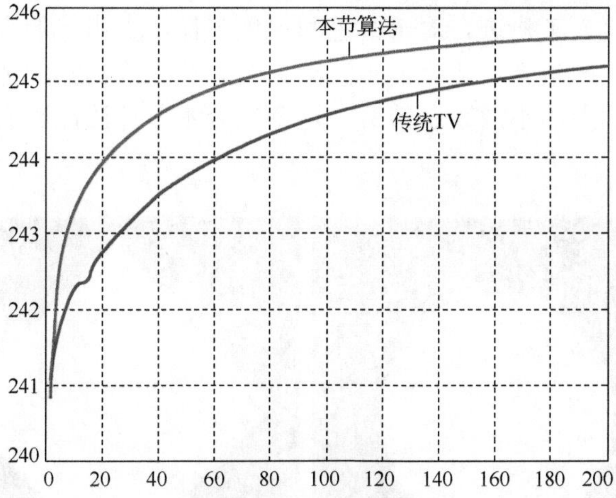

(b) 不同迭代次数的PSNR(4倍)

图 7.13　不同迭代次数的 PSNR

图 7.14 显示了在各种迭代次数下本节算法和传统的全变分正则化算法结果的视觉比较。随着迭代次数的增加，人工痕迹减少。

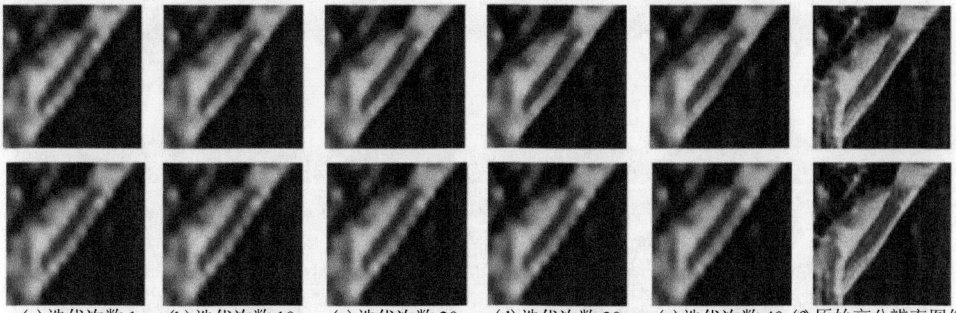

(a) 迭代次数 1　(b) 迭代次数 10　(c) 迭代次数 20　(d) 迭代次数 30　(e) 迭代次数 40　(f) 原始高分辨率图像

图 7.14　介绍本节算法与传统全变分正则化算法在不同迭代次数下的视觉比较
第一行显示了本节算法的结果，第二行显示了传统全变分正则化算法的结果

为了证明本节算法的效果，在实验中使用了两幅黑白高分辨率图像，如图 7.15 所示。低分辨率图像是通过双三次插值算法对两幅高分辨率图像下采样得到的。图 7.16 和图 7.17 中显示了不同迭代次数的三种类型的图像。从输出图像可以看出，随着迭代次数的增加，锯齿状人工痕迹减少。误差图是输出与原始高分辨率图像之间的差异，如图 7.17 所示，随着迭代次数的增加，误差区域减小。锯齿状的人工痕迹可以被认为是插值产生的假边缘。根据 Canny 算子检测到的边缘映射，随着迭代次数的增加，假边缘减少。图 7.18 给出了边缘轮廓的变化。所需的高分辨率图像包含白色和黑色部分之间的阶梯边缘，如图 7.18(a)所示，放大图像包含沿

阶跃边缘的锯齿状人工痕迹。对于白色和黑色图像，锯齿状的人工痕迹类似于小的灰色点，边缘轮廓包含沿边缘的小波动。随着迭代次数的增加，锯齿状人工痕迹减少，边缘轮廓上的小波动也消失，这意味着本节算法能够有效地去除锯齿状人工痕迹。

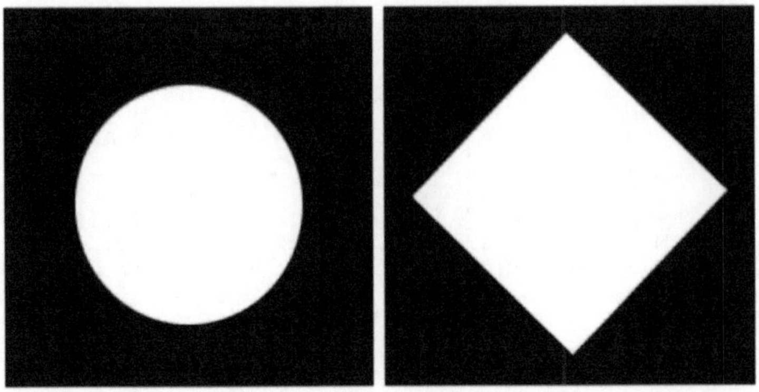

(a) 白色圆圈　　(b) 白色矩形

图 7.15　黑白高分辨率图像

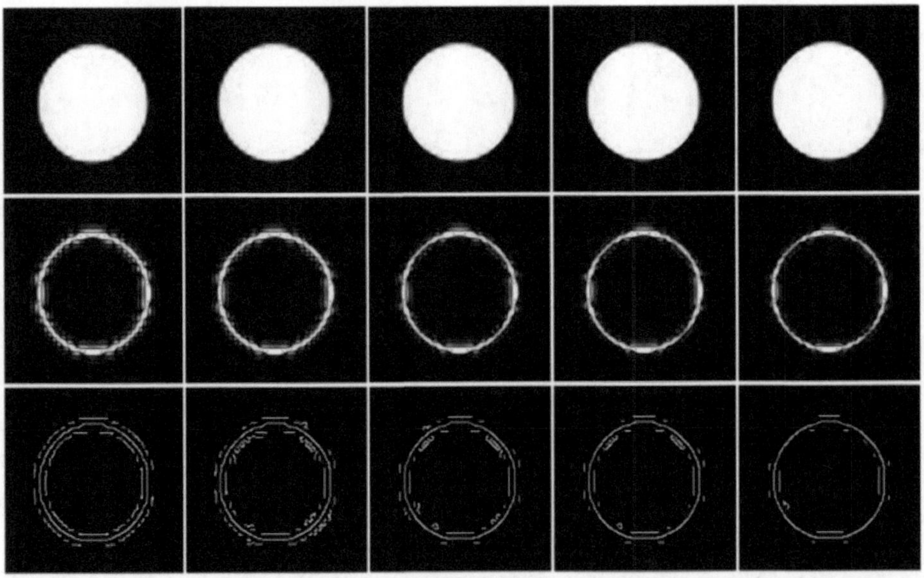

(a) 迭代次数 1　(b) 迭代次数 10　(c) 迭代次数 20　(d) 迭代次数 30　(e) 迭代次数 40

图 7.16　不同迭代次数下白色圆圈图像

从上到下：第一行是输出图像，第二行是误差图，第三行是边缘图。误差图是输出和原始高分辨率图像之间差异的绝对值。边缘图是由 Canny 运算检测到的输出图像的边缘。从左至右，各列表示不同的迭代次数

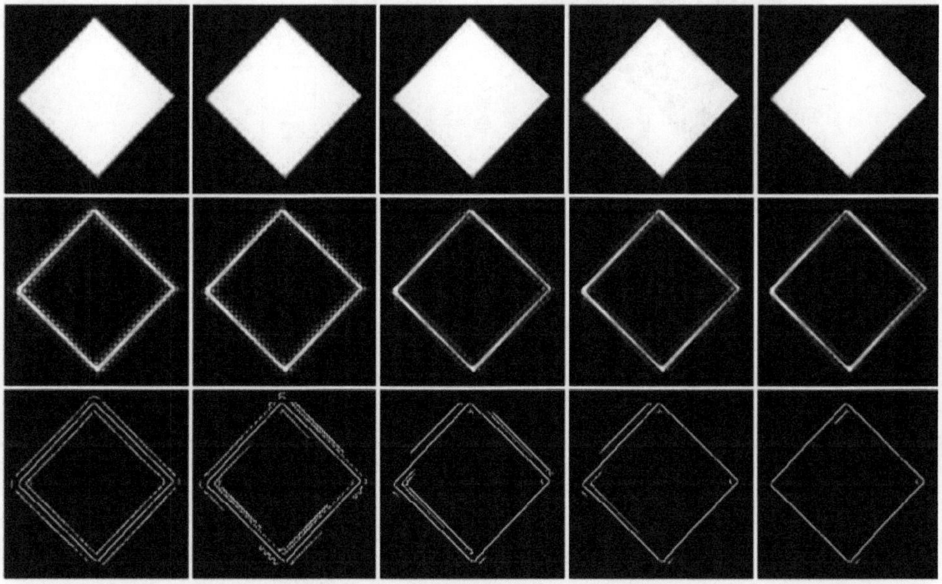

(a) 迭代次数 1　(b) 迭代次数 10　(c) 迭代次数 20　(d) 迭代次数 30　(e) 迭代次数 40

图 7.17　不同迭代次数下白色矩形图像

从上到下：第一行是输出图像，第二行是误差图，第三行是边缘图。误差图是输出和原始高分辨率图像之间差异的绝对值。边缘图是由 Canny 运算检测到的输出图像的边缘。从左至右，各列表示不同的迭代次数

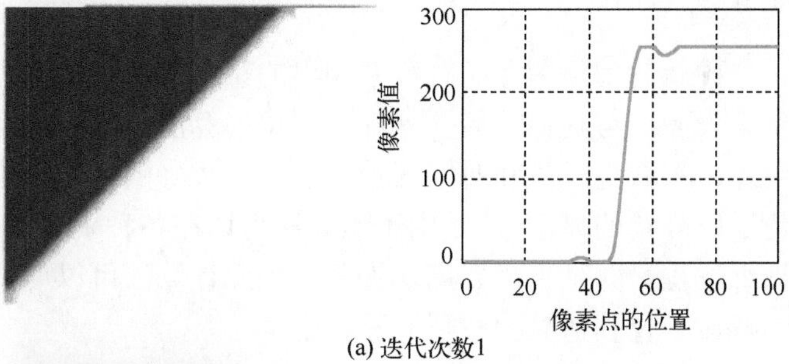

(a) 迭代次数1

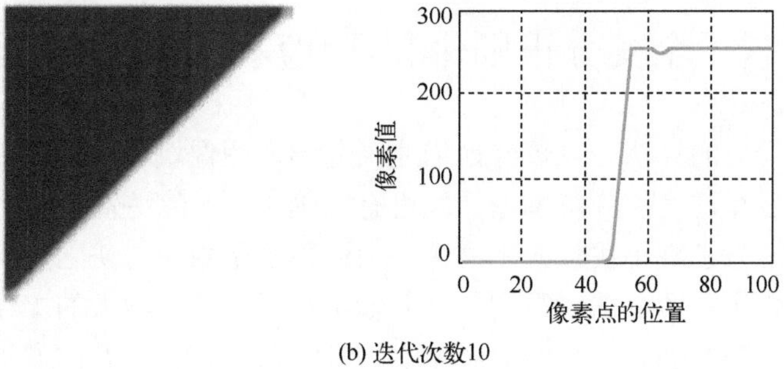

(b) 迭代次数10

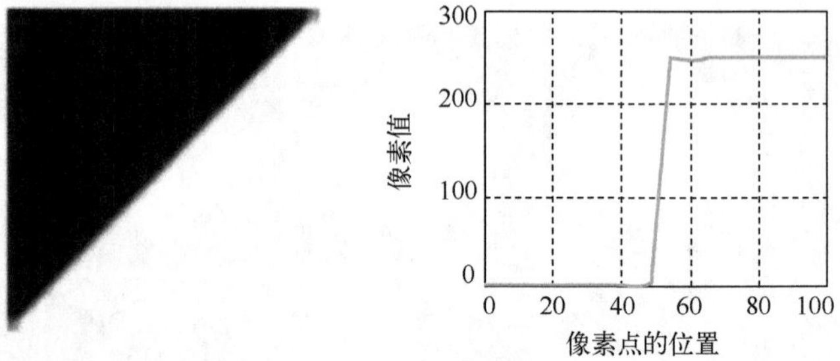

(c) 迭代次数40

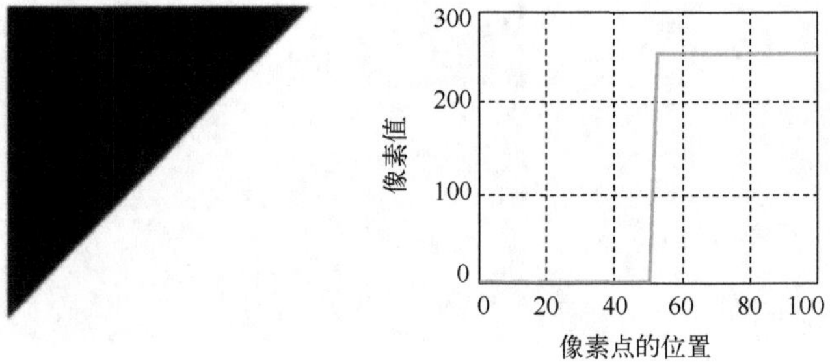

(d) 原始高分辨率图像

图 7.18　边缘轮廓的变化

左列是输出图像，右列是其边缘轮廓。边缘轮廓是输出图像中一行的像素值

7.5.5　算法小结

本节介绍了一种新的增强图像超分辨率输出的策略，通过缩短边缘的弧长来实现增强。实验结果表明，与其他不需要外部数据集的算法相比，该算法能更好地抑制锯齿状人工痕迹，在视觉质量和时间开销上取得了较好的平衡。虽然基于机器学习的算法性能优于所介绍的算法，但是由于该算法可以在各种采样比例因子上执行，避免了耗时的训练过程，并且不需要高端设备，因此该算法可以使用在供电和存储空间都受限的手持设备及其他算力较低的设备上。

7.6　基于全变分正则化和迭代反投影的后处理算法

许多基于学习的算法可以较好地描述高分辨率图像块和低分辨率图像块之间的关系，但是仍然有许多高分辨率图像块没有正确恢复，这些高分辨率图像块会造成块状人工痕迹。为了减小块状人工痕迹，人们往往采用块与块之间重叠，然后平均相邻块间的重叠像素的方法来得到最终的输出结果。许多前人的工作显示，重叠部分越大，得到的图像拥有更高的 PSNR 和 SSIM 值。这种重叠的方法确实能够有效地减少块状人工痕迹，但是也会造成边缘的模糊。

许多相关工作利用迭代反投影使输出的高分辨率图像和低分辨率图像达到统一。在输出的高分辨率图像上测试了迭代反投影，结果如图 7.19 所示。很明显，迭代反投影加剧了边缘上的锯齿状人工痕迹。因此，需要使用其他方法对结果进行增强。

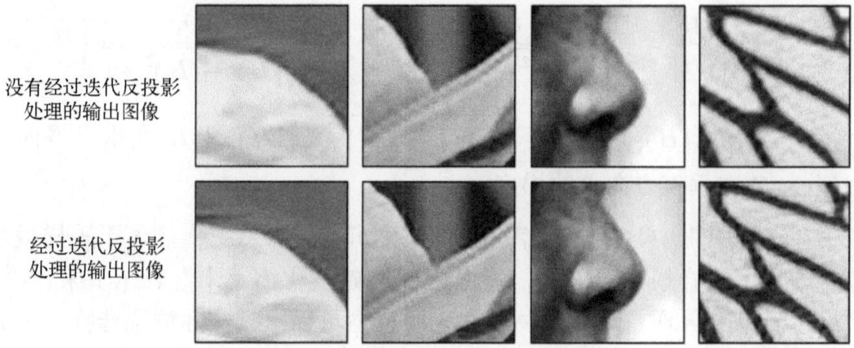

图 7.19　迭代反投影处理的效果

7.6.1　模型介绍

传统的全变分正则化模型得到的阶跃型边缘不够清晰。为了解决这一问题，我们提出了抑制人工痕迹的全变分正则化方法来增强阶跃型边缘并减小人工痕迹。

在如式(7.13)所示的传统的模型上加入了一个约束，得到如下模型：

$$\boldsymbol{H}^{\mathrm{TV}}=\arg\min_{\boldsymbol{H}}\left\{\int|\nabla \boldsymbol{H}|+\lambda_1\int|\nabla(\boldsymbol{\Psi H})|+\frac{\lambda_2}{2}\|\boldsymbol{\Psi H}-\boldsymbol{L}\|_2^2\right\} \tag{7.34}$$

式中，λ_1 和 λ_2 为拉格朗日乘子，$\boldsymbol{H}^{\mathrm{TV}}$ 为重建得到的图像，$\boldsymbol{H}$ 为该优化过程的初值，$\boldsymbol{L}$ 为低分辨率图像，$\boldsymbol{\Psi}$ 为退化函数，通常为下采样。

在式(7.34)里面加入第二项是认为低分辨率图像也应当有较小的全变分模值。从实验结果来看，该约束可使阶跃型边缘变清晰，减小人工痕迹。使用最速下降法来解决式(7.34)的问题。

定义如下函数：

$$\boldsymbol{U}(\boldsymbol{H})=\arg\min_{\boldsymbol{H}}\left\{\int|\nabla \boldsymbol{H}|+\lambda_1\int|\nabla(\boldsymbol{\Psi H})|+\frac{\lambda_2}{2}\|\boldsymbol{\Psi H}-\boldsymbol{L}\|_2^2\right\} \tag{7.35}$$

$\boldsymbol{U}(\boldsymbol{H})$ 关于 $\boldsymbol{H}$ 的偏导数为

$$\frac{\partial U(\boldsymbol{H})}{\partial \boldsymbol{H}}=\nabla\cdot\frac{\nabla \boldsymbol{H}}{|\nabla \boldsymbol{H}|}+\lambda_1\boldsymbol{\Psi}^{\mathrm{T}}\left(\nabla\cdot\frac{\nabla(\boldsymbol{\Psi H})}{|\nabla(\boldsymbol{\Psi H})|}\right)+\lambda_2\boldsymbol{\Psi}^{\mathrm{T}}(\boldsymbol{\Psi H}-\boldsymbol{L}) \tag{7.36}$$

由于全变分模值在 $\nabla \boldsymbol{H}=0$ 的点没有较好的定义，在 $\nabla \cdot \dfrac{\nabla \boldsymbol{H}}{|\nabla \boldsymbol{H}|}$ 中使用了一个参数 ε 来避免奇异。因此，$\nabla \cdot \dfrac{\nabla \boldsymbol{H}}{|\nabla \boldsymbol{H}|}$ 利用如下公式计算：

$$\nabla \cdot \frac{\nabla \boldsymbol{H}}{|\nabla \boldsymbol{H}|}=\frac{\partial}{\partial x}\left(\frac{(\boldsymbol{H})_x}{\sqrt{(\boldsymbol{H})_x^2+(\boldsymbol{H})_y^2+\varepsilon}}\right)+\frac{\partial}{\partial y}\left(\frac{(\boldsymbol{H})_y}{\sqrt{(\boldsymbol{H})_x^2+(\boldsymbol{H})_y^2+\varepsilon}}\right) \tag{7.37}$$

式中，$\nabla \boldsymbol{H}=((\boldsymbol{H})_x,(\boldsymbol{H})_y)$；$|\nabla \boldsymbol{H}|=\sqrt{(\boldsymbol{H})_x{}^2+(\boldsymbol{H})_y{}^2}$，$(\boldsymbol{H})_x$ 为 $\boldsymbol{H}$ 在水平方向上的梯度；$(\boldsymbol{H})_y$ 为 $\boldsymbol{H}$ 在垂直方向上的梯度。

由于在实际应用中，低分辨率图像的产生可能符合双三次插值下采样模型，也可能符合模糊下采样模型。因此，将退化矩阵 $\boldsymbol{\Psi}$ 变化为“↓”表示下采样，$\boldsymbol{\Psi}^{\mathrm{T}}$ 变化为“↑”表示上采样，这里具体的上采样模型可以根据实际情况选择。因此，模型式(7.34)可以由以下迭代公式解决：

$$\begin{aligned}
(\boldsymbol{H}^{J+1})_{i,j} &= (\boldsymbol{H}^{J})_{i,j} \\
&+\left[\frac{(\boldsymbol{H}^J)_{xx}((\boldsymbol{H}^J)_y^2+\varepsilon)-2(\boldsymbol{H}^J)_{xy}(\boldsymbol{H}^J)_x(\boldsymbol{H}^J)_y+(\boldsymbol{H}^J)_{yy}((\boldsymbol{H}^J)_x^2+\varepsilon)}{\left[(\boldsymbol{H}^J)_x^2+(\boldsymbol{H}^J)_y^2+\varepsilon\right]^{\frac{3}{2}}}\right]_{i,j}+ \\
&\lambda_1\left[\left(\frac{(\boldsymbol{H}^J\downarrow)_{xx}((\boldsymbol{H}^J\downarrow)_y^2+\varepsilon)-2(\boldsymbol{H}^J\downarrow)_{xy}(\boldsymbol{H}^J\downarrow)_x(\boldsymbol{H}^J\downarrow)_y+(\boldsymbol{H}^J\downarrow)_{yy}((\boldsymbol{H}^J\downarrow)_x^2+\varepsilon)}{[(\boldsymbol{H}^J\downarrow)_x^2+(\boldsymbol{H}^J\downarrow)_y^2+\varepsilon]^{\frac{3}{2}}}\right)\uparrow\right]_{i,j} \\
&+\lambda_2[(\boldsymbol{L}-(\boldsymbol{H}^J\downarrow))\uparrow]_{i,j}
\end{aligned} \tag{7.38}$$

式中，$(\boldsymbol{H}^J)_{i,j}$ 为第 J 次迭代后高分辨率图像在坐标 (i,j) 处的值；ε 为防止分母为 0 的参数，一般设为 1[87]。$(\boldsymbol{H}^J)_x$ 和 $(\boldsymbol{H}^J)_y$ 分别是 $\boldsymbol{H}^J$ 在 x,y 方向上的一阶导数，$(\boldsymbol{H}^J)_{xx}$ 和 $(\boldsymbol{H}^J)_{yy}$ 分别是 $\boldsymbol{H}^J$ 在 x,y 方向上的二阶导数，$(\boldsymbol{H}^J)_{xy}$ 为混合导数，计算方式如式(7.19)～式(7.23)所示。

抑制人工痕迹的全变分正则化能够使图像的边缘得到增强，边缘比基于学习的算法输出结果更加清晰，但是一部分细节信息遭到了减弱。为了增强遭到减弱的细节，使用了迭代反投影算法。迭代反投影算法的主要思想是高分辨率图像的下采样图像应与低分辨率图像相似。迭代反投影模型可以看作是全变分正则化算法去掉第一个约束，具体模型如下：

$$\boldsymbol{H}^{\mathrm{IBP}}=\arg\min_{H}\{\|\boldsymbol{H}\downarrow-\boldsymbol{L}\|_2^2\} \tag{7.39}$$

其中，$\boldsymbol{H}^{\mathrm{IBP}}$ 为迭代反投影输出的高分辨率图像，$\boldsymbol{H}$ 为该优化过程的初值，$\boldsymbol{L}$ 为输入的低分辨率图像，↓为下采样操作。模型式(7.39)可以通过如下公式进行优化：

$$(\boldsymbol{H}^{J+1})_{i,j}=(\boldsymbol{H}^{J})_{i,j}+[(\boldsymbol{L}-(\boldsymbol{H}^{J}\downarrow))\uparrow]_{i,j} \tag{7.40}$$

式中，$\boldsymbol{H}^{J}$ 为经过 J 次迭代后得到的高分辨率图像，↑为上采样操作。

7.6.2　实验结果

为了进一步提高基于学习的方法得到的重建图像的质量，可以使用一些后处理过程。本节介绍的后处理过程包括抑制人工痕迹的全变分正则化方法和迭代反投影。很多基于学习的图像超分辨率重建算法的输出结果图中有一些边缘不够清晰(图 7.20(a))，抑制人工痕迹的全变分正则化能够锐化图像的边缘(图 7.20(b))，迭代反投影之后的结果如图 7.20(c)所示，可以看出，“鹦鹉”的脸部白色区域本来有一些纹理，经过抑制人工痕迹的全变分正则化后，一部分纹理被减弱了，但是，经过迭代反投影又增强了被抑制人工痕迹的全变分正则化减弱的细节。

(a)基于稀疏表示的方法输出结果　(b)全变分正则化的输出结果　(c)迭代反投影的输出结果

图 7.20　后处理过程效果图

表 7.3 对比了后处理之前和后处理之后的 PSNR 值。可以看出，后处理过程可以提高 PSNR 值。

表 7.3　不加后处理过程和加上后处理过程的 PSNR 值(3 倍)

图像名称	不加后处理过程	加上后处理过程
蝴蝶	26.137	**27.212**
帽子	30.435	**30.675**
摩托	23.386	**24.057**

7.6.3　算法小结

为了能够对重建的高分辨率图像进行增强，本节介绍了基于全变分正则化和迭代反投影的后处理算法，其中，全变分正则化算法在传统算法上加入了新的约束项，能够很好地抑制人工痕迹。该算法不需要训练参数，但是能有效地提高阶跃型边缘的清晰度。

7.7 本章小结

本章内容为基于重建的图像超分辨率算法，主要介绍了低分辨率图像的退化模型、图像的正则化模型、迭代反投影、全变分正则化、基于全变分正则化的图像超分辨率算法，以及基于全变分正则化和迭代反投影的后处理算法。通过对低分辨率图像退化模型和图像的正则化模型的学习，可以让读者对图像退化和重建的过程有一个大致的了解；进而有利于对接下来重建算法的深度理解和掌握。其中，迭代反投影和全变分正则化是相关领域的学者提出的算法，基于全变分正则化的图像超分辨率算法以及基于全变分正则化和迭代反投影的后处理算法是本团队提出的算法。经过一系列的实验表明，上述几种算法都能在一定程度上对图像的质量进行改善和提升。

第 8 章　基于学习的图像超分辨率算法

近年来，基于学习的图像超分辨率重建技术成为图像处理领域的研究热点。它们就是利用已有的高低分辨率图像训练数据库，学习高分辨率图像与低分辨率图像对之间的对应关系。在超分辨率领域，学习策略可以分为：外部学习[102]和自学习[103]。

大多数外部学习算法分为两个阶段：训练阶段和测试阶段。在训练阶段，首先从一组图像中收集训练数据集。通常，训练数据集包含相应的高分辨率和低分辨率数据样本，然后基于低分辨率-高分辨率数据样本之间的关系来训练机器学习工具中的参数。在测试阶段，使用在训练阶段中准备的参数来重建高分辨率图像。

自学习采用的先验知识是图像的多尺度自相似，即对于一幅自然图像其图像块可能会在自身本尺度或其他尺度上重复出现，如图 8.1 所示。一些相关的研究还发现，自学习能够很好地恢复细节信息。因此，许多算法多次对输入低分辨率图像进行下采样以产生相对应的高分辨率和低分辨率图像并将其作为训练数据集。

图 8.1　多尺度自相似性的建筑图像

为了学习高低分辨率图像间的关系，各种学习方法被应用于解决超分辨率问题。最常见的学习方法有：邻域嵌入(neighbor embedding，NE)[62,104]、稀疏表示[105,106]、图像块和神经网络[94]等，如图 8.2 所示，本章将依次进行介绍。

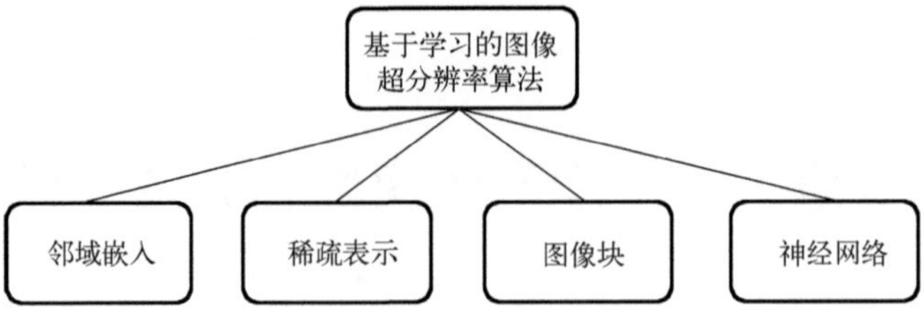

图 8.2　基于学习的图像超分辨率算法的分类

8.1　基于邻域嵌入的图像超分辨率重建

Chang 等[62]提出了一种典型的基于邻域嵌入的超分辨率重建算法，它基于这样一种假设：对应的高分辨率和低分辨率图像块在特征空间可以形成具有相同局部几何结构的流形。对于输入的低分辨率测试图像块，首先在低分辨率训练集中找到其固定数目的近邻块，然后求解使得其重建误差最小的权值向量，最后利用低分辨率近邻块对应的高分辨率图像块的线性组合来合成所需的高分辨率图像块。

对于低分辨率测试集 $\boldsymbol{P}^{t,l}$ 中的每个 $\boldsymbol{p}_j^{t,l}, j=1,\cdots,Q$，$Q$ 是测试图像块的数目。首先，在低分辨率训练集 $\boldsymbol{P}^{s,l}=\{\boldsymbol{p}_j^{s,l}\}_{j=1}^N$ 中找到每个测试图像的近邻图像块，放入集合 $N_g(j)$ 中，其中，$N_g(j)$ 是第 j 个测试样本对应的近邻集合。其次，用式(8.1)求得低分辨率测试图像块和训练图像块之间关系的权值 $\tilde{u}_{ij}$：

$$e^{\mathrm{j}}=\min\left\|\boldsymbol{p}_j^{t,l}-\sum_{i\in N_g(j)}\tilde{u}_{ij}\boldsymbol{p}_i^{s,l}\right\|_2^2 \tag{8.1}$$

最后，利用式(8.2)求出所需的高分辨率图像块：

$$\boldsymbol{p}_j^{t,h}=\sum_{i\in N_g(j)}\tilde{u}_{ij}\boldsymbol{p}_i^{s,h} \tag{8.2}$$

其中，$\boldsymbol{p}_j^{t,h}$ 是重建的高分辨率图像块，即低分辨率图像块 $\boldsymbol{p}_j^{t,l}$ 对应的高分辨率图像块。邻域嵌入过程如图 8.3 所示。

如图 8.3 所示，邻域嵌入过程包括训练过程和测试过程。在训练过程中，邻域嵌入算法收集一一对应的高低分辨率图像对：低分辨率训练集为 $\boldsymbol{P}^{s,l}=\{\boldsymbol{p}_j^{s,l}\}_{j=1}^N$，它对应的高分辨率训练集为 $\boldsymbol{P}^{s,h}=\{\boldsymbol{p}_j^{s,h}\}_{j=1}^N$。在测试阶段，$\boldsymbol{p}_j^{t,l}$ 为需要复原的图像块，$N_g(j)=\{\boldsymbol{p}_j^{s,l}\}_{j=1}^5$ 是 $\boldsymbol{p}_j^{t,l}$ 对应的近邻集合，假设用式(8.1)求得低分辨率测试图像块和训练图像块之间关系的权值 $[\tilde{u}_{1j},\tilde{u}_{2j},\tilde{u}_{3j},\tilde{u}_{4j},\tilde{u}_{5j}]=[5,3,2,0.5,0.8]$，那么重建高分辨率图像块 $\boldsymbol{p}_j^{t,h}=\sum_{i\in N_g(j)}\tilde{u}_{ij}\boldsymbol{p}_i^{s,h}=[5,3,2,0.5,0.8][\boldsymbol{p}_1^{s,l},\boldsymbol{p}_2^{s,l},\boldsymbol{p}_3^{s,l},\boldsymbol{p}_4^{s,l},\boldsymbol{p}_5^{s,l}]^{\mathrm{T}}$。

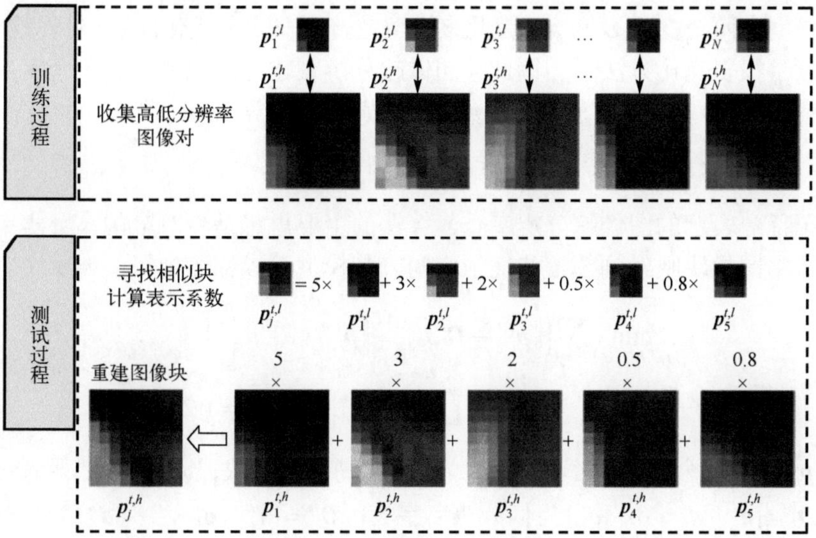

图 8.3　邻域嵌入过程

但是，图像超分辨率重建是个病态问题。一幅低分辨率图像中的某个图像块可能对应高分辨率图像中的多个图像块，且这些高分辨率图像块中的某些图像块还存在明显差异。也就是说，低分辨率测试图像块在低分辨率训练集中所找到的近邻块所对应的高分辨率图像块，不一定是目标高分辨率图像块的近邻块。另外，Zontak 等[107]和 Xu 等[108]通过实验证明了图像纹理细节越丰富，其重复率越低。如果一个测试块含有丰富的细节信息，在训练集合中就难以找到合适的近邻。因此，利用邻域嵌入的方法很难恢复图像的全部细节信息。

8.2　基于稀疏表示的图像超分辨率重建

8.2.1　基于稀疏表示的图像超分辨率重建模型

1. 单个字典训练算法

稀疏表示的目标是利用字典 $\boldsymbol{D}$ 中的一少部分原子对训练样本 $\boldsymbol{P}^s=[\boldsymbol{p}_1^s,\boldsymbol{p}_2^s,\cdots,\boldsymbol{p}_N^s]$ 进行表示。单个字典训练模型为[109,110]

$$\min_{\boldsymbol{D},\boldsymbol{A}}\left\|\boldsymbol{p}_i^s-\boldsymbol{D}\boldsymbol{\alpha}_i\right\|_{\mathrm{F}}^2,\quad \left\|\boldsymbol{\alpha}_i\right\|_0\leqslant\beta \tag{8.3}$$

式中，$\boldsymbol{P}^s$ 为每一列代表一个样本；$\boldsymbol{p}_i^s$ 为第 i 个训练样本；N 为样本个数；$\boldsymbol{A}=[\boldsymbol{\alpha}_1,\boldsymbol{\alpha}_2,\cdots,\boldsymbol{\alpha}_N]$ 为每个样本的稀疏表示系数；$\|\cdot\|_{\mathrm{F}}$ 为矩阵的 F 范数。

该模型有两个变量 $\boldsymbol{D}$ 和 $\boldsymbol{A}$，因此该模型是一个双变量优化问题。针对这个问题，人们开发了很多优化方法[44]。因此，图像超分辨重建算法想要使用单个字典训练的经验，就需要将双字典训练算法转换为单个字典训练算法。

2. 利用单个字典训练算法进行双字典训练

基于稀疏表示的图像超分辨率重建算法的主要思想是将对应的高分辨率图像块和低分辨率图像块映射到统一特征子空间，其模型可以描述为

$$\begin{aligned}&\min_{\boldsymbol{D}^l,\boldsymbol{D}^h,\{\boldsymbol{\alpha}_i\}}\sum_{i=1}^{N}\left(\left\|\boldsymbol{p}_i^{s,l}-\boldsymbol{D}^l\boldsymbol{\alpha}_i\right\|_2^2+\left\|\boldsymbol{p}_i^{s,h}-\boldsymbol{D}^h\boldsymbol{\alpha}_i\right\|_2^2\right)\\&\text{s.t. }\left\|\boldsymbol{\alpha}_i\right\|_0\leqslant\beta,\ \left\|\boldsymbol{d}_r^l\right\|_2\leqslant 1,\ \left\|\boldsymbol{d}_r^h\right\|_2\leqslant 1,\ r=1,2,\cdots,n\end{aligned}\tag{8.4}$$

式中，$\boldsymbol{p}_i^{s,l}$ 为第 i 个低分辨率块；$\boldsymbol{p}_i^{s,h}$ 为第 i 个高分辨率块；$\boldsymbol{p}_i^{s,l}$ 和 $\boldsymbol{p}_i^{s,h}$ 两者对应同一位置；$\boldsymbol{D}^l=[\boldsymbol{d}_1^l\quad\boldsymbol{d}_2^l\quad\cdots\quad\boldsymbol{d}_n^l]$ 为低分辨率字典；$\boldsymbol{D}^h=[\boldsymbol{d}_1^h\quad\boldsymbol{d}_2^h\quad\cdots\quad\boldsymbol{d}_n^h]$ 为高分辨率字典，每个字典含有 n 个原子；$\boldsymbol{\alpha}_i$ 为 $\boldsymbol{p}_i^{s,l}$ 和 $\boldsymbol{p}_i^{s,h}$ 共同的稀疏表示系数；$\boldsymbol{d}_r^l$ 为 $\boldsymbol{D}^l$ 的第 r 个原子；$\boldsymbol{d}_r^h$ 为 $\boldsymbol{D}^h$ 的第 r 个原子；β 为稀疏度约束。

该模型中共有两个字典 $\boldsymbol{D}^l$ 和 $\boldsymbol{D}^h$。Yang 等[106]提出的联合字典训练算法将 $\boldsymbol{p}_i^{s,l}$ 和 $\boldsymbol{p}_i^{s,h}$ 堆叠起来构成单个字典训练样本 $\boldsymbol{p}_i^s$：

$$\boldsymbol{p}_i^s=\begin{bmatrix}\boldsymbol{p}_i^{s,l}\\\boldsymbol{p}_i^{s,h}\end{bmatrix}\tag{8.5}$$

$$\boldsymbol{D}=\begin{bmatrix}\boldsymbol{D}^l\\\boldsymbol{D}^h\end{bmatrix}\tag{8.6}$$

这样，双字典训练问题就变成了如式(8.3)所示的单个字典训练问题。当 $\boldsymbol{D}$ 训练完成以后，可以按照样本的维数将 $\boldsymbol{D}$ 分成两部分 $\boldsymbol{D}^l$ 和 $\boldsymbol{D}^h$。

另外，Zeyde 等[111]提出了先训练低分辨率字典，然后再利用最小二乘法生成高分辨率字典的算法。

训练低分辨率字典的模型如下所示：

$$\min_{\boldsymbol{D}^l,\boldsymbol{A}}\left\|\boldsymbol{P}^{s,l}-\boldsymbol{D}^l\boldsymbol{A}\right\|_{\mathrm{F}}^2,\quad\left\|\boldsymbol{\alpha}_i\right\|_0\leqslant\beta\tag{8.7}$$

式中，$\boldsymbol{P}^{s,l}=[\boldsymbol{p}_1^{s,l},\boldsymbol{p}_2^{s,l},\cdots,\boldsymbol{p}_N^{s,l}]$；$\boldsymbol{A}=\left[\boldsymbol{\alpha}_1,\boldsymbol{\alpha}_2,\cdots,\boldsymbol{\alpha}_N\right]$。

然后，高分辨率字典由如下公式产生：

$$\boldsymbol{D}^h=\boldsymbol{P}^{s,h}\boldsymbol{A}^{\mathrm{T}}(\boldsymbol{A}^{\mathrm{T}}\boldsymbol{A})^{-1}\tag{8.8}$$

式中，$\boldsymbol{P}^{s,h}=[\boldsymbol{p}_1^{s,h},\boldsymbol{p}_2^{s,h},\cdots,\boldsymbol{p}_N^{s,h}]$。

3. 利用双字典进行图像超分辨率重建

1) 训练样本的生成方式

Yang 的算法训练样本的生成方式如图 8.4 所示。

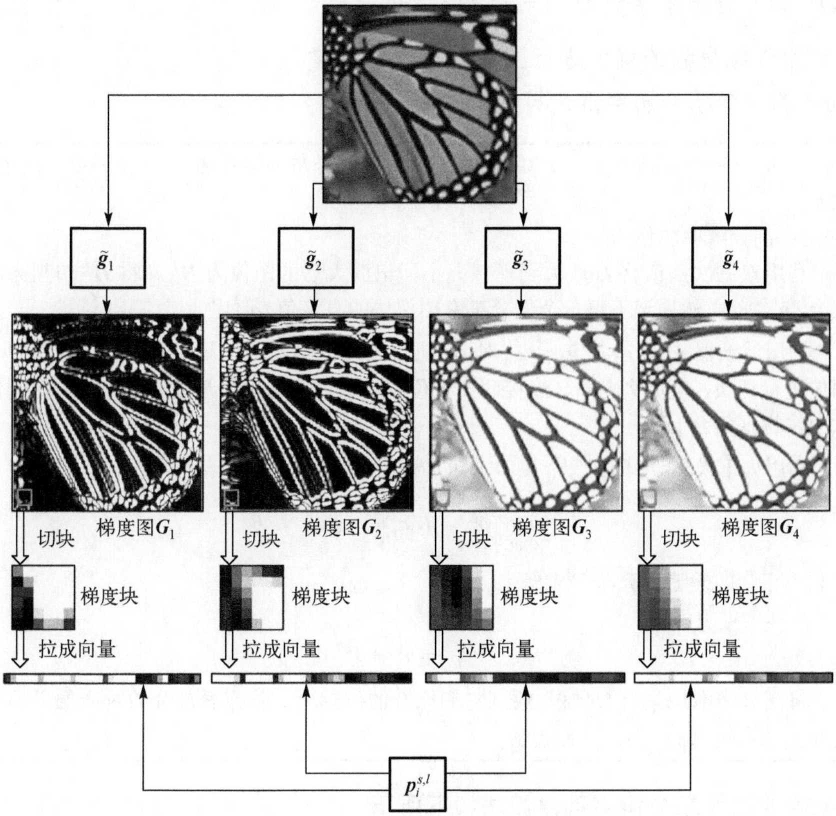

图 8.4 梯度向量形成流程图

首先，将原始高分辨率训练图像 $\boldsymbol{H}^s$ 进行基于双三次插值的 κ 倍的下采样再进行 κ 倍的上采样得到低分辨率训练图像 $\tilde{\boldsymbol{H}}^s$，κ 为放大倍数。其中，低分辨率训练样本采用梯度图产生，使用四个梯度滤波器得到梯度图：一阶垂直滤波器 $\tilde{\boldsymbol{g}}_1=[-1,0,1]$，一阶水平滤波器 $\tilde{\boldsymbol{g}}_2=[-1,0,1]^{\mathrm{T}}$，二阶垂直滤波器 $\tilde{\boldsymbol{g}}_3=[-1,0,2,0,1]$，二阶水平滤波器 $\tilde{\boldsymbol{g}}_4=[-1,0,2,0,1]^{\mathrm{T}}$。然后将这四个滤波器得到的梯度图切割成图像块。将对应位置的四个图像块变成向量，再将这四个向量连接起来就形成了低分辨率训练样本 $\boldsymbol{p}_i^{s,l}$。将高分辨率训练图像进行切块，每一块都去掉直流信号。然后将这些块变成向量，得到高分辨率训练样本 $\boldsymbol{p}_i^{s,h}$。

Zeyde 的算法[111]的低分辨率样本的生成方式与 Yang 的方式相同。使用原始高分辨率图像 $\boldsymbol{H}^s$ 和低分辨率图像 $\tilde{\boldsymbol{H}}^s$ 的差值产生高分辨率训练图像 $\hat{\boldsymbol{H}}^s$：

$$\hat{\boldsymbol{H}}^s = \boldsymbol{H}^s - \tilde{\boldsymbol{H}}^s \tag{8.9}$$

然后将 $\hat{\boldsymbol{H}}^s$ 进行切块，不去掉直流，直接作为高分辨率训练样本 $\boldsymbol{p}_i^{s,h}$。

当得到了训练样本后，可以使用如式(8.4)所示模型进行字典训练，得到低分辨率字典 $\boldsymbol{D}^l$ 和高分辨率字典 $\boldsymbol{D}^h$。

2)利用训练得到的样本进行图像超分辨率重建

Yang 的图像超分辨率重建算法[106]如下所示。

输入：低分辨率测试图像 $\boldsymbol{L}^t$，块的大小 $p \times p$，低分辨率字典 $\boldsymbol{D}^l$，高分辨率字典 $\boldsymbol{D}^h$，放大倍数 κ。

输出：高分辨率图像 $\hat{\boldsymbol{H}}^t$。

1. 利用双三次插值将 $\boldsymbol{L}^t$ 放大到理想大小，记放大后的图像为 $\tilde{\boldsymbol{H}}^t$。将 $\tilde{\boldsymbol{H}}^t$ 切割为测试图像块集合 $\{\tilde{\boldsymbol{p}}_i^{t,l}\}_{i=1}^{Q}$，然后记下每一个低分辨率图像块的直流值 $\{\boldsymbol{o}_i^{t,l}\}_{i=1}^{Q}$。

2. 利用滤波器 $\tilde{\boldsymbol{g}}_1$，$\tilde{\boldsymbol{g}}_2$，$\tilde{\boldsymbol{g}}_3$，$\tilde{\boldsymbol{g}}_4$ 对 $\tilde{\boldsymbol{H}}^t$ 进行滤波，得到四个测试梯度图像。将四个测试梯度图像进行切块，变成列向量。连接同一个位置上的四个梯度块形成的列向量，得到低分辨率测试图像特征集合 $\{\boldsymbol{p}_i^{t,l}\}_{i=1}^{Q}$。

3. 利用如下模型计算 $\{\boldsymbol{p}_i^{t,l}\}_{i=1}^{Q}$ 在 $\boldsymbol{D}^l$ 上的稀疏表示系数，将其表示为 $\{\boldsymbol{\alpha}_i^t\}_{i=1}^{Q}$：

$$\min_{\boldsymbol{D}^l,\boldsymbol{\alpha}_i^t} \left\| \boldsymbol{p}_i^{t,h} - \boldsymbol{D}^l \boldsymbol{\alpha}_i^t \right\|_2^2, \quad \left\| \boldsymbol{\alpha}_i^t \right\|_0 \leqslant \beta \tag{8.10}$$

该模型利用正交匹配追踪算法[36]求解。

4. 重建高分辨率块：

$$\boldsymbol{p}_i^{t,h} = \boldsymbol{o}_i^{t,l} + \boldsymbol{D}^h \boldsymbol{\alpha}_i^t \tag{8.11}$$

5. 将高分辨率块集合 $\{\boldsymbol{p}_i^{t,h}\}_{i=1}^{Q}$ 放到它们原有的位置上。将重叠部分的对应像素的平均值作为最终的高分辨率图像 $\hat{\boldsymbol{H}}^t$ 的像素值。

Zeyde 的图像超分辨率重建算法如下所示。

输入：低分辨率测试图像 $\boldsymbol{L}^t$，块的大小 $p \times p$，低分辨率字典 $\boldsymbol{D}^l$，高分辨率字典 $\boldsymbol{D}^h$，放大倍数 κ。

输出：高分辨率图像 $\hat{\boldsymbol{H}}^t$。

1. 利用双三次插值将 $\boldsymbol{L}^t$ 放大到理想大小，记放大后的图像为 $\tilde{\boldsymbol{H}}^t$。将 $\tilde{\boldsymbol{H}}^t$ 切割为测试图像块集合 $\{\tilde{\boldsymbol{p}}_i^{t,l}\}_{i=1}^{Q}$。

2. 利用滤波器 $\tilde{\boldsymbol{g}}_1$，$\tilde{\boldsymbol{g}}_2$，$\tilde{\boldsymbol{g}}_3$，$\tilde{\boldsymbol{g}}_4$ 对 $\tilde{\boldsymbol{H}}^t$ 进行滤波，得到四个测试梯度图像。将四个测试梯度图像进行切块，变成列向量。连接同一个位置上的四个梯度块形成的列向量，得到低分辨率测试图像特征集合 $\{\boldsymbol{p}_i^{t,l}\}_{i=1}^{Q}$。

3. 将 $\tilde{\boldsymbol{H}}^t$ 利用与上一步同样的方式进行切块，得到低分辨率图像块 $\{\boldsymbol{p}_i^{t,l}\}_{i=1}^{Q}$。注意这里不用去直流。

4. 利用如下公式所示的模型计算 $\{\boldsymbol{p}_i^{t,l}\}_{i=1}^{Q}$ 在 $\boldsymbol{D}^l$ 上的稀疏表示系数，将其表示为 $\{\boldsymbol{\alpha}_i^t\}_{i=1}^{Q}$，可以利用正交匹配追踪算法[36]求解：

$$\min_{\boldsymbol{\alpha}_i^t} \left\| \boldsymbol{p}_i^{t,l} - \boldsymbol{D}^l \boldsymbol{\alpha}_i^t \right\|_2^2, \quad \left\| \boldsymbol{\alpha}_i^t \right\|_0 \leqslant \beta \tag{8.12}$$

5．重建高分辨率块：

$$\boldsymbol{p}_i^{t,h} = \tilde{\boldsymbol{p}}_i^{t,l} + \boldsymbol{D}^h \boldsymbol{\alpha}_i^t \tag{8.13}$$

6．将高分辨率块集合 $\{\boldsymbol{p}_i^{t,h}\}_{i=1}^{Q}$ 放到它们原有的位置上，将重叠部分的对应像素的平均值作为最终的高分辨率图像 $\hat{\boldsymbol{H}}^t$ 的像素值。

为了使大家进一步理解和学习稀疏表示，接下来将介绍两个基于稀疏表示的图像超分辨率重建算法——基于交替 K-奇异值分解字典训练的图像超分辨率重建算法以及基于中频稀疏表示和全变分正则化的图像超分辨率重建算法。

8.2.2　基于交替 K-奇异值分解字典训练的图像超分辨率重建算法

本团队[112]提出一种新的字典训练算法——基于交替 K-奇异值分解字典训练的图像超分辨率重建算法，以提高高分辨率图像高频成分的恢复能力。

在基于统一特征子空间的稀疏表示模型中，稀疏表示字典的训练过程直接关系到算法对高频细节的恢复能力。但是，双字典训练是一个非常困难的问题。首先，该问题是个非凸问题，很难使用传统的凸优化方法来求解。其次，该问题中含有三个变量：高分辨率字典、低分辨率字典和稀疏表示系数，因此该问题是一个多变量优化问题。单个字典训练存在现成算法，为了解决这个问题，Yang 等[106]把高低分辨率样本块堆叠起来作为单个字典训练算法的输入变量，训练完成后再将一个字典分为两个字典。但是这种做法在测试过程中经常会导致很难找到合适的稀疏表示系数。Zeyde 等[111]先利用一个 K-奇异值分解算法(K-singular value decomposition，K-SVD)训练一个低分辨率字典，然后再利用最小二乘法产生一个高分辨率字典。但是这种算法的泛化能力仍然不够强。在双字典训练过程中，字典生成方式与字典的泛化能力直接相关。上述字典训练算法中，字典更新方式有单列更新的算法，也有根据训练样本和已有的其他信息一次计算出所有字典列的最小二乘法。在 Zeyde 的算法中，高分辨率字典的产生就采用一次计算出所有字典列的最小二乘法。从统计特性的角度上来说，Zeyde 的算法首先产生的是低分辨率字典，然后再生成高分辨率字典。低分辨率样本的细节损失比较严重，但是保留了高分辨率样本中的平滑部分和阶跃型边缘部分。由于图像的平滑部分可以由插值算法快速恢复，因此在训练数据中往往要去除平滑图像块[106]。训练数据主要由含有阶跃型边缘的图像块组成。如果先训练低分辨率字典，字典中的原子表示的是阶跃型边缘成分，低分辨率字典中缺失的高频细节成分还是没能通过字典得到，再根据低分辨率字典生成的高分辨率字典对高频细节恢复不利。因此，利用这种方法产生的字典很难恢复高频细节。本节算法主要关注这个问题。

本节算法有以下的特点。

(1)介绍了一种利用交替 K-奇异值分解进行字典训练的方法，进行图像超分辨率重建。与传统算法的不同之处是，在字典训练的每一次迭代过程中，利用奇异值分解得到的奇异向量同时更新两个字典的原子和稀疏表示系数。训练样本在产生的时候，低频图像块主要包括阶跃型边缘信息，而高频块主要包含高频细节信息。利用交替单列更新的方法进行字典训练，高低频图像块都同时参与了训练，这样就不会使字典只含有阶跃型边缘的信息。因此，该方法产生的字典比传统算法更有利于高频细节的恢复。

(2)介绍了一种抑制人工痕迹的全变分正则化方法。用这种方法可以对阶跃型边缘有效地增强。传统的全变分正则化模型无法得到清晰的边缘，且细节恢复能力不足。为了充分借助全变分正则化方法的优势，在传统模型中加入了一个新的约束，该约束可以在抑制人工痕迹的同时锐化阶跃型边缘。

1. 算法描述

基于交替 K-奇异值分解字典训练的超分辨率重建算法的主要思想是将低频块和高频块映射到统一特征子空间上。该算法的原理框图如图 8.5 所示。该算法主要包括两个过程：一个训练过程和一个测试过程。

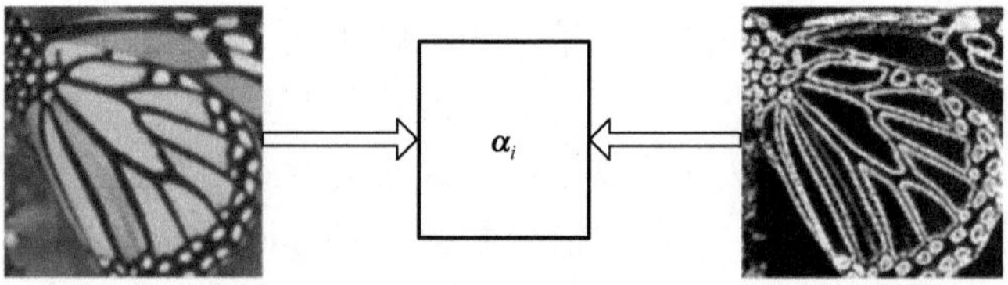

图 8.5　双字典训练模型的主要思想

1)算法模型

假设 $\boldsymbol{L}$ 是低分辨率图像，使用双三次插值的方法可以将 $\boldsymbol{L}$ 放大为边缘较为模糊并且缺乏高频细节的高分辨率图像 $\tilde{\boldsymbol{H}}$ 。假设 $\boldsymbol{H}$ 是目标高分辨率图像，那么可以得到目标高频细节图像为 $\hat{\boldsymbol{H}}=\boldsymbol{H}-\tilde{\boldsymbol{H}}$ ，如果能够获取 $\tilde{\boldsymbol{H}}$ 与 $\hat{\boldsymbol{H}}$ 之间的关系，那么可以依据低频图像 $\tilde{\boldsymbol{H}}$ 来恢复高分辨率细节 $\hat{\boldsymbol{H}}$ 。因此，需要利用如下方式建立模型。

假设 $\{\boldsymbol{H}_i^s\}_{i=1}^M$ 是高分辨率训练样本，其中，M 为图像总数。将 $\{\boldsymbol{H}_i^s\}_{i=1}^M$ 进行双三次插值的下采样可以得到低分辨率训练样本 $\{\boldsymbol{L}_i^s\}_{i=1}^M$ 。然后，将 $\{\boldsymbol{L}_i^s\}_{i=1}^M$ 进行双三次插值上采样得到低频训练样本 $\{\tilde{\boldsymbol{H}}_i^s\}_{i=1}^M$。这样就可以得到训练图像对 $\{\tilde{\boldsymbol{H}}_i^s,\boldsymbol{H}_i^s\}_{i=1}^M$，计算 $\{\tilde{\boldsymbol{H}}_i^s\}_{i=1}^M$ 的一阶和二阶水平和垂直梯度图。将这些梯度图切块再把块变成列向量，然后连接每一个位置上的四个梯度向量，得到训练样本 $\boldsymbol{P}^{s,l}=\{\boldsymbol{p}_i^{s,l}\}_{i=1}^N$。将 $\{\boldsymbol{H}_i^s\}_{i=1}^M$ 切块

并归一化得到训练样本 $\boldsymbol{P}^{s,h}=\{\boldsymbol{p}_i^{s,h}\}_{i=1}^N$， $\boldsymbol{p}_i^{s,l}$ 和 $\boldsymbol{p}_i^{s,h}$ 是对应位置的低频和高分辨率的训练样本。双字典训练的目的就是得到 $\boldsymbol{p}_i^{s,l}$ 和 $\boldsymbol{p}_i^{s,h}$ 之间的关系。

稀疏表示为学习二者的关系提供了非常有利的工具。依据传统的单个字典的稀疏表示模型，低频字典 $\boldsymbol{D}^l$ 与稀疏表示系数 $\boldsymbol{\alpha}_i^{s,l}$ 相乘可以稀疏表示低频样本 $\boldsymbol{p}_i^{s,l}$，其模型可以表示为

$$\min_{\boldsymbol{D}^l,\boldsymbol{\alpha}_i^{s,l}}\left\|\boldsymbol{p}_i^{s,l}-\boldsymbol{D}^l\boldsymbol{\alpha}_i^{s,l}\right\|_2,\ \left\|\boldsymbol{\alpha}_i^{s,l}\right\|_0\leqslant\beta,\quad i=1,2,\cdots,N \tag{8.14}$$

式中，β 为稀疏度约束。

同理，高频字典 $\boldsymbol{D}^h$ 与稀疏表示系数 $\boldsymbol{\alpha}_i^{s,h}$ 相乘可以稀疏表示高分辨率样本 $\boldsymbol{p}_i^{s,h}$，其模型可以表示为

$$\min_{\boldsymbol{D}^h,\boldsymbol{\alpha}_i^{s,h}}\left\|\boldsymbol{p}_i^{s,h}-\boldsymbol{D}^h\boldsymbol{\alpha}_i^{s,h}\right\|_2,\ \left\|\boldsymbol{\alpha}_i^{s,h}\right\|_0\leqslant\beta,\quad i=1,2,\cdots,N \tag{8.15}$$

假设 $\boldsymbol{D}^l$ 和 $\boldsymbol{D}^h$ 可以让 $\boldsymbol{p}_i^{s,l}$ 和 $\boldsymbol{p}_i^{s,h}$ 取得相同的稀疏表示系数，即令 $\boldsymbol{\alpha}_i^{s,l}=\boldsymbol{\alpha}_i^{s,h}=\boldsymbol{\alpha}_i$。那么，如果得到一个测试低频块 $\boldsymbol{p}_i^{t,l}$，就可以计算出它的稀疏表示系数 $\boldsymbol{\alpha}_i^t$。令这个稀疏表示系数与 $\boldsymbol{D}^h$ 相乘，就可以得到 $\boldsymbol{p}_i^{t,l}$ 对应的高分辨率块 $\boldsymbol{p}_i^{t,h}=\boldsymbol{D}^h\boldsymbol{\alpha}_i^t$。

因此，利用如下双字典训练模型训练 $\boldsymbol{D}^l$ 和 $\boldsymbol{D}^h$：

$$\begin{gathered}\min_{\boldsymbol{D}^l,\boldsymbol{D}^h,\boldsymbol{\alpha}_i^s}\sum_{i=1}^N\left(\left\|\boldsymbol{p}_i^{s,l}-\boldsymbol{D}^l\boldsymbol{\alpha}_i\right\|_2+\left\|\boldsymbol{p}_i^{s,h}-\boldsymbol{D}^h\boldsymbol{\alpha}_i\right\|_2\right)\\ \text{s.t.}\ \left\|\boldsymbol{\alpha}_i\right\|_0\leqslant\beta,\ \left\|\boldsymbol{d}_r^l\right\|_2=1,\ \left\|\boldsymbol{d}_r^h\right\|_2=1,\ r=1,2,\cdots n\end{gathered} \tag{8.16}$$

式中，$\boldsymbol{d}_r^l$ 为低频字典的第 r 个原子；$\boldsymbol{d}_r^h$ 为高分辨率字典的第 r 个原子；n 为原子个数；$\boldsymbol{D}^l=[\boldsymbol{d}_1^l,\boldsymbol{d}_2^l,\cdots,\boldsymbol{d}_n^l]$；$\boldsymbol{D}^h=[\boldsymbol{d}_1^h,\boldsymbol{d}_2^h,\cdots,\boldsymbol{d}_n^h]$，该模型所描述的主要思想如图 8.5 所示。

该模型包括两个重要的目标。

(1) $\boldsymbol{D}^l$ 和 $\boldsymbol{D}^h$ 能够分别对低频图像块和高分辨率图像块进行稀疏表示。其稀疏表示系数与字典相乘，能够较好地逼近低频图像块 $\boldsymbol{P}^{s,l}=\{\boldsymbol{p}_i^{s,l}\}_{i=1}^N$ 和高分辨率图像块 $\boldsymbol{P}^{s,h}=\{\boldsymbol{p}_i^{s,h}\}_{i=1}^N$。

(2) 低频图像块 $\boldsymbol{P}^{s,l}=\{\boldsymbol{p}_i^{s,l}\}_{i=1}^N$ 和高分辨率图像块 $\boldsymbol{P}^{s,h}=\{\boldsymbol{p}_i^{s,h}\}_{i=1}^N$ 分别在 $\boldsymbol{D}^l$ 和 $\boldsymbol{D}^h$ 的表示下能够得到相同的稀疏表示系数。

为了达到这两个目标，设计了交替 K-奇异值分解的字典训练算法。图 8.6 展示了该算法的流程。该算法包含一个训练过程和一个测试过程。在训练过程中，利用训练样本集合 $\{(\boldsymbol{p}_i^{s,l},\boldsymbol{p}_i^{s,h})\}_{i=1}^N$ 训练出一对字典 $\boldsymbol{D}^l$ 和 $\boldsymbol{D}^h$，在测试过程中，利用这对字典对输入的低分辨率图像进行恢复。

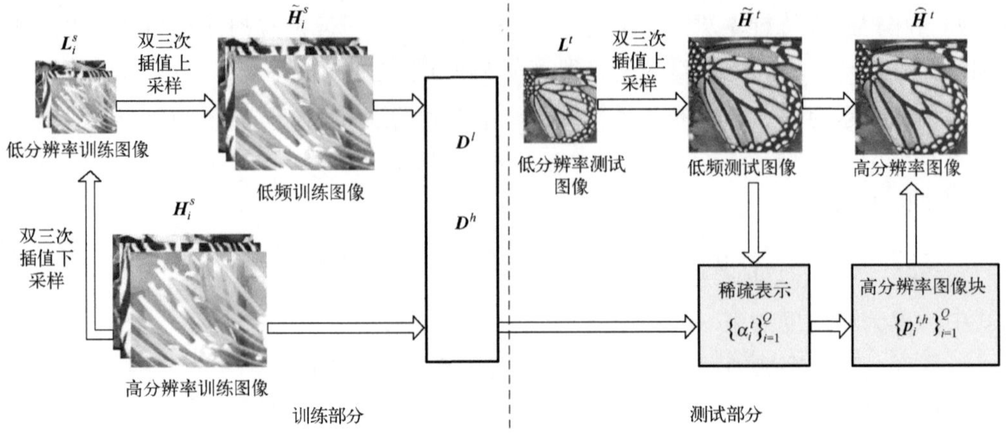

图 8.6　算法流程图

2）字典训练算法

交替 K-奇异值分解的主要思想有以下几点。

(1) 字典原子更新过程中要保持其稀疏度，只使用跟该原子有关系的样本进行更新。判断哪个样本跟所更新原子有关系的方法是：看稀疏表示系数在该原子的对应位置上是不是 0。如果在该原子的位置上不是 0，表示该原子参与了该样本的稀疏表示，也就意味着该原子是该样本的成分之一。如果是 0，表示该原子没有参与该样本的稀疏表示，该原子不是该样本的成分，那么该样本就不应该参与该原子的更新。

(2) 要使对应的低频图像块和高频图像块都拥有相同的稀疏表示系数，那么参与更新对应原子的图像块应当也对应。因此，更新低频图像块对应的低频字典原子的同时，利用这些低频图像块对应的高频图像块更新对应的高频字典原子，让二者的稀疏表示系数在字典更新的过程中达到统一。

算法的具体流程如下。

初始化：通过随机选择 $\boldsymbol{P}^{s,l}$ 中的 n 个样本组成初始低频字典 $\boldsymbol{D}^{l,(0)}$，这些样本在 $\boldsymbol{P}^{s,h}$ 中对应的 n 个样本组成高分辨率字典 $\boldsymbol{D}^{h,(0)}$。

迭代如下步骤直至满足停止条件(如达到设定的迭代次数)，J 表示迭代次数。

第一步：利用如下模型计算每个低频样本的稀疏表示系数，具体方法可以使用正交匹配追踪算法[36]，求解如下公式：

$$\min_{\boldsymbol{\alpha}_i^{(J)}} \left\| \boldsymbol{p}_i^{s,l} - \boldsymbol{D}^{l,(J-1)} \boldsymbol{\alpha}_i^{(J)} \right\|_2, \quad \text{s.t.} \left\| \boldsymbol{\alpha}_i^{(J)} \right\|_0 \leqslant \beta, \quad i = 1, 2, \cdots, N \tag{8.17}$$

其中，$\boldsymbol{D}^{l,(J-1)}$ 为第 $J-1$ 次迭代得到的低分辨率稀疏表示字典。

第二步：同时更新稀疏表示字典 $\boldsymbol{D}^{l,(J-1)}$、$\boldsymbol{D}^{h,(J-1)}$ 和稀疏表示系数矩阵：

$$\boldsymbol{A}^{(J)} = [\boldsymbol{\alpha}_1^{s,(J)}, \boldsymbol{\alpha}_2^{s,(J)}, \cdots, \boldsymbol{\alpha}_N^{s,(J)}]$$

利用如下方法更新第 r 个低分辨率字典原子 $\boldsymbol{d}_r^{l,(J-1)}$ 和高分辨率字典原子 $\boldsymbol{d}_r^{h,(J-1)}$（其中，$r=1,2,\cdots,n$）。

假设利用了 $\boldsymbol{d}_r^{l,(J-1)}$ 进行稀疏表示的样本号码集合为 Ω（即稀疏表示系数的第 r 个元素不为 0 的样本号码），将这些样本组成样本集合 $\tilde{\boldsymbol{P}}^{s,l,r}$，对应的高分辨率样本集合为 $\tilde{\boldsymbol{P}}^{s,h,r}$。假设 $\boldsymbol{A}^{(J)}$ 中的列坐标在 Ω 的稀疏表示系数组成的矩阵为 $\boldsymbol{\Lambda}^{r,(J)}$，那么 $\boldsymbol{\alpha}_T^{j,r,(J)}$ 为 $\boldsymbol{\Lambda}^{r,(J)}$ 的第 j 行。

因此，

$$\tilde{\boldsymbol{P}}^{s,l,r}=\sum_j \boldsymbol{d}_j^{l,(J-1)}\boldsymbol{\alpha}_T^{j,r,(J)}+\boldsymbol{E}^{l,r} \tag{8.18}$$

$$\tilde{\boldsymbol{P}}^{s,h,r}=\sum_j \boldsymbol{d}_j^{h,(J-1)}\boldsymbol{\alpha}_T^{j,r,(J)}+\boldsymbol{E}^{h,r} \tag{8.19}$$

式中，$\boldsymbol{E}^{l,r}$ 为低分辨率图像稀疏表示残差；$\boldsymbol{E}^{h,r}$ 为高分辨率图像稀疏表示残差。

令

$$\tilde{\boldsymbol{W}}_r^{l,(J-1)}=\tilde{\boldsymbol{P}}^{s,l,r}-\sum_{j\neq r} \boldsymbol{d}_j^{l,(J-1)}\boldsymbol{\alpha}_T^{j,r,(J)}=\boldsymbol{d}_r^{l,(J-1)}\boldsymbol{\alpha}_T^{r,r,(J)}+\boldsymbol{E}^{l,r} \tag{8.20}$$

$$\tilde{\boldsymbol{W}}_r^{h,(J-1)}=\tilde{\boldsymbol{P}}^{s,h,r}-\sum_{j\neq r} \boldsymbol{d}_j^{h,(J-1)}\boldsymbol{\alpha}_T^{j,r,(J)}=\boldsymbol{d}_r^{h,(J-1)}\boldsymbol{\alpha}_T^{r,r,(J)}+\boldsymbol{E}^{h,r} \tag{8.21}$$

对 $\tilde{\boldsymbol{W}}_r^{l,(J-1)}$ 和 $\tilde{\boldsymbol{W}}_r^{h,(J-1)}$ 进行奇异值分解：

$$\tilde{\boldsymbol{W}}_r^{l,(J-1)}=\boldsymbol{U}_r^{l,(J-1)}\boldsymbol{S}_r^{l,(J-1)}\boldsymbol{V}_r^{l,(J-1)\mathrm{T}} \tag{8.22}$$

$$\tilde{\boldsymbol{W}}_r^{h,(J-1)}=\boldsymbol{U}_r^{h,(J-1)}\boldsymbol{S}_r^{h,(J-1)}\boldsymbol{V}_r^{h,(J-1)\mathrm{T}} \tag{8.23}$$

取 $\boldsymbol{U}_r^{l,(J-1)}$ 的第一列 $\boldsymbol{U}_{r,1}^{l,(J-1)}$ 更新 $\boldsymbol{d}_r^{l,(J-1)}$，$\boldsymbol{U}_r^{h,(J-1)}$ 的第一列 $\boldsymbol{U}_{r,1}^{h,(J-1)}$ 更新 $\boldsymbol{d}_r^{h,(J-1)}$。用 $\boldsymbol{S}_r^{l,(J-1)}$ 左上角的元素 $\boldsymbol{S}_r^{l,(J-1)}(1,1)$ 与 $\boldsymbol{V}_r^{l,(J-1)\mathrm{T}}$ 的第一行 $\boldsymbol{V}_{r,1}^{l,(J-1)\mathrm{T}}$ 所有元素相乘更新 $\boldsymbol{\alpha}_T^{r,r,(J)}$。

之所以使用上述方法进行字典更新的原因如下。

字典训练的目标是希望使用少数原子对一组样本进行稀疏表示，那么少到极限就是使用一个原子。在上述算法中，$\tilde{\boldsymbol{W}}_r^{l,(J-1)}$ 和 $\tilde{\boldsymbol{W}}_r^{h,(J-1)}$ 是对应的。在更新之前，$\boldsymbol{d}_r^{l,(J-1)}\boldsymbol{\alpha}_T^{r,r,(J)}$ 和 $\boldsymbol{d}_r^{h,(J-1)}\boldsymbol{\alpha}_T^{r,r,(J)}$ 可以看成是对 $\tilde{\boldsymbol{W}}_r^{l,(J-1)}$ 和 $\tilde{\boldsymbol{W}}_r^{h,(J-1)}$ 进行的秩为 1 的逼近，奇异值分解可以获取在 F 范数意义下的秩为 1 的最佳逼近[113]。因此，取 $\boldsymbol{U}_r^{l,(J-1)}$ 的第一列 $\boldsymbol{U}_{r,1}^{l,(J-1)}$ 更新 $\boldsymbol{d}_r^{l,(J-1)}$，$\boldsymbol{U}_r^{h,(J-1)}$ 的第一列 $\boldsymbol{U}_{r,1}^{h,(J-1)}$ 更新 $\boldsymbol{d}_r^{h,(J-1)}$。用 $\boldsymbol{S}_r^{l,(J-1)}$ 左上角的元素 $\boldsymbol{S}_r^{l,(J-1)}(1,1)$ 与 $\boldsymbol{V}_r^{l,(J-1)\mathrm{T}}$ 的第一行 $\boldsymbol{V}_{r,1}^{l,(J-1)\mathrm{T}}$ 相乘更新 $\boldsymbol{\alpha}_T^{r,r,(J)}$ 对 $\tilde{\boldsymbol{W}}_r^{l,(J-1)}$ 和 $\tilde{\boldsymbol{W}}_r^{h,(J-1)}$ 进行逼近，可以得到比 $\boldsymbol{d}_r^{l,(J-1)}\boldsymbol{\alpha}_T^{r,r,(J)}$ 和 $\boldsymbol{d}_r^{h,(J-1)}\boldsymbol{\alpha}_T^{r,r,(J)}$ 误差更小的秩为 1 的逼近。

3) 测试算法

测试算法的主要思想是：当 $\boldsymbol{D}^l$ 和 $\boldsymbol{D}^h$ 训练完成以后，可以利用它们恢复出测试低频样本块对应的测试高分辨率样本块，然后将这些高分辨率图像块组合成高分辨率图像。

测试算法的具体步骤如下。

第一步：将测试低分辨率图像 $\boldsymbol{L}^t$ 通过双三次插值，获得拥有低频信息的高分辨率图像 $\tilde{\boldsymbol{H}}^t$。

第二步：将 $\tilde{\boldsymbol{H}}^t$ 切块，并利用与训练部分相同的算法得到低频样本测试块集合 $\boldsymbol{P}^{t,l}=\{\boldsymbol{p}_i^{t,l}\}_{i=1}^{Q}$，其中，$Q$ 为测试块的个数。

第三步：利用字典 $\boldsymbol{D}^l$ 求 $\boldsymbol{p}_i^{t,l}$ 的稀疏表示系数 $\boldsymbol{\alpha}_i^t$，$i=1,2,\cdots,Q$。

$$\min_{\boldsymbol{\alpha}_i^t}\left\|\boldsymbol{p}_i^{t,l}-\boldsymbol{D}^l\boldsymbol{\alpha}_i^t\right\|_2,\ \text{s.t.}\left\|\boldsymbol{\alpha}_i^t\right\|_0\leqslant\beta,\quad i=1,2,\cdots,Q \tag{8.24}$$

这里使用正交匹配追踪算法[36]。

第四步：计算高分辨率块：

$$\boldsymbol{p}_i^{t,h}=\boldsymbol{D}^h\boldsymbol{\alpha}_i^t \tag{8.25}$$

第五步：将所有高分辨率块 $\{\boldsymbol{p}_i^{t,h}\}_{i=1}^{Q}$ 放回其原来的位置。块与块重叠的部分使用平均值作为最终的像素值，得到合成的高分辨率图像 $\hat{\boldsymbol{H}}^t$。

4) 后处理过程

由于稀疏表示的方法工作在图像块上，因此会造成边缘的模糊。因此本算法需要使用后处理过程对结果进行增强。

全变分正则化作为一种图像增强算法已经被广泛应用于图像的去模糊、重建、去噪和超分辨率重建算法中。传统的全变分正则化的模型可以描述为

$$\boldsymbol{H}^{t,\mathrm{TV}}=\arg\min_{\boldsymbol{H}}\{F(\boldsymbol{H})+\lambda\left\|G(\boldsymbol{H})-\boldsymbol{L}^t\right\|_2^2\} \tag{8.26}$$

式中，λ 是拉格朗日乘子，$F(\boldsymbol{H})$ 是正则化约束，$F(\boldsymbol{H})$ 可以是 $\int_{\Omega}\left|\nabla\boldsymbol{H}\right|$ 之类的全变分约束，也可以是当前结果和前一次迭代结果之间的 Bregman 距离的其他变形[114]。$\boldsymbol{L}^t$ 是观测图像，对于去噪问题，$\boldsymbol{L}^t$ 就是带噪声图像；对于去模糊问题，$\boldsymbol{L}^t$ 就是模糊图像；对于重建问题，$\boldsymbol{L}^t$ 就是退化图像；对于超分辨率重建问题，$\boldsymbol{L}^t$ 就是低分辨率图像。$G(\cdot)$ 是一些退化操作，对于去噪、重建和去模糊问题，$G(\cdot)$ 可以对预测图像不做操作；对于超分辨率重建问题，$G(\cdot)$ 是下采样。

从直观上讲，式(8.26)认为理想的图像应当是在某种先验知识的约束下，与观测图像尽可能地相似。全变分约束认为：自然图像的全变分模值应当是比较小的。

传统的基于全变分正则化的超分辨率模型[87]如下所示：

$$\boldsymbol{H}^{t,\mathrm{TV}}=\arg\min_{H}\left\{\int\left|\nabla\boldsymbol{H}\right|+\frac{\lambda}{2}\left\|\boldsymbol{\Psi}\boldsymbol{H}-\boldsymbol{L}^{t}\right\|_2^2\right\} \tag{8.27}$$

式中，λ 是拉格朗日乘子；$\boldsymbol{H}^{t,\mathrm{TV}}$ 为重建得到的图像；$\boldsymbol{H}$ 为该优化过程的初值；$\boldsymbol{L}^{t}$ 为低分辨率图像；$\boldsymbol{\Psi}$ 为退化函数，通常为下采样；$\left|\nabla\boldsymbol{H}\right|=\sqrt{\left(\frac{\partial\boldsymbol{H}}{\partial x}\right)^2+\left(\frac{\partial\boldsymbol{H}}{\partial y}\right)^2}$ 在图像处理中，$\frac{\partial\boldsymbol{H}}{\partial x}$ 为 $\boldsymbol{H}$ 的水平梯度，$\frac{\partial\boldsymbol{H}}{\partial x}$ 为 $\boldsymbol{H}$ 的垂直梯度。

全变分正则化的后处理方法在 7.6.1 节中已描述，此处不再赘述。

2. 实验结果

1) 实验设置

本节的实验使用了基于稀疏编码的超分辨率(superresolution based on sparse coding，SRSC)算法[106]软件包里的训练样本作为训练数据，部分训练样本如图 8.7 所示。为了便于对比，测试样本选用了在许多相关工作里面都反复使用的测试图片[84,115-118]，如图 8.8 所示。

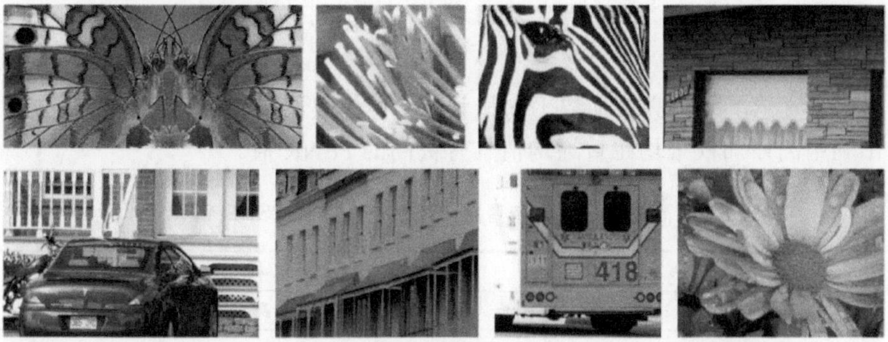

图 8.7　训练图像

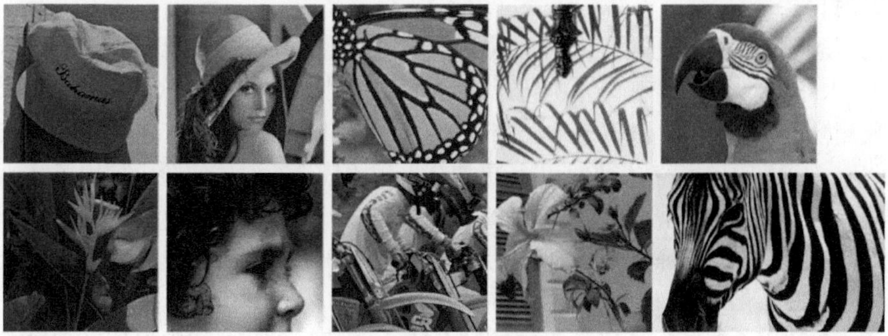

图 8.8　测试图像

从左到右，从上到下分别为：帽子、蕾娜、蝴蝶、树叶、鹦鹉、植物、头部、摩托、花朵和斑马测试步骤的最后一步需要将高分辨率图像块拼合为高分辨率图像，由于一部分高分辨率图像块的细节信息没有完全恢复出来，因此在拼合以后会在图像块和块之间形成块状人工痕迹。人眼对这种块状人工痕迹非常敏感，会导致整张图像视觉效果不好。为了避免块状人工痕迹，人们往往在相邻的块之间重叠一定像素，然后平均这些像素来抵消块状人工痕迹。直接相加然后平均的方法会让一些恢复得很不好的图像块对最终结果产生较大的影响。为了避免这种影响，将其改进为一种高斯加权平均法。目前已有的许多图像处理算法证明中值具有较好的鲁棒性[119]，因此它被广泛应用于图像增强算法。利用中值作为高斯加权的均值可以减小恢复得很不好的图像块对最终结果的影响。在计算加权系数过程中，使用重叠像素的中值作为高斯加权平均的均值μ，根据μ计算得到方差θ^2。那么，可以由以下公式计算出重叠像素值$(u_1,u_2,\cdots,u_{\tilde{v}})$的高斯加权平均值$u^*$，其中，$\tilde{v}$是重叠像素的个数：

$$u^* = \frac{\sum_{i=1}^{\tilde{v}} \exp(-|u_i - \mu|^2 / (2\theta^2))u_i}{\sum_{i=1}^{\tilde{v}} \exp(-|u_i - \mu|^2 / (2\theta^2))} \tag{8.28}$$

$$\theta^2 = \frac{1}{\tilde{v}}\sum_{i=1}^{\tilde{v}}(u_i - \mu)^2 \tag{8.29}$$

表 8.1 显示了利用高斯加权平均和普通均值恢复结果的 PSNR 值，从该结果可以看出利用高斯加权平均比普通均值具有更高的 PSNR 值。

表 8.1　高斯加权平均和普通均值恢复结果的 PSNR 值(3 倍)

图像	花朵	摩托	树叶	蝴蝶
普通均值	28.832	24.020	25.611	27.166
高斯均值	28.879	24.057	25.673	27.212

2) 对比实验

为了验证算法的有效性，将该算法与一些相关的算法进行了对比，其中包括双三次插值[93]、SRSC[106]、全变分正则化[87]、本地回归[120]、Zeyde 的算法[111]、ANR[121]、统计预测模型(statistical prediction model，SPM)[52]和低秩邻域嵌入(low rank neighbor embeding，LRNE)[122]算法。为了进行更加公平的比较，在对比实验中使用了 Zeyde 的算法同样的参数。字典原子个数为 1000，稀疏度为 3，迭代次数为 40 次，块大小为 9×9，重叠大小为 6。参与训练的样本块个数为 10000 对。3 倍放大时抑制人工痕迹的全变分正则化算法中λ_1等于 0.70、λ_2等于 0.64，4 倍放大时λ_1等于 0.72、λ_2等于 0.20。

表 8.2 和表 8.3 显示了每种算法的超分辨率重建后结果的 PSNR 和 SSIM 值。从这些数据结果可以看出，本节算法与许多目前已有的算法相比，大多数情况下能够

产生更高的 PSNR 和 SSIM 值，只有个别图像在 4 倍放大的时候不如 Zeyde 的算法。图 8.9～图 8.12 对比了一部分测试图片的超分辨率重建结果。从图中可以看出，本节算法得到了更清晰的边缘和高频细节，且人工痕迹较少。

表 8.2　3 倍放大时的 PSNR 和 SSIM 值

测试图	双三次	SRSC	全变分	本地回归	Zeyde	ANR	SPM	LRNE	本算法
帽子	29.197	29.967	30.210	29.568	30.432	30.100	29.833	29.976	**30.675**
	0.8281	0.8470	0.8522	0.8376	0.8568	0.8637	0.8480	0.8428	**0.8704**
树叶	23.452	24.558	25.011	23.921	25.283	23.117	24.777	24.359	**25.673**
	0.8026	0.8348	0.8684	0.8327	0.8735	0.8295	0.8498	0.8472	**0.8783**
摩托	22.808	23.642	23.760	23.175	23.847	23.243	23.484	23.340	**24.057**
	0.7040	0.7506	0.7639	0.7324	0.7655	0.7481	0.7430	0.7290	**0.7802**
植物	31.085	31.966	32.334	31.577	32.517	30.373	31.893	31.805	**32.833**
	0.8681	0.8865	0.8947	0.8808	0.8879	0.8813	0.8865	0.8830	**0.9053**
鹦鹉	28.096	29.179	29.248	28.752	29.423	28.806	28.904	28.590	**29.544**
	0.8819	0.8979	0.9004	0.8913	0.9012	0.9028	0.8951	0.8890	**0.9063**
花朵	27.456	28.192	28.607	27.883	28.575	27.703	28.171	27.889	**28.877**
	0.7879	0.8172	0.8312	0.8088	0.8324	0.8186	0.8158	0.8031	**0.8346**
头部	32.900	33.191	33.264	33.065	33.651	32.631	33.346	33.004	**33.755**
	0.8001	0.8188	0.8039	0.8090	0.8251	**0.8452**	0.8130	0.8019	0.8254
蝴蝶	24.053	25.475	25.861	24.644	25.883	24.176	25.170	25.275	**27.212**
	0.8200	0.8535	0.8781	0.8475	0.8748	0.8604	0.8547	0.8614	**0.9027**
蕾娜	31.411	32.483	31.985	31.698	**32.622**	32.325	32.069	31.920	32.497
	0.8252	0.8492	0.8166	0.8337	0.8507	0.8433	**0.9446**	0.9377	0.8377
斑马	23.211	24.352	24.699	24.030	25.395	22.978	24.311	24.345	**25.412**
	0.8110	0.8432	0.8557	0.8332	0.8713	0.8182	0.8410	0.8390	**0.8781**
平均值	27.367	28.301	28.4979	27.8313	28.763	27.545	28.196	28.050	**29.054**
	0.8115	0.8388	0.8498	0.8304	0.8543	0.8409	0.8385	0.8329	**0.8646**

注：对于每个单元格的第一行是 PSNR 值，第二行是 SSIM 值

表 8.3　4 倍放大时的 PSNR 和 SSIM 值

测试图	双三次	SRSC	全变分	本地回归	Zeyde	ANR	SPM	LRNE	本算法
帽子	27.883	28.668	28.739	28.147	28.979	28.748	28.342	27.922	**29.121**
	0.7819	0.7985	0.8095	0.7895	0.8116	0.8152	0.8015	0.7795	**0.8294**
树叶	21.225	22.425	22.396	21.627	22.562	22.616	22.202	20.826	**22.767**
	0.6799	0.7432	0.7583	0.7048	0.7530	0.7549	0.7308	0.6729	**0.7765**
摩托	21.462	22.187	22.213	21.756	22.340	22.319	21.976	21.289	**22.532**
	0.5953	0.6527	0.6594	0.6203	0.6628	0.6579	0.6326	0.5792	**0.6789**
植物	29.285	30.262	30.351	29.575	30.453	30.434	29.914	28.994	**30.587**
	0.8074	0.8352	0.8428	0.8186	0.8434	0.8429	0.8252	0.7967	**0.8476**

续表

测试图	双三次	SRSC	全变分	本地回归	Zeyde	ANR	SPM	LRNE	本算法
鹦鹉	26.324	27.103	27.214	26.735	**27.426**	27.035	26.751	26.121	27.067
	0.8378	0.8535	0.8611	0.8458	**0.8646**	0.8561	0.8481	0.8206	0.8546
花朵	25.796	26.511	26.664	26.046	**26.771**	26.652	26.325	25.509	26.743
	0.6994	0.7385	0.7476	0.7147	**0.7511**	0.7440	0.7265	0.6827	0.7465
头部	31.844	31.848	31.874	31.844	**32.315**	32.247	31.993	31.223	32.167
	0.7631	0.7707	0.7651	0.7631	**0.7781**	0.7763	0.7656	0.7390	0.7689
蝴蝶	22.142	23.545	23.551	22.463	23.630	23.560	23.071	21.708	**24.532**
	0.7339	0.7868	0.8015	0.7513	0.7897	0.7900	0.7745	0.7226	**0.8345**
蕾娜	29.915	30.816	**30.923**	30.231	30.889	30.752	30.382	29.674	30.853
	0.7815	0.8040	0.8046	0.7894	0.8050	0.8020	**0.9073**	0.8839	0.8268
斑马	21.107	22.200	22.213	21.617	**22.753**	22.468	22.022	21.004	22.556
	0.7151	0.7670	0.7672	0.7373	0.7826	0.7667	0.7494	0.7042	**0.7804**
平均值	25.698	26.557	26.614	26.004	26.812	26.683	26.298	25.427	**26.893**
	0.7395	0.7750	0.7817	0.7535	0.7842	0.7806	0.7762	0.7381	**0.7944**

注：对于每个图像的第一行是 PSNR 值，第二行是 SSIM 值

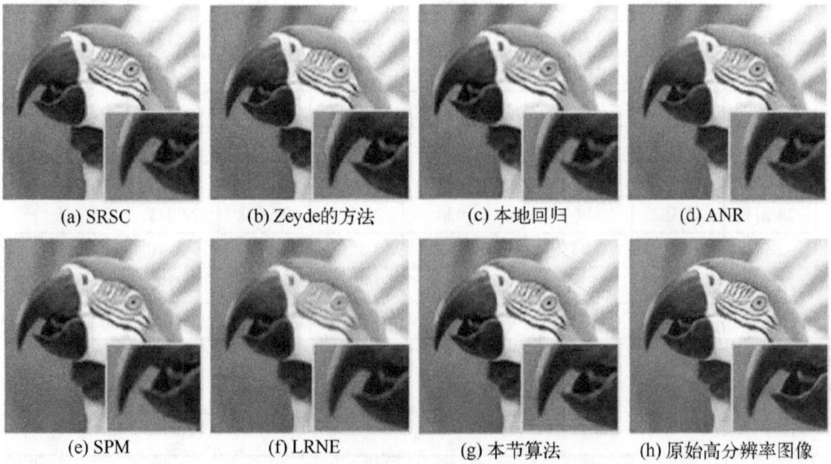

(a) SRSC　(b) Zeyde的方法　(c) 本地回归　(d) ANR

(e) SPM　(f) LRNE　(g) 本节算法　(h) 原始高分辨率图像

图 8.9　鹦鹉图对比实验结果(3 倍)

(a) SRSC　(b) Zeyde的方法　(c) 本地回归　(d) ANR

(e) SPM　(f) LRNE　(g) 本节算法　(h) 原始高分辨率图像

图 8.10　蕾娜图对比实验结果(3 倍)

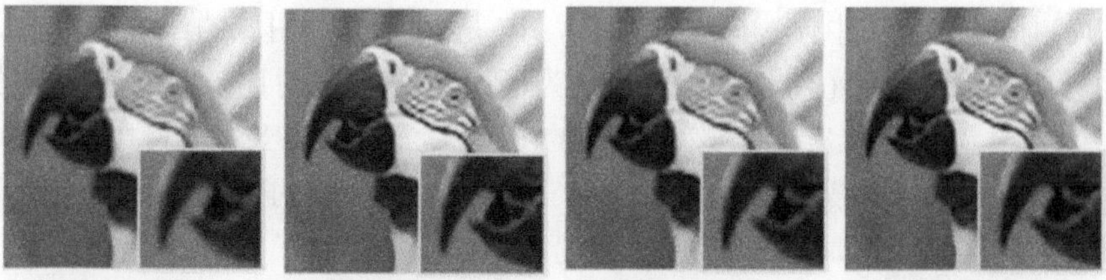

(a) SRSC　(b) Zeyde的方法　(c) 本地回归　(d) ANR

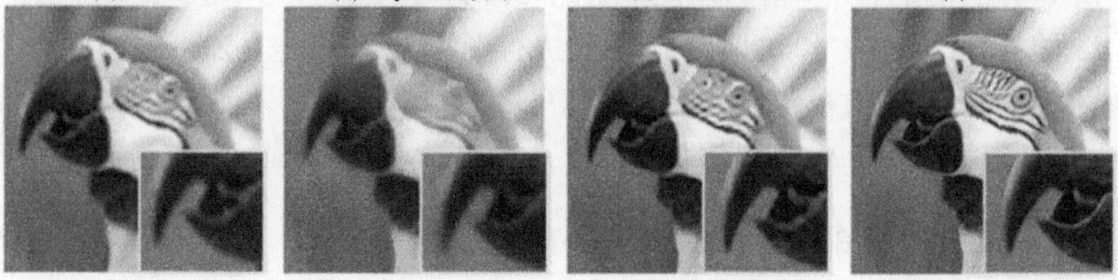

(e) SPM　(f) LRNE　(g) 本节算法　(h) 原始高分辨率图像

图 8.11　鹦鹉图对比实验结果(4 倍)

(a) SRSC　(b) Zeyde的方法　(c) 本地回归　(d) ANR

(e) SPM　(f) LRNE　(g) 本节算法　(h) 原始高分辨率图像

图 8.12　蕾娜图对比实验结果(4 倍)

为了增强实验结果，使用了如 7.6.1 节所描述的抑制人工痕迹的全变分正则化方法和迭代反投影方法作为后处理过程。

3) 算法复杂度分析

在图像恢复过程中，使用 OMP 算法计算稀疏表示系数。利用 OMP 算法为一个特征向量计算稀疏表示系数需要 $O(m^l n\beta)$ 阶运算，其中，m^l 为低频特征 $\boldsymbol{p}_i^{s,l}$ 的长度。这表示向量长度 m^l 与训练和测试的算法复杂度都关系密切。假设利用双三次插值算法计算未知像素值的时间复杂度为 v，全变分正则化和迭代反投影算法需要 $O(vWc)$ 阶运算。其中，c 是迭代次数，W 是高分辨率图像的维数。因此，整个算法的时间复杂度为 $O(Wm^l n\beta + vWc)$。为了进行公平的对比，将每种算法都放到同一台计算机上做对比实验。该计算机的 CPU 为 AMD FX8150，主频 3.6GHz，16G 内存，Windows 7 操作系统。由于双三次插值和传统的正则化算法没有学习过程，因此，没有比较其时间和存储空间消耗。表 8.4 对比了本算法和其他基于学习的超分辨率算法的时间消耗。本节算法比 SPM、LRNE 和 SRSC 的执行时间短，比 Zeyde 的算法、ANR 和本地回归算法执行时间长。但是，Zeyde 的算法、ANR 和本地回归算法输出的视觉效果比本节算法要差。因此，本节算法是在时间占用与重建效果之间取了一个较好的折中。

表 8.4 不同超分辨率重建算法的执行时间 （单位：s）

图像大小	SRSC	本地回归	Zeyde	ANR	LRNE	SPM	本节算法
256×256	59.2	0.4	1.2	0.5	214.3	7.1	3.7
321×481	140.3	0.8	2.5	1.0	484.4	17.9	7.8
512×512	243.4	1.3	4.3	1.8	829.6	32.9	14.3

3. 算法小结

本节介绍了一种基于稀疏表示的图像超分辨率重建字典训练算法。该算法利用奇异值分解所得到最佳低秩逼近进行字典原子和稀疏表示系数的同时更新，能够得到具有较好推广性的过完备字典。实验结果证明，利用该算法得到的稀疏表示字典进行图像超分辨率重建得到的图像边缘较清晰，并且人工痕迹较少。本算法每次迭代都更新一对对应的字典原子。无论是对于单个字典 K-奇异值分解算法还是本节的双字典交替 K-奇异值分解算法，这些算法对稀疏表示模型的优化都不能保证得到最优解，但是在实际应用中都表现出了较好的性能。这些结果表明，在实际应用中未必一定要求出最优解，次优解有时也非常实用。另外，为了能够对实验结果进行增强，本节介绍了抑制人工痕迹的全变分正则化算法。该算法不需要机器学习，但是能有效地提高阶跃型边缘的清晰度。

由于基于稀疏表示的图像超分辨率重建是一个非凸的多变量优化问题。因此，采用何种算法对该问题进行优化能够提高字典的泛化能力仍然是一个尚待解决的问题。尽管本节的算法与传统算法相比性能上有明显提高，但是有部分高频细节仍然没有恢复。因此，如何训练具有更高恢复能力的稀疏表示字典仍然是图像超分辨率课题的重要任务。

本算法所涉及的双字典训练过程可以推广到多个双空间信息转换问题上。例如，不同照度之间的转换、不同色彩空间的转换、人脸的不同方向和表情转换等。因此，该算法具有较好的推广价值。

8.2.3　基于中频稀疏表示和全变分正则化的图像超分辨率重建算法

许多机器学习的方法都可以应用到图像超分辨率重建领域。这些算法大多数都是将输入低分辨率图像切割成图像块，然后将图像块重建后再拼接为图像。按频率范围，局部块可以分为三个成分：低频成分、中频成分和高频成分[57]。对于放大倍数小于 4 的情况下，低频和中频成分可以较好地由插值算法得到[123,124]。因此，在超分辨率问题中的一个重要问题是如何利用已获取的信息，预测出高分辨率图像的高频细节。

在利用机器学习进行高频细节预测的过程中，有两个重要问题需要解决：第一就是怎样能从输入的低分辨率图像中尽量提取对细节预测有用的信息；第二就是如何学习得到低分辨率图像(或者高分辨率图像的中低频信息)和目标高频细节之间的关系。本节主要关注第一个问题。本节算法有以下特点。

(1)提取图像的中频特征。中频特征具有和传统的梯度信息相似的高频细节预测能力，但是比传统的梯度信息长度短得多。除了学习模型本身和图像数据库的准备方法以外，特征提取方法对基于机器学习的超分辨率重建最终结果的影响也很大。为了对特征提取方法有更深入的了解，研究了特征提取方法与学习结果之间的关系。实验结果表明能有效区分相似的低分辨率图像块的特征提取方法对高频细节的预测有利，这可以作为一种特征提取方法的设计原则。

(2)对抑制人工痕迹的全变分正则化方法进行了新的用法。在本节中，该方法产生的实验结果不但能够提供清晰的阶跃型边缘，而且为后面的融合过程提供了标记信息。

(3)介绍了一种方法可以融合抑制人工痕迹的全变分正则化方法所得到的输出结果和基于稀疏表示的方法得到的输出结果，可以充分发挥这两种方法的优势。抑制人工痕迹的全变分正则化方法可以提供清晰的阶跃型边缘，基于稀疏表示的方法可以提供丰富的纹理。本节的融合方法可以将这两种方法所恢复出来的较好的部分融合为最终的结果，让最终的结果既含有清晰的阶跃型边缘，又含有丰富的纹理。

(4)实验结果表明本节所介绍的方法在低时间和存储空间消耗，以及图像超分辨率重建结果的质量上得到了较好的折中。

1. 算法描述

本算法的流程图如图 8.13 所示。该算法包括两个阶段：训练阶段和测试阶段。对于这两个阶段，都使用本节的中频特征提取方法。在训练数据库准备好后，训练一对字典。在测试阶段，使用训练好的字典恢复图像的高频成分。字典训练的方法和恢复算法将在后面详细描述。接下来，使用抑制人工痕迹的全变分正则化的方法获取图像的阶跃型边缘。最后，融合输出结果。该融合过程将抑制人工痕迹的全变分正则化方法和基于稀疏表示的方法产生的结果图像进行融合。

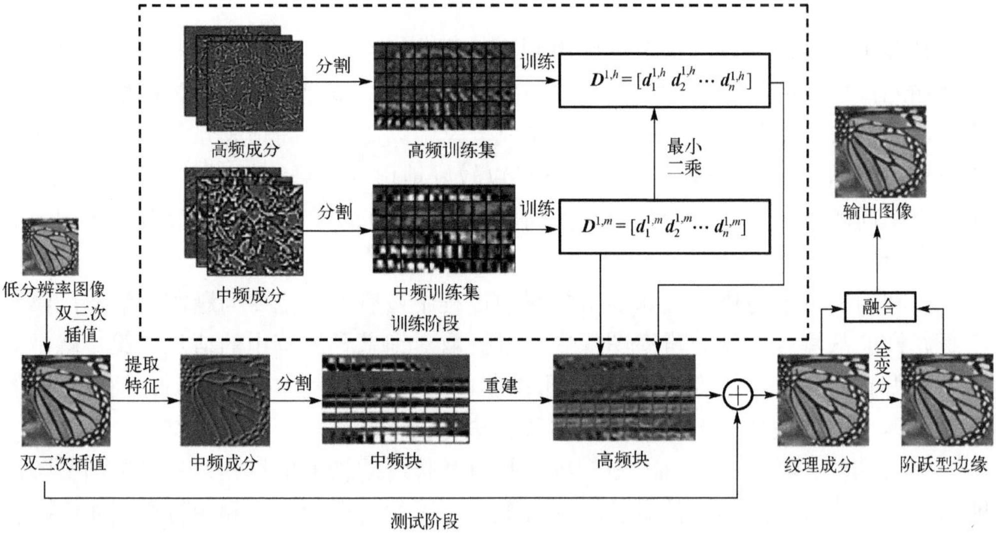

图 8.13　算法流程图

1) 中频特征的提取方法

特征提取方法对实验结果的影响较大，本节介绍了一种中频特征提取方法。每个高分辨率训练图像 $\boldsymbol{H}^s$ 可以使用双三次插值下采样得到低分辨率图像 $\boldsymbol{L}^s$ 。高分辨率图像可以被分为三个成分[115](如图 8.14 所示)：高频成分、中频成分和低频成分。当放大倍数小于 4 时，双三次插值上采样可以恢复图像的低频和中频成分，为基于稀疏表示的图像超分辨率重建提供更多可以参考的信息。因此，利用双三次插值先将 $\boldsymbol{L}^s$ 放大到目标大小，记作 $\tilde{\boldsymbol{H}}^{1,s}$ 。

提取中频信息的过程如图 8.15 所示。高斯低通滤波器是一种在图像处理领域广泛使用的低通滤波器。因此，利用双三次插值得到的图像 $\tilde{\boldsymbol{H}}^{1,s}$ 可以通过高斯滤波器 $\boldsymbol{f}_g$ 得到低频成分 $\bar{\boldsymbol{H}}^{1,s}$ 。接下来，中频成分 $\boldsymbol{H}^{1,s,m}$ 可以通过以下公式计算：

$$\boldsymbol{H}^{1,s,m}=\tilde{\boldsymbol{H}}^{1,s}-\bar{\boldsymbol{H}}^{1,s} \tag{8.30}$$

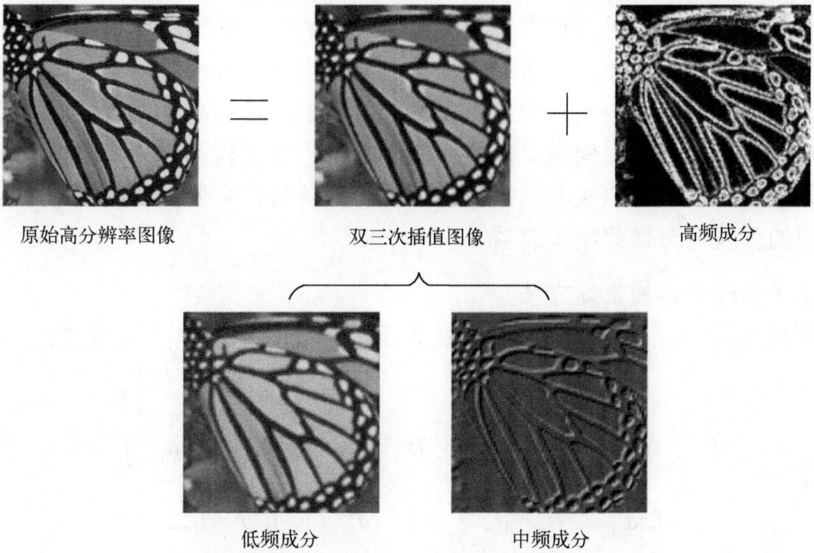

图 8.14　高分辨率图像的不同成分

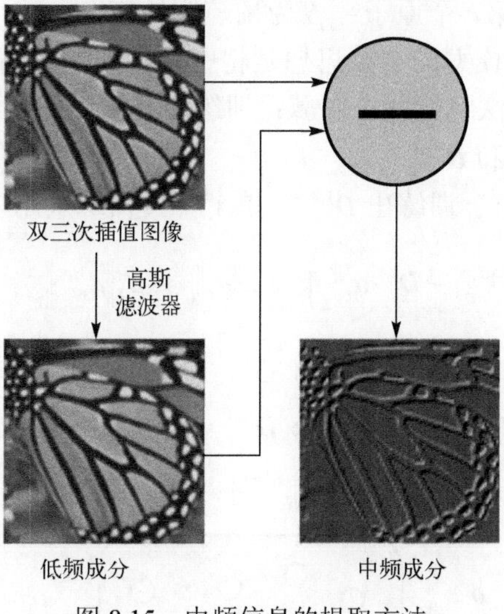

图 8.15　中频信息的提取方法

接下来，$\boldsymbol{H}^{1,s,m}$ 可以分为 $p \times p$ 大小的块。将每个块变成 m^l 维的列向量。其中，$m^l = p^2$。这些列向量可以构成中频训练集合 $\{\boldsymbol{p}_i^{1,s,l,m}\}_{i=1}^N$。

因此，高频成分 $\hat{\boldsymbol{H}}^{1,s}$ 由以下公式计算：

$$\hat{\boldsymbol{H}}^{1,s} = \boldsymbol{H}^s - \tilde{\boldsymbol{H}}^{1,s} \tag{8.31}$$

为了得到高频图像块，将 $\hat{\boldsymbol{H}}^{1,s}$ 切割成 $p \times p$ 维的块，并且把它们变成列向量，形成高频图像块数据库 $\{\boldsymbol{p}_i^{1,s,h}\}_{i=1}^N$。

光滑的块可以看作是仅仅含有低频信息成分的块，这类图像块具有较高的重复性。因此，拥有纹理信息的块里面的低频成分应当也具有较高的重复性。提取中频特征的动机是将图像块中具有较高重复性的成分去掉，提高非重复性的成分，这样可以缓解“一”对“多”问题。在后面的实验中，将比较不同的特征提取方法对最终实验结果的影响。这些实验结果将会有助于理解为什么要提取中频特征，并且证明降低块的重复性对最终结果有益。

2)基于稀疏表示的重建方法

根据传统的 Yang 提出的基于稀疏表示的超分辨率模型[106]，我们提出了以下模型[108]：

$$\begin{gathered}\min_{D^{1,m},D^{1,h},[\alpha_i]}\sum_{i=1}^{N}\left(\left\|p_i^{1,s,l,m}-D^{1,m}\alpha_i\right\|_2^2+\left\|p_i^{1,s,h}-D^{1,h}\alpha_i\right\|_2^2\right)\\ \text{s.t.}\left\|\alpha_i\right\|_0\leqslant\beta,\ \left\|d_r^{1,m}\right\|_2\leqslant1,\ \left\|d_r^{1,h}\right\|_2\leqslant1,\ r=1,2,\cdots,n\end{gathered}\tag{8.32}$$

式中，$D^{1,m}$ 为对应中频成分的字典；$D^{1,h}$ 为对应高频成分的字典；$d_r^{1,m}$ 为 $D^{1,m}$ 的第 r 个原子；$d_r^{1,h}$ 为 $D^{1,h}$ 的第 r 个原子；β 为稀疏度约束。

如图 8.16 所示，该模型的主要思想是将中频特征块和高频特征块都映射到统一特征子空间上。这个算法包括两个步骤：训练和测试。在训练阶段，利用 $\{p_i^{1,s,l,m}\}_{i=1}^N$ 和 $\{p_i^{1,s,h}\}_{i=1}^N$ 训练出 $D^{1,m}$ 和 $D^{1,h}$。

首先，利用 $\{p_i^{1,s,l,m}\}_{i=1}^N$ 训练出 $D^{1,m}$。单个字典训练采用以下经典模型：

$$\min_{D^{1,m},\{\alpha_i\}}\sum_{i=1}^{N}\left(\left\|p_i^{1,s,l,m}-D^{1,m}\alpha_i\right\|_2^2\right),\ \text{s.t.}\left\|\alpha_i\right\|_0\leqslant\beta,\left\|d_r^{1,m}\right\|_2\leqslant1,\ r=1,2,\cdots,n\tag{8.33}$$

可以应用 K-SVD 算法[44]优化式(8.33)。从式(8.33)可以得到：

$$P^{1,s,l,m}\approx D^{1,m}A\Rightarrow D^{1,m}\approx P^{1,s,l,m}A^{\mathrm{T}}(A^{\mathrm{T}}A)^{-1}\tag{8.34}$$

式中，$P^{1,s,l,m}=[p_1^{1,s,l,m},\ p_2^{1,s,l,m},\ \cdots,\ p_N^{1,s,l,m}]$；$A=[\alpha_1,\ \alpha_2,\ \cdots,\ \alpha_N]$；“T”是转置。

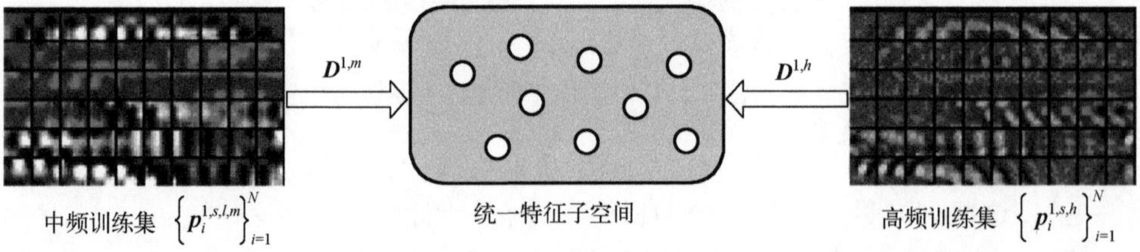

图 8.16 本节模型的主要思想

由于 $p_i^{1,s,h}$ 和 $p_i^{1,s,l,m}$ 是对应的特征向量，$D^{1,h}$ 可以由以下公式计算得到：

$$D^{1,h}=P^{1,s,h}A^{\mathrm{T}}(A^{\mathrm{T}}A)^{-1}\tag{8.35}$$

式中，$\boldsymbol{P}^{1,s,h}=[\boldsymbol{p}_1^{1,s,h},\ \boldsymbol{p}_2^{1,s,h},\ \cdots,\ \boldsymbol{p}_N^{1,s,h}]$。

字典训练算法如下所示。当两个字典训练完毕以后，对于输入的低分辨率图像，使用高分辨率图像恢复算法重建高分辨率图像。高分辨率图像恢复算法的流程图如图 8.17 所示。

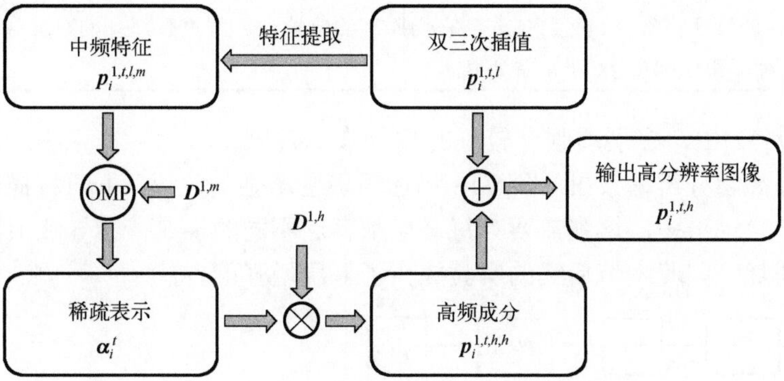

图 8.17　高分辨率图像恢复算法流程图

字典训练算法如下。

输入：中频特征向量：$\{\boldsymbol{p}_i^{1,s,l,m}\}_{i=1}^N$，高频特征向量：$\{\boldsymbol{p}_i^{1,s,h}\}_{i=1}^N$。

输出：中频特征字典：$\boldsymbol{D}^{1,m}$，高频特征字典：$\boldsymbol{D}^{1,h}$。

1．利用式(8.34)训练中频特征字典 $\boldsymbol{D}^{1,m}$。

2．利用式(8.35)训练高频特征字典 $\boldsymbol{D}^{1,h}$。

高分辨率图像恢复算法如下。

输入：低分辨率测试图像 $\boldsymbol{L}^t$，块的大小为 $p\times p$，中频特征字典 $\boldsymbol{D}^{1,m}$，高频特征字典 $\boldsymbol{D}^{1,h}$，放大倍数 κ。

输出：高分辨率图像 $\boldsymbol{H}^{1,t,d}$。

1．利用双三次插值将 $\boldsymbol{L}^t$ 放大到理想大小，记放大后的图像为 $\tilde{\boldsymbol{H}}^{1,t,d}$。将 $\tilde{\boldsymbol{H}}^{1,t,d}$ 切割为测试图像块集合 $\{\boldsymbol{p}_i^{1,t,l}\}_{i=1}^Q$，这里 Q 是测试块的个数。

2．利用高斯滤波器 $\boldsymbol{f}_g$ 将 $\tilde{\boldsymbol{H}}^{1,t,d}$ 中的低频信息 $\bar{\boldsymbol{H}}^{1,t,d}$ 提取出来。利用以下公式提取 $\tilde{\boldsymbol{H}}^{1,t,d}$ 的中频信息 $\boldsymbol{H}^{1,t,m}$：

$$\boldsymbol{H}^{1,t,m}=\tilde{\boldsymbol{H}}^{1,t,d}-\bar{\boldsymbol{H}}^{1,t,d} \tag{8.36}$$

将 $\boldsymbol{H}^{1,t,m}$ 切割成为中频特征块，并变成列向量形成中频特征测试集 $\{\boldsymbol{p}_i^{1,t,l,m}\}_{i=1}^Q$。

3．利用正交匹配追踪算法[36]计算 $\{\boldsymbol{p}_i^{1,t,l,m}\}_{i=1}^Q$ 在 $\boldsymbol{D}^{1,m}$ 上的稀疏表示系数，将其表示为 $\{\boldsymbol{\alpha}_i^t\}_{i=1}^Q$。

$$\min_{\boldsymbol{D}^{1,m},\{\boldsymbol{\alpha}_i^t\}}\sum_{i=1}^{Q}\left(\left\|\boldsymbol{p}_i^{1,t,l,m}-\boldsymbol{D}^{1,m}\boldsymbol{\alpha}_i^t\right\|_2^2\right),\ \text{s.t.}\left\|\boldsymbol{\alpha}_i^t\right\|_0\leqslant\beta,\quad\left\|\boldsymbol{d}_r^{1,m}\right\|_2\leqslant 1,\quad r=1,2,\cdots,n \tag{8.37}$$

4．重建高分辨率块的高频部分 $\boldsymbol{p}_i^{1,t,h,h}$：

$$\boldsymbol{p}_i^{1,t,h,h} = \boldsymbol{D}^{1,h}\boldsymbol{\alpha}_i^t \tag{8.38}$$

5．重建高分辨率块：

$$\boldsymbol{p}_i^{1,t,h} = \boldsymbol{p}_i^{1,t,l} + \boldsymbol{p}_i^{1,t,h,h} \tag{8.39}$$

6．将高分辨率块集合 $\{\boldsymbol{p}_i^{1,t,h}\}_{i=1}^{Q}$ 放到它们原有的位置上。将重叠部分的对应像素的平均值作为最终的高分辨率图像 $\boldsymbol{H}^{1,t,d}$ 的像素值。

在文献[52]中，多层增强有较好的超分辨率效果。因此，本算法也试图使用多层增强来提高超分辨率效果。图 8.18 描述了多层增强的流程。下面将描述多层增强的实验结果。由于多层增强需要为每一层都存储不同的字典，会导致很高的时间和存储空间消耗，因此本节后续的实验放弃了多层增强的方法。

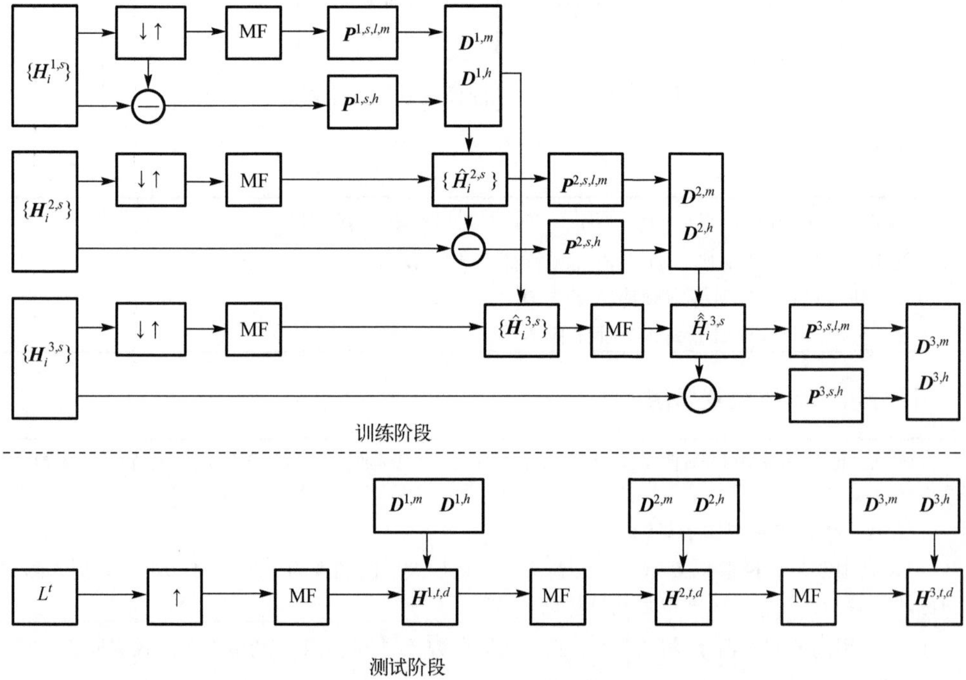

图 8.18 多层增强算法流程图

多层字典训练算法如下。

输入：高分辨率图像 $\{\boldsymbol{H}_i^s\}$。

输出：第一层的中频特征字典 $\boldsymbol{D}^{1,m}$，第一层的高频特征字典 $\boldsymbol{D}^{1,h}$，第二层的中频特征字典 $\boldsymbol{D}^{2,m}$，第二层的高频特征字典 $\boldsymbol{D}^{2,h}$，第三层的中频特征字典 $\boldsymbol{D}^{3,m}$，第三层的高频特征字典 $\boldsymbol{D}^{3,h}$。

1．随机将高分辨率训练图像集合$\{\boldsymbol{H}_i^s\}$分为三组，记为$\{\boldsymbol{H}_i^{1,s}\}$、$\{\boldsymbol{H}_i^{2,s}\}$和$\{\boldsymbol{H}_i^{3,s}\}$。

2．将每一个$\{\boldsymbol{H}_i^{1,s}\}$中的图像进行下采样得到它的低分辨率版本，然后再将其上采样为与原来高分辨率图像同样大小，记为$\{\tilde{\boldsymbol{H}}_i^{1,s}\}$。其中，下采样和上采样都采用双三次插值。

3．利用$\{\tilde{\boldsymbol{H}}_i^{1,s}\}$的中频成分和$\{\boldsymbol{H}_i^{1,s}\}$的高频成分训练中频特征字典$\boldsymbol{D}^{1,m}$和高频特征字典$\boldsymbol{D}^{1,h}$。中频特征提取方法与字典训练方法同前所述。

4．将图像集合$\{\boldsymbol{H}_i^{2,s}\}$中的每一个图像都下采样得到它的低分辨率版本。这些低分辨率版本在随后的预测算法中作为输入。然后，利用前面训练得到的中频特征字典$\boldsymbol{D}^{1,m}$和高频特征字典$\boldsymbol{D}^{1,h}$得到$\{\boldsymbol{H}_i^{2,s}\}$的预测版，记该预测版为$\{\hat{\boldsymbol{H}}_i^{2,s}\}$。预测算法与高分辨率图像恢复算法相同。

5．将预测版$\{\hat{\boldsymbol{H}}_i^{2,s}\}$的中频特征和其与原始高分辨率图像集$\{\boldsymbol{H}_i^{2,s}\}$的差值图像$\{\boldsymbol{H}_i^{2,s}-\hat{\boldsymbol{H}}_i^{2,s}\}$进行切块得到第二层的中频特征训练集$\boldsymbol{P}^{2,s,l,m}$和高频特征训练集$\boldsymbol{P}^{2,s,h}$，然后训练得到第二层的中频特征字典$\boldsymbol{D}^{2,m}$和高频特征字典$\boldsymbol{D}^{2,h}$。中频特征的提取方法与字典训练算法同前所述。

6. 获得$\{\boldsymbol{H}_i^{3,s}\}$的预测版。利用第一层的中频特征字典$\boldsymbol{D}^{1,m}$和高频特征字典$\boldsymbol{D}^{1,h}$得到$\{\boldsymbol{H}_i^{3,s}\}$的第一层预测版本，记该版本为$\{\hat{\boldsymbol{H}}_i^{3,s}\}$。预测算法与高分辨率图像恢复算法相同。然后，利用$\{\hat{\boldsymbol{H}}_i^{3,s}\}$作为第二层预测的输入。提取$\{\hat{\boldsymbol{H}}_i^{3,s}\}$的中频特征。接下来，利用第二层的中频特征字典$\boldsymbol{D}^{2,m}$和高频特征字典$\boldsymbol{D}^{2,h}$预测$\{\hat{\boldsymbol{H}}_i^{3,s}\}$中丢掉的细节信息。方法和第一层预测的方法相同，记第二层预测的版本为$\{\hat{\hat{\boldsymbol{H}}}_i^{3,s}\}$。

7．将$\{\hat{\hat{\boldsymbol{H}}}_i^{3,s}\}$的中频信息和差值图像集合$\{\boldsymbol{H}_i^{3,s}-\hat{\hat{\boldsymbol{H}}}_i^{3,s}\}$进行切块得到第三层的中频特征训练集$\boldsymbol{P}^{3,s,l,m}$和高频特征训练集$\boldsymbol{P}^{3,s,h}$然后得到第三层的中频特征字典$\boldsymbol{D}^{3,m}$和高频特征字典$\boldsymbol{D}^{3,h}$。中频特征提取方法与字典训练算法同前所述。

多层重建算法如下。

输入：低分辨率测试图像$\boldsymbol{L}^t$。

输出：第一层的输出高分辨率图像$\hat{\boldsymbol{H}}^{1,t,d}$，第二层的输出高分辨率图像$\hat{\boldsymbol{H}}^{2,t,d}$，第三层的输出高分辨率图像$\hat{\boldsymbol{H}}^{3,t,d}$。

1．将低分辨率测试图像$\boldsymbol{L}^t$上采样为目标大小，记为$\tilde{\boldsymbol{H}}^t$。

2．利用第一层中频特征字典$\boldsymbol{D}^{1,m}$和高频特征字典$\boldsymbol{D}^{1,h}$得到测试图像的第一层预测图像，记该图像为$\hat{\boldsymbol{H}}^{1,t,d}$。预测方法与高分辨率图像恢复算法相同。

3．利用第二层中频特征字典$\boldsymbol{D}^{2,m}$和高频特征字典$\boldsymbol{D}^{2,h}$得到测试图像的第二层预测图像$\hat{\boldsymbol{H}}^{2,t,d}$。第二层预测的输入图像为$\hat{\boldsymbol{H}}^{1,t,d}$。预测方法与高分辨率图像恢复算法相同。

4．利用第三层中频特征字典$\boldsymbol{D}^{3,m}$和高频特征字典$\boldsymbol{D}^{3,h}$得到测试图像的第三层预测图像$\hat{\boldsymbol{H}}^{3,t,d}$。第三层预测的输入图像为$\hat{\boldsymbol{H}}^{2,t,d}$。预测方法与高分辨率图像恢复算法相同。

3) 重建清晰边缘

基于稀疏表示的图像超分辨率重建完成后，有一些边缘部分不够清晰。为了解决这个问题，使用一些基于重建的方法进一步对结果图像进行增强。8.2.2 节中介绍了一种能够抑制人工痕迹的全变分正则化的阶跃型边缘增强算法。本节也使用该方法重建清晰的边缘。但是，不同之处是：8.2.2 节利用抑制人工痕迹的全变分正则化方法对基于稀疏表示方法的结果进行增强的过程中一些图像细节遭到了减弱，而本节将基于稀疏表示的超分辨率重建算法的结果和抑制人工痕迹的全变分正则化结果进行融合，这样做的好处是减小了抑制人工痕迹的全变分正则化对稀疏表示得到的细节信息的减弱，充分发挥二者的优势。

抑制人工痕迹的全变分正则化方法的模型为

$$\boldsymbol{H}^{1,t,e} = \arg\min_{\boldsymbol{H}} \left\{ \int |\nabla \boldsymbol{H}| + \lambda_1 \int |\nabla(\boldsymbol{H}\downarrow)| + \frac{\lambda_2}{2}\|\boldsymbol{H}\downarrow - \boldsymbol{L}^t\|_2^2 \right\} \tag{8.40}$$

式中，λ_1 和 λ_2 为拉格朗日乘子，$\boldsymbol{H}^{1,t,e}$ 为重建得到的图像，$\boldsymbol{H}$ 为该优化过程的初值，$\boldsymbol{L}^t$ 为低分辨率图像，↓为下采样操作，该模型的物理意义可以概括为以下三点：

①高分辨率图像的下采样图像应与低分辨率图像相似；

②高分辨率图像应当有较小的全变分范数；

③高分辨率图像下采样得到的低分辨率图像应当有较小的全变分范数。

该模型可以使用如式(7.38)所示的迭代方程进行求解，初值为 $\boldsymbol{H}^{1,t,d}$ 。图 8.19(a)显示了基于稀疏表示的算法的输出结果，图 8.19(b)显示了抑制人工痕迹的全变分正则化的阶跃型边缘增强算法的输出结果。可以看出，图 8.19(b)含有清晰的阶跃型边缘但是纹理不够丰富，图 8.19(a)含有丰富的纹理，但是边缘不够清晰。因此需要将二者融合。

4)融合输出结果

由于 $\boldsymbol{H}^{1,t,e}$ 包含清晰的边缘，$\boldsymbol{H}^{1,t,d}$ 包含丰富的纹理信息，要设法将二者融合。为了计算 $\boldsymbol{H}^{1,t,e}$ 每个局部块的方差，用方差值来得到融合的标记图。假设 $\boldsymbol{H}^{1,t,e}$ 的最大方差为 $V_{\max}$，最终的输出图像值为 $\boldsymbol{H}^{1,t}$ 。对于每个坐标 (i,j)，当局部块的方差大于 $V_{\max}/\gamma$，$\boldsymbol{H}^{1,t}(i,j)$ 等于 $\boldsymbol{H}^{1,t,e}(i,j)$；如果局部块方差小于 $V_{\max}/\gamma$，$\boldsymbol{H}^{1,t}(i,j)$ 等于 $\boldsymbol{H}^{1,t,d}(i,j)$，$\gamma$ 是个参数，在这里取 $\gamma=3$ 。图 8.19(c)展示了图像的融合标记图。图 8.19(d)展示了融合的结果 $\boldsymbol{H}^{1,t}$，可以看出 $\boldsymbol{H}^{1,t}$ 既包含边缘又包含纹理细节。

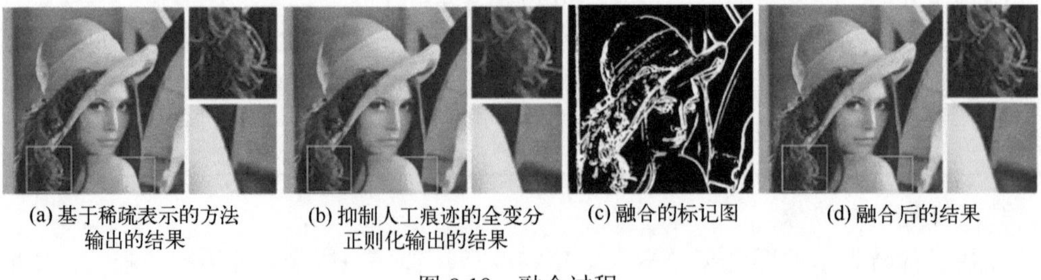

(a) 基于稀疏表示的方法输出的结果　(b) 抑制人工痕迹的全变分正则化输出的结果　(c) 融合的标记图　(d) 融合后的结果

图 8.19　融合过程

2. 实验结果

1) 参数设置

从 Yang 的主页上下载了有关 SRSC 方法[106]的软件，训练图像从该软件的程序包里面获取。训练图像如图 8.7 所示，测试图像如图 8.8 所示。由于需要与 Zeyde 的方法[111]进行比较，因此参考了它的参数设置方法以保证比较的公平性。字典大小为 1000，块大小为 9，重叠块大小为 6，稀疏度为 3，训练字典时 KSVD 的迭代次数为 40。由于人眼系统对亮度信息比较敏感，因此将图像转到 YCbCr 色彩空间进行处理，仅仅在亮度通道 Y 使用了本节的方法，色彩通道 CbCr 使用了双三次插值。为了降低时间和空间的复杂度，所有的实验都使用了一层预测。客观指标使用了 PSNR 和 SSIM 值[9]来衡量输出结果的质量。当图像的峰值被确定为 255 时，PSNR 仅仅与重建图像和原始高分辨率图像之间的差值的平方有关。许多相关文献都显示 PSNR 指标有时与实际的视觉效果不匹配[9]。例如，有的图像看起来比较模糊，但是 PSNR 值却非常高。因此，人们提出了 SSIM 指标。SSIM 主要衡量了重建图像和原始高分辨率图像的结构方面的相似度。

2) 对比实验

(1) 输出效果对比实验。

为了验证该算法的先进性对比了其他 7 种算法，包括：双三次插值[93]、SRSC[106]、Zeyde 的方法[111]、ANR[121]、SPM[52]、LRNE[122]和本地回归算法[120]。由于其他基于学习的超分辨率算法都使用的是一层预测，因此也利用 SPM 的一层预测与它们进行对比来体现公平性。

表 8.5 和表 8.6 展示了不同算法的 PSNR 和 SSIM 值。一共有 10 张测试图像。对于 3 倍的放大，本算法在 6 张图上得到了最高的 PSNR 值，8 张图上得到了最高的 SSIM 值。对于 4 倍放大，7 张图得到了最高的 PSNR 值，7 张图得到了最高的 SSIM 值。从 PSNR 和 SSIM 平均值来看，本算法对于 3 倍和 4 倍放大都得到了最大的值。这些客观评价指标显示，本算法比其他 7 种算法都具有优势，图 8.20～图 8.27 证实了本节算法的优势。可以看出，本算法的实验结果拥有比别的算法更加清晰的边缘。例如，图 8.20 和图 8.21 显示了“鹦鹉”头部的轮廓比其他算法要清晰。图 8.22 和图 8.23 显示叶子的边缘比其他算法要清晰而且人工痕迹要少得多。由于人眼对于阶跃型边缘比较敏感，因此用本算法得到的图看上去整体比其他算法的结果清晰。这些都依赖于抑制人工痕迹的全变分正则化算法。另外，纹理细节方面本算法得到的结果也不少于其他算法。因此，融合的策略令最终的结果能够发挥基于稀疏表示的超分辨率重建算法和基于全变分正则化的超分辨率重建算法的优势。

表 8.5 不同方法得到结果的 PSNR 和 SSIM 值(3 倍)

测试图	双三次	SRSC	本地回归	Zeyde	ANR	SPM	LRNE	本算法
帽子	29.197	29.967	29.568	30.432	30.100	29.833	29.976	**30.808**
	0.8281	0.8470	0.8376	0.8568	0.8637	0.8480	0.8428	**0.8735**
树叶	23.452	24.558	23.921	25.283	23.117	24.777	24.359	**25.605**
	0.8026	0.8348	0.8327	0.8735	0.8295	0.8498	0.8472	**0.8894**
摩托	22.808	23.642	23.175	23.847	23.243	23.484	23.340	**24.157**
	0.7040	0.7506	0.7324	0.7655	0.7481	0.7430	0.7290	**0.7797**
植物	31.085	31.966	31.577	32.517	30.373	31.893	31.805	**32.831**
	0.8681	0.8865	0.8808	0.8879	0.8813	0.8865	0.8830	**0.9078**
鹦鹉	28.096	29.179	28.752	**29.423**	28.806	28.904	28.590	29.372
	0.8819	0.8979	0.8913	0.9012	0.9028	0.8951	0.8890	**0.9078**
花朵	27.456	28.192	27.883	28.575	27.703	28.171	27.889	**28.879**
	0.7879	0.8172	0.8088	0.8324	0.8186	0.8158	0.8031	**0.8450**
头部	32.900	33.191	33.065	**33.651**	32.631	33.346	33.004	33.476
	0.8001	0.8188	0.8090	0.8251	**0.8452**	0.8130	0.8019	0.8229
蝴蝶	24.053	25.475	24.644	25.883	24.176	25.170	25.275	**27.066**
	0.8200	0.8535	0.8475	0.8748	0.8604	0.8547	0.8614	**0.9027**
蕾娜	31.411	32.483	31.698	**32.622**	32.325	32.069	31.920	32.500
	0.8252	0.8492	0.8337	0.8507	0.8433	**0.9446**	0.9377	0.8465
斑马	23.211	24.352	24.030	**25.395**	22.978	24.311	24.345	25.356
	0.8110	0.8432	0.8332	0.8713	0.8182	0.8410	0.8390	**0.8781**
平均值	27.367	28.301	27.831	28.763	27.545	28.196	28.050	**29.005**
	0.8129	0.8399	0.8307	0.8539	0.8411	0.8492	0.8434	**0.8653**

注：每个单元格的第一行是 PSNR 值，第二行是 SSIM 值

表 8.6 不同方法得到结果的 PSNR 和 SSIM 值(4 倍)

测试图	双三次	SRSC	本地回归	Zeyde	ANR	SPM	LRNE	本算法
帽子	27.883	28.668	28.147	28.979	28.748	28.342	27.922	**29.272**
	0.7819	0.7985	0.7895	0.8116	0.8152	0.8015	0.7795	**0.8310**
树叶	21.225	22.425	21.627	22.562	22.616	22.202	20.826	**22.881**
	0.6799	0.7432	0.7048	0.7530	0.7549	0.7308	0.6729	**0.7885**
摩托	21.462	22.187	21.756	22.340	22.319	21.976	21.289	**22.654**
	0.5953	0.6527	0.6203	0.6628	0.6579	0.6326	0.5792	**0.6824**
植物	29.285	30.262	29.575	30.453	30.434	29.914	28.994	**30.679**
	0.8074	0.8352	0.8186	0.8434	0.8429	0.8252	0.7967	**0.8524**

续表

测试图	双三次	SRSC	本地回归	Zeyde	ANR	SPM	LRNE	本算法
鹦鹉	26.324	27.103	26.735	**27.426**	27.035	26.751	26.121	27.180
	0.8378	0.8535	0.8458	**0.8646**	0.8561	0.8481	0.8206	0.8642
花朵	25.796	26.511	26.046	26.771	26.652	26.325	25.509	**26.835**
	0.6994	0.7385	0.7147	0.7511	0.7440	0.7265	0.6827	**0.7597**
头部	31.844	31.848	31.844	**32.315**	32.247	31.993	31.223	32.236
	0.7631	0.7707	0.7631	**0.7781**	0.7763	0.7656	0.7390	0.7773
蝴蝶	22.142	23.545	22.463	23.630	23.560	23.071	21.708	**24.624**
	0.7339	0.7868	0.7513	0.7897	0.7900	0.7745	0.7226	**0.8406**
蕾娜	29.915	30.816	30.231	30.889	30.752	30.382	29.674	**30.970**
	0.7815	0.8040	0.7894	0.8050	0.8020	**0.9073**	0.8839	0.8068
斑马	21.107	22.200	21.617	**22.753**	22.468	22.022	21.004	22.741
	0.7151	0.7670	0.7373	0.7826	0.7667	0.7494	0.7042	**0.7971**
平均值	25.698	26.557	26.004	26.812	26.683	26.2978	25.427	**27.007**
	0.7395	0.7750	0.7535	0.7842	0.7806	0.77615	0.73813	**0.8000**

注：每个单元格的第一行是 PSNR 值，第二行是 SSIM 值

(a) 传统全变分正则化

(b) SRSC

(c) Zeyde的方法

(d) 本地回归

(e) ANR

(f) SPM

(g) LRNE　(h) 本节算法　(i) 原始高分辨率图像

图 8.20　鹦鹉图的 3 倍放大效果

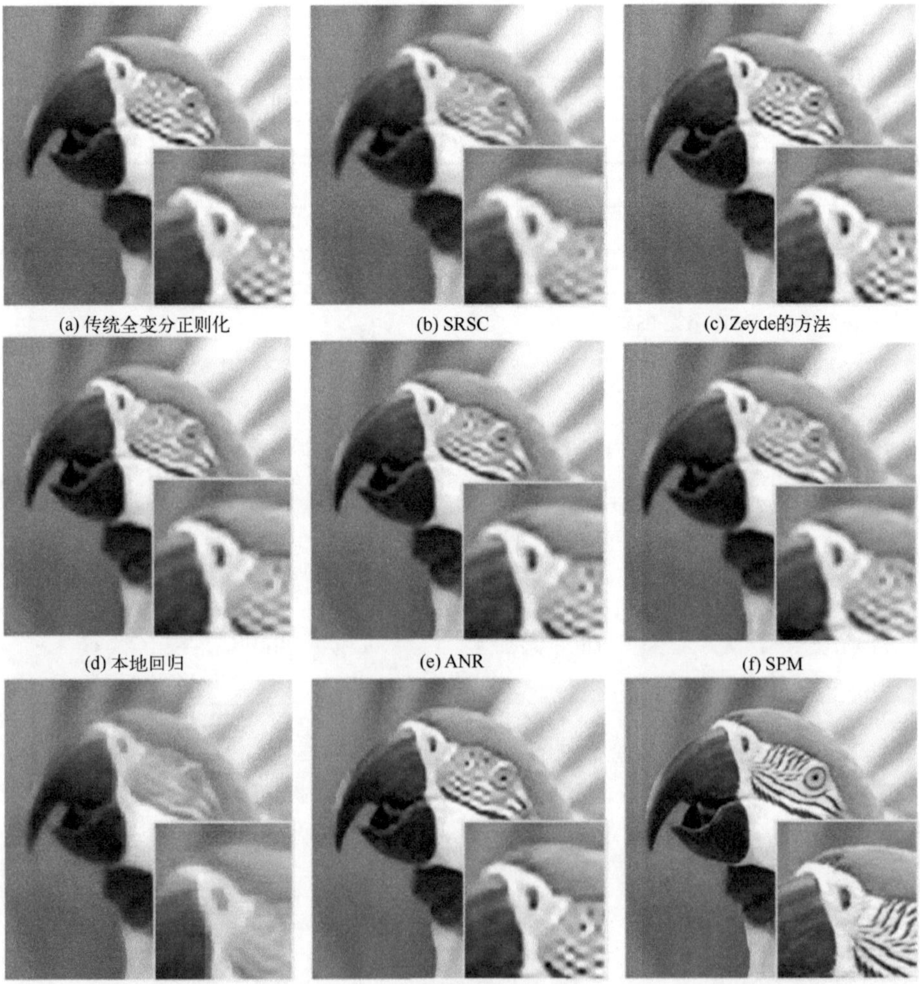

(a) 传统全变分正则化　(b) SRSC　(c) Zeyde的方法

(d) 本地回归　(e) ANR　(f) SPM

(g) LRNE　(h) 本节算法　(i) 原始高分辨率图像

图 8.21　鹦鹉图的 4 倍放大效果

(a) 传统全变分正则化　　(b) SRSC　　(c) Zeyde的方法

(d) 本地回归　　(e) ANR　　(f) SPM

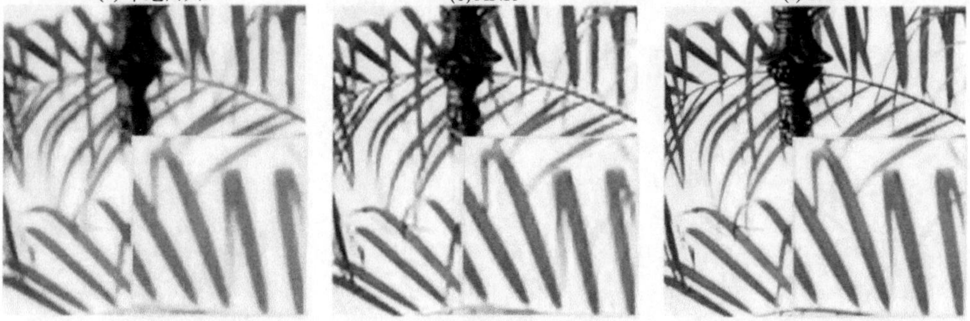

(g) LRNE　　(h) 本节算法　　(i) 原始高分辨率图像

图 8.22　树叶图的 3 倍放大效果

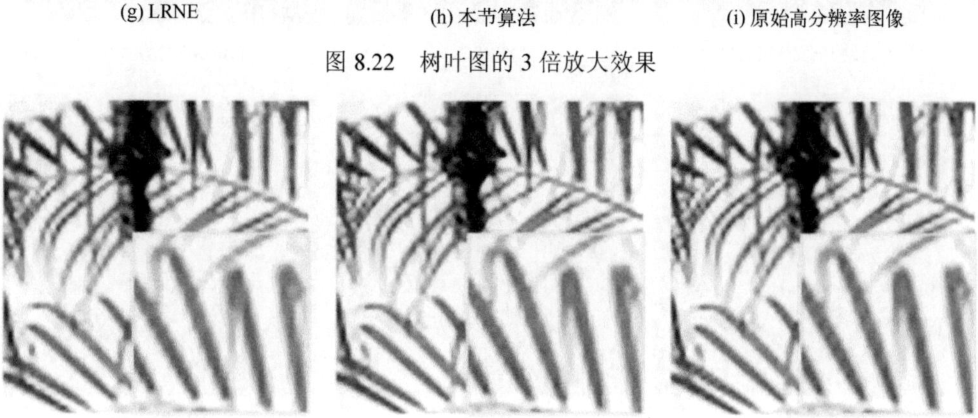

(a) 传统全变分正则化　　(b) SRSC　　(c) Zeyde的方法

(d) 本地回归　　(e) ANR　　(f) SPM

(g) LRNE　　(h) 本节算法　　(i) 原始高分辨率图像

图 8.23　树叶图的 4 倍放大效果

(a) 传统全变分正则化　　(b) SRSC　　(c) Zeyde的方法

(d) 本地回归　　(e) ANR　　(f) SPM

(g) LRNE　　(h) 本节算法　　(i) 原始高分辨率图像

图 8.24　蕾娜图的 3 倍放大效果

(a) 传统全变分正则化　　(b) SRSC　　(c) Zeyde的方法

(d) 本地回归　　(e) ANR　　(f) SPM

(g) LRNE　　(h) 本节算法　　(i) 原始高分辨率图像

图 8.25　蕾娜图的 4 倍放大效果

(a) 传统全变分正则化　　(b) SRSC　　(c) Zeyde的方法

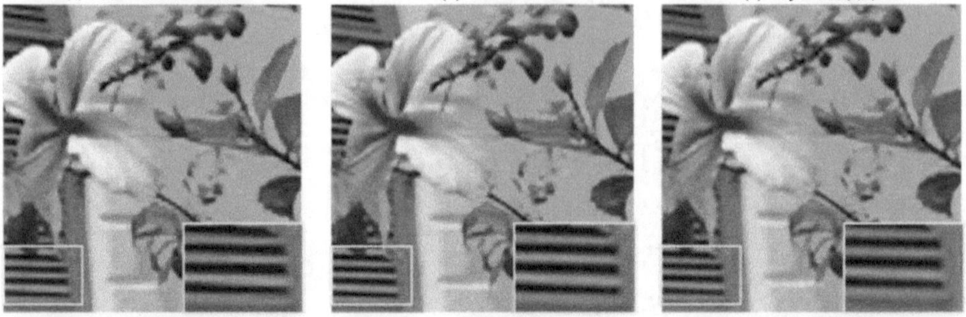

(d) 本地回归　　(e) ANR　　(f) SPM

(g) LRNE　　(h) 本节算法　　(i) 原始高分辨率图像

图 8.26　花朵图的 3 倍放大效果

(a) 传统全变分正则化　　(b) SRSC　　(c) Zeyde的方法

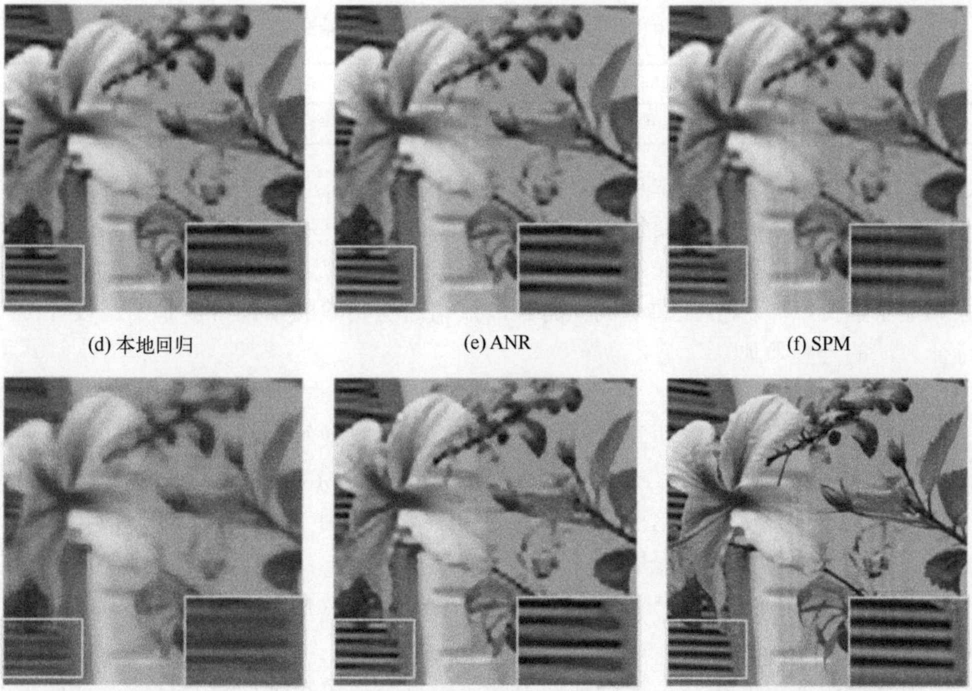

(d) 本地回归　(e) ANR　(f) SPM

(g) LRNE　(h) 本节算法　(i) 原始高分辨率图像

图 8.27　花朵图的 4 倍放大效果

(2)效率比较。

为了进行公平比较，将每种算法都放到同一台计算机上做对比实验。该计算机的 CPU 为 AMD FX8150，主频 3.6GHz，16G 内存，Windows 7 操作系统。表 8.7 和表 8.8 对比了本节介绍的算法和其他超分辨率重建算法的时间和存储空间消耗。本节介绍的算法比 Zeyde 的算法、SPM、LRNE 和 SRSC 的执行时间短，但是比 ANR 和本地回归算法执行时间长。从空间占用来看，本算法比 Zeyde 的算法、SPM、LRNE、SRSC、ANR 占用的空间小，但是比本地回归算法占用的空间大。但是，ANR 和本地回归算法比本算法的视觉效果要差，因此，本算法在时间和空间占用与重建效果之间取了一个较好的折中。

表 8.7　不同超分辨率重建算法的执行时间　（单位：s）

图像大小	SRSC	本地回归	Zeyde	ANR	LRNE	SPM	本算法
256*256	59.2	0.4	1.2	0.5	214.3	7.1	0.7
321*481	140.3	0.8	2.5	1.0	484.4	17.9	1.8
512*512	243.4	1.3	4.3	1.8	829.6	32.9	3.3

表 8.8 不同超分辨率重建算法的存储空间 （单位：兆字节）

方法	SRSC	本地回归	Zeyde	ANR	LRNE	SPM	本算法
存储空间	0.96	0.05	0.96	21.17	121.32	7.41	0.45

3) 特征提取算法对实验结果的影响

由于本算法的一个重要创新点是中频特征的提取，本节将描述已有的一些特征提取方法，并且与本算法介绍的中频特征提取方法相比较。本节的描述有助于更加深入地了解提取中频特征的动机。而且，依据这些实验的结果可以总结出设计提取特征方法的一些原则。

(1) 局部重复性。

许多方法都基于局部块重复的假设，例如，邻域嵌入[62]假设测试图像的局部块在训练图像中重复出现。自学习法[125]假设测试图像的局部块在其自身内部和其自身的不同尺度下重复出现。这些假设是真的吗？本节使用一些实验来进行核实。

比较两种传统的特征提取方法。

方法 1：$\tilde{\boldsymbol{H}}^{1,s}$ 被分成 $p\times p$ 维的块，这些块被转化为向量，将这些块的集合记作 $\{\boldsymbol{p}_i^{s,l}\}_{i=1}^N$。

方法 2：使用如图 8.4 所描述的方法生成低分辨率特征向量，这些特征向量的集合记为 $\{\boldsymbol{p}_i^{s,l,f}\}_{i=1}^N$。

由于平滑的区域可以由双三次插值较好地恢复，在本实验中将平滑块全部去掉。判断平滑块的方法是计算高频块 $\boldsymbol{p}_i^{1,s,h}$ 的方差。那些方差较小的块都被去掉了，最后，得到了 60000 个图像块用于此实验。

此实验使用欧几里得距离来衡量任意两个块之间的相似度。为了公平地比较，每种特征向量 $\{\boldsymbol{p}_i^{s,l}\}_{i=1}^N$、$\{\boldsymbol{p}_i^{s,l,f}\}_{i=1}^N$ 和 $\{\boldsymbol{p}_i^{1,s,l,m}\}_{i=1}^N$ 的模值都进行了归一化处理。由于块的大小为 9，$\boldsymbol{p}_i^{s,l}$ 为 81 维，$\boldsymbol{p}_i^{s,l,f}$ 为 324 维，$\boldsymbol{p}_i^{1,s,l,m}$ 为 81 维。如果局部重复性假设是真实存在的，那么在这些图像集合中应当有许多相似或相同的块。

图 8.28 表示了该图像集合中的所有特征向量两两之间的距离。可以看出用方法 1 得到的特征向量，含有许多相似的块。那是由于方法 1 没有将图像块中的低频信息去除，这会导致在预测过程中有较高的不确定性。但是，通过方法 2 和本节的方法，块之间的距离被拉大了。通过特征提取，块中的重复成分被减小了。几乎没有一对图像块的梯度特征和中频特征是完全一样的，只有少数的图像块相似。因此，图像块的重复性被特征提取过程减小了。由于许多图像块都是源于同一图像，这个实验表明自相似性在特征提取之后也减弱了。从这个实验的结果可以推断出，如果一个高分辨率图像块富含纹理，很难在别的图像上为该图像块找到完全相同或者非常相似的高频细节。因此，简单的邻域嵌入算法很难完全恢复高频细节。要想完全恢复高频细节，还是需要借助一些诸如字典之类的机器学习工具。

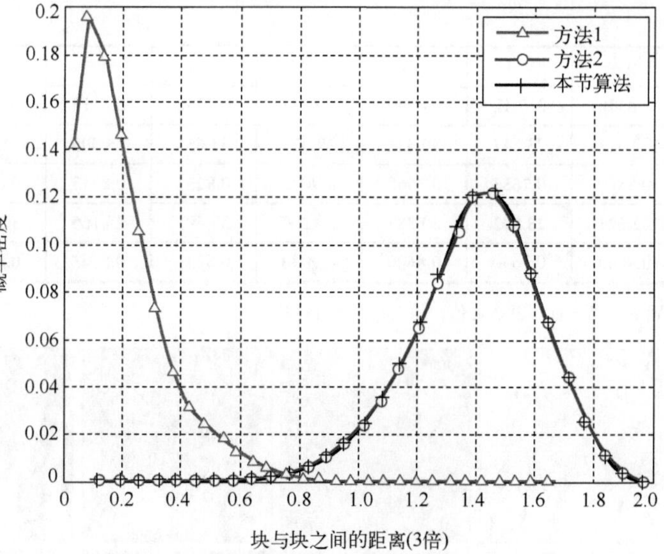

图 8.28 任意两个图像块之间距离的概率分布

由于滤波器的个数决定了特征向量的长度。$\boldsymbol{p}_i^{s,l,f}$ 的长度为 $4p^2$，对于字典训练过程太长了，它将占用大量的时间和空间资源。因此，本节介绍了中频特征提取方法，$\boldsymbol{p}_i^{1,s,l,m}$ 的长度为 p^2，只有 $\boldsymbol{p}_i^{s,l,f}$ 的$1/4$长。

(2) 不同特征的预测能力。

由于特征提取方法只与学习结果有关，本节比较了方法 1、方法 2 与本算法的预测结果。为了公平起见，只使用字典训练算法进行字典训练，使用高频图像恢复算法来进行测试，不加任何后处理过程。所有的参数设置同前，PSNR 和 SSIM 值参见表 8.9，实验结果的视觉对比参见图 8.29。可以看出，方法 1 的结果要比方法 2 和本节算法差。由于在方法 1 产生的特征向量中，有许多相似的特征向量，这些特征向量将会产生相似的稀疏表示系数，从而导致“一”对“多”问题。方法 2 和本节算法的中频特征提取方法通过去除低频成分缓解了这一问题。该实验结果显示，能够有效区分低分辨率相似块的特征提取方法能够产生较好的实验效果。从表 8.9 中可以看出，尽管中频特征得到了比方法 2 低的 PSNR 值，但是 SSIM 值在大多数情况下都高于方法 2。这些细小的差别很难用眼睛察觉出来，因此，中频特征与传统的梯度信息具有相似的预测能力。结合前面关于局部重复性的实验结果，可以得到经验，那些能够有效区分低分辨率块的特征提取方法对高频信息的预测是有益的。

表 8.9 不同特征提取方法所得到的 PSNR 和 SSIM 值(3 倍)

图像	植物	摩托	帽子	鹦鹉	头部	斑马	蕾娜	平均值
方法 1	30.811	22.924	28.981	27.468	32.245	23.721	30.897	28.150

续表

图像	植物	摩托	帽子	鹦鹉	头部	斑马	蕾娜	平均值
方法 1	0.8446	0.7012	0.8090	0.8243	0.7762	0.8113	0.7881	0.7935
方法 2	32.517	23.847	**30.432**	**29.423**	**33.651**	**25.395**	**32.622**	**29.698**
	0.8879	**0.7655**	0.8568	0.9012	**0.8251**	0.8713	0.8507	0.8512
中频学习	**32.521**	**23.892**	30.387	29.200	33.591	25.165	32.436	29.599
	0.9000	0.7650	**0.8620**	**0.9030**	0.8231	**0.8745**	**0.8583**	**0.8551**

注：每个单元格的第一行是 PSNR 值，第二行是 SSIM 值

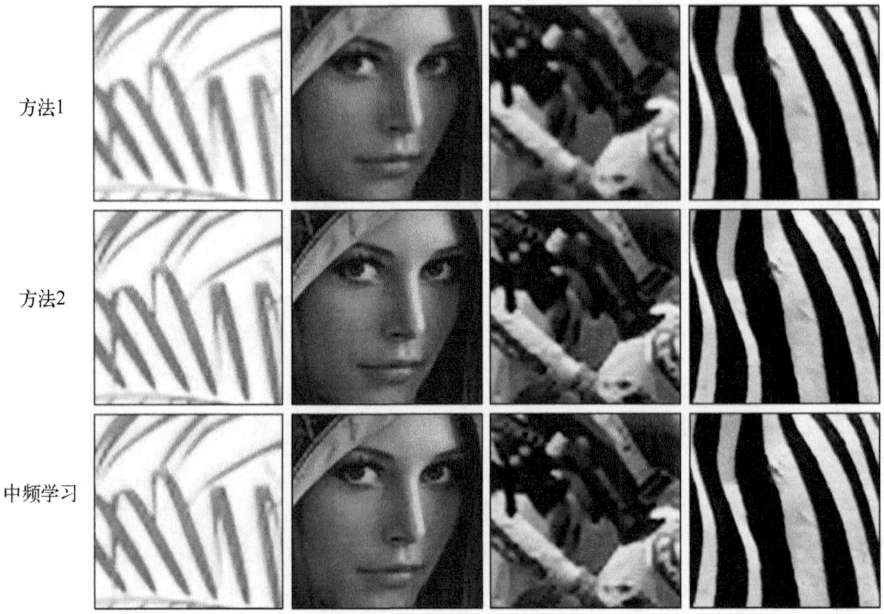

图 8.29　不同特征提取方法的结果图

4)增强层数对实验结果的影响

在对比实验中提到：可以使用多层预测的方法对纹理细节进行增强，本节主要分析多层增强算法的效果。SPM[52]相关的论文显示，多层增强可以有效地增强纹理细节和去除人工痕迹。本节仍然按照对比实验中的描述选择参数。为了更好地了解多层增强的实验效果，本节中的实验都没有采用全变分正则化算法。实验结果只显示了基于稀疏表示的算法的输出结果。PSNR 和 SSIM 值及每一层比前一层的提高值都显示在表 8.10 中。图 8.30 显示了视觉效果，可以看出更高层的增强将得到更好的视觉效果和更高的 PSNR 和 SSIM 值。更高层的增强结果更加清晰，并且人工痕迹也更少。与 SPM 的对应层增强相比，第一层增强比 SPM 的效果好，但是第二层和第三层增强都不如 SPM。表 8.11 和表 8.12 对比了 SPM 和本节算法

的时间和存储空间消耗。可以看出，本算法比 SPM 算法拥有更低的时间和存储空间消耗。

表 8.10　多层增强得到的 PSNR 和 SSIM 值(3 倍)

		花朵		蕾娜		鹦鹉		头部	
SPM	第一层	28.171		32.069		28.904		33.346	
		0.8158		0.9446		0.8951		0.8130	
	第二层	28.670	0.4990	32.608	0.5390	29.500	0.5960	33.614	0.2680
		0.8348	0.0190	0.9508	0.0062	0.9056	0.0105	0.8200	0.0070
	第三层	28.878	0.2080	32.802	0.1940	29.685	0.1850	33.694	0.0800
		0.8412	0.0064	0.9525	0.0017	0.9089	0.0033	0.8218	0.0018
中频学习	第一层	28.533		32.436		29.200		33.591	
		0.8302		0.8583		0.9030		0.8231	
	第二层	28.612	0.0790	32.533	0.097	29.226	0.0260	33.622	0.0310
		0.8366	0.0064	0.8611	0.0028	0.9035	0.0005	0.8243	0.0012
	第三层	28.674	0.0620	32.542	0.009	29.233	0.0070	33.631	0.0090
		0.8390	0.0024	0.8632	0.0021	0.9068	0.0033	0.8250	0.0007

注：每个单元格的左上角是 PSNR 值，左下角是 SSIM 值，右上角是 PSNR 值比前一层的提高值，右下角是 SSIM 值比前一层的提高值

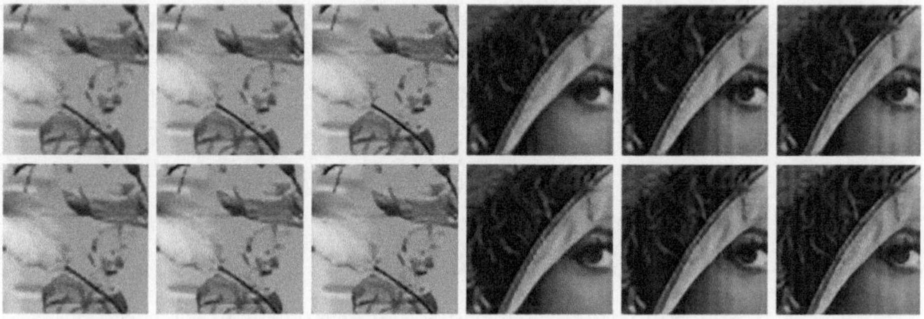

图 8.30　多层增强结果图

表 8.11　多层增强的执行时间　（单位：s）

图像大小	SPM			中频学习		
	第一层	第二层	第三层	第一层	第二层	第三层
256×256	7.1	12.1	22.2	0.5	1.0	1.9
321×481	17.9	36.1	55.2	1.1	2.0	4.1
512×512	32.9	64.8	101.1	2.5	4.6	8.7

表 8.12 多层增强的参数所占空间 （单位：兆字节）

方法	SPM			中频学习		
	第一层	第二层	第三层	第一层	第二层	第三层
存储空间	7.42	17.41	31.12	0.45	0.91	1.55

5)算法的鲁棒性分析

为了了解本算法针对真实场景拍摄的低分辨率图像的效果，本节用一些直接在低分辨率模式下拍摄的自然图像进行了测试。图 8.31 显示了 3 倍放大结果。本节对比了 Zeyde 的方法、ANR 和 SPM 的实验结果。为了得到较好的实验效果，SPM 显示的是 4 层放大的实验结果。从这些结果上来看，本算法的实验结果比其他算法的结果拥有更清晰的边缘，且与其他算法相比细节没有减少。该实验结果显示，本算法对于低分辨率图像产生的退化参数不是太敏感。

图 8.31 自然图像的超分辨率重建效果

为了测试本节算法的鲁棒性，在BSDS500数据库的500张图上测试了放大效果。图 8.32 显示了 PSNR 和 SSIM 与其他算法相比的提高值，如图所示，大多数情况下本算法比 Zeyde 的算法和 ANR 有更高的 PSNR 值。

3. 算法小结

本节主要介绍了一种中频特征提取方法和抑制人工痕迹的全变分正则化算法。中频特征提取的主要目的是减去图像块中有较高重复率的低频成分。尽管中频特征与传统的梯度特征相比没有提高预测能力，但是它拥有较小的长度，这可以减小空间和时间的消耗。本节测试了不同的特征提取方法对于实验结果的影响。可以看出，与方法 1 相比，方法 2 和本算法能够得到更好的实验结果。测试结果表明能够更好区分低分辨率块的特征提取方法有助于得到好的高分辨率重建结果。其次，本节对 8.2.2 节介绍的抑制人工痕迹的全变分正则化算法进行了新的用法。该方法得到的输出图像不但为结果图像提供了清晰的阶跃型边缘，而且为后续的融合过程提供了标记图。最后，对基于稀疏表示的方法得到的纹理和抑制人工痕迹的全变分正则化算法所得到的两张输出图像进行融合，可以得到既含有丰富纹理细节，又含有清晰的阶跃型边缘的结果图像。实验结果显示，本算法能够在时间、存储空间消耗和重建质量之间取得一个较好的平衡。

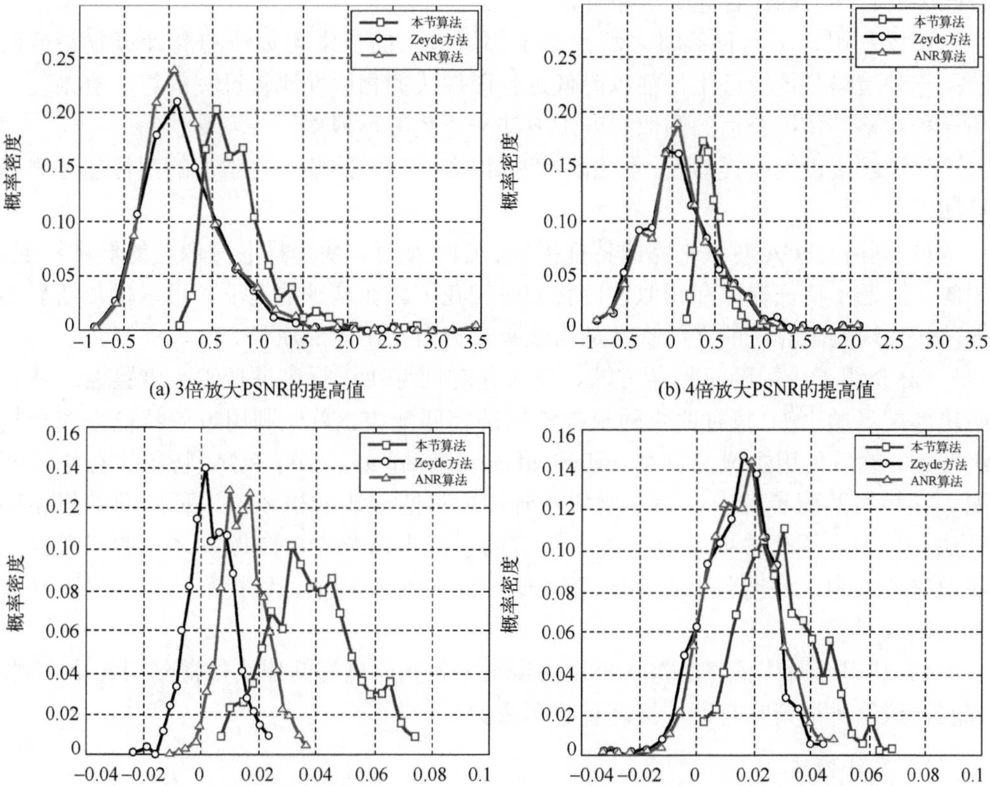

(a) 3倍放大PSNR的提高值　(b) 4倍放大PSNR的提高值

(c) 3倍放大SSIM的提高值　(d) 4倍放大SSIM的提高值

图 8.32　本节算法与别的算法相比的 PSNR 和 SSIM 的增加值

8.3　基于图像块的图像超分辨率重建

由于图像的局部相似性的先验特征，许多超分辨率算法针对图像块展开了深入研究，并取得了较好的实验结果。

基于学习的图像超分辨率重建方法针对图像块进行操作时，能够有效避免传统的图像超分辨率重建对放大倍数的限制，并且与基于插值和基于重建的方法不同的地方是，基于图像块的方法可以有效地利用图像的先验信息，借助图像块与块之间的关系以及图像自身的相似性有效地恢复图像的细节，并且可以解决基于重建的方法在倍数方面的限制。

为了进一步方便大家理解，接下来举一个完整的基于图像块的图像超分辨率算法——基于卷积主成分分析(convolutional principal component analysis，CPCA)和随机匹配的自学习的图像超分辨率算法。

可以利用以下两种策略来解决基于邻域嵌入的自学习算法的高计算复杂度问题：一种策略是提取低维特征以降低进行图像块的相似性比较过程的算法复杂度，另一种策略是使用合适的图像块匹配方法来避免穷举搜索。

为了解决以上所提问题，本团队[126]提出了一种新的基于自学习的图像超分辨率算法。

(1)利用 CPCA 算法来完成特征提取。CPCA 可以快速提取图像块的低维特征。因此，降低了特征提取和相似性比较的时间花销。在这种情况下，可以增加随后的振荡传播块匹配算法的迭代次数从而改善高分辨率图像的质量。

(2)介绍了一种随机振荡方法，以避免对训练块进行穷举搜索。借鉴运动估计中块匹配经验[127]，执行两步随机搜索以确定匹配块。首先利用方差特征来执行粗级匹配，然后使用主成分分析(principal component analysis，PCA)特征进行细级匹配。在粗级匹配步骤中，为了增加找到高质量匹配块的概率，一种四向随机振荡算法被采用。四个方向垂直交叉，这有助于减少每个方向图像块之间的相关性。在细级匹配中，使用包含更多图像纹理信息的 PCA 特征，以提高匹配精度，从而改善图像质量。

(3)利用四向传播算法将随机振荡步骤中找到的良好匹配块传播到相邻块。实验表明，这种传播策略有助于提高重建图像的质量。

1. 算法概述

图 8.33 描述了本算法一级放大的整体流程。

步骤 1：形成训练图像金字塔。基于多尺度自相似先验，对输入低分辨率图像进行下采样和上采样，以获得高分辨率图像金字塔和低分辨率图像金字塔。

步骤 2：计算特征金字塔。为块匹配准备了两个特征金字塔，包括方差特征金字塔和 PCA 特征金字塔。为了加速 PCA 特征生成过程，一种 CPCA 算法被应用。

步骤 3：块匹配。执行两步随机振荡方法和四向传播以找到适当的高分辨率块。然后，正确放置这些高分辨率块并平均重叠部分。

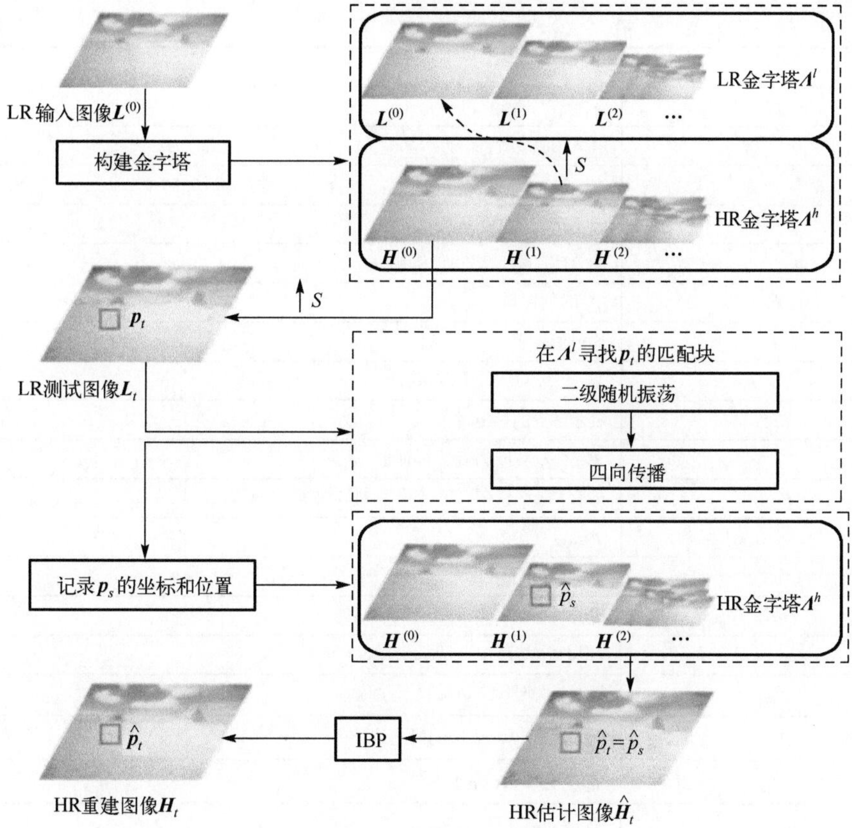

图 8.33　所提算法流程图

步骤 4：迭代反投影。执行迭代反投影以增强输出高分辨率图像。

步骤 5：逐步放大。充分利用图像的多尺度自相似性先验，采用逐步放大方案，将输入低分辨率图像逐步放大到所需放大倍数。此外，将新生成的高分辨率-低分辨率图像对添加到训练图像金字塔中以重建更高级别的图像。

本节中变量定义如表 8.13 所示。

表 8.13　变量定义

变量	定义
$\boldsymbol{L}_t$， $\boldsymbol{H}_t$	低分辨率和高分辨率测试图像
$\boldsymbol{L}_t^p$， $\boldsymbol{H}_t^v$	$\boldsymbol{L}_t$ 的 PCA 和方差图
$\boldsymbol{\Lambda}^l$， $\boldsymbol{\Lambda}^h$	低分辨率和高分辨率训练图像金字塔
$\boldsymbol{L}^{(k)}$， $\boldsymbol{H}^{(k)}$	在 $\boldsymbol{\Lambda}^l$ 中，第 k 级低分辨率图像；在 $\boldsymbol{\Lambda}^h$ 中，第 k 级高分辨率图像
$\boldsymbol{E}$	PCA 字典
$\boldsymbol{e}^g$	PCA 字典 $\boldsymbol{E}$ 中的第 g 个原子

续表

变量	定义
$\overline{e}^{g}$	$\boldsymbol{e}^{g}$ 所有元素的和
$\boldsymbol{\Lambda}^{p}$， $\boldsymbol{\Lambda}^{v}$	PCA 和方差特征金字塔
$\boldsymbol{L}_{t}^{p,(k)}$， $\boldsymbol{L}_{t}^{v,(k)}$	在 $\boldsymbol{\Lambda}^{p}$ 中，第 k 级 PCA 图；在 $\boldsymbol{\Lambda}^{v}$ 中，第 k 级方差图
$\boldsymbol{L}^{p,g,(k)}$	表示 $\boldsymbol{L}^{p,(k)}$ 的第 g 层
$\boldsymbol{p}_{t}$， $\boldsymbol{p}_{s}$	低分辨率测试块和训练块
$\boldsymbol{F}_{s}$	$\boldsymbol{p}_{s}$ 的列向量
$\boldsymbol{f}$	均值滤波器
$\boldsymbol{F}_{s}^{p}$， $\boldsymbol{F}_{t}^{p}$	$\boldsymbol{p}_{s}$， $\boldsymbol{p}_{t}$ 对应的 PCA 特征
$F_{s}^{p,g}$	表示 $\boldsymbol{F}_{s}^{p}$ 的第 g 个元素
F_{t}^{v}， F_{s}^{v}	$\boldsymbol{p}_{t}$， $\boldsymbol{p}_{s}$ 对应的方差特征值
$\boldsymbol{p}_{s,(\phi)}$	第 (ϕ) 次迭代中，低分辨率测试块 $\boldsymbol{p}_{t}$ 对应的匹配块
$(x_{s,(\phi)}, y_{s,(\phi)})$	$\boldsymbol{p}_{s,(\phi)}$ 的坐标
(x_{t}, y_{t})	$\boldsymbol{p}_{t}$ 的坐标
$\beta_{(\phi)}$	$\boldsymbol{p}_{s,(\phi)}$ 的尺度
$(\vec{x}_{(\phi)}, \vec{y}_{(\phi)})$	第 (ϕ) 次迭代中，随机坐标偏移
$\vec{\beta}_{(\phi)}$	第 (ϕ) 次迭代中，随机尺度偏移
$\boldsymbol{p}_{s,(\phi)}^{w}$	粗级匹配中，选定的候选块
$\boldsymbol{F}_{s,(\phi)}^{p,w}$	$\boldsymbol{p}_{s,(\phi)}^{w}$ 的 PCA 特征
$\boldsymbol{p}_{t}^{n}$	$\boldsymbol{p}_{t}$ 的邻域块
$\boldsymbol{p}_{s}^{z}$	随机振荡后， $\boldsymbol{p}_{t}$ 的匹配块
(x_{s}^{z}, y_{s}^{z})	$\boldsymbol{p}_{s}^{z}$ 的坐标
$\boldsymbol{p}_{s}^{z,n}$	随机振荡后， $\boldsymbol{p}_{t}^{n}$ 的匹配块
$(x_{s}^{z,n}, y_{s}^{z,n})$	$\boldsymbol{p}_{s}^{z,n}$ 的坐标
$\boldsymbol{p}_{s}^{z,m}$	$\boldsymbol{p}_{s}^{z}$ 的邻域块

2. 构建训练图像金字塔

1) 图像的多尺度自相似性

图像的多尺度自相似性意味着自然图像的图像块总是在其自身尺度或其他尺度图像上重复出现(如图 7.7 所示)。不需要任何外部数据集，基于自学习的超分辨率算法根据输入的低分辨率图像恢复高分辨率图像。许多研究者提出了基于多尺度自相似先验的自学习超分辨率算法[117,125]。这些算法的结果表明，只依靠输入的低分辨率图像本身也可以生成高质量的高分辨率图像。

2) 构建高分辨率和低分辨率图像金字塔

自学习超分辨率算法需要足够数量的高分辨率-低分辨率图像块对作为训练样

本，因此利用多尺度自相似先验构造高分辨率-低分辨率图像金字塔是有用的。该过程可以通过对输入低分辨率图像执行多次下采样操作来完成。

图 8.34 显示了构建低分辨率和高分辨率图像金字塔的过程。对输入低分辨率图像 $\boldsymbol{H}^{(0)}$ 实施下采样操作，得到 $\boldsymbol{H}^{(k)}$ 。其中，$k=0,1,\cdots,\delta$ 且 δ 表示下采样级数。第 k 级高分辨率图像可以看作是由第 $(k-1)$ 级高分辨率图像通过模糊下采样得到的，表达式如下：

$$\boldsymbol{H}^{(k)}=(\boldsymbol{H}^{(k-1)}*\boldsymbol{B}_s)\downarrow_s \tag{8.41}$$

其中，$\boldsymbol{B}_s$ 代表高斯卷积核。$\downarrow_s$ 表示双三次插值下采样操作，$s(0<s<1)$ 表示下采样因子。假设 $\boldsymbol{H}^{(k-1)}$ 的大小是 $h^{(k-1)}\times w^{(k-1)}$ ，$\boldsymbol{H}^{(k)}$ 的大小是 $h^{(k)}\times w^{(k)}$ 。那么，$h^{(k)}=h^{(k-1)}s$ 和 $w^{(k)}=w^{(k-1)}s$ 。这些下采样图像构成了高分辨率图像金字塔 $\boldsymbol{\varLambda}^h$ ，$\boldsymbol{\varLambda}^h=\{\boldsymbol{H}^{(k)}\}_{k=0}^{\delta}$ 。

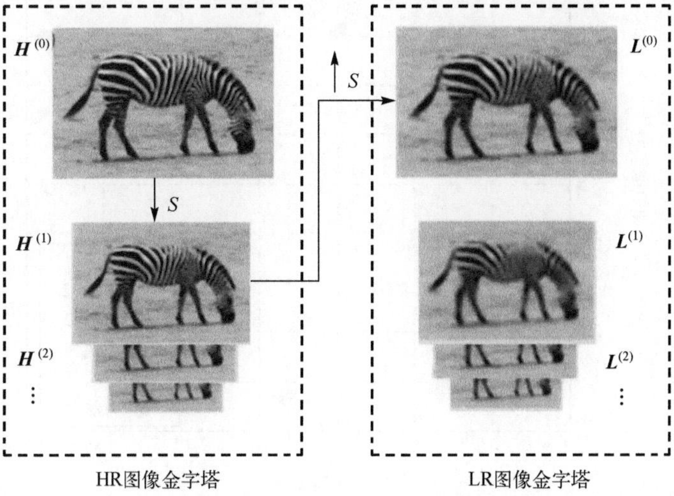

图 8.34　构建图像金字塔

与高分辨率图像 $\boldsymbol{H}^{(k)}$ 相对应的低分辨率图像 $\boldsymbol{L}^{(k)}$ 可以通过以下公式计算得到：

$$\boldsymbol{L}^{(k)}=((\boldsymbol{H}^{(k)}*\boldsymbol{B}_s)\downarrow_s)\uparrow_s=(\boldsymbol{H}^{(k+1)})\uparrow_s \tag{8.42}$$

$\uparrow_s$ 表示双三次插值上采样操作，上采样因子为 s^{-1} 。$\boldsymbol{L}^{(k)}$ 的大小与 $\boldsymbol{H}^{(k)}$ 相同。这些上采样图像构成了低分辨率图像金字塔 $\boldsymbol{\varLambda}^l$ ，$\boldsymbol{\varLambda}^l=\{\boldsymbol{L}^{(k)}\}_{k=0}^{\delta}$ 。

3. 构建训练特征金字塔

自学习算法主要在图像块[117]上实现。超分辨率是一对多问题，那么需要解决的一个问题是从低分辨率图像块中提取哪种特征会选出更可靠的高分辨率训练块。图 8.35 对一些特征进行了测试(如梯度[128]、PCA 和颜色)并计算了指定高分辨率块和所选高分辨率训练块之间的相似度误差。相比于其他测试特征，PCA 特征可以获得最小的均方误差值和最低的算法执行时间。因此，本算法使用 PCA 特征执行细级匹配。

使用自然图像准备两组对应的低分辨率和高分辨率块，其中，一个组用作训练组，另一个用作测试组。对于每个低分辨率测试块，从低分辨率训练图像中找到它的最近邻并将其称为低分辨率匹配块，对应于低分辨率最近邻的高分辨率块被认作是匹配的高分辨率训练块。本算法计算测试高分辨率块和其匹配的高分辨率训练块之间的相似度误差。通过以下方法寻找低分辨率块的最近邻。方法 1：PCA 降维后的块特征，给出特征维度是 10。方法 2：原始像素值。方法 3：图像块的颜色，其中图像块从 RGB 格式转换为 HSV 格式并且仅使用 H 值。方法 4：梯度。方法 5：用内积计算相似度。方法 6：使用高斯核函数计算相似度。

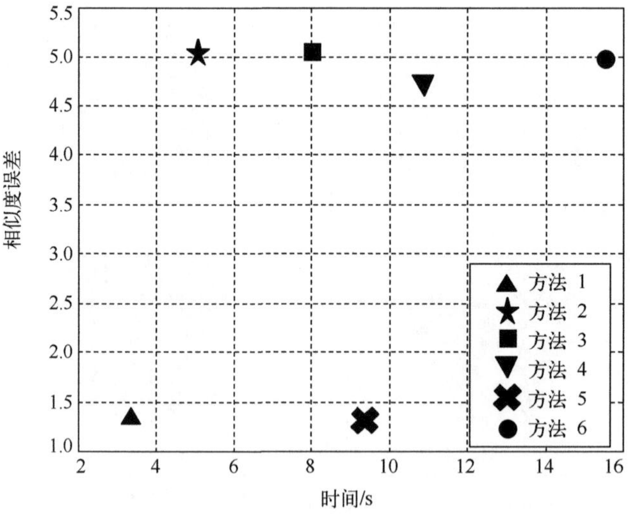

图 8.35　不同特征匹配方法的均方误差

为了提高块匹配的准确性，本算法使用低维方差特征和 PCA 特征进行粗-细级的块匹配。因此，这里使用 CPCA 算法生成 PCA 金字塔 $\boldsymbol{\Lambda}^p$ 和方差金字塔 $\boldsymbol{\Lambda}^v$。有 $\boldsymbol{\Lambda}^p=\{\boldsymbol{L}^{p,(k)}\}_{k=0}^{\delta}$ 和 $\boldsymbol{\Lambda}^v=\{\boldsymbol{L}^{v,(k)}\}_{k=0}^{\delta}$，其中，$\boldsymbol{L}^{p,(k)}$ 和 $\boldsymbol{L}^{v,(k)}$ 分别表示 $\boldsymbol{L}^{(k)}$ 的 PCA 特征图和方差特征图。

对高分辨率图像金字塔的顶层图像 $\boldsymbol{H}^{(0)}$ 进行上采样获得第一级低分辨率测试图像 $\boldsymbol{L}_t$。$\boldsymbol{L}_t$ 对应的 PCA 特征图和方差特征图可以通过相同方法得到，并将它们分别表示为 $\boldsymbol{L}_t^p$ 和 $\boldsymbol{L}_t^v$。

1) PCA 算法

CPCA 的主要目的是使用快速算法计算图像块的 PCA 特征。一些现有的工作表明使用最大块重叠时可以获得最好的结果。因此，在本算法中也使用最大重叠。这种方法意味着当块大小为 $\sqrt{M}\times\sqrt{M}$ 时，重叠被设置为 $\sqrt{M}-1$。这里需要计算图像中每个块的 PCA 特征，PCA 字典原子与整幅图像中所有块之间的投影可通过原子和图像的傅里叶变换之间的一个内积来计算。因此，这里使用卷积来计算 PCA 特征。该方法利用空间域中的卷积与频域中的内积等价的原理。

假设通过传统方法[111]计算的 PCA 字典为 $\boldsymbol{E}$，$\boldsymbol{E}=[\boldsymbol{e}^1,\boldsymbol{e}^2,\cdots,\boldsymbol{e}^m]$，且 $\boldsymbol{e}^g$ 表示长度为 M 的第 g 个 PCA 字典原子。其中，$g=1,2\cdots,m$ 且 $m(m<M)$ 表示 PCA 字典原子的个数。获得给定块 $\boldsymbol{p}_s$ 的 PCA 特征的传统方法首先将 $\boldsymbol{p}_s$ 变换为列向量 $\boldsymbol{F}_s$。然后，对 $\boldsymbol{F}_s$ 去均值。最后，与 $\boldsymbol{E}$ 执行乘法操作，得到 $\boldsymbol{p}_s$ 对应的 PCA 特征 $\boldsymbol{F}_s^p$。其中，$\boldsymbol{F}_s^p=[F_s^{p,1},F_s^{p,2},\cdots,F_s^{p,m}]^{\mathrm{T}}$ 且 $F_s^{p,g}$ 表示 $\boldsymbol{F}_s^p$ 的第 g 个元素。该过程可用以下公式表示：

$$\boldsymbol{F}_s^p=\boldsymbol{E}^{\mathrm{T}}(\boldsymbol{F}_s-\overline{F}_s\cdot 1) \tag{8.43}$$

其中，$\overline{F}_s$ 表示 $\boldsymbol{F}_s$ 的均值，$1\in\mathbb{R}^M$ 表示全 1 向量。

那么，$F_s^{p,g}$ 可以通过以下公式计算得到：

$$F_s^{p,g}=(\boldsymbol{e}^g)^{\mathrm{T}}\boldsymbol{F}_s-\overline{F}_s\times\overline{e}^g \tag{8.44}$$

其中，$\overline{e}^g=\mathrm{sum}(\boldsymbol{e}^g)$，$\mathrm{sum}(\cdot)$ 表示对矩阵中所有元素求和。如果这里将 PCA 字典原子 $\boldsymbol{e}^g$ 转换为块 $\boldsymbol{p}_e^g$，则可以将式(8.56)转换为

$$F_s^{p,g}=\mathrm{sum}(\boldsymbol{p}_e^g\odot\boldsymbol{p}_s)-\overline{F}_s\times\overline{e}^g \tag{8.45}$$

其中，$\odot$ 是两个矩阵的 Hadamard 积。如果需要整幅图像中所有图像块的 PCA 特征，则第一项 $\boldsymbol{p}_e^g\odot\boldsymbol{p}_s$ 可以通过将 $\boldsymbol{p}_e^g$ 与整幅图像进行卷积的方式被执行。$\overline{F}_s$ 可以通过用均值滤波器 $\boldsymbol{f}$ 与整个图像进行卷积来被获得。如果 $M=9$，则均值滤波器 $\boldsymbol{f}=\begin{bmatrix}\frac{1}{9}&\frac{1}{9}&\frac{1}{9}\\\frac{1}{9}&\frac{1}{9}&\frac{1}{9}\\\frac{1}{9}&\frac{1}{9}&\frac{1}{9}\end{bmatrix}$。

CPCA 算法的流程图如图 8.36 所示。通过以下公式，可以得到低分辨率图像 $\boldsymbol{L}^{(k)}$ 的 PCA 图 $\boldsymbol{L}^{p,(k)}$：

$$\boldsymbol{L}^{p,(k)}=\begin{bmatrix}\boldsymbol{p}_e^1*\boldsymbol{L}^{(k)}-(\boldsymbol{f}*\boldsymbol{L}^{(k)})\times\overline{e}^1\\\vdots\\\boldsymbol{p}_e^g*\boldsymbol{L}^{(k)}-(\boldsymbol{f}*\boldsymbol{L}^{(k)})\times\overline{e}^g\\\vdots\\\boldsymbol{p}_e^m*\boldsymbol{L}^{(k)}-(\boldsymbol{f}*\boldsymbol{L}^{(k)})\times\overline{e}^m\end{bmatrix}=\begin{bmatrix}\boldsymbol{L}^{p,1,(k)}\\\vdots\\\boldsymbol{L}^{p,g,(k)}\\\vdots\\\boldsymbol{L}^{p,m,(k)}\end{bmatrix} \tag{8.46}$$

其中，∗表示卷积操作。$\boldsymbol{L}^{p,(k)}$ 是大小为 $h^{(k)} \times w^{(k)} \times m$ 的矩阵，$\boldsymbol{L}^{p,g,(k)}$ 表示 $\boldsymbol{L}^{p,(k)}$ 的第 g 层。低分辨率金字塔 $\boldsymbol{\Lambda}^l$ 中所有低分辨率图像的 PCA 图构成了 PCA 图像金字塔 $\boldsymbol{\Lambda}^p = \{\boldsymbol{L}^{p,(k)}\}_{k=0}^{\delta}$。

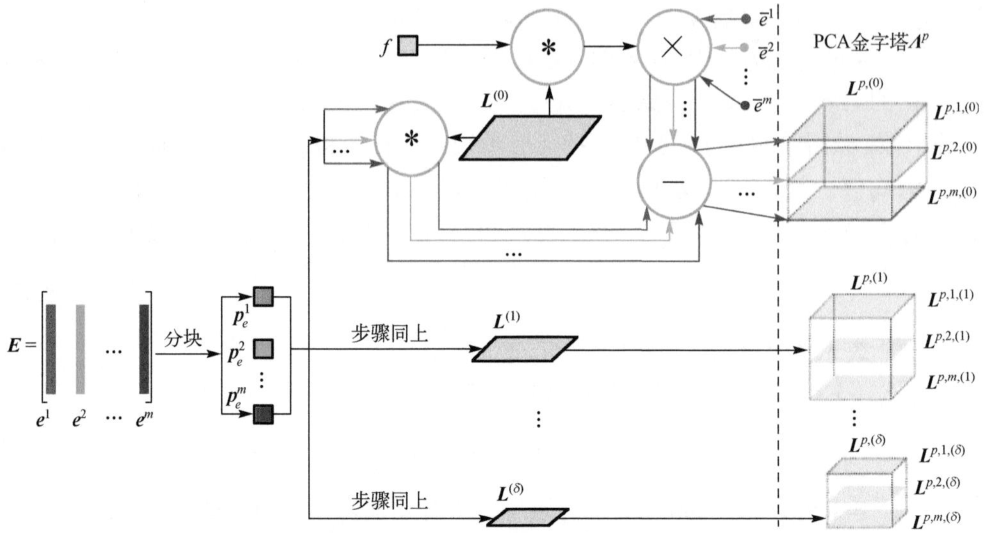

图 8.36　使用 CPCA 算法生成 PCA 特征金字塔的流程图

CPCA 算法具体步骤总结如下所示。

输入：第 g 个 PCA 字典原子 $\boldsymbol{e}^g$ 和图像 $\boldsymbol{L}^{(k)}$。

输出：图像 $\boldsymbol{L}^{(k)}$ 的第 g 层 PCA 特征图 $\boldsymbol{L}^{p,g,(k)}$。

1. 将 $\boldsymbol{e}^g$ 转换为方阵 $\boldsymbol{p}_e^g$。
2. 用 $\boldsymbol{p}_e^g$ 卷积图像 $\boldsymbol{L}^{(k)}$ 并获得 $\boldsymbol{p}_e^g * \boldsymbol{L}^{(k)}$。
3. 用均值滤波器 $\boldsymbol{f}$ 卷积图像 $\boldsymbol{L}^{(k)}$ 并获得 $\boldsymbol{f} * \boldsymbol{L}^{(k)}$。
4. 对 $\boldsymbol{e}^g$ 中所有元素求和并得到 $\overline{e}^g$。
5. 执行乘法操作，得到 $\boldsymbol{f} * \boldsymbol{L}^{(k)} \times \overline{e}^g$。
6. 计算 $\boldsymbol{L}^{p,g,(k)} = \boldsymbol{p}_e^g * \boldsymbol{L}^{(k)} - \boldsymbol{f} * \boldsymbol{L}^{(k)} \times \overline{e}^g$。

---

2) 构建方差金字塔

块 $\boldsymbol{p}_s$ 对应的方差特征值 F_s^v 可由以下公式求得：

$$F_s^v = \frac{\left\| \boldsymbol{F}_s - \overline{F}_s \cdot 1 \right\|_2^2}{M-1} \tag{8.47}$$

通过将每个图像块的方差插入到与块相同位置来形成方差图。方差金字塔 $\boldsymbol{\Lambda}^v$ 由低分辨率图像金字塔 $\boldsymbol{\Lambda}^l$ 中的所有图像的方差图构成。同理，对于低分辨率测试图像 $\boldsymbol{L}_t$，其对应的 PCA 特征图 $\boldsymbol{L}_t^p$ 和方差特征图 $\boldsymbol{L}_t^v$ 也可以通过上述方法获得。

4. 块匹配

在该算法中，相似性比较的时间复杂度最高。除降低数据样本的维数之外，降低相似性比较频率也是解决高时间复杂度问题的一种方法。在块匹配过程中，本算法通过执行两步随机振荡算法和四向传播算法来寻找匹配块。图 8.37 显示了所提块匹配方法的整体流程。

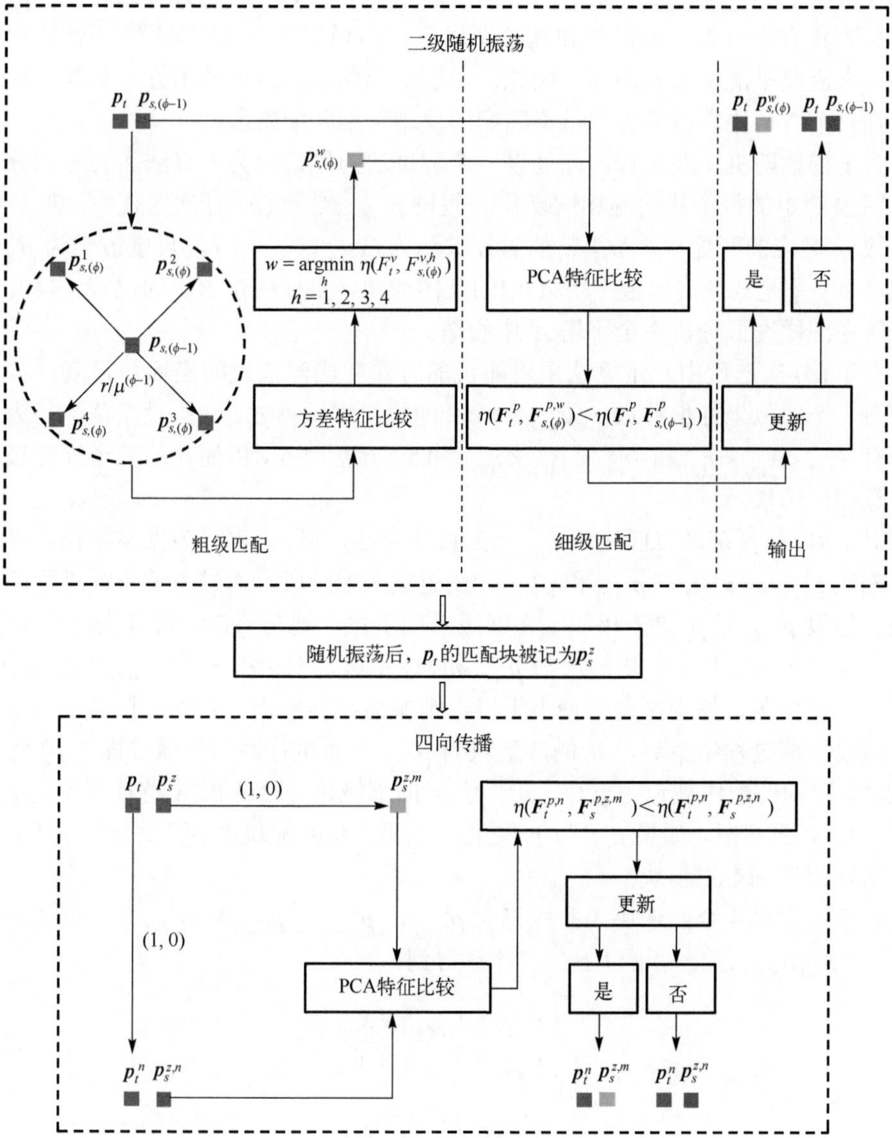

图 8.37　块匹配示意图

1) 两步随机振荡算法

随机振荡块匹配算法的主要思想是随机生成候选块，然后根据相似性比较更新匹配块。该算法采用粗-细匹配的两步随机振荡。

粗级匹配：本算法提取四向块并利用方差特征来选择匹配块。本算法在粗匹配阶段使用方差特征有两个原因：①方差特征仅一维，因此其相似性比较具有较低的时间复杂度；②方差可以用来表示块的纹理水平。平滑块总是具有低方差，而高纹理块总是具有高方差，光滑块和高纹理块肯定不相似，相关文献[106,111]就曾利用方差特征来避免平滑块加入训练。因此，对于每幅图像，这里使用方差从四个候选块中选择一个合适块，以避免非常不匹配的块用于细匹配阶段。

为了描述随机振荡过程，此处以一个测试块为例，因为本算法需要对低分辨率测试图像 $\boldsymbol{L}_t$ 中的每个块实施相同操作。假设 $\boldsymbol{p}_{s,(\phi-1)}$ 是第 $(\phi-1)$ 次迭代中，低分辨率测试块 $\boldsymbol{p}_t$ 对应的匹配块。$\boldsymbol{p}_{s,(\phi-1)}$ 的坐标被记为 $(x_{s,(\phi-1)}, y_{s,(\phi-1)})$，尺度被记为 $\beta_{(\phi-1)}$。匹配块 $\boldsymbol{p}_{s,(\phi-1)}$ 是低分辨率金字塔 $\boldsymbol{\Lambda}^l$ 中的某图像块，坐标确定该块的位置，尺度确定该块所在图像在低分辨率金字塔 $\boldsymbol{\Lambda}^l$ 中级数。

在第 (ϕ) 次迭代中，本算法采用随机的方法生成候选块的坐标和尺度。首先需要准备一个随机坐标偏移 $(\vec{x}_{(\phi)}, \vec{y}_{(\phi)})$ 和一个随机尺度偏移 $\vec{\beta}_{(\phi)}$。假设振荡半径为 $\tilde{r}_{(\phi)}$，其中有 $-\tilde{r}_{(\phi)} < \vec{x}_{(\phi)} < \tilde{r}_{(\phi)}$ 和 $-\tilde{r}_{(\phi)} < \vec{y}_{(\phi)} < \tilde{r}_{(\phi)}$，$0.5 < \vec{\beta}_{(\phi)} < 1.5$，以便在前一个选定级的邻近层选择候选块。

对于第 (ϕ) 振荡，以匹配块 $\boldsymbol{p}_{s,(\phi-1)}$ 为振荡中心，以 $r/\mu^{(\phi-1)}$ 为振荡半径，寻找四向匹配块 $\boldsymbol{p}^1_{s,(\phi)}$，$\boldsymbol{p}^2_{s,(\phi)}$，$\boldsymbol{p}^3_{s,(\phi)}$ 和 $\boldsymbol{p}^4_{s,(\phi)}$。在粗级匹配阶段，通过方差特征进行筛选匹配块，假设 $\boldsymbol{p}^w_{s,(\phi)}$ 与 $\boldsymbol{p}_t$ 更为相似。在细级匹配阶段，通过 PCA 特征来决定 $\boldsymbol{p}^w_{s,(\phi)}$ 和 $\boldsymbol{p}_{s,(\phi-1)}$ 谁与 $\boldsymbol{p}_t$ 更相似。如果 $\boldsymbol{p}^w_{s,(\phi)}$ 与 $\boldsymbol{p}_t$ 更相似，那么，将匹配块由 $\boldsymbol{p}_{s,(\phi-1)}$ 更新为 $\boldsymbol{p}^w_{s,(\phi)}$。对于下一次振荡，如果振荡半径小于 1，则振荡过程停止。否则，振荡过程继续执行。假设振荡过程结束后，$\boldsymbol{p}_t$ 的匹配块为 $\boldsymbol{p}^z_s$。下面执行四向传播过程。$\boldsymbol{p}^n_t$ 是 $\boldsymbol{p}_t$ 的邻域块，它的匹配块被记为 $\boldsymbol{p}^{z,n}_s$。$\boldsymbol{p}^{z,m}_s$ 是 $\boldsymbol{p}^z_s$ 的邻域块。通过 PCA 特征来决定 $\boldsymbol{p}^{z,n}_s$ 和 $\boldsymbol{p}^{z,m}_s$ 谁与 $\boldsymbol{p}^n_t$ 更相似。如果 $\boldsymbol{p}^{z,m}_s$ 与 $\boldsymbol{p}^n_t$ 更相似，那么将匹配块由 $\boldsymbol{p}^{z,n}_s$ 更新为 $\boldsymbol{p}^{z,n}_s$。传播停止条件为遇到不更新块。

然后，生成 4 个候选块，并标记为 $\boldsymbol{p}^1_{s,(\phi)}$，$\boldsymbol{p}^2_{s,(\phi)}$，$\boldsymbol{p}^3_{s,(\phi)}$ 和 $\boldsymbol{p}^4_{s,(\phi)}$。它们的尺度都是 $\beta_{(\phi)} = \vec{\beta}_{(\phi)}\beta_{(\phi-1)}$，坐标由以下公式计算得到：

$$\begin{cases} x^1_{s,(\phi)} = x_{s,(\phi-1)} + \vec{x}_{(\phi)} \\ y^1_{s,(\phi)} = y_{s,(\phi-1)} + \vec{y}_{(\phi)} \end{cases}$$

$$\begin{cases} x^2_{s,(\phi)} = x_{s,(\phi-1)} - \vec{x}_{(\phi)} \\ y^2_{s,(\phi)} = y_{s,(\phi-1)} + \vec{y}_{(\phi)} \end{cases}$$

$$\begin{cases} x_{s,(\phi)}^3 = x_{s,(\phi-1)} - \vec{y}_{(\phi)} \\ y_{s,(\phi)}^3 = y_{s,(\phi-1)} + \vec{x}_{(\phi)} \end{cases}$$

$$\begin{cases} x_{s,(\phi)}^4 = x_{s,(\phi-1)} + \vec{y}_{(\phi)} \\ y_{s,(\phi)}^4 = y_{s,(\phi-1)} - \vec{x}_{(\phi)} \end{cases}$$

其中，$(x_{s,(\phi)}^1, y_{s,(\phi)}^1)$，$(x_{s,(\phi)}^2, y_{s,(\phi)}^2)$，$(x_{s,(\phi)}^3, y_{s,(\phi)}^3)$ 和 $(x_{s,(\phi)}^4, y_{s,(\phi)}^4)$ 分别表示块 $\boldsymbol{p}_{s,(\phi)}^1$，$\boldsymbol{p}_{s,(\phi)}^2$，$\boldsymbol{p}_{s,(\phi)}^3$ 和 $\boldsymbol{p}_{s,(\phi)}^4$ 的坐标。

这四个方向垂直交叉有以下两个原因：①只生成一个随机坐标偏差，与产生四个随机坐标偏差相比，该方法具有较低的时间复杂度和存储占用；②四个块的相关性较小。

假设低分辨率测试块 $\boldsymbol{p}_t$ 的方差特征是 F_t^v，$\boldsymbol{p}_{s,(\phi)}^1$、$\boldsymbol{p}_{s,(\phi)}^2$、$\boldsymbol{p}_{s,(\phi)}^3$ 和 $\boldsymbol{p}_{s,(\phi)}^4$ 的方差特征分别是 $F_{s,(\phi)}^{v,1}$、$F_{s,(\phi)}^{v,2}$、$F_{s,(\phi)}^{v,3}$ 和 $F_{s,(\phi)}^{v,4}$。根据块的坐标和尺度这两个参数，其方差特征可以直接从方差金字塔 $\boldsymbol{\Lambda}^v$ 中被提取。最后，本算法选择方差与测试块方差相似度误差最小的候选块，用于之后的细级匹配。即 $w = \arg\min_h \eta(F_t^v, F_{s,(\phi)}^{v,h})$，$h = 1,2,3,4$。其中，$\eta(\boldsymbol{a},\boldsymbol{b}) = \|\boldsymbol{a}-\boldsymbol{b}\|_1$，$w$ 表示四个候选块中被选定块的标签值。这里使用城市街区距离来计算相似性，因为当距离很小但非零时，它比欧几里得距离[129]更敏感。$\boldsymbol{p}_{s,(\phi)}^w$ 将被用于细级匹配阶段，其坐标为 $(x_{s,(\phi)}^w, y_{s,(\phi)}^w)$。

方差特征只能区分纹理块和平滑块。如果仅将方差特征用于块匹配，所得图像的质量较差。因此，本算法使用 PCA 特征执行细级匹配。

细级匹配：本算法利用 PCA 特征通过比较新候选块和旧记录匹配块之间的相似性误差来更新匹配块。随着迭代次数的增加，匹配块的质量将得到提高。与一步随机振荡相比，这种两步随机振荡可以获得更高质量的结果。

假设低分辨率测试块 $\boldsymbol{p}_t$ 的 PCA 特征是 $\boldsymbol{F}_t^p$，$\boldsymbol{p}_{s,(\phi)}^w$ 的 PCA 特征是 $\boldsymbol{F}_{s,(\phi)}^{p,w}$。根据块的坐标和尺度这两个参数，其 PCA 特征可以从 PCA 特征金字塔 $\boldsymbol{\Lambda}^p$ 中得到。与 $\boldsymbol{p}_{s,(\phi-1)}$ 相比，如果 $\boldsymbol{p}_{s,(\phi)}^w$ 与低分辨率测试块 $\boldsymbol{p}_t$ 更相似(即 $\eta(\boldsymbol{F}_t^p, \boldsymbol{F}_{s,(\phi)}^{p,w}) < \eta(\boldsymbol{F}_t^p, \boldsymbol{F}_{s,(\phi-1)}^p)$)，将低分辨率测试块 $\boldsymbol{p}_t$ 的匹配块由 $\boldsymbol{p}_{s,(\phi-1)}$ 更新为 $\boldsymbol{p}_{s,(\phi)}^w$。在第 $(\phi-1)$ 次迭代中，匹配块为 $\boldsymbol{p}_{s,(\phi-1)}$，匹配块的坐标被记为 $(x_{s,(\phi-1)}, y_{s,(\phi-1)})$，尺度被记为 $\beta_{(\phi-1)}$。在第 (ϕ) 次迭代中，匹配块被更新为 $\boldsymbol{p}_{s,(\phi)}^w$，匹配块的坐标被更新为 $(x_{s,(\phi)}^w, y_{s,(\phi)}^w)$，尺度被更新为 $\beta_{(\phi)} = \vec{\beta}_{(\phi)}\beta_{(\phi-1)}$。

为了避免重复选择相同的块，选择块位置的方法借鉴了运动估计中块匹配的经验。在第 (ϕ) 次迭代中，振荡半径被设定为 $\tilde{r}_{(\phi)}$ 且 $\tilde{r}_{(\phi)} = r / \mu^{(\phi-1)}$。其中，$\mu(1 < \mu \leqslant 2)$ 是常数因子，r 是原始半径。振荡半径随振荡次数的增加而减小。当振荡半径 r 小

于 1(意味着所选择的块是其本身或包含其下采样块)时，随机振荡过程停止并转向传播阶段。

2)四向传播

一个像素点的四邻域方向分别表示为 $(1,0)$，$(-1,0)$，$(0,1)$ 和 $(0,-1)$。不失一般性，这里以 $(1,0)$ 方向的传播过程为例。具体传播过程如图 8.37 所示。假设在 $(1,0)$ 方向上，$\boldsymbol{p}_t$ 有邻域块 $\boldsymbol{p}_t^n$，它们的坐标分别是 (x_t, y_t) 和 (x_t+1, y_t)。随机振荡后，$\boldsymbol{p}_t$ 的匹配块被记为 $\boldsymbol{p}_s^z$，$\boldsymbol{p}_t^n$ 的匹配块被记为 $\boldsymbol{p}_s^{z,n}$。在随机振荡中，使用随机方法独立地选择 $\boldsymbol{p}_s^z$ 和 $\boldsymbol{p}_s^{z,n}$。它们的坐标分别被表示为 (x_s^z, y_s^z) 和 $(x_s^{z,n}, y_s^{z,n})$。假设 $\boldsymbol{p}_s^z$ 的邻域块为 $\boldsymbol{p}_s^{z,m}$，且 $\boldsymbol{p}_s^{z,m}$ 的坐标为 (x_s^z+1, y_s^z)。利用 PCA 特征进行筛选，如果相比于匹配块 $\boldsymbol{p}_s^{z,n}$，$\boldsymbol{p}_s^{z,m}$ 与 $\boldsymbol{p}_t^n$ 更相似，那么 $\boldsymbol{p}_t^n$ 的匹配块由 $\boldsymbol{p}_s^{z,n}$ 更新为 $\boldsymbol{p}_s^{z,m}$。此传播继续，直到匹配的块不更新为止。

最后，本算法根据传播结果收集对应于最终确定匹配块 $\boldsymbol{p}_s$ 的高分辨率块 $\hat{\boldsymbol{p}}_s$，并重建估计的高分辨率图像 $\hat{\boldsymbol{H}}_t$。

5. 算法总结

本算法总结如下。

输入：低分辨率输入图像 $\boldsymbol{L}^{(0)}$。

输出：重建高分辨率图像 $\boldsymbol{H}_t$。

1. 通过对低分辨率输入图像 $\boldsymbol{H}^{(0)}$ 进行上采样和下采样操作来构建低分辨率和高分辨率训练图像金字塔 $\boldsymbol{\Lambda}^l$ 和 $\boldsymbol{\Lambda}^h$。
2. 对 $\boldsymbol{H}^{(0)}$ 实施上采样，得到低分辨率测试图像 $\boldsymbol{L}_t$。
3. 计算 PCA 和方差金字塔 $\boldsymbol{\Lambda}^p$、$\boldsymbol{\Lambda}^v$，并计算 $\boldsymbol{L}_t$ 的 PCA 图和方差图。
4. 通过块匹配方法，找到给定低分辨率测试块 $\boldsymbol{p}_t$ 的最佳匹配块 $\boldsymbol{p}_s$，并记录 $\boldsymbol{p}_s$ 的坐标和尺度。
5. 根据步骤 4 中记录的坐标和尺度，找到 $\boldsymbol{p}_s$ 对应的高分辨率块 $\hat{\boldsymbol{p}}_s$。通过正确放置 $\hat{\boldsymbol{p}}_s$ 并对重叠部分求平均来重建高分辨率测试估计图像 $\hat{\boldsymbol{H}}_t$。
6. 通过迭代反投影算法增强 $\hat{\boldsymbol{H}}_t$，输出重建高分辨率图像 $\boldsymbol{H}_t$。

---

6. 实验结果

1)实验设置

实验中使用的数据库包括 Set5、Set14 和 Urban100，它们来自于文献[90]的代码。Set5 和 Set14 是典型的测试数据库，在许多相关研究中被应用。Urban100 是包含 100 个真实世界图像的数据库。本节在配备 AMD FX8150 CPU，3.6 GHz 和 16GB 内存以及 GTX 1070Ti GPU 的计算机上执行了所有实验，其中只有使用 CNN 的方法才使用 GPU 进行计算。

算法的有效参数被设置如下：块大小 $\sqrt{M}\times\sqrt{M}$ 设为 7×7，常数因子 μ 设为 2，数据维数 m 设为 10，迭代次数设为 15。如果超分辨率(super resolution，SR)放大系数 S 为 2 的整数倍，则双三次插值因子为 $s=0.7937$ 。否则， $s=0.8023$ 。迭代反投影的迭代次数 J 被设置为 20[130]，平衡参数 v 被设置为 1，且梯度下降的步长 γ 被设置为 1。初始输入低分辨率图像 $\hat{\boldsymbol{I}}^{(0)}$ 的大小为 $h\times w$。在第 η 级中，放大图像大小是 $\frac{h}{s^{\eta}}\times\frac{w}{s^{\eta}}$，令 $L=\min\left(\frac{h}{s^{\eta}},\frac{w}{s^{\eta}}\right)$。将初始振荡半径 r 设定为 $\frac{L}{4}$。

2) 比较

(1) 相关算法的比较：将本算法与一些先进的超分辨率算法进行比较。这些算法包括双三次插值算法[93]，A+算法[91]，Glasner 算法[125]，CNN 算法[96]，CCR 算法[131]，VDSR 算法[94]，LAPSRN[132]和 Jia-Bin Huang 算法[90]。这里使用 PSNR 作为质量评估标准[108]。有时，PSNR 值与人类对图像质量的感知不一致[133]。因此，这里使用 SSIM 作为补充测量。

表 8.14 显示了所有算法的 PSNR(第一行数据)、SSIM(第二行数据)和执行时间(最后一行数据)。对于 Urban100 数据库，除了 VDSR 算法和 LAPSRN 算法之外，本算法的性能优于其他。与其他自学习算法相比，CPCA 算法具有较低的时间复杂度，且对于 Urban100 数据库，本算法具有最高的 PSNR。产生这种结果有两个原因：一个原因是本算法采用了 PCA 特征。PCA 特征具有较低数据维度，可以有效加快计算相似性误差这一过程。另一个原因是随机振荡算法的使用。第一步使用方差特征进行粗选，第二步使用 PCA 特征进行详细选择。这种振荡方式很大程度上提高了找到高质量匹配块的概率。然而，尽管本算法具有较低的时间复杂度，但对于 Set5 和 Set14 数据库来说，重建的图像质量并不理想。原因是所提算法不利于重建重复结构较少的图像。为了进一步评估算法的视觉质量，本节从 Urban100 数据库中选择了三幅图像用于显示。图 8.38～图 8.40 分别显示了不同算法针对 2 倍、3 倍和 4 倍放大的实验结果。从这些图像中可以看出，本算法相比于双三次插值算法，A+算法、Glasner 算法、CNN 算法、CCR 算法和 Jia-Bin Huang 算法具有更好的视觉质量。然而，它略次于 LAPSRN 算法和 VDSR 算法。这意味着先进的深度学习网络在学习低分辨率和高分辨率图像之间的关系方面具有优势。

表 8.14　不同重建算法的 PSNR(dB)和 SSIM 对比

放大倍数	数据集	双三次插值	外部学习					自学习		
			A+	CNN	CCR	VDSR	LAPSRN	Glasner	Jia-Bin Huang	本算法
2 倍	Urban 100	25.172	27.455	27.335	27.367	**28.930**	28.641	27.603	27.919	28.168
		0.826	0.888	0.883	0.884	**0.909**	0.906	0.889	0.896	0.899
		0.003	1.812	6.412	1.825	0.117	**0.086**	213.882	142.395	62.493

续表

放大倍数	数据集	双三次插值	外部学习					自学习		
			A+	CNN	CCR	VDSR	LAPSRN	Glasner	Jia-Bin Huang	本算法
2倍	Set5	32.321	35.225	35.022	35.153	36.181	**36.183**	35.016	35.257	34.991
		0.921	0.948	0.945	0.946	0.953	**0.953**	0.947	0.948	0.946
		0.002	1.078	2.907	1.127	**0.093**	0.250	121.290	72.483	37.530
	Set14	29.011	31.090	31.021	31.010	31.905	31.847	30.972	31.154	31.044
		0.857	0.897	0.894	0.893	0.903	**0.904**	0.894	0.896	0.895
		0.003	2.198	7.367	2.160	**0.139**	0.217	277.221	172.910	84.995
3倍	Urban 100	23.119	24.892	24.699	24.785	**25.990**	—	25.125	25.439	25.610
		0.717	0.792	0.781	0.787	**0.824**	—	0.797	0.808	0.812
		0.003	2.394	14.792	2.399	**0.261**	—	452.370	358.923	133.505
	Set5	29.090	31.280	31.143	31.278	**32.398**	—	31.366	31.371	31.087
		0.855	0.899	0.892	0.897	**0.912**	—	0.898	0.900	0.897
		0.002	0.641	2.882	0.639	**0.087**	—	99.482	52.052	31.331
	Set14	26.307	27.942	27.821	27.842	**28.593**	—	27.928	28.007	27.887
		0.755	0.803	0.799	0.800	**0.816**	—	0.803	0.806	0.803
		0.003	1.247	7.311	1.315	**0.136**	—	231.291	164.129	69.679
4倍	Urban 100	21.804	22.998	22.804	22.919	23.835	**23.863**	23.277	23.453	23.616
		0.634	0.699	0.684	0.694	0.735	**0.738**	0.709	0.720	0.725
		0.006	3.247	28.323	3.136	0.306	**0.291**	730.712	428.310	226.890
	Set5	27.130	29.091	28.802	28.963	30.110	**30.283**	29.107	29.052	28.664
		0.793	0.848	0.837	0.844	0.871	**0.874**	0.848	0.843	0.843
		0.002	0.449	2.915	0.465	**0.085**	0.439	77.947	46.160	27.087
	Set14	24.764	26.105	25.995	25.050	26.831	**26.886**	26.181	26.212	26.095
		0.678	0.729	0.719	0.725	0.747	**0.750**	0.730	0.733	0.729
		0.003	0.913	7.350	0.932	**0.142**	0.226	176.439	100.341	62.540

(a) 双三次插值 PSNR = 28.700 SSIM = 0.862　(b) LAPSRN PSNR= 33.644 SSIM = 0.933　(c) A + PSNR= 31.300 SSIM = 0.912　(d) CNN PSNR= 31.433 SSIM = 0.894　(e) CCR PSNR = 31.486 SSIM = 0.900

图 8.38 图像视觉比较(2 倍)

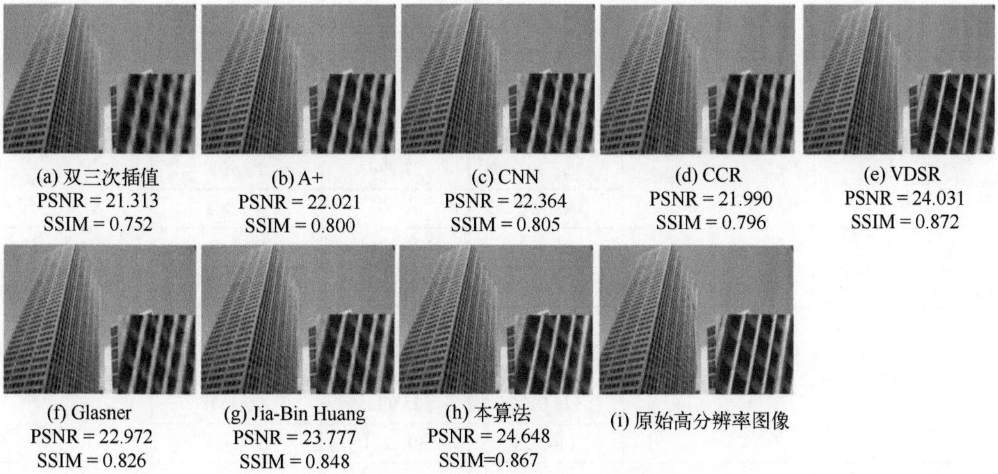

图 8.39 图像视觉比较(3 倍)

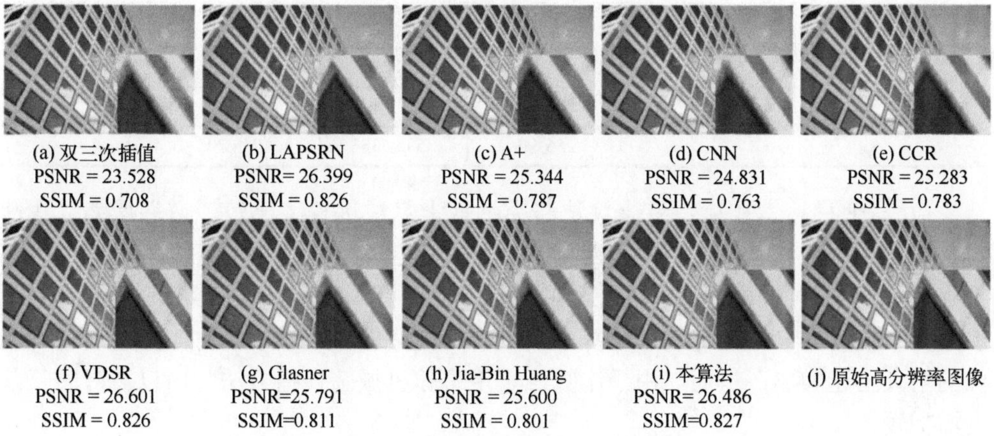

图 8.40 图像视觉比较(4 倍)

(2) 与局部搜索的邻域嵌入相比：将本算法与仅执行局部搜索的邻域嵌入方法[62]进行比较。从 Urban100 数据库选取了 10 幅图像进行实验，表 8.15 显示了不同搜索半径和匹配块数的实验结果。第一行数据表示 PSNR，第二行数据表示算法执行时间。结果表明，随着局部搜索半径和匹配块数的增加，PSNR 和时间复杂度随之增加。局部搜索邻域嵌入方法的结果不如本算法，这是因为本算法利用随机振荡搜索较大半径中的匹配块，并在相邻块之间对良好的匹配块进行传播。

表 8.15　不同搜索半径和匹配块数的 PSNR(dB) 和时间对比

放大倍数	匹配块数	局部搜索半径			本算法
		3×3	7×7	11×11	
2 倍	1	27.352	27.396	27.502	
		41.304	92.020	188.408	
	2	27.354	27.392	27.502	**28.666**
		43.249	95.443	194.238	61.403
	3	27.362	27.399	27.505	
		45.990	98.003	197.303	
3 倍	1	25.004	25.074	25.155	
		128.431	290.800	569.655	
	2	25.015	25.074	25.177	**26.092**
		134.190	298.915	580.199	**128.071**
	3	25.017	25.095	25.181	
		140.035	306.214	587.494	
4 倍	1	23.267	23.364	23.436	
		233.575	504.300	1019.700	
	2	23.274	23.364	23.437	**24.123**
		244.666	520.474	1042.200	**216.012**
	3	23.274	23.393	23.461	
		256.689	534.533	1052.700	

(3)与穷举搜索相比：将该算法与穷举搜索算法进行了比较。穷举搜索算法针对整个数据金字塔中每一个图像块计算相似度误差，从而寻找最佳匹配块。考虑到存储空间和时间复杂度等问题，在小图像上进行了实验，实验结果如图 8.41 所示。穷举搜索的 PSNR 值高于本算法的 PSNR 值，但穷举搜索的时间复杂度随着图像的增大迅速增加。然而，由于本算法采用了随机振荡传播方法，所以其时间复杂度增加较缓。

(4)粗-细级块匹配的有效性：为了验证方差和 PCA 特征组合的有效性，此处将粗级匹配方法(仅方差特征)、细级匹配方法(仅 PCA 特征)和粗-细级匹配方法进行了对比。在 Urban100 数据库中选择了 10 幅图像进行实验，如表 8.16 所示，粗级匹配方法具有最低的时间复杂度，但同时它的 PSNR 也是最低的。细级匹配优于粗级匹配，但其 PSNR 仍然较低。结果表明，仅使用方差特征或 PCA 特征不足以找到较优的匹配块。这两种特征的组合使用可以获得最高的 PSNR，这意味着首先执行粗级选择然后进行细级选择的策略是有用的。

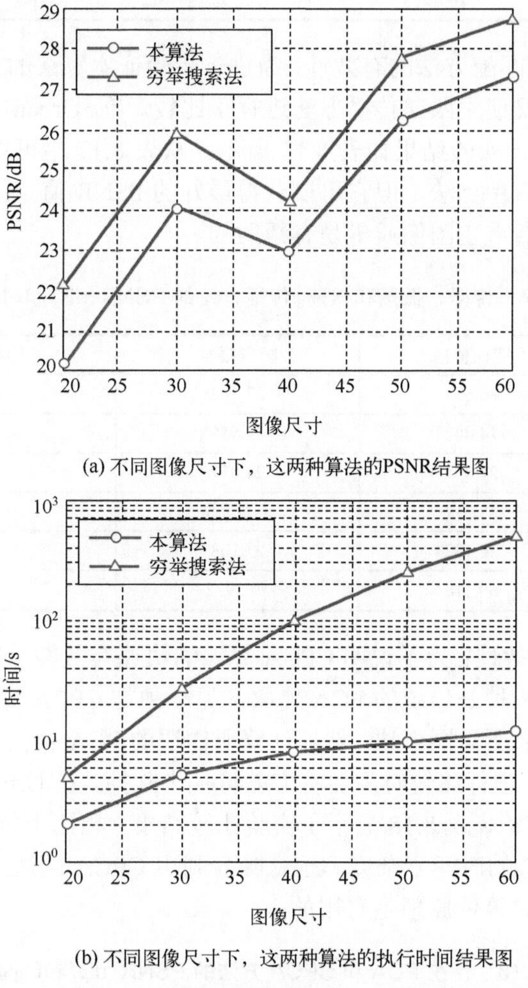

图 8.41　本算法和穷举搜索法的 PSNR 和执行时间对比(4x)

表 8.16　粗级、细级和粗-细级匹配方法的 PSNR(dB)和时间对比

放大倍数	粗级匹配	细级匹配	粗-细级匹配
2 倍	26.927	28.593	**28.666**
	24.860	37.519	61.403
3 倍	24.608	25.954	**26.092**
	58.876	83.923	128.071

续表

放大倍数	粗级匹配	细级匹配	粗-细级匹配
4 倍	23.020	23.923	**24.123**
	104.915	147.012	216.012

(5)振荡传播块匹配方法的有效性：为进一步验证本算法的有效性，将本算法与仅使用振荡方法和仅使用四向传播方法进行了比较。在 Urban100 数据库中选择了 10 幅图像进行实验，实验结果如表 8.17 所示。从表 8.17 中可以看到所提算法的时间复杂度高于其他两种算法，但它可以获得最好的 PSNR 值。因此，振荡和传播方法的结合使用对提高重建图像质量是有帮助的。

表 8.17 传播、振荡和振荡+传播方法的 PSNR(dB)和时间对比

放大倍数	四向传播	随机振荡	随机振荡+四向传播
2 倍	26.633	27.382	**28.666**
	14.002	55.556	61.403
3 倍	24.051	24.817	**26.092**
	37.517	113.966	128.071
4 倍	22.432	23.108	**24.123**
	69.118	192.972	216.012

(6)CPCA 的有效性：为了说明 CPCA 算法的快速有效性，对以下两种特征提取方法进行了比较：一种是传统的 PCA 提取，另一种是 CPCA 提取。传统的 PCA 提取方法首先需要提取所需图像块，然后计算所需块的 PCA 特征。为了更清楚地了解 CPCA 的有效性，在进行比较时需要将方差特征去除掉。在 Urban100 数据库中选择了 10 幅图像进行实验，表 8.18 显示了实验比较结果。相比于传统的 PCA 特征提取方法，CPCA 有较低的时间复杂度。这意味着利用 CPCA 算法来探索空间域上卷积与频域上内积之间的等价原理是有用的。

表 8.18 传统 PCA 和 CPCA 方法的 PSNR(dB)和时间对比

放大倍数	传统 PCA	CPCA
2 倍	**28.605**	28.593
	61.279	**37.519**
3 倍	25.872	**25.954**
	110.010	**83.923**
4 倍	23.874	**23.923**
	170.925	**147.012**

(7) IBP 的有效性：IBP 是增强输出图像的一种有效方法。由于本算法采用逐级放大方式，因此下一级别的输出图像质量依赖于先前级别的输出图像质量，上一级别的输出图像误差将会累加到更高级别。此处对以下两种方法进行了比较：方法 1 是每个级别都不使用 IBP，方法 2 是只有最后一个级别不使用 IBP。从 Urban100 数据库中选择了 10 幅图像来测试 IBP 的效果，表 8.19 显示了实验结果。方法 1 得到的 PSNR 最低，这意味着 IBP 可用于降低每个级别的重建误差。方法 2 仅略次于本算法。这个结果表明如果先前级别的重建错误很小，本节的自学习方法可以在没有 IBP 的情况下重建出良好的高分辨率图像。

表 8.19　传播、振荡和振荡+传播方法的 PSNR(dB) 和时间对比

放大倍数	方法 1	方法 2	本算法
2 倍	22.965	28.652	**28.666**
	60.503	61.402	61.403
3 倍	21.309	26.091	**26.092**
	125.096	126.071	128.071
4 倍	23.108	24.120	**24.123**
	213.532	215.016	216.012

3) 参数设置

影响算法性能的参数包括块大小 $\sqrt{M}\times\sqrt{M}$，数据维数 m，常数因子 μ 和初始振荡半径 r。为了测试参数效果，在 Urban100 数据库上进行了实验。当测试某个参数时，保持其他参数不变。

(1) 块尺寸的影响：为了测试块尺寸对所提算法的影响，这里将块尺寸从 5×5 更改到 11×11 并记录结果。表 8.20 显示了不同块尺寸下本算法的实验结果。从表 8.20 中可看出，对于 2 倍和 3 倍放大，当块尺寸为 7 时，PSNR 达到最大值。对于 4 倍放大，当块尺寸为 9 时，PSNR 最高。块尺寸越大，时间复杂度越高。因此，在本算法中将块尺寸设为 7。

表 8.20　不同块尺寸的 PSNR(dB) 和时间对比

放大倍数	块尺寸			
	5	7	9	11
2 倍	28.103	**28.168**	27.965	27.736
	58.870	62.493	66.094	75.888
3 倍	25.466	**25.610**	25.561	24.455
	121.095	133.505	144.229	169.682
4 倍	23.400	23.616	**23.618**	23.579
	210.701	226.890	258.837	300.083

(2)数据维度的影响：数据维度是指 CPCA 算法中 PCA 特征的维度。表 8.21 显示了不同放大倍数下，数据维度为 1、3、5、7、10、13 和 15 的实验结果。对于 3 倍和 4 倍放大，当数据维度为 10 时 PSNR 达到最高。但对于 2 倍放大，数据维度为 13 时获得最高 PSNR。时间复杂度随着维度的增加而增加。考虑到时间复杂度问题，将数据维度设为 10。

表 8.21 不同数据维度的 PSNR(dB)和时间对比

放大倍数	数据维度						
	1	3	5	7	10	13	15
2 倍	26.439	27.320	27.812	28.020	28.168	**28.190**	28.187
	48.933	56.255	56.406	57.947	62.493	64.996	67.422
3 倍	24.098	25.172	25.457	25.576	**25.610**	25.585	25.570
	104.597	113.874	118.425	123.304	133.505	139.509	141.615
4 倍	22.445	23.271	23.548	23.607	**23.616**	23.588	23.563
	201.358	203.505	206.563	216.457	226.890	236.995	245.422

(3)常数因子 μ 的影响：常数因子 μ 确定每次迭代中的振荡半径。

表 8.22 显示了不同 μ 值下的 PSNR 和时间。随着 μ 的增加，PSNR 逐渐减小，时间复杂度也逐渐降低。可以发现当 μ 为 1.2 时，PSNR 达到最大值。当 μ 为 2 时，时间复杂度最小。然而，PSNR 随 μ 的改变其变化不大。仅考虑时间复杂度问题，在实验中将 μ 设为 2。

表 8.22 不同常数因子的 PSNR(dB)和时间对比

放大倍数	常数因子			
	1.2	1.5	1.7	2
2 倍	**28.271**	28.236	28.216	28.168
	165.139	86.889	82.356	**62.493**
3 倍	**25.723**	25.700	25.657	25.610
	315.085	183.865	158.405	**133.505**
4 倍	**23.712**	23.686	23.653	23.616
	534.826	315.478	278.371	**226.890**

(4)初始振荡半径 r 的影响：表 8.23 展示了初始振荡半径 r 为 $L/2$，$L/3$，$L/4$ 和 $L/5$ 时的实验结果。在 Urban100 数据库中选择了 10 幅图像进行实验。从表 8.23 中可以看到当初始振荡半径 r 为 $L/3$ 时，PSNR 最大。因此，可以认为初始振荡半径 r 设为 $L/3$ 最好。

表 8.23　不同初始振荡半径的 PSNR(dB)和时间对比

放大倍数	初始半径			
	$L/2$	$L/3$	$L/4$	$L/5$
2 倍	28.671	**28.684**	28.666	28.642
	66.711	65.420	61.403	60.339
3 倍	26.084	**26.098**	26.092	26.091
	315.085	132.347	128.405	**125.709**
4 倍	24.139	**24.152**	24.123	24.106
	240.622	235.589	**216.012**	222.404

4) 算法复杂度

低分辨率输入图像 $\boldsymbol{L}^{(0)}$ 的大小是 $h\times w$，块大小是 $\sqrt{M}\times\sqrt{M}$ 。逐级放大倍数 s^{-1}，逐级放大次数 $n=\log(S)/\log(s^{-1})$ 。测试块总数 K 可由以下公式计算：

$$K=\left(\frac{h}{s}-\sqrt{M}+1\right)\left(\frac{w}{s}-\sqrt{M}+1\right)+\left(\frac{h}{s^2}-\sqrt{M}+1\right)\left(\frac{w}{s^2}-\sqrt{M}+1\right)+\cdots+\left(\frac{h}{s^n}-\sqrt{M}+1\right)\left(\frac{w}{s^n}-\sqrt{M}+1\right) \tag{8.48}$$

随机振荡直到 $\tilde{r}_{(\phi)}<1$ 结束。振荡次数由以下公式计算：

$$r/\mu^{(\phi-1)}\approx 1\Rightarrow \phi\approx\log_{\mu}r+1 \tag{8.49}$$

对于每个测试块，四个方差相似性比较需要执行 4 次减法操作。PCA 相似性比较必须执行 m 次减法运算，m 次乘法运算和 $(m-1)$ 次加法运算，总共需要大约 $(3m-1)$ 次运算。对于所有测试块，算法大约需要 $O(K(3m+3))$ 。ϕ 次振荡，算法大约需要 $O(\phi K(3m+3))$ 。每个迭代过程包括 ϕ 次随机振荡和四方向传播计算，并假设每个方向传播 $\varGamma$ 次。因此，该算法每次迭代大约需要 $O(\phi K(3m+3)+4\varGamma K(3m+3))$ 。对于 R 次迭代，算法大约需要 $O(RK(\phi+4\varGamma)(3m+3))$ 。从该公式可以看出，时间复杂度与数据维度相关。因此，CPCA 有效地降低了时间复杂度。

7. 算法小结

本节介绍了一种使用 CPCA 和随机振荡传播策略的单幅图像超分辨率算法，该算法有效地提高了现有单幅图像超分辨率算法存在的两个高时间复杂度步骤的效率。首先，本算法使用 CPCA 算法来提取每个图像块的 PCA 特征，这加速了特征提取步骤。然后，本算法使用随机振荡和块匹配传播策略，这加速了块匹配步骤。实验结果表明，与其他最先进的超分辨率算法相比，该方法的有效性更强。本算法中的快速块匹配方法可以应用在许多其他相关算法中，如非局部均值算法[7]。

8.4 基于卷积神经网络的图像超分辨率重建

8.4.1 卷积神经网络

卷积神经网络(convolutional neural network，CNN)[96]是一种模拟人脑的神经网络以期能够实现类人工智能的机器学习技术。神经元是卷积神经网络的基本组成，是一个包含输入、输出与计算功能的模型，如图 8.42 所示。

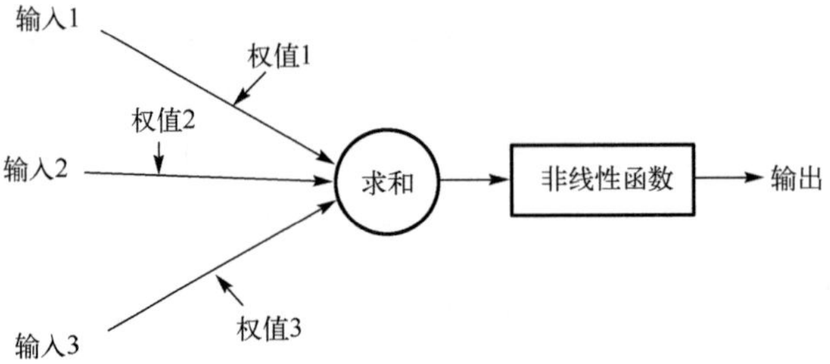

图 8.42 神经元的结构图

卷积神经网络是一种典型的深度学习方法。在训练阶段，通过给定损失函数计算前向传播的数据结果与标签值之间的误差，然后利用误差反向传播更新网络中的权重，使损失函数最小化。卷积运算使网络适合处理具有空间结构特征的数据，因此，在图像处理方面表现优异，例如图像超分辨率、图像去噪和图像分割等。

基于卷积神经网络的重建算法是图像超分辨率重建领域最近几年的研究热点，Dong 等[96]率先利用卷积神经网络完成了图像超分辨率重建。CNN 是一类包含卷积计算且具有深度结构的前馈神经网络，主要由输入层、隐藏层以及输出层组成。网络结构如图 8.43 所示。

(1)输入层：是网络的开始端，可以处理多维数据。

(2)隐藏层：含有卷积层、池化层以及全连接层这三类常见的网络结构。其中，卷积层和池化层是卷积神经网络所特有的结构。三类结构在隐藏层中的顺序通常为：卷积层-池化层-全连接层。

(3)输出层：输出层的上游通常是全连接层，因此其结构和功能与传统前馈神经网络中输出层的结构和功能相同。

CNN 既不需要通过图像处理算法分析图像块的特征，也不需要像传统的图像 SR 重建算法利用高分辨率-低分辨率图像建立字典。Dong 等[96]提出传统的处理图像超分辨率的策略即稀疏编码可以表示成卷积的形式，他们将稀疏编码的三个阶段：特征提取、非线性映射、图像重建，统一到一个 CNN 中，完成了图像的重建，具体过程如图 8.44 所示。

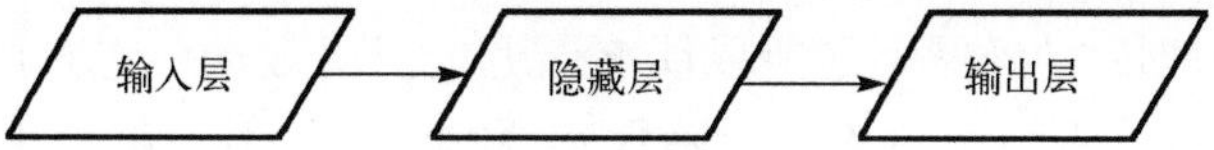

(a) 卷积神经网络的结构图

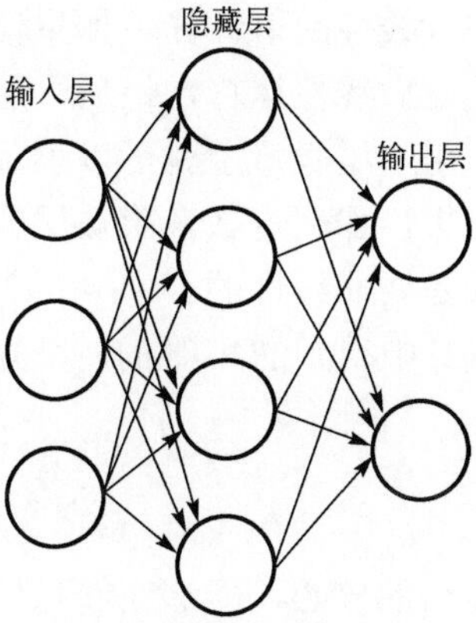

(b) 三层神经网络结构图示例
第一层是输入层，第二层是隐藏层，第三层是输出层。
输入层有3个输入单元，隐藏层有4个单元，输出层有2个单元。
这个神经网络中，相邻的所有神经元之间都有连接，这称为全连接层

图 8.43　神经网络结构图

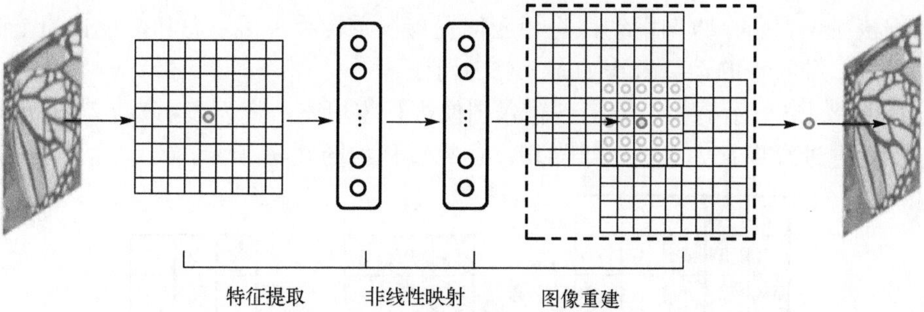

图 8.44　图像超分辨率重建的过程

(1)特征提取：CNN 主要是通过卷积运算来完成特征提取的。图像卷积运算主要是通过设定各种特征提取滤波器矩阵(卷积核，通常设定大小为 3×3 或者 5×5 的矩阵)，然后使用该卷积核在原图像矩阵(图像实际是像素值构成的矩阵)中进行“滑动”，实现卷积运算。

一个图像矩阵经过一个卷积核的卷积操作后，得到了另一个矩阵，这个矩阵叫作特征图(feature map)。每一个卷积核都可以提取特定的特征，不同的卷积核提取不同的特征，举个例子，现在输入一张人脸的图像，使用某一卷积核提取到眼睛的特征，用另一个卷积核提取嘴巴的特征等。特征图就是某张图像经过卷积运算得到的特征矩阵。

(2) 非线性映射：神经网络之所以能够逼近任意函数，关键在于将非线性映射整合到了网络中。每层都可以设置激活函数实现非线性映射，将 n_1 维的特征矩阵，进行卷积处理完成非线性映射，变换为另一 n_2 维的特征矩阵。

人工神经网络不只是进行线性映射计算。如果使用线性激活函数，那么无论神经网络中有多少层，都只是在做线性运算，最后一层得到的结果是输入层的线性组合，而输入层的线性组合，用一层隐藏层就可以表示，也就是说，多层的隐藏层运算后的结果等同于一层的结果，那么这么多隐藏层就没有意义了，还不如去掉。因此，隐藏层的激活函数必须是要非线性的。

(3) 图像重建：将步骤 (2) 中得到的 n_2 维的特征矩阵进行反卷积，还原为一幅超分辨率图像。

1. 卷积层

卷积层作为卷积神经网络的核心，能够在卷积核与图像信号卷积的过程中提取特征。所获得的特征图作为输入再与卷积核进行卷积操作，随着层数的增加，能够提取更多深层特征，同时所提取的特征越来越具体化。因此，利用不同的卷积核可以提取不同的多维特征分布。通常，卷积结果受卷积核个数、步长和是否零填充等因素的影响。零填充的目标是使特征图与输入信号大小保持一致。卷积操作就是采用卷积核在长宽两个方向滑动，将相应位置与权重相乘，再求总和，步长为 1 的无零填充的二维卷积的运算过程如图 8.45 所示。

将图 8.45 所示的大小为 5×5 输入图像进行零填充，变为大小为 7×7 的输入信号，然后再进行步长为 1 的二维卷积，运算过程如图 8.46 所示。

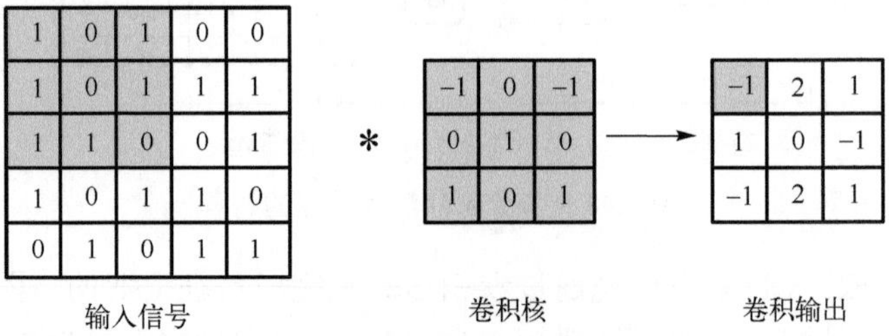

图 8.45 无零填充二维卷积

当图 8.45 所示的卷积过程步幅改为 2 时，该卷积过程如图 8.47 所示。

通过对比图 8.45～图 8.47 可以得知：输出的卷积结果和输入图像的大小、步幅是有关系的。假设输入图像大小为 $H^i \times W^i$，滤波器大小为 $H^f \times W^f$，填充为 P，步幅为 S，则输出图像大小为 $H^o \times W^o$，它们满足下面的关系：

$$H^o = \frac{H^i + 2P - H^f}{S} + 1 \tag{8.50}$$

$$W^o = \frac{W^i + 2P - W^f}{S} + 1 \tag{8.51}$$

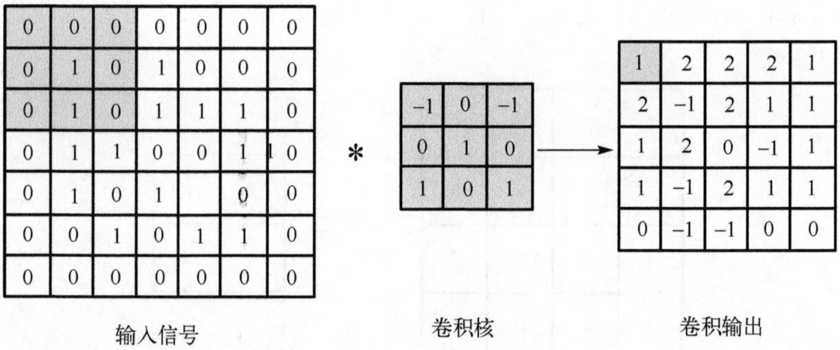

图 8.46　零填充二维卷积

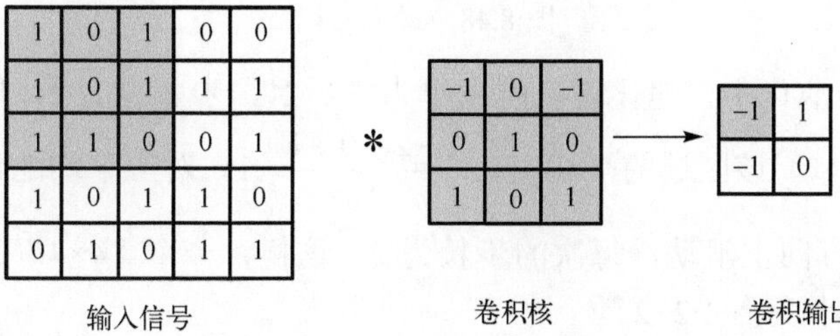

图 8.47　步幅为 2 的二维卷积

例：如图 8.46 所示，输入图像大小 5×5，滤波器大小 3×3，填充为 1，步幅为 1，输出图像的大小 $H^o \times W^o$ 为多少？

$$H^o = \frac{H^i + 2P - H^f}{S} + 1 = \frac{5 + 2\times1 - 3}{1} + 1 = 5$$

$$W^o = \frac{W^i + 2P - W^f}{S} + 1 = \frac{5 + 2\times1 - 3}{1} + 1 = 5$$

则输出图像的大小为 5×5，与图 8.46 相符。

2．池化层

池化层缩小输入信号长、宽方向上的空间，从而使模型可以抽取范围更广的特征。同时减小了下一层的输入大小，进而减少计算量和参数个数。常见的池化有最大池化和平均池化，最大池化是从目标区域中取出最大值，平均池化是计算目标区域的平均值。另外，池化的结果也受池化窗口的大小和步幅的影响，池化操作就是采用池化窗口在长宽两个方向滑动，选取窗口覆盖区域的最大值或者求取窗口覆盖区域的平均值进行池化，步长为 2 的二维池化的运算过程如图 8.48 和图 8.49 所示。

图 8.48 最大池化中，池化窗口的大小为“2×2”，步长也为 2，图中阴影部分为池化窗口覆盖区域，该区域的最大值为 2，对应最大池化后的输出结果就是 2，在长宽方向上滑动，每次的步长为 2，这样，一个“4×4”的输入信号经过池化后，它的大小变为“2×2”。

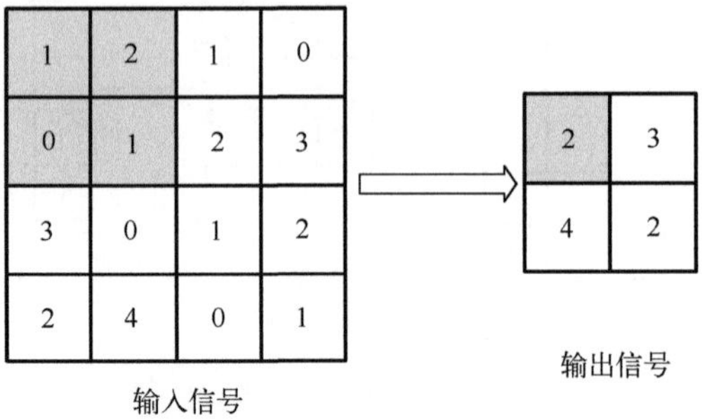

图 8.48　最大池化

图 8.49 平均池化中，池化窗口的大小为“2×2”，步长也为 2，图中阴影部分为池化窗口覆盖区域，该区域的平均值为 $\frac{1+2+0+1}{4}=1$，对应平均池化后的输出结果就是 1，在长宽方向上滑动，每次的步长为 2，这样，一个“4×4”的输入信号经过池化后，它的大小变为“2×2”。

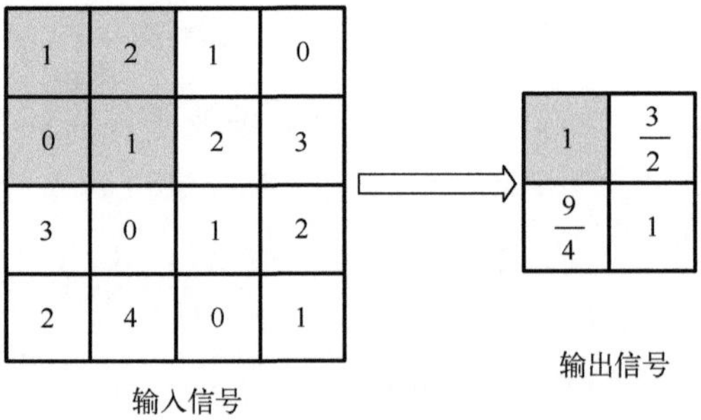

图 8.49　平均池化

3．批规范化

在卷积神经网络训练过程中，输入数据的分布经过非线性单元后可能发生变化，导致内部协变量偏移。因此，在每一层非线性激活之前加入批规范化(batch normalization，BN)对数据进行处理，使每一层的输入数据具有近似相同的分布，可以有效避免梯度消失，加快网络训练，提高收敛速度。在网络训练中，使用小批量数据输入到网络中，意味着批规范化是对每个小批量数据进行规范化。首先，将每批训练样本大小设置为 n，并将 BN 层的输出规范化为

$$y_i = \mathrm{BN}_{\gamma,\beta}(x_i) \tag{8.52}$$

其中，y_i 为 BN 层的输出数据，x_i 为 BN 层的输入数据，$\gamma=\sqrt{\text{Var}(x)}$，$\beta=E(x)$ 分别表示样本对应特征图中神经元的方差和均值。然后将其规范化，具体公式如下：

$$\mu_B=\frac{1}{n}\sum_{i=1}^{n}x_i \tag{8.53}$$

$$\sigma_B=\frac{1}{n}\sum_{i=1}^{n}(x_i-\mu_B)^2 \tag{8.54}$$

$$\hat{x}_i=\frac{x_i-\mu_B}{\sqrt{\sigma_B^2}} \tag{8.55}$$

$$y_i=\gamma\hat{x}_i+\beta=BN_{\gamma,\beta}(x_i) \tag{8.56}$$

其中，μ_B 和 σ_B 分别表示批量样本的期望值和方差，$\hat{x}_i$ 表示对输入样本 x_i 进行正则化，网络通过训练学习 γ,β，最后输出经过 BN 层后的结果 y_i。

4．反卷积层

反卷积层[134]并不是卷积层的逆运算，它属于卷积层的一种变体。但它的任务与卷积层的不同在于，卷积层的操作过程中会将图片的尺寸变小或保持不变，而反卷积层的任务是将特征图尺寸变大以实现全卷积神经网络的目的。卷积层的过程就是使用卷积核在原图片上进行遍历点乘，而反卷积层由于需要放大特征图的尺寸，所以首先会对特征图进行填充(一般补充零)，进一步进行卷积操作。

二维卷积的运算过程如图 8.50 所示，反卷积首先扩大输入图像尺寸，采用的是按比例补零的方式，再进行正向卷积，正向卷积采用的是卷积核。反卷积与卷积效果相似，但又与原来卷积不同，可以恢复缺失信息与原始输入。

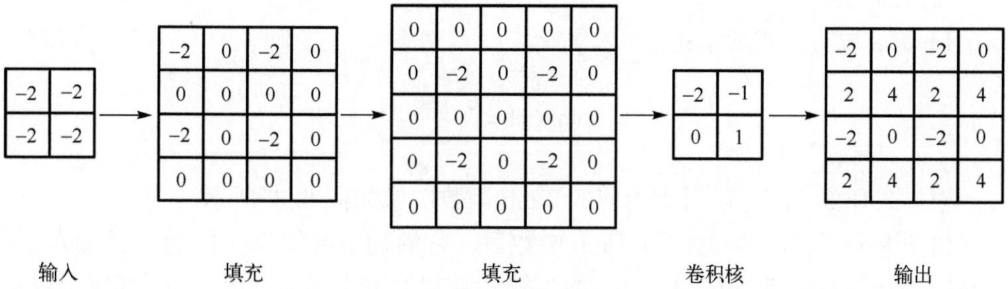

图 8.50　反卷积示意图

反卷积主要有以下几个步骤：①获取卷积核；②对输入的每个元素沿着步长 s 方向补 $(s-1)$ 个 0；③在扩充后的输入基础上再对整体补 0，以原始输入的大小作为输出，按照上一步的补 0 策略计算补 0 的位置及个数，再将其进行上下和左右的转换；④将补 0 后的结果作为输入进行卷积运算。

5．激活函数

图 8.42 中的非线性函数也被称为激活函数[135]，激活函数的主要作用是对卷积层输出结果做非线性映射，神经网络之所以能解决非线性问题，本质上就是激活函数加入了非线性因素，弥补了线性模型的表达力。激活函数可以对输入数据进行非线性变换，使输出数据无限逼近任意复杂函数，从而增强网络学习复杂函数的能力。常见的激活函数有 Sigmoid 函数、Tanh 函数、ReLU 函数等。

(1) Sigmoid 函数。

Sigmoid 函数的公式如下：

$$\text{Sigmoid}(x)=\frac{1}{1+\mathrm{e}^{-x}} \tag{8.57}$$

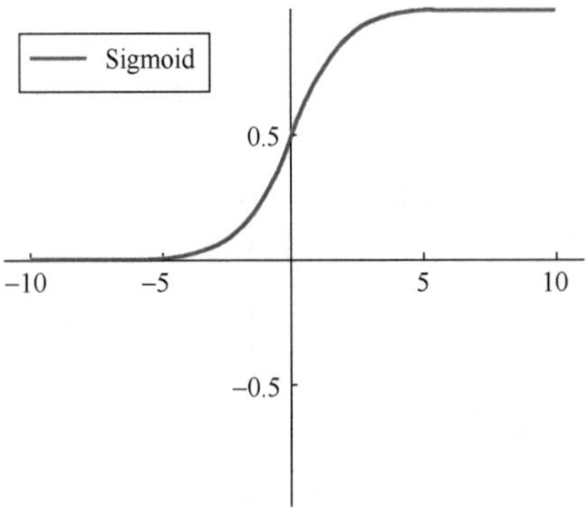

图 8.51　Sigmoid 函数

根据式(8.57)，可以得到相应的 Sigmoid 函数图像如图 8.51 所示。

由图 8.51 可知，数据通过 Sigmoid 函数后，它的输出区间为(0, 1)，且输入数据为 0 时，获得最大的梯度值为 0.25，而当输入数据的大小远离 0 时，梯度也在不断减小，并无限趋近于 0。因此，当使用 Sigmoid 函数作为激活函数时，神经网络在反向传播时容易产生梯度消失，进而无法更新网络中的权重的值。所以 Sigmoid 函数不是激活函数的最好选择。

(2) Tanh 函数。

Tanh 函数的公式如下：

$$\text{Tanh}(x)=\frac{\mathrm{e}^{x}-\mathrm{e}^{-x}}{\mathrm{e}^{x}+\mathrm{e}^{-x}} \tag{8.58}$$

根据式(8.58)，可以得到相应的 Tanh 函数图像如图 8.52 所示。

由图 8.52 可知，数据通过 Tanh 函数后，它的输出区间为(−1, 1)，且输入数据为 0 时，获得最大的梯度值为 1，而当输入数据的大小远离 0 时，梯度也在不断减小，并无限趋近于 0。虽然 Tanh 函数的性能相比于 Sigmoid 函数有了较大提升，但是它依然没有解决神经网络在反向传播时可能出现的梯度消失问题。

(3) ReLU 函数。

ReLU 函数的公式如下：

$$\text{ReLU}(x)=\max(0,x) \tag{8.59}$$

根据式(8.59)，可以得到相应的 ReLU 函数图像如图 8.53 所示。

由图 8.53 可知，数据通过 ReLU 函数后，它的输出区间为 $[0,+\infty)$，且输入数据小于 0 时，对应的梯度值为 0；当输入数据大于 0 时，对应的梯度值为 1。因此，ReLU 函数在正区间内解决了梯度消失的问题。因为 ReLU 函数在使用时只需要判断输入数据是否大于 0，所以它的收敛速度相比于 Sigmoid 函数和 Tanh 函数都有了很大的提升且应用范围较广。

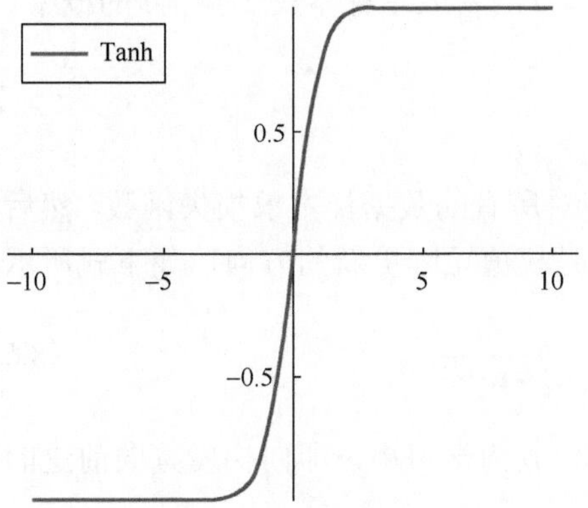

图 8.52　Tanh 函数

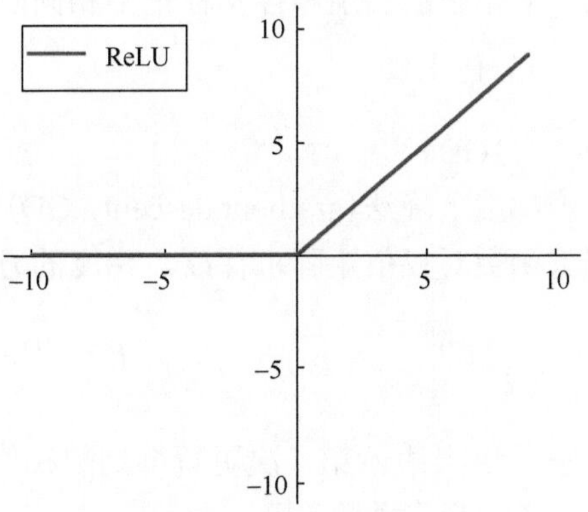

图 8.53　ReLU 函数

6. 损失函数

训练网络的目标是使网络的输出尽可能接近真正想要预测的值，则需要通过比较当前网络的预测值和预期的目标值，根据两者的差距来更新每一层的权重矩阵。而如何比较预测值和真实值的差异就需要用到损失函数，损失函数输出的值越大，表示差异越大，因此卷积神经网络的训练就变成了尽可能减小损失值的过程。作为网络模型的优化目标，合理的损失函数可以提高模型最终的准确率。最常用的损失函数[136]有均方误差、交叉熵误差等。

(1)均方误差。

均方误差是最常用的损失函数，它的表达式如式(8.60)所示。

$$L=\frac{1}{N}\sum_{i=1}^{N}(y_i-t_i)^2 \tag{8.60}$$

其中，N 代表输出数据的数量，y_i 代表神经网络第 i 个输出，t_i 代表与 y_i 对应的第 i 个监督数据。

(2)交叉熵误差。

交叉熵误差通常用于分类情况，对于单个样本的二分类情况的交叉熵误差如式(8.61)所示。

$$L=-[y\times\log(p)+(1-y)\times\log(1-p)] \tag{8.61}$$

其中，y 为样本，正样本为 1，负样本为 0，p 为样本预测为正的概率。对于多个样本的多分类情况的交叉熵误差如式(8.62)所示。

$$L=-\sum_{i=1}^{N} y_i \log(p_i) \tag{8.62}$$

其中，N 表示类别数量；y_i 等于 0 或 1，当预测出来的类别和样本标记相同时，$y_i=1$，当预测出来的类别和样本标记不相同时，$y_i=0$；p_i 表示样本属于类别 i 的概率。

7. 优化器

(1) GD。

梯度下降法(gradient descent，GD)[136]是对所有的数据样本求损失函数，然后用损失函数对权值矩阵求梯度，梯度的方向就是权值矩阵更新的方向，如下式所示：

$$\boldsymbol{W}^{(J+1)}=\boldsymbol{W}^{(J)}-\eta\frac{\partial L}{\partial \boldsymbol{W}^{(J)}} \tag{8.63}$$

其中，$\boldsymbol{W}^{(J)}$ 表示第 J 次更新得到的权值矩阵；η 为学习率，即向梯度方向前进的距离；L 为损失函数。

GD 算法非常简单，也很容易理解，但是也存在一定的缺点：①GD 在使用的时候，尤其是机器学习的应用中，会面临非常大的数据集，这时候如果要计算损失函数的导数，往往意味着要花几个小时把整个数据集都计算一遍，然后还只能更新一小步，一般情况下，GD 要几千步几万步才能收敛，需要花费大量的时间；②如果不小心陷入了鞍点，或者比较差的局部最优点(图 8.54[137])，GD 算法就跑不出来了，因为这些点的导数是 0。

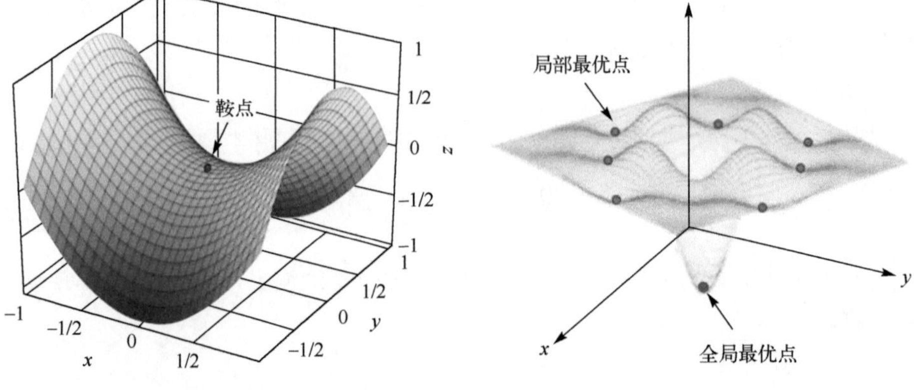

(a) 鞍点示意图　　(b) 局部最优点示意图

图 8.54 鞍点和局部最优点示意图

（2）SGD。

为了克服 GD 算法的缺点，随机梯度下降法（stochastic gradient descent，SGD）[136] 应运而生。SGD 与 GD 的原理相似，但是 SGD 在每次更新梯度时，只从大量的训练数据中随机选出一小部分数据，然后对这部分数据求损失函数，进而求出梯度方向，对权值矩阵进行更新，如下式所示：

$$\boldsymbol{W}^{(J+1)}=\boldsymbol{W}^{(J)}-\eta L_{\boldsymbol{W}^{(J)}} \tag{8.64}$$

其中，$\boldsymbol{W}^{(J)}$ 表示第 J 次更新得到的权值矩阵；η 为学习率，即向梯度方向前进的距离；$L_{\boldsymbol{W}^{(J)}}$ 为随机数据的随机梯度方向，它满足 $E(L_{\boldsymbol{W}^{(J)}})=\dfrac{\partial L}{\partial \boldsymbol{W}^{(J)}}$，也就是说，虽然包含一定的随机性，但是 $L_{\boldsymbol{W}^{(J)}}$ 的期望 $E(L_{\boldsymbol{W}^{(J)}})$ 是等于正确的导数 $\dfrac{\partial L}{\partial \boldsymbol{W}^{(J)}}$ 的。SGD 的优化过程如图 8.55 所示。

从图 8.55 可以看到收敛过程是“之”字形的，比较慢，但最终还是能收敛到最小值的，但更多更复杂的函数可能就无法收敛到全局最小了。

综上所述，SGD 的优缺点如下。

①优点：虽然 SGD 需要经历很多步才能实现收敛，但是对梯度的要求很低（计算梯度快）。而对于引入噪声，大量的理论和实践工作证明，只要噪声不是特别大，SGD 都能很好地收敛。应用大型数据集时，训练速度很快。例如，每次从百万数据样本中，取几百个数据点，算一个 SGD 梯度，更新一下模型参数，相比于标准梯度下降法的遍历全部样本，每输入一个样本更新一次参数，要快得多。

②缺点：SGD 在随机选择梯度的同时会引入噪声，使得权值更新的方向不一定正确。此外，SGD 也没能单独克服局部最优解的问题。

（3）Momentum。

Momentum 的意思是“动量”，Momentum 是使用动量的随机梯度下降法[136]，主要思想是引入一个积攒历史梯度信息的动量来加速 SGD。优化公式如下：

$$\begin{aligned}\boldsymbol{v}^{(J)}&=\alpha\boldsymbol{v}^{(J-1)}-\eta L_{\boldsymbol{W}^{(J)}}\\ \boldsymbol{W}^{(J+1)}&=\boldsymbol{W}^{(J)}+\boldsymbol{v}^{(J)}\end{aligned} \tag{8.65}$$

其中，$\boldsymbol{W}^{(J)}$ 表示第 J 次更新得到的权值矩阵；η 为学习率，即向梯度方向前进的距离；$L_{\boldsymbol{W}^{(J)}}$ 为随机数据的随机梯度方向，相比于 SGD，这里多两个变量 α 和 $\boldsymbol{v}^{(J)}$：α 表示动力的大小，通常取 0.9；$\boldsymbol{v}^{(J)}$ 表示第 J 次迭代积攒的速度的大小。Momentum 的优化过程如图 8.56 所示。

从图 8.56 可以看出：Momentum 相比于 SGD，它的“之”字形有所减弱，且优化过程类似于小球的滚动。

Momentum 算法借用了物理中的动量概念，它模拟的是物体运动时的惯性，即更新的时候在一定程度上保留之前更新的方向，同时利用当前随机数据的梯度微调最终的更新方向。这样一来，可以在一定程度上增加稳定性，从而学习得更快，并且还有一定摆脱局部最优的能力。再简单理解一点就是：由于当前权值的改变会受到上一次权值改变的影响，类似于小球向下滚动的时候带上了惯性，这样可以加快小球向下滚动的速度。

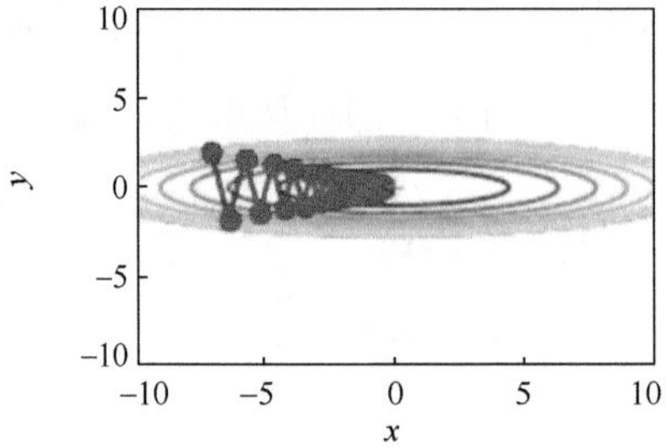

图 8.55　SGD 的优化过程

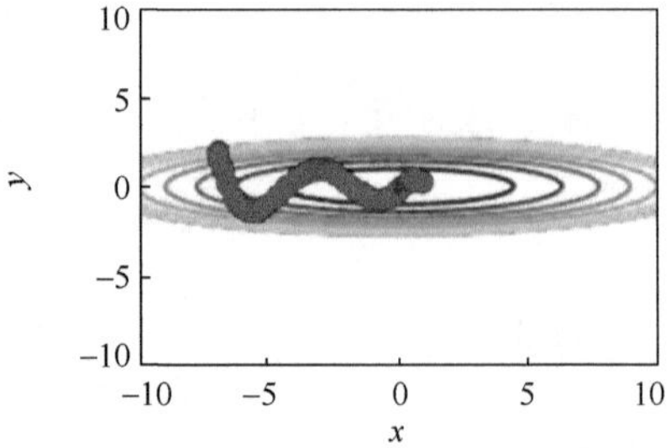

图 8.56　Momentum 的优化过程

(4) AdaGrad。

先前介绍的梯度下降算法以及动量方法都有一个共同点，即对于每一个参数都用相同的学习率进行更新。但是在实际应用中，各参数的重要性肯定是不同的，所以对于不同的参数要进行动态调整，采取不同的学习率，让目标函数能够更快地收敛。AdaGrad[136]就是在更新权值矩阵的同时适当地调节学习率，如下式所示：

$$
\begin{aligned}
&\boldsymbol{h}^{(J)} = \boldsymbol{h}^{(J-1)} + L_{\boldsymbol{W}^{(J)}} \odot L_{\boldsymbol{W}^{(J)}} \\
&\boldsymbol{W}^{(J+1)} = \boldsymbol{W}^{(J)} - \eta \frac{1}{\sqrt{\boldsymbol{h}^{(J)}} + \varepsilon} L_{\boldsymbol{W}^{(J)}}
\end{aligned}
\tag{8.66}
$$

其中，ε 是一个极小值，为了防止分母为 0 且不影响数据更新，通常设为 10^{-7}；$\odot$ 表示矩阵元素对应相乘；$\boldsymbol{W}^{(J)}$ 表示第 J 次更新得到的权值矩阵；η 为学习率，可以通过 $\eta \frac{1}{\sqrt{\boldsymbol{h}^{(J)}} + \varepsilon}$ 对学习率进行不断地更新；$L_{\boldsymbol{W}^{(J)}}$ 为随机数据的随机梯度方向，相比于 SGD，这里多了个变量 $\boldsymbol{h}^{(J)}$：$\boldsymbol{h}^{(J)}$ 表示第 J 次迭代积攒的所有梯度值的平方和。从算法的计算过程中可以看出，随着不断地迭代，$\boldsymbol{h}^{(J)}$ 的值会越来越大，那么在每一轮迭代中学习率会越来越小，也就是说当前位置的梯度对参数的影响也越来越小，直到更新量趋近于 0。AdaGrad 的优化过程如图 8.57 所示。

从图 8.57 可以看到：AdaGrad 自变量的迭代轨迹较平滑，AdaGrad 相比于 SGD，它的“之”字形大大减弱。但由于 $\boldsymbol{h}^{(J)}$ 的累加效果使学习率不断衰减，自变量在迭代后期的移动幅度较小。

(5) Adam。

Momentum 引入了一个积攒的历史梯度信息动量来加速 SGD，AdaGrad 在更新权值矩阵的同时对学习率进行动态调整，让目标函数能够更快地收敛，将上述两种思路相融合，Adam[136]就应运而生了，Adam 的优化公式如下：

$$
\begin{aligned}
&\boldsymbol{v}^{(J)} = \beta_1 \boldsymbol{v}^{(J-1)} - (1-\beta_1) L_{\boldsymbol{W}^{(J)}} \\
&\boldsymbol{h}^{(J)} = \beta_2 \boldsymbol{h}^{(J-1)} + (1-\beta_2) L_{\boldsymbol{W}^{(J)}} \odot L_{\boldsymbol{W}^{(J)}} \\
&\hat{\boldsymbol{v}}^{(J)} = \frac{\boldsymbol{v}^{(J)}}{1-\beta_1^J},\ \hat{\boldsymbol{h}}^{(J)} = \frac{\boldsymbol{h}^{(J)}}{1-\beta_2^J} \\
&\boldsymbol{W}^{(J+1)} = \boldsymbol{W}^{(J)} - \eta \frac{1}{\sqrt{\hat{\boldsymbol{h}}^{(J)}} + \varepsilon} \hat{\boldsymbol{v}}^{(J)}
\end{aligned}
\tag{8.67}
$$

其中，$\boldsymbol{v}^{(J)}$ 表示第 J 次迭代积攒的速度的大小；$\boldsymbol{h}^{(J)}$ 表示第 J 次迭代积攒的所有梯度值的平方和；β_1 和 β_2 表示动力的大小，通常分别取 0.9 和 0.999；$\odot$ 表示矩阵元素对应相乘；$\hat{\boldsymbol{v}}^{(J)}$ 和 $\hat{\boldsymbol{h}}^{(J)}$ 分别是 $\boldsymbol{v}^{(J)}$ 和 $\boldsymbol{h}^{(J)}$ 的偏置校正值；η 为学习率；ε 是一个极小值，为了防止分母为 0 且不影响数据更新，通常设为 10^{-8}；$\boldsymbol{W}^{(J)}$ 表示第 J 次更新得到的权值矩阵。Adam 的优化过程如图 8.58 所示。

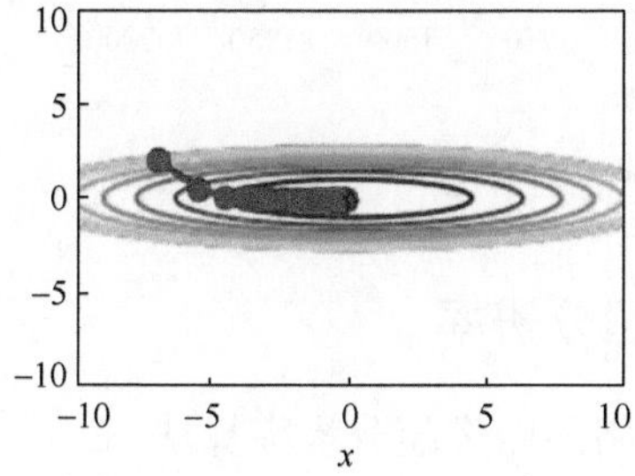

图 8.57　AdaGrad 的优化过程

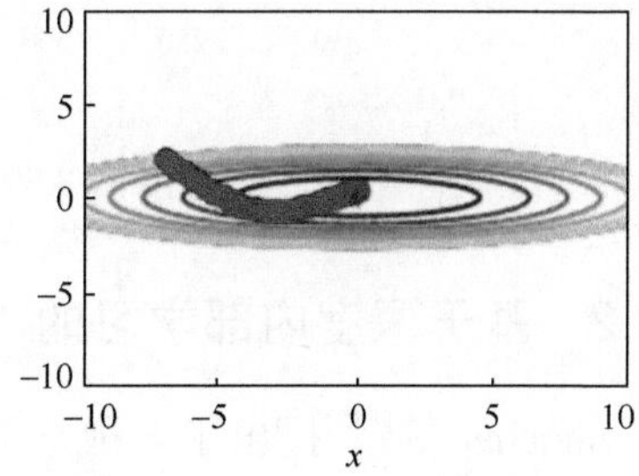

图 8.58　Adam 的优化过程

从图 8.57 可以看出，Adam 的优化过程也类似于小球的滚动，但是因为动态调整了学习率，Adam 相比于 Momentum，左右摇摆的幅度大大减轻。

Adam 结合了 Momentum 和 AdaGrad 的优点，为不同的参数计算不同的自适应学习率，而且 Adam 在经过偏置校正后，每一次迭代学习率都有个确定范围，使得参数比较平稳。

(6) 优化器的对比。

由图 8.55～图 8.58 可以看出，不同的优化器根据设计原理的不同，各自的优化过程也不同，它们各自有各自的优缺点，在使用时需要根据自己的需求来进行相应的选择，具体内容上文已经介绍过，这里不多加赘述。接下来看一下这四种优化器的迭代过程，如图 8.59 所示。

如图 8.59 所示，随着迭代次数的增加，SGD、Momentum、AdaGrad 和 Adam 的损失函数都在逐渐减小，然后趋于平缓。然而相比于 SGD，Momentum、AdaGrad

和 Adam 这三种改进算法在速度和精确度上都有了很大的改善，但是这三种改进算法的速度和精确度差距不大。

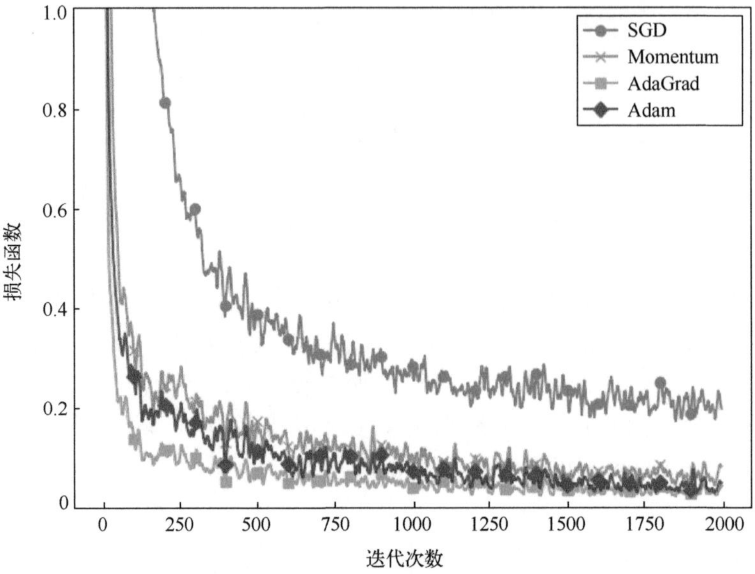

图 8.59　四种算法迭代过程对比

8.4.2　基于深度内部学习的“零样本”超分辨率

Shocher 等[138]提出了一种基于卷积神经网络的图像超分辨率算法——基于深度内部学习的“零样本”超分辨率（“zero-shot” super-resolution using deep internal learning，ZSSR）。

ZSSR 算法利用图像内部的非局部相似性对低分辨率图像进行重建，图像的非局部相似性假设图像的图像块在图像的内部重复出现，当其中的一些图像块信息缺失时，人们就可以用它的相似或相同的图像块对其进行重建。ZSSR 算法在测试时对输入的低分辨率图像使用小型的卷积神经网络进行无监督训练，并输出最终的超分辨率结果。ZSSR 算法的适用范围很广，可以对不同缩放比例和非理想的真实图像进行图像超分辨率，而且能获得比现有的最先进的超分辨率算法更好的结果。ZSSR 是第一个非监督学习基于 CNN 的超分辨率算法。本节将对 ZSSR 算法做一介绍。

1. 算法介绍

最近的基于卷积神经网络的图像超分辨率算法大多数都设计了非常深的网络结构，并且在外部数据库上经过了漫长的训练，因此相比于之前的传统算法，基于卷积神经网络的图像超分辨率算法在性能上有了极大的改善。这些算法通常使用预定义的下采样核生成低分辨率图像(通常是双三次核)，而没有任何干扰(传感器噪声、图像压缩等)，以及预定义的超分辨率比例因子(2 倍、3 倍或 4 倍等)。但是，当这些条件不满足时，例如，当利用不理想(非双三次)下采样核生成低分辨率图像时，或者包含传感器噪声和压缩痕迹等“非理想”情况下，使用最先进的超分辨率方法处理通常会产生不良的结果。

ZSSR 算法的卷积神经网络利用图像内部的非局部相似性，而不受到上述条件的限制。对测试图像进行下采样得到低分辨率图像，这个低分辨率图像和测试图像构成低分辨率-高分辨率图像对，使用小型卷积神经网络对图像对进行训练，最后将测试图像输入到训练好的网络，就得到最终需要的高分辨率图像。这一方法优于其他无监督的图像超分辨率方法。

因为 ZSSR 算法在训练时，仅对一对低分辨率-高分辨率图像对进行训练。所以，ZSSR 算法的时间开销要远远少于目前基于卷积神经网络的监督学习的算法。另外，实验结果表明：在理想的特定退化条件下，ZSSR 的效果可以与目前最先进的监督学习的超分辨率方法较量；在非理想的图像退化条件下，ZSSR 的效果要比目前最先进的监督学习的超分辨率方法好得多。

使用 ZSSR 算法对图像进行重建时，不需要任何图像退化信息或其他外部数据集，只需要一幅测试图像。尽管如此，当提供额外的信息(如可以直接从测试图像中估计出下采样核)时，ZSSR 的网络也可以在短时间内很好地利用这些信息，进一步提高重建图像的质量。综上所述，ZSSR 算法的特点如下：

①ZSSR 是第一个基于非监督神经网络的超分辨率算法；

②ZSSR 可以处理非理想条件下的图像；

③ZSSR 不需要进行预训练，因此时间开销相对较少；

④可以对任意大小的退化图像进行图像超分辨率；

⑤图像的退化条件无论已知与否都可对其进行图像超分辨率；

⑥相比于其他基于卷积神经网络的监督学习的算法，在理想情况下，ZSSR 可以取得相当好的结果，在非理想情况会取得比它们更好的结果。

2. 图像的非局部相似性

ZSSR 算法的理论基础是自然图像内部具有强大的非局部相似性。也就是说，图像的图像块在图像的内部重复出现。这个假设在数百种自然图像中都得到了证实，几乎所有自然图像中的小图像块都满足非局部相似性。

图 8.60 展示了图像内部的非局部相似性的例子。“蕾娜”的手臂上三个图像块虽然不相邻，但是它们彼此之间具有非局部相似性，当其中的一些图像块信息缺失时，人们就可以用它的相似或相同的图像块对其进行效果较好的重建。这是因为手

图 8.60　图像的非局部相似性

臂信息只会在该图片的内部出现，而不只是会在其他的外部数据集中出现。由此看出，最先进的基于外部训练图像的超分辨率方法不能恢复这个图像的具体信息。当使用与图 8.64 类似的图像验证图像的非局部相似性时，非局部相似性被证实几乎对所有自然图像进行超分辨率都是有效的。

3. 网络结构

ZSSR 的网络结构利用了图像的非局部相似性，而且具有很好的泛化能力。ZSSR 算法的网络是一个针对单幅退化图像重建的卷积神经网络，它利用从退化图像本身得到的图像来训练该网络。

具体来说，如图 8.61 所示，对于一幅测试图像 $\boldsymbol{L}$，通过下采样可以产生一个分辨率更低的图像 $\boldsymbol{L}\downarrow s$ (其中，$\downarrow$ 表示下采样，s 是所需的超分辨率比例因子)，进而构成低分辨率-高分辨率图像对。ZSSR 使用由测试图像本身得到的图像对来训练小型的卷积神经网络，使该网络可以由分辨率更低的图像 $\boldsymbol{L}\downarrow s$ 重建测试图像 $\boldsymbol{L}$ (图 8.61(b)的顶部)。最后将测试图像 $\boldsymbol{L}$ 输入训练好的网络中，将 $\boldsymbol{L}$ 作为该网络的低分辨率输入，进而重建所需的高分辨率输出 $\boldsymbol{L}\uparrow s$ (图 8.61(b)的底部)。注意，训练的卷积神经网络是全卷积的，因此可以应用于不同尺寸的图像。

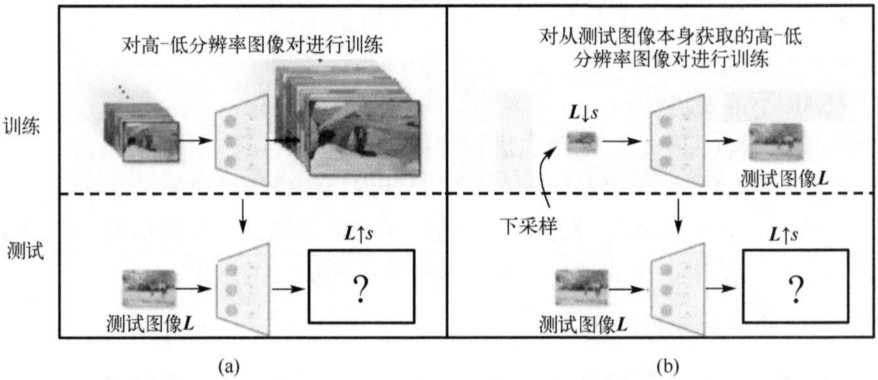

图 8.61　ZSSR 的重建原理

由于 ZSSR 的“训练集”仅由一个图像组成(测试图像)，所以为了提高算法的重建效果，需要更多低分辨率-高分辨率图像对网络进行训练。ZSSR 将测试图像 $\boldsymbol{L}$ 通过多级下采样来获取更多的训练样本，这些图像被当作图像对中的“高分辨率图像”。然后，每个“高分辨率图像”再根据所需的超分辨率的比例因子 s 进行下采样，得到对应的作为输入图像的“低分辨率图像”。生成的训练集包括许多特定图像的低分辨率-高分辨率图像对。然后，网络可以通过这些图像对进行训练。高低分辨率图像对生成过程如图 8.62 所示。

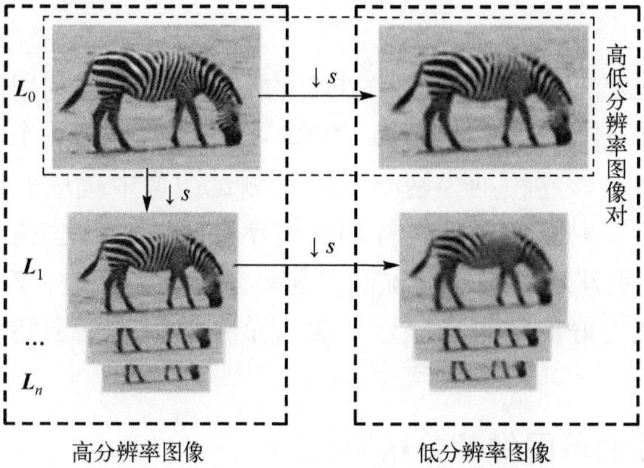

图 8.62 高低分辨率图像对生成过程

ZSSR 通过 4 种旋转（0°,90°,180°,270°）以及垂直和水平方向上的镜面反射来进一步获取低分辨率-高分辨率图像对，这样可以增加 8 倍的训练图像对。

为了增强算法的鲁棒性，使即便非常小的低分辨率图像也能够进行大比例因子s的图像超分辨率，图像超分辨率可以逐步进行。ZSSR 应用于多个中间比例因子（$s_1 \cdot s_2 \cdots s_m = s$），对于每个比例因子 s_i，将生成的超分辨率图像和它的下采样/旋转图像作为新的高分辨率图像添加到 ZSSR 逐步增加的训练集中。ZSSR 通过下一个渐变尺度因子 s_{i+1} 下采样这些图像(包括之前的较小的高分辨率图像)，来生成新的低分辨率-高分辨率训练图像对，重复这些步骤直到达到期望的超分辨率比例因子 s。

4. 结构和优化

依靠外部数据集进行训练的监督学习的卷积神经网络，必须在训练过程中得到所有低分辨率-高分辨率图像对之间的映射关系。因此，这些网络往往非常深、非常复杂。相反，单个图像内的低分辨率-高分辨率关系的多样性明显较小，因此可以通过训练更小和更简单的卷积神经网络来获取映射关系。

ZSSR 使用一个简单的全卷积网络，包含 8 个隐藏层，每个隐藏层都有 64 个通道。ZSSR 在每层上使用 ReLU 函数作为激活函数。网络的输入图像通过插值上采样得到输出图像的大小。如同很多的基于卷积神经网络的超分辨率方法一样，ZSSR 只学习通过插值得到的低分辨率和其高分辨率图像之间的残差。ZSSR 使用 $\boldsymbol{L}_1$ 损失函数和 Adam 优化器，初始学习率是 0.001。对重建误差进行线性拟合，得到斜率和标准差，如果标准差大于线性拟合的斜率，则学习率降低 10 倍，当学习率为10^{-6}时，停止训练。为了保证训练阶段耗时与测试图像 $\boldsymbol{L}$ 的大小无关，在每次迭代时，ZSSR 对随机选择的低分辨率-高分辨率图像对截取 128×128 的固定大小(除非采样的图像对较小)进行训练。

5. 算法小结

ZSSR 算法介绍了“零样本”超分辨率的概念，该算法利用图像内部的非局部相似性，而不依赖于任何外部训练集。ZSSR 算法的网络是一个小型的针对特定图像的卷积神经网络，该卷积神经网络通过从测试图像中提取的内部信息对网络进行训练，该方法可以对真实图像进行超分辨率处理，且这些图像获取过程是非理想的、未知的。在重建这种现实情况的“非理想”的图像时，ZSSR 获得了比最先进的超分辨率算法更好的结果，且这是第一个无监督的基于卷积神经网络的超分辨率方法。

8.4.3 特征区分的单图像超分辨率

生成对抗网络(generative adversarial network，GAN)[139]能够恢复图像的高频纹理信息，因此近期被广泛应用于图像超分辨率领域。然而，这种基于生成对抗网络方法的结果往往会生成与输入图像无关的高频噪声。

Park 等[98]针对上述问题，提出了一种新的基于生成对抗网络的单图像超分辨率方法——特征区分的单图像超分辨率(single image super-resolution with feature discrimination，SRFeat)，该方法通过添加一个在特征域工作的判别器，从而克服了局限性，产生了更真实的重建结果。因为 SRFeat 的附加判别器可以从特征上区分合成图像和真实图像，所以该附加判别器可以促使生成器产生结构性的高频特征，而不是高频噪声。SRFeat 还设计了一种新的生成器，利用远程跳跃式连接，使图像信息可以更有效地在遥远的层之间传输。实验表明：相比于最近的基于生成对抗网络的方法，该方法在峰值信噪比和视觉感知方面都达到了最先进的性能。

1. 算法介绍

单图像超分辨率是从单一的低分辨率图像恢复到原始高分辨率图像的过程。图像超分辨率是一个很有研究意义的课题，高效的超分辨率算法可以有效地应用于卫星遥感、医学诊断等领域。

现有的大多数单图像超分辨率方法试图最小化超分辨图像和原始高分辨率图像之间的像素级均方误差(mean squared error，MSE)。最小化像素级均方误差可以最大限度地提高峰值信噪比，然而较高的峰值信噪比并不一定会获取更好的感知图像[9,140]。相反，没有高频细节的模糊结果往往具有较高的峰值信噪比。

生成对抗网络(图 8.63)由两个相互竞争的神经网络组成：一个生成器和一个判

别器。生成器试图通过生成一个假图像来欺骗判别器，而判别器试图将生成的假图像与真实图像区分开来。这两个网络的联合训练可以产生一个生成器，它能够产生非常真实的假图像。由于生成对抗网络在图像处理方面的有效性，它被广泛应用于图像修复、图像分割、目标检测等领域。

图 8.63　生成对抗网络的示意图

生成对抗网络也被应用于图像超分辨率领域。尽管基于生成对抗网络的图像超分辨率方法在视觉感知方面比以前的方法有了显著的改进，但它们在超分辨率图像中产生的高频噪声更多。SRFeat 认为，这是因为超分辨率图像和真实高分辨率图像之间最主要的区别是高频信息，判别器区分超分辨率图像和真实图像的依据是图像中是否存在高频成分。那么，直接让生成器将高频噪声放入结果图像中欺骗判别器也应当是可行的。

Park 等[98]提出了一个新的基于生成对抗网络的图像超分辨率方法，可以产生视觉感知较好的图像。为了克服先前基于生成对抗网络的图像超分辨率方法的局限性并且产生更真实的结果，该方法采用两个判别器：一个图像判别器和一个特征判别器。图像判别器以像素域的图像作为输入，特征判别器将图像输入 VGG 网络，提取中间特征图，然后，特征判别器根据提取的特征图将超分辨率图像与真实的高分辨率图像进行区分。特征判别器不仅基于高频特征，而且基于结构特征来区分超分辨率图像和真实的高分辨率图像。最终，SRFeat 的生成器可以合成符合实际的高频结构，不会合成随机高频噪声。

为了进一步提高超分辨率图像的质量，SRFeat 还提出了一种新型的远程跳跃式连接的生成器网络。在网络中引入跳跃连接使信息在遥远的层之间进行有效的传输，这种连接方式可以改善深度较大的神经网络的效果。

2. 具有特征区分的超分辨率方法

SRFeat 的目标是利用一个给定的低分辨率图像 $\boldsymbol{L}^l$ 生成一个高分辨率图像 $\boldsymbol{H}^g$，同时希望 $\boldsymbol{H}^g$ 尽可能地与原始高分辨率图像 $\boldsymbol{H}^h$ 相似且具有较好的视觉感知。在本节中，SRFeat 假设 $\boldsymbol{L}^l$ 是对 $\boldsymbol{H}^h$ 通过双三次下采样得到的。

为了从 $\boldsymbol{L}^l$ 中恢复 $\boldsymbol{H}^h$，SRFeat 设计了一种新的基于深度卷积神经网络的生成器，该生成器利用多个远程跳跃连接使信息在遥远的层之间进行有效的传播。该网络从

$\boldsymbol{L}^l$ 生成一个高分辨率图像 $\boldsymbol{H}^g$，其中，$\boldsymbol{H}^g$ 的大小与 $\boldsymbol{H}^h$ 相同。SRFeat 首先训练神经网络来缩小 $\boldsymbol{H}^g$ 和 $\boldsymbol{H}^h$ 之间的像素级均方误差，这也能很好地提高图像的峰值信噪比，但通常会导致 $\boldsymbol{H}^g$ 模糊，产生不满意的视觉感知。

为了提高 $\boldsymbol{H}^g$ 的视觉质量，SRFeat 采用了感知损失，并提出了新的基于生成对抗网络的损失函数。这些损失使网络能够通过近似自然高分辨率图像及其原始图像的结构来生成视觉上更真实的图像。

1) 网络结构

SRFeat 设计了一个如图 8.64 所示的基于深度卷积神经网络的生成器。网络由残留块和多个远程跳跃连接组成。具体来说，网络以 $\boldsymbol{L}^l$ 为输入，首先应用 9×9 卷积层来提取图像线性特征。然后，该网络使用多个残差块来学习更多的非线性特征，每个残差块都有一个短距离跳跃连接，以此来保留来自前一层的信号。SRFeat 的残差块由多个连续层组成：3×3 卷积层、BN 层、ReLU 激活层、3×3 卷积层、BN 层，SRFeat 使用了 16 个残差块来提取深度特征。除亚像素卷积层外，SRFeat 的生成器网络中的所有卷积层都有相同数量的滤波器。

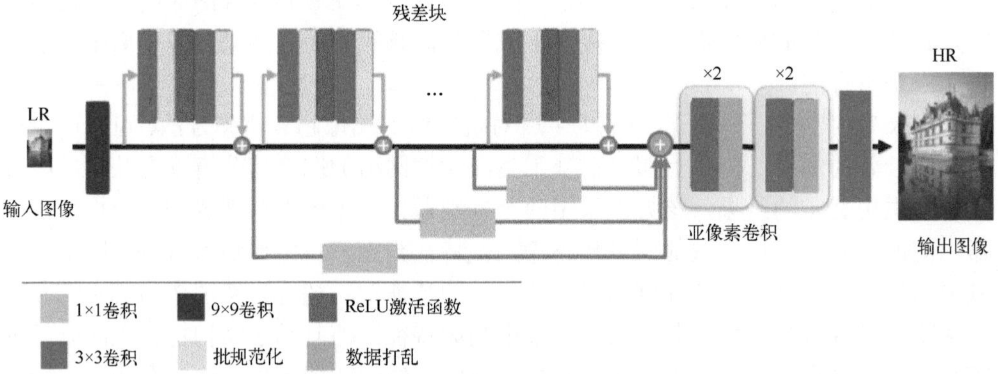

图 8.64　SRFeat 的生成器网络结构

SRFeat 利用远程跳跃式连接聚合来自不同残差块的特征。具体来说，SRFeat 通过一个 1×1 卷积层将每个残差块的输出连接到所有残差块的末端。远距离跳跃式连接的目的是进一步促进梯度的反向传播，并通过重复使用中间层提取的特征来改善最终结果。

为了将残差块获得的特征图上采样到目标分辨率，SRFeat 使用了亚像素卷积层。具体来说，一个亚像素卷积层由两个子模块组成：一个卷积层和一个变换层。亚像素卷积层通过每个空间维度的比例因子来扩大输入特征图；变换层将来自通道的数据重新排列到不同空间位置。最后，上采样的特征图进入带有三个滤波器的 3×3 卷积层，得到一个 3 通道的彩色图像。

2）生成器网络的预训练

SRFeat 通过两个步骤来训练生成器网络：预训练和对抗性训练。在预训练中，SRFeat 通过最小化均方误差损失来训练网络，均方误差损失函数定义为

$$L_{\mathrm{MSE}}=\frac{1}{WHC}\sum_{i}^{W}\sum_{j}^{H}\sum_{k}^{C}(\boldsymbol{H}_{i,j,k}^{h}-\boldsymbol{H}_{i,j,k}^{g})^{2} \tag{8.68}$$

其中，$\boldsymbol{H}_{i,j,k}^{h}$ 为原始的高分辨率图像；$\boldsymbol{H}_{i,j,k}^{g}$ 为重建的高分辨率图像；$W\times H\times C$ 为图像 $\boldsymbol{H}_{i,j,k}^{h}$ 和 $\boldsymbol{H}_{i,j,k}^{g}$ 的大小；L_{MSE} 为 $\boldsymbol{H}_{i,j,k}^{h}$ 和 $\boldsymbol{H}_{i,j,k}^{g}$ 之间的均方误差损失。从预训练步骤得到的结果已经能够达到较高的峰值信噪比，然而，此时的重建图像缺乏高频信息，它不能带来理想的视觉感知。

3）使用特征判别器进行对抗训练

传统的生成对抗网络由一对单一的生成器和一个单一的判别器组成，而 SRFeat 使用两个判别器：一个图像判别器 d^{i} 和一个特征判别器 d^{f}。SRFeat 的图像判别器通过检测像素值来区分原始的高分辨率图像和生成器生成的假的超分辨率图像。另一方面，特征判别器 d^{f} 通过检测它们的特征图判别原始的高分辨率图像和生成的超分辨率图像，以便生成器可以被训练生成更有意义的高频细节。

用判别器训练预训练的生成器网络，SRFeat 将损失函数最小化，损失函数定义为

$$L_{g}=L_{p}+\lambda(L_{a}^{i}+L_{a}^{f}) \tag{8.69}$$

其中，L_{p} 是一种感知相似性损失，促使超分辨率结果看起来类似于训练集中的真实高分辨率图像；L_{a}^{i} 是一种用于生成器在像素域合成高频细节的图像生成对抗网络损失；L_{a}^{f} 是一种用于在特征域合成结构细节的特征生成对抗网络损失；λ 是生成对抗网络损失项的权重。虽然 L_{g} 看起来类似于以前的损失函数，但它有一个额外的特征生成对抗网络损失项，这可以提高图像的视觉感知。为了训练判别器 d^{i} 和 d^{f}，SRFeat 最小化损失函数 L_{d}^{i} 和 L_{d}^{f}，它们分别对应 L_{a}^{i} 和 L_{a}^{f}。生成器和判别器通过交替最小化 L_{g}、L_{d}^{i} 和 L_{d}^{f} 来训练。下面将更详细地描述每个损失项。

感知相似性损失 L_{p}：感知相似性损失度量的是两幅图像在特征域的差异，而不是像素域的差异，因此将其最小化会导致感知一致的结果。$\boldsymbol{H}^{h}$ 和 $\boldsymbol{H}^{g}$ 之间的感知相似性损失 L_{p} 定义如下：首先，将 $\boldsymbol{H}^{h}$ 和 $\boldsymbol{H}^{g}$ 输入预训练的识别网络，如 VGG 网络。然后提取两幅图像第 m 层的特征图。将提取的特征图之间的均方误差定义为感知相似性损失。数学上，L_{p} 被定义为

$$L_{p}=\frac{1}{W_{m}H_{m}C_{m}}\sum_{i}^{W_{m}}\sum_{j}^{H_{m}}\sum_{k}^{C_{m}}(\phi_{i,j,k}^{m}(\boldsymbol{H}^{h})-\phi_{i,j,k}^{m}(\boldsymbol{H}^{g}))^{2} \tag{8.70}$$

其中，ϕ^m 表示第 m 层的特征图；W_m, H_m, C_m 为 ϕ^m 的尺寸。SRFeat 使用 VGG-19 作为识别网络。

图像生成对抗网络损失 L_a^i 和 L_d^i：定义生成器的图像生成对抗网络损失 L_a^i 和图像判别器的损失函数 L_d^i 为

$$L_a^i = -\log(d^i(\boldsymbol{H}^g)) \tag{8.71}$$

$$L_d^i = -\log(d^i(\boldsymbol{H}^h)) - \log(1 - d^i(\boldsymbol{H}^g)) \tag{8.72}$$

其中，$d^i(\boldsymbol{H})$ 是图像判别器 d^i 的输出，即图像 $\boldsymbol{H}$ 是从原始高分辨率图像的分布中采样的概率。为了稳定优化，SRFeat 将 $-\log(d^i(\boldsymbol{H}^g))$ 最小化，而不是 $\log(1 - d^i(\boldsymbol{H}^g))$。对于图像判别器 d^i，SRFeat 使用了如图 8.65 所示的判别器网络。

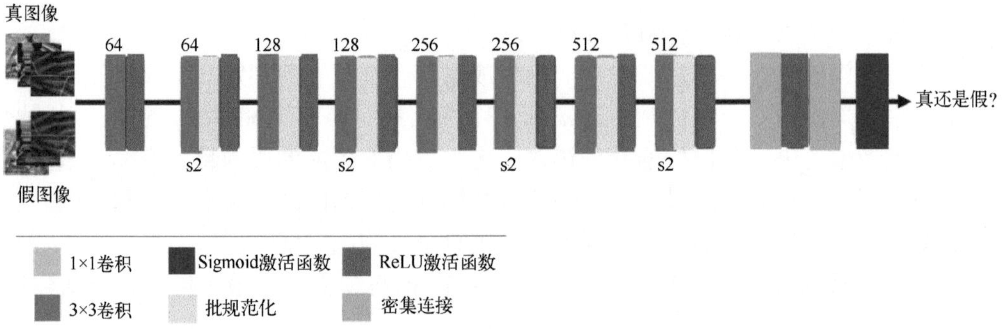

图 8.65 判别器网络的结构

卷积层上面的数字代表滤波器的数量，下面的 s2 代表步幅为 2

特征生成对抗网络损失 L_a^f 和 L_d^f：定义生成器的特征生成对抗网络损失项 L_a^f 和特征判别器的特征生成对抗网络损失函数 L_d^f 为

$$L_a^f = -\log(d^f(\phi^m(\boldsymbol{H}^g))) \tag{8.73}$$

$$L_d^f = -\log(d^f(\phi^m(\boldsymbol{H}^h))) - \log(1 - d^f(\phi^m(\boldsymbol{H}^g))) \tag{8.74}$$

其中，$d^f(\phi^m)$ 为特征判别器 d^f 的输出，即特征图 ϕ^m 是从原始高分辨率图像特征图的分布中采样的概率。由于特征对应于抽象的图像结构，因此特征判别器可以促进生成器产生真实的高频结构，而不是高频噪声。感知相似性损失和特征生成对抗网络损失都是基于特征图的。然而，与 $\boldsymbol{H}^g$ 和 $\boldsymbol{H}^h$ 之间的感知相似性损失促进感知一致性相比，特征生成对抗网络损失 L_a^f 和 L_d^f 能够合成视觉感知良好的图像细节。

3. 算法小结

Park 等[98]提出了一种新的单图像超分辨率方法，通过使用两个判别器：一个图像判别器和一个特征判别器，来产生视觉感知较好的重建图像。特别的是，该方法的特征判别器促使生成器产生更多的结构性高频细节，而不是高频噪声。Park 等[98]

还提出了一种新的采用远程跳跃式连接的生成器网络结构，来更有效地传输遥远层之间的信息。实验表明，该方法重建图像的质量超过了目前绝大多数图像超分辨率算法。

8.5　本章小结

本章内容为基于学习的图像超分辨率算法，主要介绍了基于邻域嵌入的图像超分辨率重建、基于稀疏表示的图像超分辨率重建、基于图像块的图像超分辨率重建，以及基于卷积神经网络的图像超分辨率重建。其中，基于邻域嵌入的图像超分辨率重建、基于稀疏表示的图像超分辨率重建、基于图像块的图像超分辨率重建这几个模块中介绍到的算法都是本团队提出的算法，它们都是较为传统的算法，其优点是算法复杂度低、对设备要求不高且可解释性强。基于卷积神经网络的图像超分辨率重建模块介绍到的两种算法为近几年最热门的算法，虽然这类算法对设备要求高、计算量大且训练更加耗时，但重建效果相对来说更为出色。本章介绍的算法各有优势，适用于不同的图像重建环境。

参考文献

[1] 数字图像处理——图像退化与复原[DB/OL]. [2021-01-25]. https://blog.csdn.net/weixin_41424926/article/details/101630462.

[2] JoJo 的摄影笔记：颜色[DB/OL]. [2021-04-05]. https://blog.csdn.net/qq_30638419/article/details/85349986.

[3] 图像处理中饱和度、色调、对比度的定义[DB/OL]. [2021-02-25]. https://blog.csdn.net/qq_37385726/article/details/82526396.

[4] 数字图像处理——第八章：图像压缩[DB/OL]. [2021-04-01]. https://blog.csdn.net/weixin_44395365/article/details/116845897.

[5] 基于传统优化方法的图像去模糊文献综述（部分经典文献）[DB/OL]. [2021-03-17]. https://blog.csdn.net/zseqsc_asd/article/details/88837332.

[6] Liu J, Yang W, Zhang X, et al. Retrieval compensated group structured sparsity for image super-resolution[J]. IEEE Transactions on Multimedia, 2017, 19(2): 302-316.

[7] Zhang K, Tao D, Gao X, et al. Coarse-to-fine learning for single-image super-resolution[J]. IEEE Transactions on Neural Networks and Learning Systems, 2017, 28(5): 1109-1122.

[8] Bondzulic B, Pavlovic B, Petrovic V. Performance of peak signal-to-noise ratio quality assessment in video streaming with packet losses[J]. Electronics Letters, 2016, 52(6): 454-456.

[9] Wang Z, Bovik A C, Simoncelli E P. Image quality assessment: From error visibility to structural similarity[J]. IEEE Transactions on Image Processing, 2004, 13(4): 600-612.

[10] Zhang L, Zhang L, Mou X, et al. FSIM: A feature similarity index for image quality assessment[J]. IEEE Transactions on Image Processing, 2011, 20(8): 2378-2386.

[11] 什么是科学问题？[DB/OL]. [2021-01-23]. https://zhuanlan.zhihu.com/p/29562921.

[12] 正则化与反问题[DB/OL]. [2021-01-22]. https://blog.csdn.net/hggjgff/article/details/84087617.

[13] 机器学习中正则化的理解[DB/OL]. [2021-04-21]. https://blog.csdn.net/u011294213/article/details/42644327.

[14] 陈宝林.《最优化理论与算法》超详细学习笔记(一)——第十章 使用导数的最优化方法（最速下降法、牛顿法、阻尼牛顿法）[DB/OL]. [2021-01-18]. https://blog.csdn.net/River_J777/article/details/105476857.

[15] 图像的上采样（upsampling）与下采样（downsampled）[DB/OL]. [2021-03-09]. https://blog.csdn.net/mago2015/article/details/103148541.

[16] 数字图像处理——图像锐化和边缘检测[DB/OL]. [2021-04-06]. https://blog.csdn.net/weixin_

41225068/article/details/82698299.
[17] 数字图像处理第 7 章[整理版][DB/OL]. [2021-02-19]. https://www.docin.com/p-1162985910.html.
[18] 梯度与 Roberts、Prewitt、Sobel、Lapacian 算子[DB/OL]. [2021-03-05]. https://blog.csdn.net/swj110119/article/details/51777422.
[19] MATLAB 数字图像去噪典型算法(精)[DB/OL]. [2021-05-19]. https://blog.csdn.net/m0_60677550/article/details/120264433.
[20] [图像]中值滤波(Matlab 实现)[DB/OL]. [2021-04-12]. http://blog.csdn.net/humanking7/article/details/46826009.
[21] 图像降噪算法——维纳滤波[DB/OL]. [2021-04-02]. https://blog.csdn.net/weixin_44580210/article/details/105106563.
[22] 几种约束最小二乘方图像复原算法的比较研究[DB/OL]. [2021-02-25]. https://www.docin.com/p-1772409632.html.
[23] Harris J L. Diffraction and resolving power[J]. Journal of the Optical Society of America, 1964, 54(7): 931-933.
[24] Goodman J W. Introduction to Fourier Optics[M]. New York: Mcgraw Hill, 1986.
[25] Chen S, Huang H, Luo C. A low-cost high-quality adaptive scalar for real-time multimedia applications[J]. IEEE Transactions on Circuits and Systems for Video Technology, 2011, 21(11): 1600-1611.
[26] Gonzalez R C, Woods R E, Eddins S L. Digital Image Processing Using MATLAB[M]. Upper Saddle River: Prentice Hall,2009.
[27] 同态滤波[DB/OL]. [2021-04-13]. https://mall.pantsiao.com/entry/604.
[28] Retinex 算法详解[DB/OL]. [2021-03-26]. http://blog.csdn.net/carson2005/article/details/9502053.
[29] 带色彩恢复的多尺度视网膜增强算法(MSRCR)的原理、实现及应用[DB/OL]. [2021-03-26]. http://www.cnblogs.com/Imageshop/archive/2013/04/17/3026881.html.
[30] Retinex 图像增强算法(SSR, MSR, MSRCR)详解及其 OpenCV 源码[DB/OL]. [2021-03-26]. https://blog.csdn.net/ajianyingxiaoqinghan/article/details/71435098.
[31] Retinex 图像增强算法[DB/OL]. [2021-03-25]. https://blog.csdn.net/qq_34562355/article/details/110231542.
[32] Retinex 图像增强算法[DB/OL]. [2021-03-26]. https://blog.csdn.net/lz0499/article/details/81154937.
[33] Retinex 理论,单尺度 Retinex、多尺度 Retinex(MSR)、带颜色恢复的多尺度 Retinex(MSRCR)原理[DB/OL]. [2021-03-26]. https://blog.csdn.net/PPLLO_o/article/details/89375445.
[34] 稀疏编码[DB/OL]. [2021-03-12]. https://baike.baidu.com/item/稀疏编码/10289670.
[35] 高维数据稀疏表示——什么是字典学习(过完备词典)[DB/OL]. [2021-06-16]. http://www.cnblogs.com/Tavion/p/5166695.html#sec-2.

[36] Tropp J A. Greed is good: Algorithmic results for sparse approximation[J]. IEEE Transactions on Information Theory, 2004, 50(10): 2231-2242.

[37] Elad M. Sparse and Redundant Representations: From Theory to Applications in Signal to Image Processing[M]. Berlin: Springer, 2010.

[38] 稀疏表示(Sparse representation)原理理解[DB/OL]. [2021-02-19]. https://blog.csdn.net/Forever_pupils/article/details/88572281.

[39] PCA 原理[DB/OL]. [2021-04-11]. https://blog.csdn.net/luoluonuoyasuolong/article/details/90711318.

[40] 奇异值分解(SVD)原理与在降维中的应用[DB/OL]. [2021-04-13]. https://www.cnblogs.com/pinard/p/6251584.html.

[41] Macqueen J B. Some methods for classification and analysis of multivariate observations[C]//Proceedings of Berkeley Symposium on Mathematical, 1965: 281-297.

[42] 机器学习第八周——K-means 聚类[DB/OL]. [2021-04-25]. https://blog.csdn.net/maplepiece1999/article/details/103708453.

[43] Engan H. Excitation of elastic surface waves by spatial harmonics of interdigital transducers[J]. IEEE Transactions on Electron Devices, 2015, 16(12): 1014-1017.

[44] Aharon M, Elad M, Bruckstein A. K-SVD: An algorithm for designing overcomplete dictionaries for sparse representation[J]. IEEE Transactions on Signal Processing, 2006, 54(11): 4311-4322.

[45] Strang G. Introduction to Linear AlgDBra[M]. Fifth Edition. Cambridge: Wellesley Cambridge Press, 2016.

[46] Aharon M. Overcomplete dictionaries for sparse representation of signals[D]. Haifa: Technion-Israel Institute of Technology, 2006.

[47] Rubinstein R, Zibulevsky M, Elad M. Double sparsity: learning sparse dictionaries for sparse signal approximation[J]. IEEE Transactions on Signal Processing, 2010, 58(3): 1553-1564.

[48] Mairal J, Bach F, Ponce J, et al. Online dictionary learning for sparse coding[C]//Proceedings of 26th International Conference on Machine Learning, 2009.

[49] Image inpainting 图像修补最新综述[DB/OL]. [2021-06-07]. https://blog.csdn.net/moxibingdao/article/details/106667186.

[50] Jia K, Wang X, Tang X. Image transformation based on learning dictionaries across mage spaces[J]. IEEE Transactions on Pattern Analysis and Machine Intelligence, 2013, 35(2): 367-380.

[51] Zhuang Y, Wang Y, Lu W. Supervised coupled dictionary learning with group structures for multi-modal retrieval[C]//AAAI Conference on Artificial Intelligence, 2013: 1070-1076.

[52] Peleg T, Elad M. A statistical prediction model based on sparse representations for single image super-resolution[J]. IEEE Transactions on Image Processing, 2014, 23(6): 2569-2582.

[53] Dabov K, Foi A, Katkovnik V, et al. Image denoising by sparse 3-D transform-domain

collaborative filtering[J]. IEEE Transactions on Image Processing, 2007, 16(8): 2080-2095.

[54] Gersho A. On the structure of vector quantizers[J]. IEEE Transactions on Information Theory, 1982, 28(2): 157-166.

[55] 张凯兵. 基于广义稀疏表示的图像超分辨率重建方法研究[D]. 西安: 西安电子科技大学, 2012.

[56] 陈晓璇. 基于样本的图像超分辨率重建方法研究[D]. 西安: 西安交通大学, 2014.

[57] Gao X, Zhang K, Tao D, et al. Joint learning for single-image super-resolution via a coupled constraint[J]. IEEE Transactions on Image Processing, 2012, 21(2): 469-480.

[58] Li X, Orchard M T. New edge-directed interpolation[J]. IEEE Transactions on Image Processing, 2001, 10(10): 1521-1527.

[59] Zhang L, Wu X. An edge-guided image interpolation algorithm via directional filtering and data fusion[J]. IEEE Transactions on Image Processing, 2006, 15(8): 2226-2238.

[60] Irani M, Peleg S. Motion analysis for image enhancement: Resolution, occlusion and transparency[J]. Journal of Visual Communication and Image Representation, 1993, 4(4): 324-335.

[61] Sun J, Xu Z, Shum H. Image super-resolution using gradient profile prior[C]//IEEE Conference on Computer Vision and Pattern Recognition, 2008: 1-8.

[62] Chang H, Yeung D, Xiong Y. Super-resolution through neighbor embedding[C]//IEEE International Conference on Computer Vision and Pattern Recognition, 2004: 275-282.

[63] 陈晓璇, 齐春. 基于低秩矩阵恢复和联合学习的图像超分辨率重建[J]. 计算机学报, 2014, (06): 1372-1379.

[64] Wang Q, Ward R K. A new orientation-adaptive interpolation method[J]. IEEE Transactions on Image Processing, 2007, 16(4): 889-900.

[65] Shang L, Zhou Y, Su P. Super-resolution restoration of MMW image based on sparse representation method[J]. Neurocomputing, 2014, 137(5): 79-88.

[66] Hong M, Kang M G, Katsaggelos A K. Regularized multichannel restoration approach for globally optimal high-resolution video sequence[C]//Visual Communications and Image Processing, International Society for Optics and Photonics, 1997: 1306-1316.

[67] Hong M, Kang M G, Katsaggelos A K. An iterative weighted regularized algorithm for improving the resolution of video sequences[C]//International Conference on Image Processing, 1997: 474-477.

[68] Nasrollahi K, Moeslund T B. Super-resolution: A comprehensive survey[J]. Machine Vision & Applications, 2014, 25(6): 1423-1468.

[69] Irani M, Peleg S. Super resolution from image sequences[C]//IEEE International Conference on Pattern Recognition, 1990: 115-120.

[70] Candes E J, Fernandez-Granda C. Towards a mathematical theory of super-resolution[J]. Communications on Pure and Applied Mathematics, 2014, 67(6): 906-956.

[71] Bascle B, Blake A, Zisserman A. Motion deblurring and super-resolution from an image

sequence[J]. Lecture Notes in Computer Science, 1996, 1065: 571-582.

[72] Patti A J, Sezan M I, Tekalp A M. Superresolution video reconstruction with arbitrary sampling lattices and nonzero aperture time[J]. IEEE Transactions on Image Processing, 1997, 6(8): 1064-1076.

[73] Agrawal A, Raskar R. Resolving objects at higher resolution from a single motion-blurred image[C]//IEEE Conference on Computer Vision and Pattern Recognition, 2007: 1-8.

[74] Capel D, Zisserman A. Computer vision applied to super resolution[J]. IEEE Signal Processing Magazine, 2003, 20(3): 75-86.

[75] Baboulaz L, Dragotti P L. Distributed acquisition and image super-resolution based on continuous moments from samples[C]//IEEE International Conference on Image Processing, 2006: 3309-3312.

[76] Li F, Yu J, Chai J. A hybrid camera for motion deblurring and depth map super-resolution[C]//IEEE Conference on Computer Vision and Pattern Recognition, 2008: 1-8.

[77] Gunturk B K, Altunbasak Y, Mersereau R M. Multiframe resolution-enhancement methods for compressed video[J]. IEEE Signal Processing Letters, 2002, 9(6): 170-174.

[78] Segall C A, Molina R, Katsaggelos A K. High-resolution images from low-resolution compressed video[J]. IEEE Signal Processing Magazine, 2003, 20(3): 37-48.

[79] Gevrekci M, Gunturk B K. Image acquisition modeling for super-resolution reconstruction[C]//IEEE International Conference on Image Processing, 2005: 1058-1061.

[80] Gunturk B K, Gevrekci M. High-resolution image reconstruction from multiple differently exposed images[J]. IEEE Signal Processing Letters, 2005, 13(4): 197-200.

[81] Jung C, Jiao L, Liu B, et al. Position-patch based face hallucination using convex optimization[J]. IEEE Signal Processing Letters, 2011, 18(6): 367-370.

[82] Prendergast S R, Nguyen Q N. A block-based super-resolution for video sequences[C]//IEEE International Conference on Image Processing, 2008: 1240-1243.

[83] Cheeseman P, Kanefsky B, Kraft R, et al. Super-Resolved Surface Reconstruction from Multiple Images[M]. Berlin: Springer, 1996: 293-308.

[84] Dong W, Zhang L, Shi G, et al. Image deblurring and super-resolution by adaptive sparse domain selection and adaptive regularization[J]. IEEE Transactions on Image Processing, 2011, 20(7): 1838-1857.

[85] Irani M, Peleg S. Improving resolution by image registration[J]. CVGIP: Graphical Models and Image Processing, 1991, 53(3): 231-239.

[86] Burger M, Osher S. Multiscale variational imaging[DB/OL]. [2021-04-05]. ftp://ftp.math.ucla.edu/pub/camreport/cam14-41.pdf.

[87] Marquina A, Osher S J. Image super-resolution by TV-regularization and Bregman iteration[J]. Journal of Scientific Computing, 2008, 37(3): 367-382.

[88] Xu J, Li M, Fan J, et al. Discarding jagged artefacts in image upscaling with total variation

regularisation[J]. Image Processing, IET, 2019, 13: 2495-2506.

[89] Sapiro G. Geometric partial differential equations and image analysis[J]. Kybernetes, 2001: 1426-1427.

[90] Huang J, Singh A, Ahuja N. Single image super-resolution from transformed self-exemplars[C]// IEEE Conference on Computer Vision and Pattern Recognition, 2015: 5197-5206.

[91] Timofte R, De V, van Gool S. A+: Adjusted anchored neighborhood regression for fast super-resolution[C]//Asian Conference on Computer Vision, 2014: 111-126.

[92] Timofte R, Rothe R, van Gool L. Seven ways to improve example-based single image super-resolution[C]//IEEE Conference on Computer Vision and Pattern Recognition, 2016: 1865-1873.

[93] Hou H, Andrews H. Cubic splines for image interpolation and digital filtering[J]. IEEE Transations on Acoustic Speech Signal Process, 1978, 26(6): 508-517.

[94] Kim J, Lee J K, Lee K M. Accurate image super-resolution using very deep convolutional networks[C]//IEEE Conference on Computer Vision and Pattern Recognition, 2016: 1646-1654.

[95] Lai W, Huang J, Ahuja N, et al. Fast and accurate image super-resolution with deep Laplacian pyramid networks[C]//IEEE Transactions on Pattern Analysis and Machine Intelligence, 2019, 41(11): 2599-2613.

[96] Dong C, Loy C C, He K, et al. Learning a deep convolutional network for image super-resolution[C]// European Conference on Computer Vision, 2014: 184-199.

[97] Lim B, Son S, Kim H, et al. Enhanced deep residual networks for single image super-resolution[C]// IEEE Conference on Computer Vision and Pattern Recognition Workshops, 2017: 136-144.

[98] Park S, Son H, Cho S, et al. SRFeat: Single image super-resolution with feature discrimination[C]//European Conference on Computer Vision, 2018: 439-455.

[99] Xue W, Zhang L, Mou X. Gradient magnitude similarity deviation: A highly efficient perceptual image quality index[J]. IEEE Transactions on Image Process, 2014, 23(2): 684-695.

[100] Zeng H, Zhang L, Bovik A C. Blind image quality assessment with a probabilistic quality representation[C]//IEEE International Conference on Image Processing, 2018: 609-613.

[101] Liu D, Wang Z, Wen B, et al. Robust single image super-resolution via deep networks with sparse prior[J]. IEEE Transactions on Image Process, 2016, 25(7): 3194-3207.

[102] Hui Z, Wang X, Gao X. Fast and accurate single image super-resolution via information distillation network[C]//IEEE Conference on Computer Vision and Pattern Recognition, 2018: 723-731.

[103] Bevilacqua M, Roumy A, Guillemot C, et al. Single-image super-resolution via linear mapping of interpolated self-examples[J]. IEEE Transactions on Image Processing, 2014, 23(12): 5334-5347.

[104] Bevilacqua M, Roumy A, Guillemot C, et al. Low-complexity single-image super-resolution

based on nonnegative neighbor embedding[C]//British Machine Vision Conference, 2012: 1-10.

[105] Yang J, Wang Z, Lin Z, et al. Bilevel sparse coding for coupled feature spaces[C]// IEEE Conference on Computer Vision and Pattern Recognition, 2012: 2360-2367.

[106] Yang J, Wright J, Huang T S, et al. Image super-resolution via sparse representation[J]. IEEE Transactions on Image Processing, 2010, 19(11): 2861-2873.

[107] Zontak M, Irani M. Internal statistics of a single natural image[C]//IEEE Conference on Computer Vision and Pattern Recognition, 2011: 977-984.

[108] Xu J, Chang Z, Fan J. Image super-resolution by mid-frequency sparse representation and total variation regularization[J]. Journal of Electronic Imaging, 2015, 24(1): 13039.

[109] Blumensath T. Accelerated iterative hard thresholding[J]. Signal Processing, 2012, 92(3): 752-756.

[110] Becker S, Bobin J, Candès E J. NESTA: A fast and accurate first-order method for sparse recovery[J]. SIAM Journal on Imaging Sciences, 2011, 4(1): 1-39.

[111] Zeyde R, Elad M, Protter M. On single image scale-up using sparse-representation[J]. Lecture Notes in Computer Science, 2010, 6920(1): 711-730.

[112] 徐健, 常志国, 张小丹. 采用交替 K-奇异值分解字典训练的图像超分辨率算法[J]. 武汉大学学报(信息科学版), 2017, 42(8): 7.

[113] 张贤达. 矩阵分析与应用[M]. 北京: 清华大学出版社, 2004.

[114] Osher S, Solé A, Vese L. Image decomposition and restoration using total variation minimization and the H/sup-1/norm[J]. Multiscale Modeling & Simulation, 2003, 1(3): 349-370.

[115] Gao X, Zhang K, Tao D, et al. Image super-resolution with sparse neighbor embedding[J]. IEEE Transactions on Image Processing, 2012, 21(7): 3194-3205.

[116] Zhang K, Gao X, Tao D, et al. Single image super-resolution with multiscale similarity learning[J]. IEEE Transactions on Neural Networks and Learning Systems, 2013, 24(10): 1648-1659.

[117] Zhang K, Gao X, Tao D, et al. Single image super-resolution with non-local means and steering Kernel regression[J]. IEEE Transactions on Image Processing, 2012, 21(11): 4544-4556.

[118] Dong W, Zhang L, Shi G, et al. Nonlocally centralized sparse representation for image restoration[J]. IEEE Transactions on Image Processing, 2013, 22(4): 1620-1630.

[119] 章毓晋. 图像工程[M]. 北京: 清华大学出版社, 2013.

[120] Yang J, Lin Z, Cohen S. Fast image super-resolution based on in-place example regression[C]// IEEE Conference on Computer Vision and Pattern Recognition, 2013: 1059-1066.

[121] Timofte R, De V, van Gool L. Anchored neighborhood regression for fast example-based super-resolution[C]//IEEE International Conference on Computer Vision, 2013: 1920-1927.

[122] Chen X, Qi C. Low-rank neighbor embedding for single image super-resolution[J]. IEEE Signal Processing Letters, 2014, 21(1): 79-82.

[123] Liu X, Zhao D, Zhou J, et al. Image interpolation via graph-based bayesian label propagation[J]. IEEE Transactions on Image Processing, 2014, 23(3): 1084-1096.

[124] Giachetti A, Asuni N. Real-time artifact-free image upscaling[J]. IEEE Transactions on Image Processing, 2011, 20(10): 2760-2768.

[125] Glasner D, Bagon S, Irani M. Super-resolution from a single image[C]//IEEE International Conference on Computer Vision, 2009: 349-356.

[126] Xu J, Li M, Fan J. Self-learning super-resolution using convolutional principal component analysis and random matching[J]. IEEE Transactions on Multimedia, 2019, 12(5): 1108-1121.

[127] Li R, Zeng B. A new three-step search algorithm for block motion estimation[J]. IEEE Transactions on Circuits and Systems for Video Technology, 1994, 4(4): 438-442.

[128] Xian Y, Tian Y. Single image super-resolution via internal gradient similarity[J]. Journal of Visual Communication and Image Representation, 2016, 35: 91-102.

[129] Goodfellow I, Bengio Y, Courville A. Deep Learning[M]. 北京: 人民邮电出版社, 2016.

[130] Chen X, Qi C. Nonlinear neighbor embedding for single image super-resolution via kernel mapping[J]. Signal Processing, 2014, 94(1): 6-22.

[131] Zhang Y, Zhang Y, Zhang J, et al. CCR: Clustering and collaborative representation for fast single image super-resolution[J]. IEEE Transactions on Multimedia, 2016, 18(3): 405-417.

[132] Lai W, Huang J, Ahuja N, et al. Deep laplacian pyramid networks for fast and accurate super-resolution[C]//IEEE Conference on Computer Vision and Pattern Recognition, 2017: 5835-5843.

[133] Justin J, Alexandre A, Li F. Perceptual losses for real time style transfer and super-resolution[C]// European Conference on Computer Vision, 2016: 694-711.

[134] 卷积神经网络中卷积层、反卷积层和相关层[DB/OL]. [2021-06-03]. https://blog.csdn.net/bofu_sun/ article/details/89195726.

[135] Nwankpa C E, Ijomah W, Gachagan A, et al. Activation functions: Comparison of trends in practice and research for deep learning[C]//2nd International Conference on Computational, 2020.

[136] 斋藤康毅. 深度学习入门: 基于 Python 的理论与实现[M]. 陆宇杰, 译. 北京: 人民邮电出版社, 2018.

[137] 局部最优与鞍点问题[DB/OL]. [2021-04-06]. https://blog.csdn.net/qq_39852676/article/details/106967368.

[138] Shocher A, Cohen N, Irani M. Zero-shot super-resolution using deep internal learning[C]//IEEE/CVF Conference on Computer Vision and Pattern Recognition, 2018: 3118-3126.

[139] Goodfellow I J, Pouget-Abadie T, Mirza M, et al. Generative adversarial networks[J]. Advances in Neural Information Processing, 2014, 3: 2672-2680.

[140] Wang Z, Simoncelli E P, Bovik A C. Multiscale structural similarity for image quality assessment[C]//Signals, Systems and Computers Conference Record, 2003: 1398-1402.